Disaster Psychology

재난 심리학

최진 · 김병준 · 오명근 · 서승현 공저

도서출판 동화기술

들어가기

재난은 단순한 물리적 피해를 넘어 사회적, 경제적, 그리고 무엇보다 심리적인 충격을 남긴다. 우리가 재난을 논할 때 구조와 복구, 정책과 대응 시스템을 강조하는 것은 당연한 일이지만, 그 과정에서 피해자들이 겪는 심리적 상처와 회복 과정은 종종 간과된다. 우리는 위기관리 전문가, 심리상담 전문가, 그리고 행정 전문가로서 각자의 분야에서 오랜 시간 재난을 연구하고 대응해 왔고, 이 책을 통해 재난 심리학이 왜 중요한지, 그리고 효과적인 재난 대응과 회복을 위해 어떤 통합적 접근이 필요한지 함께 이야기하고자 한다.

우리는 수많은 재난 현장에서 피해자들의 절망과 슬픔, 그리고 회복의 과정을 지켜보았다. 재난을 겪은 사람들은 단순히 건물과 도로가 복구된다고 해서 삶이 정상으로 돌아오는 것이 아니다. 트라우마는 오랜 시간 지속되며, 적절한 심리적 지원이 없다면 개인뿐만 아니라 가족과 공동체 전체가 장기적인 영향을 받게 된다. 반대로, 적절한 심리적 개입과 체계적인 위기관리 시스템이 함께 작동하면, 사람들은 더 빠르고 건강하게 회복될 수 있다.

재난 심리학(Disaster Psychology)은 단순히 재해에 대한 반응을 연구하는 것을 넘어, 재난이 남긴 심리적 충격과 이를 극복하는 방법을 탐구하는 학문이다. 이는 이론이 아닌, 실제 재난 피해자들의 회복을 돕기 위한 실용적인 지식과 개입방법을 제공하는 학문적 기반이 된다.

재난 심리학은 심리학적 이론에 머무르는 것이 아니라, 사회학, 신경과학, 정신건강의학, 위기관리학 등 여러 학문과 연결되어 있다.

이를 통해 보다 효과적인 재난 대응 및 심리적 회복 프로그램을 개발할 수 있으며, 생존자들이 새로운 삶을 살아갈 수 있도록 돕는 실천적 전략을 마련할 수 있다.

뿐만 아니라, 재난 대응의 최전선에서 활동하는 소방공무원, 경찰공무원, 의료진, 심리 상담사들도 자신이 겪는 심리적 소진과 트라우마로부터 보호받아야 한다. 재난 심리학은 이러한 1차 대응자들의 정신건강을 지원하는 역할도 수행한다.

재난은 언제, 어디서든 발생할 수 있다. 그러나 재난을 극복하는 과정에서 인간이 얼마나 강한 회복력을 가질 수 있는지, 그리고 심리적 지원이 얼마나 중요한 역할을 하는지에 대한 이해는 아직 부족하다.

재난 심리학은 단순한 학문이 아니라, 재난을 예방하고 극복하는 과정에서 인간의 마음을 치유하는 길을 모색하는 학문이다. 이를 통해 우리는 보다 인간적인 재난 대응 체계를 구축하고, 피해자들이 단순히 살아남는 것을 넘어 온전한 회복을 이루는 사회를 만들어갈 수 있다.

이 책은 재난 심리학이 어떻게 인간의 회복과 사회의 안전망을 강화하는지 탐구하는 여정이다. 재난 이후에도 삶은 계속된다. 그리고 우리는 그 삶이 보다 건강하고 회복력 있는 모습으로 지속될 수 있도록 해야 한다.

그 여정에 함께하길 바란다.

감사합니다.

목차

1

재난심리학의 정의

2

재난분류

3

재난 위기

4

재난 발생 단계

5

재난의 영향

6

재난 피해자를 위한 행정지원

7

재난에 대한 심리 문제

8

재난에 대한 생물학적 관점

9

재난에 대한 정신분석학적 관점

10

재난에 대한 인지정서적 관점

11

재난에 대한 심리치료적 접근

12

재난심리에서 고려할 사항

13

재난에 대비한 교육 및 훈련 고려 사항

14

감염병과 재난 위기

15

이태원 참사

Appendix

Disaster Psychology

재난심리학의 정의 | 1장

1. 재난심리학의 필요성

재난(disaster)의 어원을 살펴보면 'dis'(사라지다)와 'aster'(별)로 구성되어 있다. 여기에서 '별이 사라진다'는 것은 불길한 징조를 나타내며, 이는 라틴어에서 기원한다. 나침판이 발명되기 이전, 먼 길을 떠나는 여행자, 바다를 통한 무역업자, 그리고 전쟁에 나선 군인들은 별을 보고 길을 찾았다. 그러나 만약 길잡이인 별이 사라진다면, 이들은 방향을 잃게 되고, 그 결과로 목숨이나 재산을 잃는 불행한 상황에 직면하게 된다. 이러한 불행은 인간의 의지가 아닌 자연의 힘, 즉 하늘의 의지로 여겨졌다. 이로 인해 재난에 대한 대처는 불가능한 것으로 인식되었고, 재난이 발생했을 때는 하늘의 노여움이 지나가기를 바라는 제사를 지내는 것이 대처 방법으로 여겨졌다. 또한 과거의 재난은 개인에게 국한되었지만, 현재의 재난은 개인적인 문제를 넘어 인류 전체에 영향을 미치는 대재앙으로 변화하고 있다.

20세기 초, 세계는 여러 차례 대형 재난을 경험하게 된다. 이는 주로 산업화에 따른 결과로, 대형 운송사고, 화약 폭발, 대형 화재, 전염병 대유행, 탄광 사고 등이 그 예이다. 또한, 과학 기술의 발달로 인한 환경오염, 기후 위기, 핵폭탄 피해와 신종 바이러스 출현, 각종 전쟁에 쓰이는 화학 무기 등이 새로운 형태의 재난으로 등장하였다. 여기에 더해 테러와 전쟁 등 정치적 이해관계로 인해 발생하는 재난도 널리 퍼져 있다.

그림 1.1 대형 산불

그림 1.2 심리상담

이렇게 재난에 대한 인식은 점점 확장되고 있으며, 과거의 운명론적인 시각에서 벗어나 현재는 지구촌의 문제로 인식되고 있다. 재난은 이제 개인의 문제가 아니라 사회 전체가 함께 해결해야 할 문제로 여겨진다.

재난에 직면한 인간은 심리적 충격과 스트레스를 겪게 되며, 심리적 후유증을 경험한다. Queen & Mann (1925)은 이러한 후유증을 두 가지로 나눴다. 첫 번째는 환각과 망상으로, 이는 재난을 경험한 사람들에게서 발생하며 오랜 시간이 지나도 참상을 떠올리게 한다. 두 번째는 흥분과 혼란으로, 재난의 기억이 되살아날 때마다 일상생활에 어려움을 겪게 된다.

Nishith P, Mechanic MB, Resick PA (2000)는 재난을 경험한 사람들의 다양한 심리적 반응으로서 예민함, 불안, 초조, 분노, 무력감, 우울감 등을 지적하며, 신체적 증상으로는 두통, 소화불량, 손발 떨림 등을 호소한다고 하였다. 이러한 반응은 개인의 주위 환경, 과거 경험, 트라우마, 성격 특성, 생활 스트레스, 사회적 지지 정도에 따라 다르게 나타난다.

따라서 재난 심리학은 재난을 경험한 사람들이 심리적 후유증을 극복할 수 있도록 지원하고, 인간의 심리적 안녕을 유지하며 생존율을 높이는 방법을 모색해야 한다. 뿐만 아니라, 인종, 성, 세대, 지역 차별 등 사회적 갈등을 초래할 수 있는 요소들을 다루고, 정부의 역할 및 국민의 기본권을 보장하는 방법을 찾는 것 또한 재난 심리학의 중요한 영역이다.

재난 현장에서는 인프라 파괴, 식량 부족, 의료 서비스 부족 등의 문제로 인해 생존이 위협받는다. 이를 극복하기 위해서는 체계적인 사회적 지원 시스템이 반드시 필요하다. 지원체계는 정확한 피해 조사를 바탕으로 모든 피해자가 평등하게 지원받을 수 있도록 해야 하며, 그렇지 않을 경우 혼란이 발생하고 재난 상황 극복이 어렵게 된다. 이러한 필요 역시 재난 심리학의 중요성을 강조하는 요소이다.

재난 심리학은 교육적인 측면에서도 매우 중요하다. 재난 발생 시 대처 능력을 향상시키기 위해서는 사람들이 재난에 대한 이해와 대처 방법을 학습해야 한다.

재난 심리학은 교육적인 측면에서 다음과 같은 역할을 할 수 있다.

첫째, 재난에 대한 이해와 대처 방법에 대한 교육을 제공해야 한다. 이 교육을 통해 사람들은 재난 상황에서 어떻게 대처해야 하는지에 대한 지식과 기술을 습득할 수 있다. 이러한 교육은 재난 예방을 위한 정보도 제공하여, 재난 발생을 미연에 방지하는 데 기여할 수 있다.

둘째, 재난 상황에서의 심리적인 대처 방법을 가르쳐야 한다. 재난 상황에서는 환각, 망상, 불안감과 같은 심리적 문제가 발생할 수 있다. 이러한 문제를 해결하기 위해서는 적절한 대처 방법이 필수적이다. 따라서 재난 심리학 교육은 이러한 심리적 문제를 해결하기 위한 대처 방법을 알려주는 역할을 한다.

셋째, 재난 예방을 위한 교육을 제공해야 한다. 재난이 발생하기 전에 예방하는 것이 가장 좋은 대처 방법이다. 따라서 재난 심리학 교육은 재난 예방을 위한 정보와 지식을 전달하여 사람들이 예방에 더욱 신경을 쓸 수 있도록 도와준다.

이와 같은 교육적 측면에서 재난 심리학은 사람들이 재난 상황에서 보다 안전하고 효과적으로 대처할 수 있도록 지원한다. 따라서 교육부와 지자체는 재난 심리학 교육을 적극적으로 추진하여 국민들이 재난에 대한 대처 능력을 높일 수 있도록 해야 한다. 예를 들어, 학교와 직장에서는 학생들과 직장인들을 대상으로 재난 발생 시 피난 방법 및 대처 방법에 대한 교육 및 실습을 실시할 수 있다. 정부 또한 민방위 교육, 예비군 훈련, 주민자치센터 등에서 재난 예방 교육 시간을 배정하여, 재난 유형별 대처 방법을 주기적으로 교육할 필요가 있다.

이러한 교육을 실현하기 위해서는 재난 심리학 전문가를 양성하여 국민들이 재난 발생 시 신속하고 효과적으로 대처할 수 있는 능력을 키우는 것이 중요하다. 또한, 재난 예방에 대한 인식을 높이기 위해 지속적인 연구와 교육이 필요하다.

결론적으로, 정부는 국민의 안전을 보호하고 재난을 예방하기 위해 재난 심리학 교육을 보다 체계적이고 적극적으로 지원해야 한다. 국가 차원에서 재난 심리학에 대한 인식과 연구를 더욱 강화함으로써, 재난으로부터 안전한 사회를 만들어 나가는 데 기여할 수 있다.

이러한 접근은 단순히 재난이 발생한 후의 대응을 넘어서, 미래의 재난을 예방하고, 사람들의 심리적 안정과 사회적 통합을 유지하는 데 매우 중요한 역할을 할 것이다.

2. 재난 심리학이란

그림 1.3 쓰나미피해

재난 심리학(Disaster Psychology)은 재난 상황에서 인간이 겪는 심리적 변화와 대처 방식을 연구하는 학문이다. 재난이 발생하면 사람들은 불안, 공포, 분노 등 다양한 감정을 경험하고, 이러한 감정은 생존과 회복에 큰 영향을 미친다. 더불어, 재난 상황에서는 생활환경의 변화, 가족과의 이별, 사회적 분열과 같은 다양한 스트레스 요인도 나타난다.

재난 심리학의 목적은 이러한 심리적·사회적 영향을 이해하고, 사람이 어떤 방식으로 대처하는지를 지원하는 것이다. 이를 통해 사회적 연대와 정책적 개입을 이끌어 내고, 재난 상황에서의 심리적 피해를 복구하며 사회적 회복을 촉진하는 역할을 한다. 재난 발생 전, 중, 후 및 재난 직후에 인간이 겪는 다양한 심리적 문제를 분석하고, 이 문제를 해결하기 위해 필요한 지원 방안을 제시하는 것이 핵심이다.

재난 심리학의 역사는 1883년 6월 16일 영국 잉글랜드 선덜랜드에서 발생한 대형 압사 사고와 연결된다. 이 사건에서는 어린이 183명이 사망하고, 많은 부상자가 발생해 전국이 큰 충격에 휩싸였다. 사건은 놀이성 장난감을 증정하는 행사에서 어린이들이 좁은 출구로 몰려들면서 발생했다. 이 소식을 들은 빅토리아 여왕은 희생자 유가족들을 위로하고, 위로금과 장례식을 마련해 안전에 대한 경각심을 강조했다.

이 사건은 단순히 신체적 손상이나 재산 손실에 그치지 않고 심리적 충격이 매우 컸다. 영국 정부는 이러한 심리적 후유증을 예방하고 해소하기 위해 심리적 지원 시스템을 구축했지만, 그 재정적 지원에 비해 여전히 미흡한 수준이었다. 그럼에도 불구하고 이는 재난 발생 시 재정적 지원뿐만 아니라 심리적 지원체계를 마련한 첫 사례로, 재난 심리학의 필요성을 각인시켰다.

재난이 발생한 이후 심리적 지원의 중요성에 대한 인식과 연구는 1960년대부터 본격적으로 진행되었다. 이전에는 심리적 후유증이 개별 사례로 처리되었지만, 대규모 재난에서는 이러한 문제가 더 심각하게 나타날 수 있다는 점이 인식되기 시작했다. 이 시기에 심리학자들은 소규모 및 대규모 재난이 인간의 심리에 미치는 영향을 연구하기 시작했다.

1963년 알포스(T. Alpaslan)와 외카(I. Wechkin)는 미국에서 발생한 재난과 관련된 사회적, 심리적 문제들에 대한 체계적인 조사 및 연구를 수행하고, 그 결과를 발표했다. 이들의 연구는 1970년대부터 많은 국가에서 재난이 발생했을 때 희생자, 유가족, 그리고 관계자들에게 어떤 심리적 지원이 필요한지를 연구하고 실제 대응에 활용하는 데 기여했다.

그림 1.4 압사사고

재난이 발생하면 물적 피해와 인적 피해가 동시에 발생한다. 많은 경우, 우리는 재난 이후 물적 피해 복구에 집중하고 피해자들에게 재정적 지원을 우선적으로 제공하려고 한다. 그러나 피해자들은 물적 피해와 함께 심리적인 피해도 겪게 된다. 재난 상황에서 피해를 입은 사람들은 초기에는 물적 피해에 대한 억울함과 고통을 호소하지만, 시간이 지남에 따라 그들이 직면하는 고통과 스트레스는 심리적인 충격으로 이어지고, 이는 외상 후 스트레스 장애(PTSD), 우울증, 불안 장애, 수면 장애와 같은 다양한 심리적 문제로 발전할 수 있다(North, Oliver & Pandya, 2012).

재난 상황에서 가족, 친구, 동료, 이웃 등을 잃으면 심각한 우울증과 PTSD 같은 복합적인 심리적 반응이 나타난다. 이러한 심리적 피해는 개인의 일상생활, 직업적 생산성, 그리고 사회적 상호작용에까지 영향을 미친다. 따라서 정부는 재난 피해자들이 재건을 위해 물리적 복구를 위한 재정적 지원 외에도 심리적인 지원을 함께 진행할 필요가 있다. 재난 상황에서는 물적 피해를 줄이는 것뿐만 아니라, 심리적인 지원과 치료도 필수적이다(채정민, 고윤승, 2021).

전 세계적으로 재난 피해자들에 대한 심리적 지원의 필요성이 더욱 분명해진 사건은 1995년 일본의 고베 지진과 2004년 인도네시아 쓰나미 사건이다. 1995년 고베 지진에서는

그림 1.5 폭우피해

6,434명이 사망하고 43,792명이 부상하였다. 또한, 약 10조 엔(한화 약 186조 원)에 달하는 재산 피해가 발생하고, 사회 기반 시설이 크게 파괴되었다. 이어서 2004년 12월 26일에는 인도네시아 수마트라 섬 서부 해안에서 발생한 쓰나미로 인해 30만 명 이상이 사망하고 169만 명이 이재민이 되는 인명피해가 발생하였다. 이는 21세기 최악의 대참사로 평가받는다.

과거에는 대규모 재난 발생 시 물질적 및 재정적 지원이 중요시되었지만, 가족이나 친구, 이웃을 잃은 사람들을 위한 심리적 지원은 미비했다. 물질적 피해는 시간이 지나거나 재정적 지원을 통해 복구될 수 있지만, 사랑하는 사람을 잃은 이들의 슬픔은 종종 간과되곤 했다.

고베 대지진과 인도네시아의 쓰나미는 이러한 문제를 부각시키며 심리적 지원의 필요성을 다시금 강조하게 되었다. 이에 따라 재난 피해자들의 상처 회복을 돕기 위한 재난 심리학의 중요성은 더욱 부각되었다. 재난 심리학은 단순한 학문이 아니라, 현실적인 문제 해결을 위해 직접적이고 복합적인 개입과 개선이 필요한 분야로 자리 잡고 있다.

그림 1.6 태풍피해

전 세계 여러 대학에서 재난 심리학 연구가 활발히 진행되고 있으며, 국가 기관과 다양한 조직들은 심리 지원 프로그램을 개발하고 제공하기 위해 큰 노력을 기울이고 있다. 최근에는 상상하기 어려운 규모의 재난이 우리 주변에서 발생하고 있다. 대규모 지진, 쓰나미, 폭설, 폭우, 전쟁, 테러 등으로 인한 인명과 재산 피해가 날로 증가하고 있다. 이러한 재난을 겪은 생존자들과 가족, 친척, 친구, 동료를 잃은 이들은 신체적 손실뿐만 아니라 엄청난 스트레스와 우울증 등 정신적, 심리적 어려움을 겪고 있다.

재난은 단순히 물리적 파괴를 초래하는 것이 아니다. 눈에 보이지 않는 심리적 상처는 개인의 삶뿐 아니라 사회 전체에 깊은 영향을 미친다. 갑작스러운 사고나 재해, 또는 장기간 지속되는 재난 상황은 생존자들에게 외상 후 스트레스 장애(PTSD), 우울증, 불안 등 심각한 정신건강 문제를 유발할 수 있다. 이러한 심리적 고통은 개인의 일상생활 기능 저하뿐만 아니라 사회적 관계의 단절, 경제적 어려움 등으로 이어져 삶의 질을 심각하게 떨어뜨린다. 따라서 재난 발생 후 심리적 지원과 치료는 단순한 선택 사항이 아닌 필수적인 요소이다.

재난 심리학은 이러한 심리적 고통에 대한 이해와 효과적인 대처 방안을 모색하는 학문 분야다. 재난의 유형, 강도, 개인의 특성, 사회적 지지 체계 등 다양한 요인이 심리적 영향에 복합적으로 작용하기 때문에, 재난 심리학에서는 이러한 요인들을 종합적으로 분석하고 개별적인 상황에 맞는 지원 체계를 구축하는 데 초점을 맞춘다.

재난 발생 직후의 신속한 개입이 매우 중요하다. 심리적 응급 처치(Psychological First Aid)는 재난 생존자들에게 안정감을 제공하고, 즉각적인 필요를 충족시키며, 향후 지원체계에 대한 정보를 제공하는 등 초기단계에서 매우 중요한 역할을 한다. 또한, PTSD, 우울증, 불안 등의 심리적 문제가 나타나면 전문적인 치료가 필요하다. 인지 행동 치료(CBT), 외상 중심 치료 등의 다양한 치료 방법들이 효과적으로 활용되고 있으며, 이러한 치료를 통해 트라우마를 극복하고 정상적인 삶으로 복귀할 수 있도록 도와줄 수 있다.

그러나 심리적 지원은 단순히 치료에 국한되지 않는다. 재난을 경험한 개인과 공동체의 회복에는 사회적 지지 체계의 역할이 매우 중요하다. 가족, 친구, 이웃, 그리고 지역사회 구성원들의 지지와 공감은 심리적 회복의 중요한 동기가 된다. 따라서 재난 발생 후에는 지역사회 차원의 지원 프로그램과 상호 지원 그룹 등을 통해 사회적 연결망을 강화하고 지속적인 심리적 지원을 제공하는 것이 필수적이다.

재난 심리학은 재난으로 인한 정신적 상처를 치유하고, 피해자들이 일상으로 복귀할 수 있도록 지원하는 중요한 역할을 한다.

우리가 상상하기 힘든 정도의 재난이 최근 우리 주변에서 발생하고 있다. 엄청난 강도의 지진, 해일, 쓰나미, 폭설, 폭우, 전쟁, 테러 등으로 인해 생명과 재산의 피해가 날로 증가하고 있다. 또한, 재난 생존자와 가족, 친척, 친구, 동료를 잃은 사람들은 신체적 손실 이외에도 엄청난 스트레스와 우울 등 정신적, 심리적 어려움을 겪게 된다.

이러한 심리적 반응은 사람마다 다르게 나타난다. 같은 재난을 경험하고도 일상의 삶이 크게 변하지 않고 살아가는 사람이 있는가 하면, 트라우마로 인해 고통에서 벗어나지 못하는 경우도 있다. 예상치 못한 순간에 갑작스럽게 발생한 재난에서 신체적 손실과 물적 피해를 입지 않았다고 해서 그 사건으로부터 자유로운 것은 아니다. 신체적 손상이나 물적 피해보다 더욱 고통스럽게 만드는 것은 바로 정신적, 심리적 손상이다.

2022년 10월 29일 밤 10시경, 서울 용산구 이태원동에서 발생한 압사 참사는 159명의 사망자를 발생시킨 대한민국 역사상 최악의 인명피해 사건 중 하나로 기록되었다. 이는 2003년 대구 지하철 참사(192명 사망)와 2014년 세월호 참사(304명 사망) 이후 최대 규모의 인명피해이며, 서울 도심에서 발생한 사건 중에서는 1995년 삼풍백화점 붕괴 사고(502명 사망) 이후 두 번째로 큰 규모이다.

참사 당시 이태원 거리에 있었던 31세 생존자 A씨(23세)의 증언은 당시의 혼란과 공포를 생생하게 보여준다. A씨는 친구들과 함께 있었지만, 걷잡을 수 없는 인파 속에서 극심한 두려움을 느꼈다고 진술했다. 생존자들의 공통적인 감정을 담고 있는 이 경험담은 참사 당시의 상황을 잘 대변한다. 많은 생존자들이 공포, 죄책감, 미안함, 무기력함 같은 복합적인 감정에 시달리면서도 동시에 일상으로의 회복을 향한 강한 의지를 보였다.

생존자 인터뷰를 진행한 기자들도 참사의 참혹함에 깊은 충격을 받았다. 생존자 섭외의 어려움 속에서 살아남은 이들이 겪는 깊은 슬픔과 죄책감은 더욱 크게 느껴졌다. 생존자 중 한 명인 B씨(25세)는 자신의 누나를 잃은 유가족으로서 이 사건이 남긴 깊은 상실감과 고통을 극복하기 위해 애쓰고 있다고 했다.

이처럼 대형 참사를 경험한 사람들과 유가족, 친척, 동료 및 친구들은 엄청난 후유증을 경험하게 된다. 또한, TV 뉴스와 유튜브 등을 통해 사건을 목격한 일반 국민들 역시 심리적 고통을 느끼게 된다. 이러한 재난이 인간에게 미치는 영향은 다양하게 나타나며, 그 안에는 신체적 상처뿐만 아니라 심리적 상처와 그로 인한 사회적 지지의 필요성이 포함된다.

재난 후 사회는 이러한 심리적 어려움에 주목하고, 적절한 지원체계를 마련해야 한다. 심리적 지원과 치료는 피해자들에게 상처 회복을 촉진하는 필수적인 요소이다. 지속적인 심리적 치료의 필요성은 재난마다 반복적으로 강조되고 있으며, 이를 통해 피해자들이 정상적인 삶을 회복하고 사회에 다시 통합될 수 있는 기회를 제공하여야 한다.

결국, 재난 심리학은 단순히 이론적인 학문에 그치지 않고, 실질적으로 사람들의 회복을 도와주기 위한 중요한 역할을 담당하고 있다. 앞으로도 각국에서는 심리적 지원 방안을 더욱 발전시키고 다양한 재난에 대응할 수 있는 능력을 갖추어 나가야 하며, 심리적 고통을 이해하고, 이를 해결하기 위한 노력을 계속해야 한다.

재난의 초기 대응뿐만 아니라 장기적인 심리적 회복 과정에서 지역사회의 연대와 협력이 매우 중요하다. 지역사회가 상호 지원을 통해 심리적 회복의 중요한 동기가 될 수 있음을 인식하고, 다양한 지원 프로그램을 마련하는 노력이 필요하다. 위기 극복 과정에서 서로를 지지하고 이끌어줄 수 있는 사회적 환경을 조성하는 것이 재난 심리학의 궁극적인 목표이다.

1) 정신적 피해

재난을 직접 또는 간접적으로 경험한 사람들이나 그 주변에 재난 피해자가 있는 상황에 처한 일반 국민들은 다양한 정신적 피해를 겪을 수 있다. 이러한 정신적 피해는 재난에 대한 공포와 불안, 스트레스, 트라우마, 절망감, 그리고 현실에 적응하는 어려움으로 나타난다. 재난 이후의 직접적인 경험, 가족이나 친구의 상실, 경제적 불확실성, 이전의 생활패턴의 파괴 등은 모두 정신적 피해의 원인이 될 수 있다. 이런 정신적 피해는 개인의 건강이나 생활 질, 건강 유지 능력에 악영향을 미치며, 오랜 기간 지속될 수 있다(Tedeschi & Calhoun, 2004).

재난으로 인한 정신적 피해는 여러 가지 형태로 나타난다. 가장 대표적인 예로 외상 후 스트레스 장애(PTSD), 우울증, 불안장애가 있다.

첫째, 외상 후 스트레스 장애(PTSD)는 사람들이 다양한 재난을 경험한 후에 나타나는 장애이다. 이는 극심한 두려움, 불안, 고통, 무력감 등으로 인해 특정한 상황을 다시 경험하게 되면 스트레스가 증가하는 현상을 포함한다. 이러한 반응에 따라 뇌는 화학 물질과 호르몬을 분비하여 생체 환경이 변화하게 된다(Yoo, 2006).

둘째, 우울증은 재난으로 인해 사회적 지원망이 끊어진 상황에서 느끼는 고립감과 외로움으로 인해 발생할 수 있다. 재난 상황에서는 가족, 친구, 사회적 지원이 일시적으로 사라지게 되며, 이로 인해 외로움, 불안감, 실망감, 분노 등의 감정이 억압되고, 결국 우울증을 유발하게 된다(채정민, 고윤승, 2021).

셋째, 불안 장애는 재난 상황에서 느끼는 불안감과 공포가 심화되면서 발생할 수 있다. 예를 들어, 재난으로 사랑하는 사람을 잃거나 생존에 대한 불확실성을 느끼게 되는 경우 불안감이 계속해서 지속되고 심해져 불안 장애로 이어질 수 있다.

재난으로 인해 정신적 고통을 겪고 있는 사례로 2004년 인도네시아의 쓰나미를 경험한 아 ○○ (27세)씨의 이야기가 있다. 그녀는 쓰나미가 가족과 집을 휩쓸어 간 후 혼자 생존하게 되었다. 가족을 잃은 슬픔과 삶의 터전을 잃은 절망감 속에서 PTSD와 우울증 증상을 겪었다. 밤마다 쓰나미의 끔찍한 기억이 악몽으로 나타났고, 낮에는 극심한 불안감과 공황발작에 시달리며 고통을 호소했다. 그녀는 집에 혼자 있을 수 없었고 바다를 보는 것조차 두려워했으며, 주변 사람들과의 관계도 소원해지고 사회생활에 적응하는 데 어려움을 겪었다. 하지만 그녀는 정부의 지원과 주변 사람들의 도움, 그리고 정신과 치료를 통해 서서히 회복해 나갈 수 있었다.

이와 같이 재난으로 인한 정신적 피해는 다양한 형태로 나타날 수 있다. 이러한 피해를 방지하기 위해서는 신속한 구조 및 안전한 대피와 같은 물리적 대책뿐만 아니라, 정신적인 안정을 위한 심리적 지원과 치료가 매우 중요하다(Joo Won Kim, Ji On Lim, Seong Joon Byeon, Ji Sung Park & Yong Hun Lee, 2017).

2) 경제적 피해

재난이 발생한 지역에서는 산업, 상업, 주택, 인프라 등의 경제적 재산 피해가 발생하고, 경제 활동이 중단된다. 이로 인해 국민들은 경제적 불안과 다양한 어려움을 겪게 된다. 재난 이후에는 재건축과 재생 과정에서 추가적인 경제적 비용이 발생하지만, 피해 정도는 지역의 경제 상황, 산업 구조, 경제적 자원 등 다양한 요인에 따라 달라질 수 있다.

Horchrainer (2009)의 연구에 따르면, 1960년부터 2005년까지 45년간 225개국을 대상으로 한 재난 사례 분석에서 자연재해가 발생한 다음 해에는 경제성장률이 평균 0.5% 감소하고, 5년 후에는 약 4%가 감소하는 것으로 나타났다.

2022년 6월 유엔 재해 위험 감소 사무국(UNDRR)의 글로벌 재해 지수(GDI) 보고서에 따르면, 2021년 전 세계적으로 18,300건의 재난이 발생했으며, 이로 인한 인명피해는 14,350명이 사망하고 5,900만 명이 이재민이 발생했다고 한다. 경제적 피해는 2,260억 달러에 달했다. 재난으로 인한 경제적 피해는 해마다 증가하는 추세이다. 1990년대에는 매년 평균 600억 달러의 경제적 피해가 발생했으나, 2000년대에는 연평균 1,200억 달러, 2010년대에는 연평균 1,800억 달러 이상의 재난 피해가 발생했다.

세계은행의 보고서에 따르면, 1983년부터 2013년 사이에 발생한 자연재해로 인한 경제적 피해액은 약 3조 8,000억 달러에 달한다. 또한, 자연재해로 인한 경제적 손실이 30년 동안 4배로 증가했다고 한다. 특히, 가난한 지역에서는 이러한 피해가 더욱 두드러지며, 재난이 가져오는 경제적 부담이 점점 커지고 있다.

재난으로 인한 경제적 피해는 기업체의 경영 위기와 일반 국민의 경제 활동 위축, 수송 인프라와 농업 등 다양한 분야에 영향을 미친다. 재난 대처 능력이 부족한 지역에서는 경제적 회복력이 떨어지며, 재난의 영향이 장기화 될 수도 있다.

재난으로 인한 경제적 피해는 재난의 유형이 다양해지고, 피해 범위가 증가하는 추세에 있다. 이러한 변화는 기후 위기, 생태계 파괴, 인구 증가, 종교적 및 인종적 갈등 등 여러 요인으로 인해 발생하고 있다. 기후 위기는 더욱 강력한 허리케인, 홍수, 지진과 같은 심각한 재난을 초래하고 있으며, 정치적 갈등에 의해 발생하는 전쟁과 테러가 세계 곳곳에서 일어나면서 인류가 재난을 함께 경험하게 만들고 있다.

재난으로 인한 경제적 피해는 국가 경제에도 부정적인 영향을 미친다. 재난은 생산성 감소, 투자 감소, 정부 지출 증가를 초래하며, 국가의 신용 등급을 하락시키고 외국인 투자를 감소시킬 수 있다.

예를 들어, 2011년 일본 대지진으로 인한 경제적 피해는 심각했다. C씨(46세)는 후쿠시마 현 연안에서 어업을 하는 어부로, 아내와 2명의 자녀와 함께 행복한 가정을 꾸리고 있었다. 그러나 2011년 대지진과 쓰나미가 그의 어선과 어업 시설을 모두 파괴하면서 그의 삶은 돌이킬 수 없는 상황이 되었다. 그는 수십 년간 이어온 가업을 잃고, 주요 수입원이 사라지며 심각한 경제적 어려움에 직면했다. 정부의 지원금을 받았지만, 새로운 어선을 구입하고 어업을 재개하기에는 턱없이 부족했다. 그는 빚에 시달리며 가족을 부양하기 위해 어업이 아닌 막노동 등 힘든 일도 감당해야 했다. 정부 지원과 재건 사업이 지연되면서 그의 경제적 회복은 매우 어려웠고, 새로운 직업을 찾는 것도 쉽지 않은 상황이었다. 그는 여전히 경제적 어려움을 겪으며 살아가고 있다.

이와 같은 사례에서 보듯, 재난으로 인한 경제적 피해는 개인의 삶을 파괴할 뿐만 아니라 지역사회와 국가 경제 전체에 걸쳐 깊은 영향을 미친다.

재난은 단순히 순간적인 피해를 주는 것이 아니라, 그 여파가 오랜 시간 동안 지속되고, 회복 과정에서도 많은 어려움을 초래한다. 예를 들어, 산업의 붕괴는 일자리를 잃은 노동자들의 경제적 불안으로 이어지며, 이는 지역 소비의 감소로 이어져 또 다른 경제적 어려움을 발생시킬 수 있다. 이렇게 악순환이 발생하면, 지역 경제의 회복이 더욱 힘들어진다.

또한, 재난이 발생한 지역에서는 장기적으로 생계 수단이 제한되면서 주민들의 생활 수준이 급격히 저하된다. 중소기업과 자영업자들이 가장 큰 타격을 받으며, 이들은 경제적 악화로 인해 폐업을 할 수밖에 없는 경우가 많다. 그로 인해 지역 내 경제 활동이 위축되고, 이는 지역 주민들의 일자리와 소득이 감소하는 원인이 된다.

재난 후 경제 회복은 재정적 지원뿐만 아니라 지역사회의 사회적 연대와 협력이 필수적이다. 정부와 민간단체, 지역사회가 힘을 합쳐 재건 사업을 추진해야만 원활한 회복이 가능하다. 이 과정에서 상생의 정신이 필요하며, 피해를 당한 사람들을 위한 다양한 프로그램과 정책들도 마련되어야 한다.

재난으로 인한 경제적 피해를 완화하기 위해서는 사전 예방과 대비 또한 중요하다. 취약한 지역사회는 재난 발생 전에 구조적 안전성을 높이고, 재해복구계획을 수립하는 등 적극적으로 준비해야 한다. 이러한 준비가 제대로 이루어지면 재난 후 경제적 피해를 최소화하고, 빠른 회복을 이끌어낼 수 있다.

재난은 피해 발생 직후 즉각적인 대응이 중요하며, 재난 발생 이후에는 지역사회와 국가가 함께 연대하여 경제적 회복을 위한 지속적인 노력과 정책이 필요하다. 재난의 피해를 최소화하고, 피해자들이 정상적인 삶으로 복귀할 수 있는 기회를 제공하기 위해 모든 이가 협력해야 할 때이다. 이러한 접근은 장기적으로 국가의 경제 발전과 사회 안정성에도 큰 기여를 하게 될 것이다.

3) 신체적 피해

재난이 인간의 신체 건강에 미치는 영향은 외상, 충격, 심리적 고통 등을 포함한다. 재난으로 인한 신체적 피해는 그 종류에 따라 다르게 나타날 수 있다(이다영, 나준호, 심민영, 2015).

첫째, 재난과 관련된 신체적 피해가 있다. 이 경우 외상 상처와 출혈이 주요 문제로 떠오른다. 재난 발생 시 건물이나 구조물이 무너지거나 장애물이 생겨 부상을 당 할 수 있으며, 이는 생명을 위협하는 심각한 상황으로 이어질 수 있다. 외상 상처는 대개 인체의 피부를 침범하며 그 깊이와 넓이는 다양하게 나타난다. 이때 상처 주변에서 출혈이 발생할 수 있으며, 출혈의 정도는 상처의 크기와 깊이, 그리고 위치에 따라 차이가 생긴다.

외상 상처와 출혈을 예방하기 위해서는 안전이 최우선이다. 재난 상황에서는 안전한 장소로 대피하거나 대피소에서 안전한 위치로 이동하는 것이 중요하다. 또한 날카로운 물체나 유리 조각 등으로부터 주의하고, 적절한 보호 장비를 착용함으로써 피해를 최소화할 수 있다. 만약 상처와 출혈이 발생했다면, 상처를 깨끗한 물로 씻고 살균제를 바른 후 멸균된 붕대 등으로 감싸야 한다. 출혈이 심하다면 상처 부위를 깨끗한 천으로 압박하고, 출혈 부위를 높게 들어 올려 응급 처치를 해야 한다.

둘째, 호흡기 질환이다. 재난 발생 시 먼지, 연기, 가스 등 유해 물질이 발생하여 호흡기에 악영향을 줄 수 있다. 이에 따라 폐렴, 천식, 기관지염 등의 호흡기 질환 발생률이 증가할 수 있다. 이러한 질환을 예방하기 위해서는 마스크와 같은 호흡 보호 장비를 착용해 유해 물질에 대한 노출을 최소화해야 한다.

셋째, 화상도 중요한 신체적 피해 중 하나다. 화재나 폭발 사고로 인해 큰 화상을 입을 수 있으며, 이는 심한 통증과 함께 신체의 대부분 부위를 훼손할 수 있다. 또한 화상은 피부와 조직에 손상을 주며, 적절한 소독이나 처리를 하지 않으면 감염과 같은 합병증을 야기할 수 있다. 화상을 입었을 경우에는 즉시 흐르는 물 아래에서 상처 부위를 두어 열기를 식히고, 상처 부위가 직접 노출되지 않도록 주의해야 한다.

넷째, 감염병의 발생도 우려된다. 재난이 발생하면 식수와 식품 공급이 중단될 수 있으며, 이는 감염병의 전파로 이어질 수 있다. 게다가 많은 이재민들이 모여 생활하다 보면 감염병의 전파 위험이 높아진다. 따라서 감염병 예방을 위해서는 개인위생을 철저히 지키고, 관련 기관의 지침에 적극 따라야 한다.

이러한 신체적 피해를 최소화하기 위해서는 사전에 재난 대비 계획을 세우고 준비하는 것이 중요하다. 재난 발생 시에는 신속하고 정확한 대처가 필요하며, 피해가 발생했을 경우에는 관계 기관에서 적절한 응급처치와 신속한 의료 지원을 제공해야 한다.

4) 사회적 피해

재난은 사회적 관계, 가족 구성원, 지역사회, 정치 등 여러 방면에 영향을 미칠 수 있다. 재난의 사회적 피해는 개인, 가족, 지역, 집단 또는 전체 사회에 미치는 영향을 포함한다. 예를 들어, 주거지 파괴, 직업 상실, 상업 지역의 파괴, 교육 및 건강관리 서비스 제공 중단, 사회 구조의 붕괴 등이 발생할 수 있다. 그리고 이러한 사회적 피해는 긴 시간 동안 지속될 수 있으며, 미래에도 지속적인 영향을 미칠 수 있다.

재난 발생 시에는 많은 유언비어나 가짜 정보가 퍼지게 된다. 이는 사회적 갈등을 조장하고 재난 극복 과정에 많은 걸림돌이 될 수 있다. 유언비어와 가짜 뉴스는 사고를 정확하고 신속하게 처리하는 데 방해가 되며, 재난 피해자와 유가족에게 추가적인 심리적 어려움을 부여할 수 있다.

재난에 의한 사회적 피해는 피해자와 유가족의 문제가 아니다. 사회를 구성하는 모든 국민이 함께 경험하게 되는 문제이다. 따라서 사회적 피해를 극복하기 위해서는 정부가 신속하게 정보를 전 국민에게 공유하고, 재난 관련 기관 및 개인의 책임을 명확히 하는 것이 필수적이다. 이렇게 할 경우 사회적 피해를 최소화할 수 있는 기반이 형성된다.

재난 심리학은 이러한 피해를 최소화하기 위해 인간의 심리적 반응, 특히 긴급 상황에서의 반응을 연구한다. 이 연구는 재난 상황에서의 인간 행동, 태도, 심리적 안정과 회복, 그리고 이를 돕기 위한 심리적 지원 방법을 피해 현장에 적용하는 데 도움을 줄 수 있다.

재난 상황에서 인간들은 예측할 수 없는 변화에 직면하게 된다. 이때 사람들은 적응적 방법으로 대처할 수도 있고, 비적응적 방법으로 반응할 수도 있다. 재난을 수용하기보다 부정하게 생각하거나 잘못된 정보를 의지하게 되는 경향이 있다. 이때 자신이 처한 상황을 타인의 잘못으로 돌리는 태도가 나타나기도 한다.

재난 심리학은 이러한 반응의 원리를 이해하고, 사람들이 재난의 피해를 수용하고 적응적인 방식으로 대처할 수 있도록 돕는다. 또한, 재난 상황에서 사람들은 많은 정서적 충격을 경험하고, 이러한 충격은 긴급 상황이 종료된 후에도 지속될 수 있다. 이를 극복하기 위해 상담, 치료, 사회적 지원 등 다양한 형태의 심리적 지원이 필요하며, 이와 관련된 방법을 연구하고 재난 상황에서 사람들의 심리적 회복을 도와야 한다.

또한, 재난 심리학은 사회적 재난을 극복하기 위한 재난관리의 전반적인 전략과 방법론을 개발하는 데에도 활용될 수 있다. 사회적 갈등을 조장할 수 있는 문제점을 해결할 수 있는 방안과 사람의 심리적 반응을 이해하고, 이를 고려한 대처 전략을 수립하는 것은 사회적 재난관리에서 매우 중요한 역할을 한다. 따라서 재난 심리학은 사회적 재난관리 분야에서도 중요한 학문이다.

사회적 재난관리 분야에서 재난 심리학은 다양한 방식으로 활용된다. 예를 들어, 재난관리 담당자는 재난 발생 시 재난을 경험하는 사람, 유가족, 일반 국민들의 심리적 영향을 이해하고, 재난으로 인한 사회적 피해를 극복할 수 있는 방안을 사전에 준비할 수 있도록 교육과 실천적 학습을 해야 한다. 이를 위해 재난 심리학에서 연구된 원리와 방법을 활용하여, 인간들이 긴급 상황에서 적극적으로 대처할 수 있도록 도와주는 프로그램이 필요하다.

재난 심리학자는 재난관리자뿐만 아니라 일반 국민들을 대상으로도 긴급 상황에서의 심리적 충격과 심리적 상처의 가능성에 대한 인식을 높일 수 있는 교육을 제공해야 한다. 예를 들어, 재난 후 상담 센터나 응급실을 운영하고, 전문적인 상담원이나 심리치료사를 고용하여 심리적 고통을 겪는 사람들이 회복하는 데 도움을 줄 수 있어야 한다.

또한, 사회적 피해를 극복할 수 있는 방법을 위한 프로그램을 개발하는 것이 중요하다. 신체적, 정신적, 경제적 피해를 극복하기 위한 다양한 프로그램이 시행되고 있지만, 사회적 피해를 구체적으로 다루는 방법에 대해서는 아직 연구가 부족한 현실이다. 따라서 사회적 피해를 최소화하기 위한 매뉴얼을 만들고 이를 적극 활용할 수 있도록 제도를 개선하는 것이 가장 중요한 과제가 된다. 사회적 재난에서는 사람들의 심리적 안정과 회복을 해치는 여러 요소들이 존재한다. 예를 들어, 유언비어, 가짜 뉴스, 불공정한 사건 처리 등이 사회적 재난 극복을 더욱 어렵게 만들 수 있다.

이러한 문제를 극복하기 위해서는 제도적 장치와 심리적 지원이 필요하다. 피해를 입은 사람들이 참여할 수 있는 집단 상담, 치료, 그리고 다양한 형태의 사회적 지원을 제공하는 시스템이 마련되어야 한다. 이를 통해 피해자들이 함께 경험한 고통을 나누고, 서로의 감정을 이해하며 회복할 수 있는 환경을 조성할 수 있다.

마지막으로, 재난 심리학은 재난을 수습하는 인원들에 대해서도 심리적 지원 프로그램 및 교육 방안을 마련해야 한다. 예를 들어, 구조대나 응급조치 담당자들을 대상으로 하는 교육과정에서는 재난 심리학의 원리와 방법을 학습하고, 이를 실제 업무에 적용하는 방법에 대한 교육이 필요하다. 이러한 교육은 재난 상황에서 사람들을 빠르고 정확하게 대처할 수 있는 인력을 양성하는 데 중요한 기여를 할 것이다.

최근에는 전 세계적으로 재난이 빈번하게 발생하면서, 재난 심리학의 중요성이 더욱 부각되고 있다. 특히 코로나19와 같은 대 유행병으로 인한 심리적 영향을 연구하는 사례들이 늘어나고 있으며, 현재 인터넷과 기술의 발달로 인해 재난 상황에서 신속한 정보 전달에 대한 연구도 활발히 진행되고 있다. 또한, 다양한 배경과 경험을 가진 전문가들의 협업을 통해 재난 상황에서의 대처 방법과 심리적 지원 방법을 개선하기 위한 노력이 이루어지고 있다. 예를 들어, 의사, 심리치료사, 사회복지사 등 여러 전문가들이 협력하여 효과적인 지원 방법을 모색하는 한편, 이러한 노력은 재난 상황에서 사람의 심리적 안정과 재건에 큰 도움이 될 것이다.

이와 같이 재난 심리학은 사회적 재난의 효과적인 관리 및 대응을 위해 중요한 역할을 하며, 심리적 지원 및 예방 전략의 개발은 재난 피해를 최소화하고 회복력을 증대시키는 데 필수적이다. 앞으로도 재난 심리학의 연구와 실천이 더욱 강화되어, 재난 상황에서의 인간의 심리적 안정과 회복을 도울 수 있는 길이 열리기를 바란다.

Disaster Psychology

재난분류 | 2 장

1. 재난분류 정의

재난은 인류가 살아온 역사 동안 항상 존재해 왔다. 과거에는 재난의 규모가 그리 크지 않아 발생할 때마다 개별적으로 대처할 수 있었지만, 현대에 들어서는 재난의 규모와 복잡성이 커지면서 체계적인 대처 방법이 필요하게 되었다.

1896년 스위스에서 열린 제1차 국제지리학회는 지구과학과 재난관리 분야에서 역사적인 전환점을 마련한 사건이다. 이 회의에서 처음으로 공식적으로 사용된 "Natural Catastrophes"라는 용어는 단순한 명칭을 넘어, 자연재해에 대한 인식과 접근 방식에 근본적인 변화를 가져왔다. 그 이전에는 지진, 홍수, 화산 폭발 등의 자연 현상으로 인한 피해가 각 지역 고유의 사건으로 취급되면서, 체계적인 연구나 국제적인 협력 없이 개별적으로 대응하는 것이 일반적이었다.

하지만 "Natural Catastrophes"라는 용어의 등장은 이러한 상황을 근본적으로 변화시켰다. 이 개념은 지진, 홍수, 태풍, 산사태, 해일, 화산 폭발 등 다양한 자연 현상으로 발생하는 재해를 하나의 범주로 묶어 공통적인 특징과 원인을 분석하고, 보다 효율적인 대응 방안을 마련할 수 있는 기틀을 제공했다. 이는 재해를 단순히 분류하는 것을 넘어, 재난의 발생 원인과 피해 양상을 과학적으로 연구하고, 예측 및 예방 기술을 개발하는 데 필수적인 첫걸음이었다.

더욱이 이 용어는 국제적인 협력의 필요성을 강조했다. 자연재해는 국경을 넘어 발생하는 초국가적인 문제이며, 국가 간의 정보 공유, 기술 지원, 공동 연구 등 없이 효과적인 대응은 가능하지 않다. "Natural Catastrophes"라는 용어는 이러한 국제적 협력의 필요성을 인식시키고, 국가 간의 공동 노력을 촉구하는 중요한 역할을 수행했다.

19세기 후반부터 국가 차원의 재난 대응 체계가 마련된 것도 이러한 인식 변화의 결과다. 자연재해를 단순한 자연의 힘에 의한 불가항력적인 사건으로 여기던 시대에서, 이제는 예측, 예방, 대비, 구호 등 체계적인 관리를 통해 피해를 최소화할 수 있는 대상으로 변화하게 되었다. "Natural Catastrophes"라는 용어는 이러한 국가 차원의 재난 대응 체계 구축에 중요한 개념적 기반을 제공하였다.

현재 "Natural Catastrophes"는 재난분류와 연구, 정책 수립에 널리 활용되고 있다. 그러나 이 용어는 인간 활동의 영향을 받는 재해(예 : 산림 벌채로 인한 산사태)를 충분히 포괄하지 못하는 한계를 지니고 있다. 그래서 최근에는 "Natural Hazards" (자연적 위험)와

"Disasters" (재해)라는 용어를 함께 사용하여, 자연 현상 자체와 그로 인해 발생하는 사회적 · 경제적 피해를 구분하는 것이 보다 정확한 표현으로 받아들여지고 있다. 그러나 1896년 국제지리학회에서 사용된 "Natural Catastrophes"라는 용어는 자연재해에 대한 인식과 대응 방식에서 획기적인 전환점을 마련한 역사적 의미가 크다.

1999년 설립된 UNISDR (United Nations International Strategy for Disaster Reduction : 유엔재해위험감소전략국), 현재는 UNDRR (United Nations Office for Disaster Risk Reduction : 유엔재해위험감소사무국으로 명칭 변경)은 전 세계적인 재난관리 체계 구축을 위한 중요한 기관이다. UNISDR의 활동은 재난분류의 다양화와 그에 따른 심도 있는 연구 및 논의를 촉진하는 데 크게 기여했다. 특히 2009년 발표된 "지구촌 위기 상황 관리 2009~2011: 재해 위험 감소를 통한 지속 가능한 발전" 보고서는 재난분류의 현황과 과제를 종합적으로 분석하여, 국제적인 재난관리 체계 개선에 중요한 이정표를 제시했다.

이 보고서에서 가장 주목할 만한 점은 재난을 크게 자연 재난과 인위적 재난으로 이분법적으로 구분한 것이다. 이는 기존의 단순한 자연 현상 중심의 재난분류에서 벗어나 인간 활동의 영향을 명확히 고려한 보다 포괄적인 접근 방식을 제시한 것이다.

자연 재난은 지진, 화산 폭발, 홍수, 태풍, 쓰나미 등 자연 현상에 의해 발생하는 재난을 의미한다. 그러나 자연 현상의 규모만으로 재난의 심각성을 판단하기 어려운 점이 생겼다. 기후변화와 환경 파괴 등 인간 활동이 자연 재난 발생의 빈도와 강도에 미치는 영향 또한 고려해야 할 요소가 되었다. 예를 들어, 산림 파괴로 인한 산사태나 무분별한 개발로 인한 홍수는 자연 현상 뒤에 인간의 활동이 작용하는 경우이다.

인위적 재난은 인간의 활동으로 인해 발생하는 재난으로, 산업 재해, 테러, 전쟁, 사회적 혼란, 팬데믹 등 다양한 형태를 포함한다. 최근 기술 발전과 사회 시스템의 복잡성 증가로 인해 인위적 재난의 위험이 증가하고 있으며, 그 피해 규모도 매우 클 수 있다. 원자력 발전소 사고, 화학 물질 유출, 대규모 화재 등은 인간의 활동이 직접적으로 원인이 되어 발생하는 대표적인 인위적 재난을 보여준다.

이 보고서는 단순한 이분법적 구분을 넘어, 국가와 지역에 따라 다양한 재난 분류 방법이 존재한다는 점을 인정하며, 각 지역의 특수성을 반영한 맞춤형 재난관리 체계의 필요성을 강조하였다. 예를 들어, 지진이 빈번한 일본과 잦은 홍수가 발생하는 방글라데시는 각기 다른 재난관리 체계를 필요로 하며, 각 국가의 지리적, 사회적, 경제적 상황에 맞는 재난분류 및 대응 방안을 마련해야 한다. 이러한 다양한 재난분류 방법들은 재난관리 전략의 효율성을 높이기 위한 기초가 되지만, 동시에 국제적인 공조를 어렵게 만드는 요인도 된다. 따라서 표준화된 재난 분류 체계의 개발과 동시에, 각 지역의 특수성을 고려한 유연한 접근 방식이 필요한 상황이다.

UNISDR의 보고서는 재난분류의 다양화와 복잡성을 인식하고 자연 재난과 인위적 재난을 구분하는 포괄적인 접근 방식을 제시함으로써, 보다 효과적인 재난관리 체계 구축을 위한 중요한 기반을 마련하였다. 이는 단순히 재난을 분류하는 문제를 넘어, 재난 위험 감소를 위한 국제적인 협력과 지속 가능한 발전을 위한 노력의 중요성을 강조하는 것이다.

재난분류가 중요한 이유 중 하나는 재난에 대한 대처 방법을 결정하는 데 필수적인 역할을 하기 때문이다. 적절한 재분류를 통해 대처 전략을 체계적으로 마련할 수 있으며, 이를 통해 효과적인 대처와 예방이 가능해진다.

재난 유형에 따른 분류의 역사와 현재의 재난분류 체계들을 장단점을 비교 분석하여, 새로운 재난 분류 체계를 제안한 연구도 있다(Fuyuan Xu, Xiuying Li & Xu Liang, 2016). 이들은 먼저 재난분류의 역사적 배경과 다양한 분류 체계들을 소개하고, 그 중요성과 장단점에 대해 체계적으로 정리한 다음 새로운 종합적인 재난 분류 체계를 제안하였다.

그들이 제안하는 새로운 재난 분류 체계는 세 가지 수준으로 구성되어 있다. 첫 번째 수준에서는 대재난의 종류를 자연재해, 기술적 재해, 인간 요인, 사회경제적 요인 등으로 분류하고, 두 번째 수준에서는 각 대재난을 세분화하여 재해의 원인과 특성, 영향 범위 등을 고려한 카테고리를 생성한다. 마지막으로 세 번째 수준에서는 각 카테고리를 구체적으로 분류하면서 대처 전략과 구조를 제안하였다.

또한 연구자들은 재난분류의 역사를 통해 대처 방식의 개선 방향에 대해 분석하였고, 재난 평가에 대한 다양한 관점에서 논문을 발표하였다. 그들은 재난 평가가 재난 발생 시의 위험성, 피해 정도, 대응 능력 등을 평가하여 적절한 대응 방안을 도출하는 과정이라고 설명하며, 이를 위해서는 효과적인 평가 체계가 필요하고, 이러한 평가 체계는 재난분류와 밀접한 관련이 있다고 주장하였다.

자연 재난분류에 대한 포괄적인 개요를 먼저 제시하고, 재난의 정의와 중요성에 대해 논하며, 다양한 자연 재난의 종류를 소개하여 각각의 특성을 분석한 후, 기존의 자연 재난 분류 체계를 검토하고 한계점을 지적한 후, 제안된 새로운 계층적 분류 체계를 소개하였다(Sehrish Kamaran, Muhammad Sajjad & Nadeem Javaid, 2021). 이들은 자연 재난에 대한 새로운 계층적 분류 체계를 대분류, 중분류, 소분류, 그리고 세부 분류로 나눈다. 대분류는 지질적 원인, 기상적 원인, 수상 원인, 그리고 생물학적 원인으로 나누며, 중분류는 대분류를 더 자세하게 설명하고 세부 분류와의 관계를 명확히 한다. 소분류는 중분류에 포함되며, 세부적인 특성에 따라 구분된다. 마지막으로 세부 분류는 각각의 자연 재난의 구체적인 원인과 특성에 따라 나눈다.

이 연구자들은 제안된 분류 체계의 유용성과 적용 가능성을 검토하고, 이를 통해 재난관리와 대응에 대한 개선점을 제시하였다. 또한, 새로운 분류 체계를 기반으로 한 정보 시스템 및 의사 결정 지원 시스템을 개발하는 것이 중요하다고 결론지었다.

이처럼 재난분류에 대해 많은 학자들이 서로 다른 의견을 개진하고 있지만, 한 가지 공통된 점은 재난에 대한 정확한 분류가 재난 대응에 필수적이라는 사실이다. 재난은 자연 재난, 인위적 재난, 사회적 재난 등 다양한 형태로 발생할 수 있다. 이러한 재난에 대응하기 위해서는 먼저 재난의 종류와 특성을 파악해야 한다. 예를 들어, 지진이나 태풍 같은 자연 재난은 예측하지 못한 순간에 갑작스럽게 발생할 수 있어서 대처하기 어려운 경우가 많다. 이러한 경우 사전 철저한 준비가 필요하며, 재난이 발생하면 신속한 대피 및 정확한 대응이 중요하다.

반면, 테러나 사회적 이슈와 같은 인위적 재난의 경우는 예방이 중요하다. 예방 조치를 통해 테러 위험 지역이나 발생 가능한 장소에 공권력을 투입하고 예방 순찰을 강화할 필요성이 있다. 그러나 예방에도 불구하고 테러가 발생했을 시에는 인명과 재산 피해를 최소화하기 위해 사전 매뉴얼에 따라 소방, 경찰 및 군대 등 관련 기관의 적극적인 개입이 필요하다.

해외 사례를 살펴보면, 일본은 2011년 대지진 이후 재난분류와 대응에 관한 정책을 수립하였다. 일본은 재난에 견딜 수 있고 회복력 있는 사회 구축을 주요 목표로 삼아, 재난의 특성에 맞는 대처 방안을 강구하였다. 대지진 이후 일본은 국가 차원에서 자연 재난에 대한 다양한 대책을 수립하여, 재난 대응 시 나타나는 문제점과 개선 방향에 대한 연구를 계속하고 있다(Naoaki Mashita & Kaoru Takara, 2018).

일본은 재난 발생 후 주민들의 적극적인 협력과 협조가 빠른 회복을 위한 필수적인 요소라고 강조한다. 특히, 일본은 개인이 자신의 안전을 위해 사전에 철저히 대비해야 한다고 주장하며, 이를 “자기 대비”라는 개념으로 정의하고 있다. 이 개념은 일본의 재난 대응 체계에서 중요한 역할을 하고 있다. 대일본 동해안 지진 이후, 일본은 새롭게 정비된 대응 정책을 통해 지진으로 인한 재난 발생 이후 대응 방식의 문제점을 개선하고, “재난대응기본법”에 의해 일본에서 발생할 수 있는 모든 재난에 대한 대응과 조치를 규정하였다.

“재난대응기본법”에 따르면, 재난 대응 체계는 일본의 중앙, 지방, 지방자치단체 간의 협력을 통해 이루어져야 하며, 중앙 정부는 중앙재난대책본부와 중앙재난대책위원회를 구성하여 대한민국의 전역에서 통합적 대응체계를 운영하고 있다. 지방 정부는 지방재난대책본부를 중심으로 재난 대응에 힘쓰고 있다.

자연 재난의 종류와 특성에 따라 적절한 대응 방안은 달라진다. 그러므로 재난 대응 전문가들은 재난을 분류하고 각 종류의 특성과 대처 방안에 대해 많은 시간과 노력을 쏟고 있다. 이러한 노력과 능력이 결합되어야만 재난으로부터 효과적으로 사람들을 보호하고 피해를 최소화할 수 있다.

재난분류는 국가 차원에서 필수적인 과제이다. 이를 위해선 전문가들이 연구와 현장 경험을 종합하여 체계를 구축하는 것이 필요하다. 재난은 인류 사회가 항상 직면해야 하는 위협적인 현상이며, 이러한 재난에 대비하고 대응하기 위해서는 재난의 종류와 특성을 명확히 파악하는 것이 필수적이다.

재난을 효율적으로 관리하기 위해서는 지리적, 사회적, 기후적 특성을 반영한 포괄적인 분류 체계가 필요하다. 각 지역의 특성에 따른 맞춤형 재난 대응이 이루어져야 하며, 이를 위해 각국의 연구자, 정책 입안자, 재난 대응기관 등이 협력하여 효율적인 재난관리 방안을 마련해야 한다.

재난관리의 접근 방식은 재난 발생 전, 중, 후 단계에서 적격한 대응 체계를 구축하는 것을 목표로 한다. 재난 발생 전에는 예방과 준비, 교육 및 훈련이 중요하며, 발생 시에는 신속한 대처와 정보 전달이 핵심적이다. 재난 후에는 피해 복구와 사회적 회복을 함께 고려해야 한다. 이렇게 통합적인 시각에서 재난관리를 바라보는 것이 현대 사회에서 더욱 중요해지고 있다.

또한, 최근에는 대규모 재난이 증가하면서 재난 대응에 대한 관심이 높아지고 있으며, 이는 단순히 특정 지역이나 국가의 문제가 독립적으로 해결될 수 없음을 보여준다. 자연 재난과 인위적 재난은 서로 연결되어 있으며, 국제적으로 협력하여 대응해야 할 필요성이 더욱 커지고 있다. 각국의 데이터 공유, 경험 교환, 기술 지원 등이 이뤄져야 하며, 이를 통해 서로의 위기를 더 잘 이해하고 효율적으로 대처할 수 있다.

결론적으로, 재난의 유형과 특성에 따라 적절한 대응 방안은 달라진다. 따라서 재난분류는 재난관리의 서사적 기초가 되며, 이를 바탕으로 체계적이고 효과적인 대처 방안을 수립할 필요가 있다. 이러한 대응은 단순히 재난 피해를 최소화하는 것을 넘어서, 지속 가능한 사회 발전과 안전한 생활환경을 조성하는 데 중요한 기초가 될 것이다.

재난분류와 체계적인 대응 방안 마련은 정부, 연구자, 시민이 함께 참여해야 할 과정이다. 포괄적이고 실용적인 재난관리 체계를 통해 모든 이해당사자가 재난 피해를 최소화하고 회복할 수 있도록 협력하는 것이 필수적이다.

이러한 노력들은 앞으로의 재난관리뿐만 아니라 인류가 직면할 다양한 위험을 극복하는 데 중추적인 역할을 할 것이다. ReShelling, 협력, 그리고 지속 가능한 발전을 위한 자원의 할당은 재난관리의 중요한 부분이므로, 이를 통해 보다 안전하고 회복력 있는 사회를 만들어 나가야 한다.

2. 자연적 재난

그림 2.1 자연재해산불

자연적 재난은 자연환경에서 발생하여 재산, 기반 시설 및 인명에 막대한 피해를 입히는 재앙적인 사건이다. 이러한 재난은 허리케인, 지진, 화산 폭발, 홍수, 산사태, 토네이도, 가뭄, 산불 및 쓰나미와 같은 다양한 자연 현상으로 인해 발생한다. 자연적 재난은 주택과 건물, 그리고 기반 시설에 막대한 파괴를 가져오며, 수많은 사망자와 부상자, 이재민을 발생시킨다.

자연적 재난의 여파는 기초 시설의 파괴, 경제적 어려움, 개인의 정신건강 문제 등 장기적인 영향을 유발한다. 피해를 최소화하기 위해서는 효과적인 준비, 신속한 대응, 그리고 복구 작업이 무엇보다 중요하다. 정부는 피해를 당한 사람들에게 경제적 지원을 제공하고 주거 문제를 해결하는 데 힘써야 하며, 특히 정신건강 문제를 위해 지속적인 심리 상담 서비스를 진행해야 한다.

자연적 재난은 지구의 지질적, 기후적 요인으로 발생하므로, 인간이 정확하게 예측하고 사전에 대비하거나 예방하기는 매우 어렵다. 예를 들어, 지진은 지구 표면의 움직임으로 인한 지하 광물층의 변화로 발생하기 때문에 예측하기 힘들고, 대부분의 경우 발생 직후에 피해를 줄이는 방법으로 대처해야 한다. 지진은 인명피해뿐만 아니라 건물, 다리, 도로 등 기반 시설에 막대한 피해를 초래한다.

이러한 피해를 최소화하기 위해서는 신속한 대처와 지속적인 관리가 필요하다. 전 세계의 모든 나라에서는 지진, 홍수, 태풍 등 자연적 재난이 발생할 위험이 높은 지역을 대상으로 사전 대비와 대처 계획을 수립하고 있다. 이를 바탕으로 재해 발생 시 신속하고 효율적인 대응이 이루어지도록 재난 관련 법률과 대응 기관을 체계적으로 구축하고 있다.

그렇다면 전 세계 각국은 자연 재난에 어떻게 대비하고 있을까?

다양한 나라와 지역에서는 각자의 특성과 기후에 맞춰 다양한 재난 대응 체계를 운영하고 있다. 예를 들어 일본은 지진이 빈번하게 발생하는 지역으로, 국가 차원에서 엄격한 건축 규정을 설정하고 지진 발생 시 시민들의 신속한 대피를 위한 훈련을 정기적으로 실시하고 있다. 일본은 “자기 대비”라는 개념을 강조하며, 개인이 사전에 철저히 대비하도록 교육하고 있다. 또한, 지진 발생 후 즉각적인 대응을 위한 조직적인 구조를 갖추고 있다.

한편, 미국은 각 주마다 자연 재난에 대한 대응 체계를 운영하며, FEMA (연방재난관리청)를 통해 국내외 재난 시 긴급 지원과 자원을 동원하고 있다. 이 기관은 주 정부와 협조하여 재난 예방 및 준비, 대응과 복구를 위한 프로그램을 개발하고 있다.

유럽의 경우, 다양한 국가들이 지역 협력체계를 통해 정보 공유 및 재난 대응을 강화하고 있다. 예를 들어, 유럽연합은 재난관리의 효율성을 높이기 위해 회원국 간에 기술적 지원과 정보 교환 프로그램을 운영하고 있다.

이렇게 각국의 자연 재난 대비 방법은 다양하지만, 공통적으로는 사전 준비와 예방을 강조하고 있으며, 재난 발생 시 신속하게 대응할 수 있는 체계를 갖추고 있다. 이러한 노력들은 재난으로 인한 피해를 최소화하고, 사회의 회복력을 높이는 데 기여하고 있다.

자연적 재난은 예측이 어렵고 피해가 광범위하지만, 각국에서는 다양한 방법으로 대비하고 있다고 할 수 있다. 재난관리 체계의 구축과 효과적인 대응 전략을 통해 우리는 자연 재난에 더욱 효과적으로 대응할 수 있는 기반을 마련해야 한다.

1) 일본

일본의 경우, “재해대책기본법”에 따라 국가재난대책본부가 재난 대응을 주도하고 있으며, 지방자치단체와의 협력을 강화하고 있다. 중앙 정부는 2001년 중앙청 개편을 통해 ‘방재담당대신'을 신설하여 재난관리에 관한 행정 각부의 정책 통일을 도모하고 있다. 재난이 발생하지 않을 때는 내각총리가 의장으로, 전 각료가 참여하는 중앙방재회의를 통해 정부의 재난관리 대책을 결정한다.

재난이 발생하면 신속하게 비상재해대책본부와 긴급재해대책본부가 설치되어 운영된다. 광역자치단체에는 평시에 도도부현 방재회의가, 기초자치단체에는 시정촌 방재회의가 설치되어 각각 운영되고 있다(김준현, 2020).

또한, 일본은 재난대책기본법에 따라 재난 발생 시 국민들이 어떻게 행동해야 하는지를 지속적으로 교육하고 훈련하는 프로그램을 운영하고 있다. 이를 통해 대처 능력을 높이고, 중앙 정부에서는 재난 정보를 신속하게 전달하여 공공기관, 기업, 학교 등에서 대규모 지진에 대비한 지진 대응 훈련을 실시하고 있다. 또한, 건축물과 다리 같은 인프라는 지진에 강한 구조로 설계하고 시공하여 재난에 대한 대비 태세를 갖추고 있다.

이와 같은 체계적이고 체계적인 대응은 일본 사회가 자연재난에 빠르게 적응하고 효과적으로 대처하는 데 기여하고 있다. 이러한 노력들은 일본이 되도록 많은 인명과 재산 피해를 최소화하고, 주민들에게 안전한 환경을 제공하기 위한 중요한 요소로 작용하고 있다.

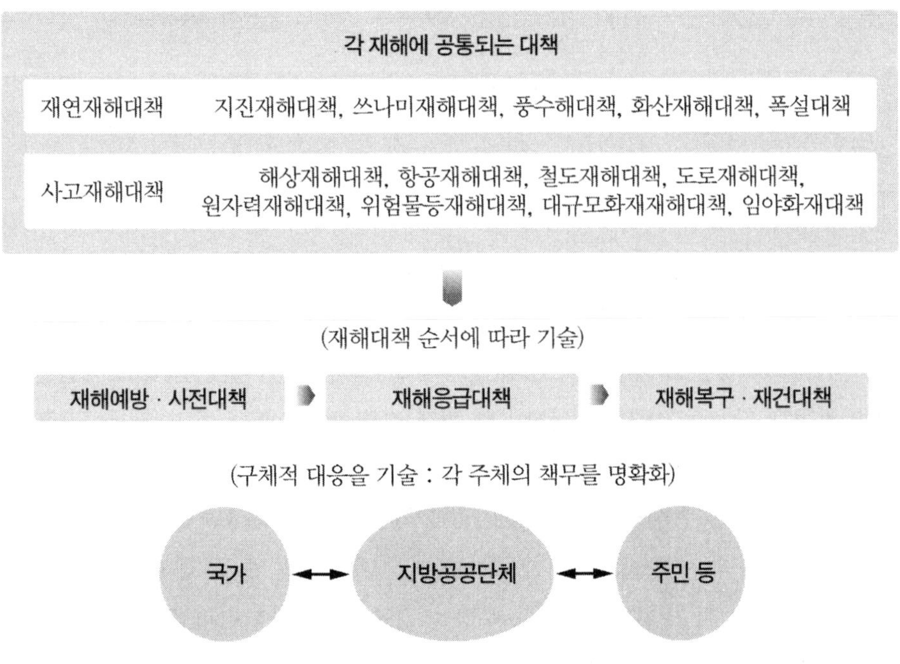

그림 2.2 일본 방재기본계획의 구성(출처 : 손현진, 2017)

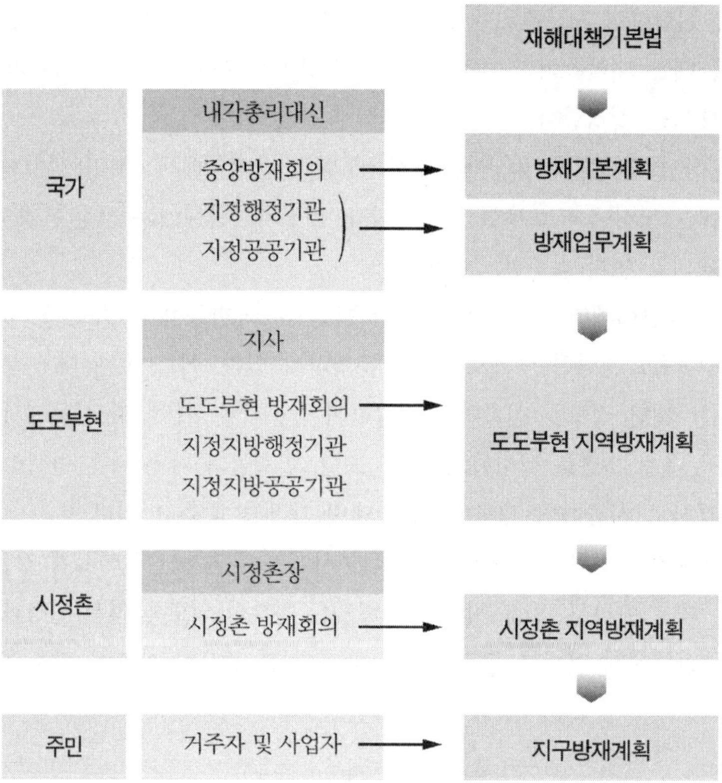

그림 2.3 일본의 국가 재난관리체계(출저 : 박창열, 장미홍, 2018)

2) 미국

미국은 연방재난관리청(Federal Emergency Management Agency, FEMA)을 중심으로 국가적 재난 대응 체계를 구축하고 있으며, 지역 자치 단체와의 협력을 강화하고 있다. FEMA는 미국 전역에서 발생하는 재난에 대비하고, 그에 따른 대응 및 복구 작업을 조정하는 역할을 맡고 있다. 이 기관은 재난관리의 정책 수립, 자원 배분, 정보 제공 및 훈련을 통해 연방, 주 및 지방 정부 간의 조율을 꾀한다.

미국 정부는 "재난은 통상적으로 사망과 상해, 재산 피해를 가져오고, 그 규모가 크며 일상적인 절차나 정부의 자원으로 관리할 수 없는 심각한 사건"으로 정의하고 있다. 이러한 정의는 재난의 심각성과 방치할 수 없는 특성을 강조하며, 이에 따라 체계적이고도 효율적인 대응 방안을 마련하는 데 기반이 된다.

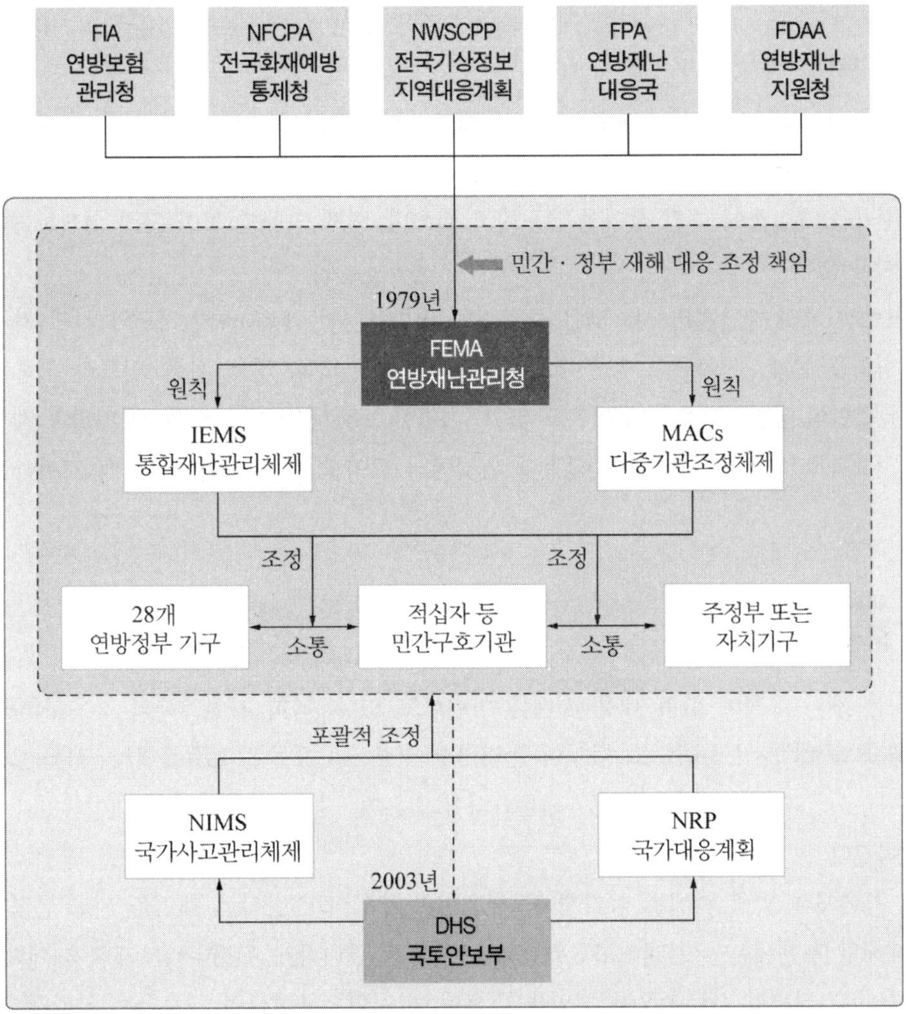

그림 2.4 미국 재난관리 대응구조 [자료 : 연방재난관리청(FEMA)]

FEMA는 자연적 재난인 지진, 해일, 태풍, 화산폭발 등 다양한 재난에 대비하여 국민들에게 대처 능력을 높이는 교육과 훈련을 제공하고 있다. 이러한 교육 프로그램은 시민들이 재난에 대비하고, 발생 시 신속하게 대처할 수 있는 능력을 기르도록 설계되어 있다. 이와 함께 FEMA는 재난 관련 정보를 신속하게 보도매체 및 소셜미디어(SNS)를 통해 전달하여, 시민들이 적시에 필요한 행동을 취할 수 있도록 지원하고 있다.

뿐만 아니라, 미국 정부는 인프라 개선과 재해 예측 기술에 대한 투자를 지속적으로 확대하고 있다. 이를 통해 재난 발생 징후를 조기에 감지할 수 있는 체계를 구축하고 있으며, 특정 지역에서 자연 재난 발생 가능성을 예측하여 해당 지역 주민을 위한 피난 계획과 대응 방안을 마련하고 있다. 이러한 예방 조치는 재난 발생 시 피해를 최소화하고, 주민의 안전을 보장하는 데 중요한 역할을 한다.

예를 들어, FEMA는 자원 배분, 인프라 개선, 조기 경고 시스템 구축 등을 통해 지역사회의 회복력을 높이는 데 기여하고 있다. 동시에, 지역사회는 각 지역의 특성에 맞는 재난관리 전략을 개발하여 주민 참여를 유도하고 있으며, 실제 사례를 통한 훈련 실시로 실효성을 높이고 있다.

이처럼 미국의 재난관리 시스템은 중추적인 역할을 하는 FEMA의 지도와 지역 자치 단체의 협력을 통해 구성되며, 재난 대응의 전 과정에서 교육, 정보 제공, 인프라 구축 등의 다양한 측면이 통합적으로 이루어지고 있다. 이러한 노력들은 재난 발생 시 인명과 재산 피해를 최소화하고, 국민들이 보다 안전한 환경에서 살아갈 수 있도록 하는 데 기여하고 있다.

3) 중국

중국은 재난 유형에 따라 대응 체계를 마련하고 있다. 특히 자연재해의 경우, 공공위기 상황을 크게 네 가지 등급으로 나누어 관리하고 있다. 이 등급은 1급(특별히 크다), 2급(아주 크다), 3급(크다), 4급(일반)으로 세분화되어 있으며, 각 등급에 따라서 대응책임과 절차가 달라진다.

1급 자연재해 발생 시에는 국가재해구원위원회 주임이 전반적인 책임을 지고 운영하며, 2급 재해의 경우에는 국가재해구원위원회 부주임이 관리하게 된다. 3급 재해에 대해서는 국가재해구원위원회 사무총장이 책임을 맡으며, 마지막으로 4급인 경우에는 국가재해구원위원회 사무실이 운영을 담당한다. 이와 같이 각 재해 등급에 따라 책임이 명확하게 할당되어 신속한 대응이 이루어질 수 있도록 하고 있다.

중국의 재난 대응 체계는 국가재난대책본부와 지방재난대책본부 두 가지 주체로 나뉘어 있다. 국가재난대책본부는 중앙 정부에서 대형 재난에 대한 총괄적인 대응을 주도하며, 지방재난대책본부는 각 지방에서 발생하는 소규모 재난에 대한 대응을 담당한다. 서로 다른 규모의 재난에 대해 체계적으로 관리하고 대응할 수 있도록 이 두 본부가 유기적으로 협력하는 방식으로 운영되고 있다.

이러한 체계적인 재난 대응 구조는 중국이 다양한 자연재해에 효과적으로 대응할 수 있는 기틀을 마련하고 있으며, 각 재난 발생 시 신속하고 유연하게 대응할 수 있도록 도와준다. 재난의 규모와 종류에 따라 책임이 명확히 분담되어 재난 피해를 최소화하려는 중국의 노력은 앞으로도 계속 발전해 나갈 것이다.

표 2.1 중국 국가재해경감위원회의 재난 등급 및 책임 체계

등급	책임자	판정 기준
I급(특별중대함)	국가재해경감위원회 주임	사망자 수는 200명 이상
II급(중대)	국가재해경감위원회 부주임	100~200명 사망
III급(비교적 큰)	국가재해경감위원회 비서장	50~100명 사망
IV급(보통)	국가재해경감위원회 판공실	25~50명 사망

출처 : 国务院办公厅印发. (2016). "国家自然灾害救助应急预案"

4) 한국

한국은 "재난 및 안전관리 기본법"에 따라 행정안전부 장관이 재난 및 안전 관리 업무의 총괄과 조정을 담당하고 있다. 이 법에 따라 한국의 안전 관리 기구로 중앙안전관리위원회가 설계되어 있으며, 이 위원회는 국무총리 소속으로 운영된다. 국무총리가 위원장 역할을 맡고, 다양한 부처의 장관들이 위원으로 참여한다. 위원으로는 기획재정부장관, 교육부장관, 과학기술정보통신부장관, 외교부장관, 통일부장관, 법무부장관, 국방부장관, 행정안전부장관, 문화체육관광부장관, 농림축산식품부장관, 산업통상자원부장관, 보건복지부장관, 환경부장관, 고용노동부장관, 여성가족부장관, 국토교통부장관, 해양수산부장관 및 중소벤처기업부장관, 국가정보원장, 방송통신위원회 위원장, 국무조정실장, 식품의약품안전처장, 금융위원회 위원장, 원자력안전위원회 위원장, 경찰청장, 소방청장, 문화재청장, 산림청장, 질병관리청장, 기상청장과 해양경찰청장 등 다양한 기관의 장이 참여한다.

중앙안전관리위원회의 주요 임무는 재난 및 안전관리에 관한 중요한 정책 수립, 국가안전관리기본계획 수립, 재난 사태의 선포, 재난안전의무보험의 관리 및 운영, 그리고 여러 사고가 발생하거나 발생할 우려가 있는 경우 적절한 수습을 위해 관계 기관 간 협력에 관한 중요한 사항들을 맡고 있다. 이러한 역할을 통해 한국은 재난 대응 체계를 강화하고 있으며, 각급 기관이 유기적으로 협력하여 보다 효과적인 재난관리를 목표로 하고 있다.

이러한 체계적인 접근은 한국이 자연 재난이나 인위적 재난에 효과적으로 대응할 수 있는 기반을 마련하고 있으며, 향후 예상되는 다양한 재난에 대비할 수 있는 길잡이가 되고 있다. 한국은 재난 안전 문화를 형성하고 이를 지속적으로 발전시켜 나가는 데 주력하고 있다.

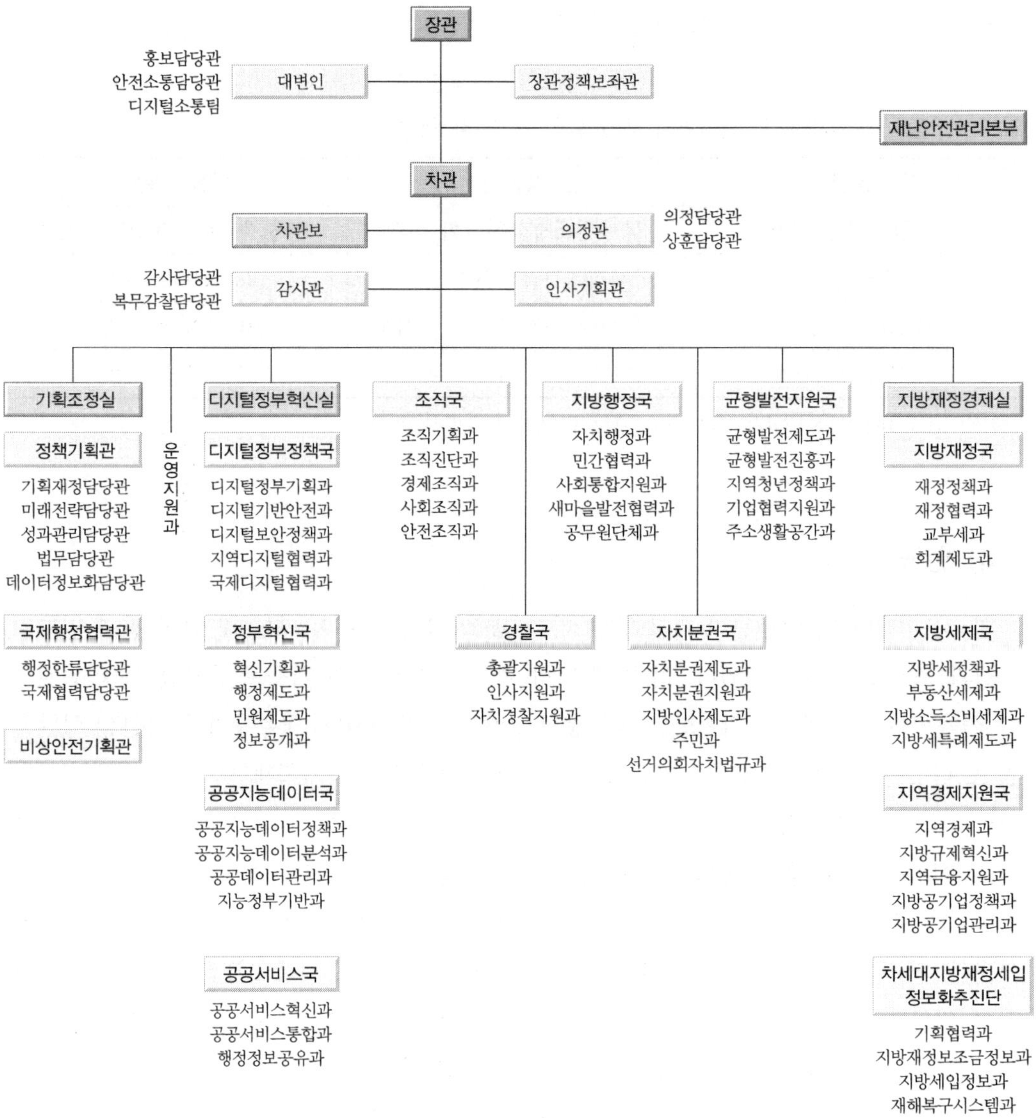
장관
홍보담당관
안전소통담당관
디지털소통팀
대변인
장관정책보좌관
재난안전관리본부
차관
차관보
의정관
의정담당관
상훈담당관
감사담당관
복무감찰담당관
감사관
인사기획관
기획조정실
정책기획관
기획재정담당관
미래전략담당관
성과관리담당관
법무담당관
데이터정보화담당관
국제행정협력관
행정한류담당관
국제협력담당관
비상안전기획관
운영지원과
디지털정부혁신실
디지털정부정책국
디지털정부기획과
디지털기반안전과
디지털보안정책과
지역디지털협력과
국제디지털협력과
정부혁신국
혁신기획과
행정제도과
민원제도과
정보공개과
공공지능데이터국
공공지능데이터정책과
공공지능데이터분석과
공공데이터관리과
지능정부기반과
공공서비스국
공공서비스혁신과
공공서비스통합과
행정정보공유과
조직국
조직기획과
조직진단과
경제조직과
사회조직과
안전조직과
경찰국
총괄지원과
인사지원과
자치경찰지원과
지방행정국
자치행정과
민간협력과
사회통합지원과
새마을발전협력과
공무원단체과
자치분권국
자치분권제도과
자치분권지원과
지방인사제도과
주민과
선거의회자치법규과
균형발전지원국
균형발전제도과
균형발전진흥과
지역청년정책과
기업협력지원과
주소생활공간과
지방재정경제실
지방재정국
재정정책과
재정협력과
교부세과
회계제도과
지방세제국
지방세정책과
부동산세제과
지방소득소비세제과
지방세특례제도과
지역경제지원국
지역경제과
지방규제혁신과
지역금융지원과
지방공기업정책과
지방공기업관리과
차세대지방재정세입
정보화추진단
기획협력과
지방재정보조금정보과
지방세입정보과
재해복구시스템과

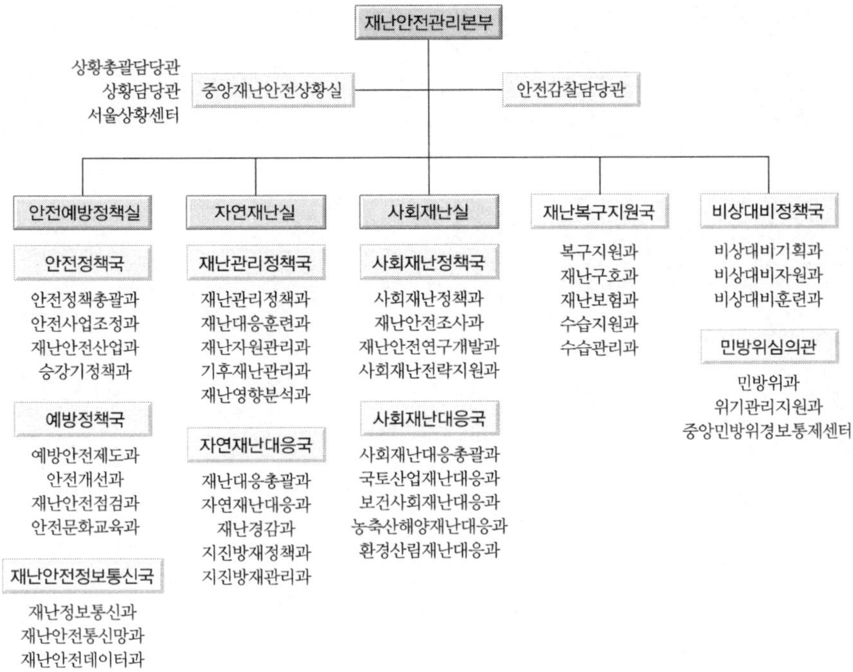

그림 2.5 한국 행정안전부 조직도

5) 피해사례

자연적 재난에는 지진, 홍수, 태풍, 산사태, 대설 등이 포함된다. 이러한 자연적 재난으로 인해 수많은 인명과 재산 피해가 발생했으며, 그로 인해 큰 고통이 초래되었다.

특히 대표적인 사례로 2004년에 발생한]인도양 대지진을 들 수 있다. 이 대지진은 규모 9.1의 강력한 지진으로 발생했으며, 이로 인해 발생한 쓰나미는 많은 인명과 재산 피해를 초래했다. 인도양 대지진으로 인해 인도네시아, 스리랑카, 인도, 태국 등 여러 지역에서 22만 명 이상의 사망자가 발생하였고, 수많은 이재민이 생겨났다.

또 다른 주요 사건은 2011년 3월 11일 일본 동북해안에서 발생한 규모 9.0의 강력한 지진이다. 이 지진 역시 쓰나미를 유발하였고, 일본의 해안 지역 및 인근 지역에 막대한 피해를 입혔다. 특히, 미야기현, 이와테현, 후쿠시마현에서는 수십 미터에 이르는 큰 파도가 밀려와 많은 건물과 차량이 파괴되었다. 이 사건으로 인해 다수의 주민들이 사망하거나 부상을 입었으며, 수백만 명이 삶의 터전을 잃게 되었다. 특히 후쿠시마 원전은 지진 발생 약 50분 후 높이 15 m의 쓰나미에 의해 덮쳐져 원자로 내부 온도와 압력이 상승하여 방사능이 노출되는 대형 사고를 발생시켰다.

그림 2.6 2004년 인도양 대지진 피해

그림 2.7 원전사고

2021년 7월에는 유럽을 중심으로 발생한 폭우와 홍수로 인해 독일, 벨기에, 네덜란드 등에서 200명 이상의 인명피해가 발생했다. 이로 인해 수많은 주택, 건물, 도로 등 인프라 시설이 파괴되며 막대한 피해를 안겼다. 이처럼 자연재해는 각 지역의 기후와 지리적 특성에 따라 다양한 형태와 정도의 피해를 초래할 수 있다.

2023년 2월 6일에는 튀르키예에서 발생한 규모 7.0의 지진으로 4만 3천여 명 이상의 인명피해와 막대한 재산 피해가 발생하였다. 최근 들어 지진의 빈도가 증가하고 있어 이러한 자연재해가 언제 또 다시 발생할지 예측하기 어려운 상황이다.

또한, 최근에는 전 세계적으로 발생한 코로나바이러스감염증-19 (COVID-19)가 자연적 재난으로 분류되기도 한다. 이는 새로운 바이러스의 발생으로 인한 세계적인 대유행으로, 전 세계에서 많은 사람들이 감염되고 사망했다. 이러한 대유행은 사회적, 경제적 활동에 큰 영향을 미쳤으며, 해당 바이러스의 발생과 전파는 인간이 제어하기 어려운 자연적인 현상이라는 점에서 자연적 재난으로 여겨진다.

이처럼 자연적 재난은 다양한 형태로 나타나며, 인류에게 심각한 피해를 주는 사건들로 구성되어 있다. 따라서 재난에 대한 이해와 예방, 대응 체계의 마련이 더욱 중요해지고 있다.

그림 2.8 2023년 튀르키예 대지진 피해

3. 인위적 재난

그림 2.9 9.11테러 피해

인위적 재난은 인간의 의도나 활동에 의해 발생하는 재난을 의미한다. 이러한 재난은 여러 원인으로 발생할 수 있으며, 인간의 실수, 과실, 범죄, 전쟁 등이 그 예이다. 인위적 재난의 대표적인 사례로는 건축물의 구조적 결함으로 인한 붕괴, 화학물질의 유출, 그리고 테러리즘 행위 등이 있다.

인위적 재난은 자연 재난보다 예측하기 어렵고 예방하기 힘든 경우가 많다. 자연 재난의 경우, 지진이나 태풍 등의 발생 시간과 위치를 어느 정도 예측할 수 있지만, 인위적 재난은 인간의 의도와 행동에 따라 언제 어디서 발생할지를 예측하기 어렵다. 따라서 이러한 인위적 재난에 대한 예방 기술과 대처 전략은 매우 중요하다.

인위적 재난은 자연 재난에 비해 사회적, 경제적, 그리고 심리적인 영향이 더 심각하게 나타날 수 있다. 자연 재난은 인간이 막을 수 없는 힘을 인정하는 반면, 인위적 재난에서는 공포, 분노, 상실감 등의 감정을 경험하게 되며, 이를 극복하기 위해 많은 시간과 노력이 필요하다. 또한 인위적 재난은 대규모 사망 사고나 다수의 부상자, 상당한 재산 손실을 초래할 가능성이 높아 더욱 경계해야 한다.

따라서 인위적 재난의 발생 원인을 면밀히 분석하고, 불특정 다수가 출입하는 곳에 대한 보완 시설을 강화하며, 관련 법규와 정책을 정비하는 일련의 과정이 매우 중요하다. 이러한 예방 조치는 인위적 재난으로부터 시민들의 생명과 재산을 보호하는 데 기여하게 될 것이다.

특히 인위적 재난 중에서 테러는 사회의 불만을 품은 개인이나 집단에 의해 발생하는 경우가 많다. 예를 들어, 2003년 2월 18일에 발생한 대구지하철 화재사고는 방화범 한 명에 의해 일어난 사건으로, 무고한 192명이 사망하고 6명이 실종되는 심각한 피해를 초래했다. 이 사고는 최악의 묻지마 테러 사건으로 기록되며, 단 한 사람의 방화로 인해 화재가 발생하고, 부실한 초기 대응이 상호작용하면서 피해가 더욱 커진 결과를 낳았다. 테러는 특정 장소를 경계하거나 예방하기가 어렵기 때문에, 이에 대비하기 위한 교육과 훈련은 필수적이다. 학교, 직장, 마을 단위에서 테러에 대한 교육과 훈련을 정기적으로 실시하여, 시민들이 테러에 대한 인식을 높이고 피해를 최소화할 수 있는 전략을 갖출 수 있도록 해야 한다.

더불어 대표적인 인위적 재난으로는 기술적 문제로 발생한 원자력발전소 사고인 체르노빌 원자력발전소 사고와 후쿠시마 원자력발전소 사고, 그리고 인간의 오류로 발생한 인근 건물 화재로 인한 교통망의 마비가 있다. 또한 사회적 혼란이나 악의적인 행동으로 인해 발생하는 다양한 형태의 테러리즘도 인위적 재난의 한 요소로 볼 수 있다.

실례로, 2003년 2월 18일에 방화범에 의해 발생한 대구지하철 화재사고는 무고한 192명이 사망하고 6명이 실종되는 참혹한 피해를 초래했다. 이 사건은 최악의 묻지마 테러 사건으로 기록되고 있으며, 단 한 명의 방화범으로 인해 화재가 발생하고, 부실한 초기 대응이 더해지면서 피해가 더욱 커진 비극적 사례로 남아 있다. 테러 사건은 장소를 특정하거나 그 위험을 예방하기가 매우 어렵기 때문에, 이에 대비하기 위한 교육과 훈련이 필수적이다. 학교, 직장, 지역사회 단위에서 테러 대응 교육과 훈련을 주기적으로 실시하여 시민들이 테러의 위협에 대한 인식을 높이고, 피해를 최소화할 수 있도록 하는 노력이 필요하다.

또한, 인위적 재난의 대표적인 사례로는 기술적 문제로 인해 발생한 원자력 발전소 사고인 체르노빌 원자력발전소 사고와 후쿠시마 원자력발전소 사고가 있다. 이 두 사고는 모두 원자력 발전소의 관리 및 안전 시스템의 문제로 인해 발생했으며, 대규모 방사능 유출로 인한 심각한 인명피해와 환경 피해를 초래하였다.

더불어 인간의 오류로 인해 발생하는 인근 건물 화재로 인한 교통망의 마비, 사회적 혼란으로 인한 도시의 건물 붕괴, 악의적인 행위로 인한 테러리즘 등도 인위적 재난의 예로 자주 언급된다. 이러한 재난들은 사회에 큰 혼란을 초래하며, 무고한 사람들의 생명과 재산에 심각한 위협을 가한다. 따라서 인위적 재난에 대한 충분한 대비와 체계적인 대응 전략이 요구된다.

그림 2.10 대전지하철 사고(출저 : 인터넷 검색)

체르노빌 원자력 발전소 사고는 1986년 4월 26일 소련의 우크라이나에 위치한 체르노빌 원자력 발전소에서 발생한 원자로 폭발 사고로, 역사상 최악의 원자력 사고 중 하나로 평가받고 있다. 이 사고는 원자로 4번의 연소로 인해 발생한 폭발로, 원자로 냉각수 주입 장치의 결함과 원자로 제어 실패 등 여러 인과 요인이 겹쳐 일어난 것으로 밝혀졌다.

사고로 인해 발생한 방사능 오염은 광범위하게 퍼져 나갔으며, 이 지역의 방사능은 북미 대륙까지 영향을 미치는 지경에 이르렀다. 사고 발생 당시 즉시 대처하지 않았던 점도 심각한 문제였다. 대처 방법의 부재와 정보 공개의 지연 등 다양한 인과 요인이 겹쳐 대처에 어려움을 겪은 것이 원인이었다.

이 사고는 많은 인명피해와 환경 파괴를 초래했으며, 후속 조치와 정비 작업은 장기간에 걸쳐 진행되었다. 그 과정에서 많은 자원이 소모되었고, 피해 복구는 사후에도 상당한 부담으로 작용하게 되었다.

체르노빌 원자력 발전소 사고는 인류 역사에서 심각한 교훈을 남겼으며, 에너지 정책과 원자력 안전 문화의 중요성을 다시 한 번 일깨워 주었다. 이 사건은 또한 국제 사회가 원자력 안전에 대해 다시 생각하게 하는 계기가 되었으며, 재난 예방과 대응의 필요성을 강조하는 사례로 종종 회자된다.

2001년 9월 11일, 미국 뉴욕 맨해튼에 위치한 세계 무역 센터가 테러리스트들의 비행기 공격으로 붕괴되는 사건이 발생했다. 이 사건은 알카에다의 테러리스트들이 승객을 태운 여객기를 납치하여 미국의 상징적인 건물을 공격한 것으로, 역사에 길이 남을 비극적 사건

그림 2.11 체르노빌 원자력 발전소 사고(출저 : 인터넷 검색, 위키백과)

으로 기록되었다.

사고의 시작은 첫 번째 비행기가 오전 8시 46분에 세계 무역 센터의 북쪽 타워에 충돌하며 시작되었다. 이 충돌로 인해 건물 상부가 무너지고 불길과 연기가 솟구쳤다. 이로 인해 즉각적으로 다수의 인명피해가 발생했다. 이어서, 두 번째 비행기는 17분 후인 오전 9시 03분에 남쪽 타워에 충돌하면서 또 한 번의 심각한 피해를 초래했다. 이 두 차례의 공격으로 인해 세계 무역 센터는 심각한 손상을 입었고, 수많은 사람들이 사망하거나 부상을 입었다.

이 사건에서는 또한 세 번째 비행기를 납치한 테러리스트들이 미합중국 국방부 청사인 펜타곤에 충돌하기도 했다. 오전 9시 28분경, 유나이티드 항공 93편(UA93)이 납치되었으나, 승객들의 용감한 저항으로 인해 비행기는 펜실베이니아 주의 한 광산에 추락하게 된다.

이 공격은 총 2,996명의 사망자와 25,000명 이상의 부상자를 발생시켰으며, 세계 무역 센터 건물이 완전히 붕괴됨으로써 미국 및 국제 사회에 상당한 경제적 피해를 입혔다. 이 사건은 전 세계적으로 충격과 공포를 일으켰고, 미국의 안보 정책에 근본적인 변화를 가져오는 계기가 되었다.

그림 2.12 9.11 테러 피해(출저 : 인터넷 검색, 위키백과)

그림 2.13 Bataclan 음악홀 총격 사건(출저 : 인터넷 검색, 위키백과)

2015년 11월 13일, 프랑스 파리에서는 총기 난사와 자살 폭탄 테러로 인해 130여 명이 사망하고 360여 명이 부상하는 대규모 테러가 발생했다. 이 사건은 파리의 여러 곳에서 거의 동시에 일어났으며, 주로 레스토랑, 공연장, 축구 경기장 등 다양한 장소에서 인명피해를 초래했다. 테러리스트들은 이러한 장소를 목표로 하여 무고한 시민들에게 큰 고통을 주었으며, 이는 프랑스 사회와 유럽 전역에 깊은 충격을 주었다.

특히 Bataclan 음악홀에서는 총격 사건의 전초기지로 사용된 무장한 테러리스트 3명이 공연 관람객들을 인질로 잡고 총격을 시작하면서 약 90명의 희생자가 발생했다. 이 테러 사건은 전 세계적으로 큰 충격을 불러 일으켰으며, 인위적 재난의 위험성과 그로 인해 발생할 수 있는 비극적 결과를 다시 한 번 상기시켰다.

이처럼 인위적 재난은 일반적으로 대처하기가 매우 어렵다. 예방과 대비가 힘든 상황이 많기 때문에, 정부와 지역사회가 사전에 대비하고 대응할 수 있는 체계를 구축하는 것이 중요하다. 이를 위해 인위적 재난에 대한 사전 교육과 훈련을 체계적으로 실시해야 하며, 재난 발생 시 즉각적으로 대처할 수 있는 세분화된 대응 매뉴얼도 마련해야 한다.

그림 2.14 사건현장 사진

4. 사회적 재난

그림 2.15 건물 붕괴

사회적 재난은 자연 재난과는 달리 인간 활동과 관련된 문제로 발생하는 재난이다. 이러한 재난은 사회적 문제나 현상, 정치적, 종교적, 이념적인 신념에 의해 타인의 생명과 재산을 위협하거나 사회 질서를 의도적으로 파괴하는 경우도 포함된다.

예를 들어, 인프라 구조의 결함, 사회적 이슈에 대한 불만이나 갈등, 그리고 인간의 실수나 과실 등이 사회적 재난의 원인이 될 수 있다. 이러한 사회적 재난은 재난 대응체계나 대처 방법이 자연 재난과는 다르게 구성되어야 하며, 사회 문제를 해결하기 위한 다양한 노력이 필요하다.

사회적 재난은 국가, 지방자치단체, 시민단체, 전문가 등 다양한 주체의 협력적인 대응이 필요한 문제이며, 사회 전반적으로 안전하고 평화로운 삶을 추구하는 것이 중요하다.

특히 인프라 구조의 결함이란 인프라 시설물의 낡음, 부족, 오작동 등으로 인해 재난 발생 시 인프라 시설물이 제대로 기능하지 못하는 상황을 의미한다. 이러한 인프라 시설물은 재해에 노출되기 쉽고, 재난 발생 시 올바르게 작동하지 않으면 심각한 파급 효과가 발생할 수 있다. 예를 들어, 도로나 다리의 결함은 교통 혼잡을 심화시키고, 수도 시설의 결함은 물 부족 문제를 초래하는 등의 결과를 낳을 수 있다. 따라서 이러한 문제를 예방하기 위해서는 인프라 시설물에 대한 적극적인 유지 보수와 개선이 필수적이다.

그림 2.16 성수대교 붕괴(출저 : 인터넷 검색, 나무위키)

1994년 10월 21일, 서울특별시 성동구 성수대교의 10, 11번 교각이 붕괴되면서 버스, 승합차 및 승용차가 추락하는 사고가 발생했다. 이 사고로 32명이 사망하고 17명이 부상을 입었다. 사고 원인은 동아건설의 부실 공사와 서울특별시의 유지 관리 미흡으로 밝혀졌다. 이 사건은 사회적 재난의 심각성을 다시 한 번 일깨워주는 사례로 여겨지며, 인프라 관리의 중요성과 함께 예방 조치의 필요성을 강하게 시사한다.

성수대교 사고 이후인 1995년 6월 29일 서울특별시 서초구 서초동에 있는 삼풍백화점이 붕괴되었다. 인명피해로는 502명이 사망하고 6명이 실종되었으며 부상 937명, 재산피해는 약 2,700억 원이 발생했다. 사고 원인은 부실공사 및 부실 관리로 파악되었다.

그림 2.17 삼풍백화점 붕괴(출저 : 인터넷 검색, 나무위키)

사회적 재난은 자연 재난과는 달리 인간 활동과 관련된 문제에서 발생하는 재난으로, 정치적, 종교적, 이념적 신념에 의해 타인의 생명과 재산을 위협하거나 사회 질서를 파괴하는 사건을 포함한다. 이러한 재난은 사회적 문제나 현상에 기인할 수 있으며, 예를 들어 인프라 구조의 결함, 사회적 이슈에 대한 불만이나 충돌, 그리고 인간의 실수나 과실 등이 그 원인이 될 수 있다.

사회적 재난은 단순히 특정 개인이나 집단의 문제가 아닌, 사회 전반에 영향을 미치는 문제로 구성원 모두의 안전과 안정성을 위협할 수 있다. 이로 인해 국가나 지방자치단체, 시민단체, 전문 기관 등의 협력적인 접근이 필수적이다. 사회적으로 안전하고 평화로운 삶을 지향하기 위해서는 관련 주체들이 협력하여 문제를 해결하는 노력이 필요하다.

특히 인프라 구조의 결함은 인프라 시설물의 낡음, 부족, 오작동 등으로 인해 재난 발생 시 필수적인 기능이 제대로 수행되지 않는 상황을 말한다. 인프라 시설물은 자연재해와 같은 외부 요인에 쉽게 노출될 수 있으며, 재난 발생 시 제대로 작동하지 않으면 심각한 파급효과가 나타날 수 있다. 예를 들어, 도로와 다리의 결함은 교통 혼잡을 초래할 수 있으며, 수도 시설의 결함은 물 부족 문제를 촉발할 수 있다. 이러한 재난을 예방하기 위해서는 인프라 시설물에 대한 지속적인 유지 보수와 개선이 필요하다.

사회적 재난은 또한 사회적 갈등을 초래할 수 있다. 다양한 가치관, 이익, 목표가 서로 충돌함에 따라 사회 구성원 간의 갈등이 발생할 수 있으며, 이는 집단 간의 갈등이나 개인적인 불만으로부터 시작될 수 있다. 이러한 충돌은 정치적, 경제적, 사회적 차원에서 큰 영향을 미칠 수 있으며, 심각한 경우에는 폭력이나 범죄로 이어질 가능성도 있다. 이 문제를 해결하기 위해 대화와 협상, 중재 등의 방법을 활용할 수 있다.

한국의 중재 시스템을 중심으로 사회적 충돌 해결 전략을 구축하기 위해, 중재의 개념과 시스템 구성 요소를 분석하고, 한국의 중재 사례를 통해 사회적 충돌 해결 전략을 도출하는 것이 필요하다. 중재는 사회적 갈등을 해결하는 데 효과적인 수단으로, 중재자의 전문성과 중재 절차의 투명성 등이 중재 성공에 영향을 미치는 주요 요인으로 작용한다. 따라서 각 사회적 충돌의 종류에 따라 적절한 중재 방법과 전략을 마련해야 한다(Se-Hee Shin & Jeong-Woo Kim, 2018).

외국의 경우, 중국은 자연 보호구역을 사례로 삼아 이러한 지역의 사회적 충돌 원인을 분석하고, 자원 사용과 경제 개발, 정책 시행 등에서 발생하는 갈등을 살펴본다. 이 과정에서, 경제 발전과 생태 보호 간의 균형을 유지하는 데 필요한 협력과 소통의 필요성이 강조되었다(Feng Li, Jing Liu, Yuhong Liu & Shaohua Yan, 2020).

2016년에 발표된 논문 “Constructive Confrontation and Social Conflict: A Human Rights-Based Approach to Conflict Resolution”에서는 사회적 갈등과 대립을 다루기 위해 인권 기반의 접근 방법이 적합하다는 주장을 한다. 인권 기반의 접근은 대립 관계에 있는 사람들이 서로를 존중하고 대화하도록 유도하며, 이들을 인간으로서 보장하고 사회적 불평등 문제를 해결하는 데 도움을 줄 수 있다(Heather L. Hamilton & Thomas W. Smith, 2016).

또한, “Social Conflict and its Effects on Political and Economic Development”라는 연구는 사회적 분쟁이 정치 및 경제 발전에 미치는 영향을 분석하고 있다. 이 논문에서는 사회적 분쟁의 유형과 발생원인, 그리고 이들이 정치적 안정과 경제 성장에 미치는 부정적인 영향을 탐구하였다. 연구 결과, 사회적 분쟁은 경제 성장과 정치적 안정에 심각한 악 영향을 미치며, 이러한 결과는 국가의 인간개발지수(HDI)와 같은 사회적 지표에도 영향을 미치는 것으로 확인되었다. 따라서 연구팀은 사회적 분쟁을 예방하고 해결하기 위한 정책적 개입의 중요성을 강조하며, 사회적 안정이 국가 발전에 필수적이라는 점을 부각시켰다.

이러한 연구들은 사회적 재난관리의 필요성을 더욱 명확히 하는 기초 자료로 활용될 수 있다. 사회적 이슈에 대한 갈등은 다양한 배경에서 발생하며, 이 문제를 해결하기 위해서는 갈등 해소를 위한 체계적이고 구조적인 접근이 요구된다. 협상, 중재, 조정, 그리고 갈등 해결을 위한 법적 절차 등 다양한 방법이 필요하며, 각각의 방법은 상황에 따라 적절히 선택되어야 한다.

한국의 경우, 사회적 갈등 해결을 위한 중재 시스템이 중요한 역할을 한다. 중재자는 전문성을 바탕으로 갈등 상황을 조정하고, 중립적인 위치에서 양측의 의견을 수렴하여 해결책을 제시한다. 이렇듯 중재는 단순히 불만을 해소하는 것이 아니라, 사회적 신뢰를 구축하고 이해관계자 간의 소통을 원활하게 해주는 중요한 기법으로 자리 잡고 있다.

해외 사례를 살펴보면, 사회적 갈등의 근본 원인을 이해하고 해결하기 위한 노력은 여러 나라에서 공통적으로 나타난다. 예를 들어, 중국은 자연 보호구역에서 발생하는 사회적 충돌을 분석하며, 해당 지역의 자원 사용과 경제 개발 간의 갈등을 해결하기 위한 다양한 제안과 협력 방안을 모색하고 있다. 이러한 사례는 사회적 재난관리와 관련된 정책과 프로그램이 필요하다는 점을 더욱 강조하고 있다.

결론적으로, 사회적 재난의 복잡성과 다양성을 해결하기 위한 접근 방법은 다층적이며, 지역적, 사회적 특성에 기반한 맞춤형 전략이 필요하다. 갈등의 원인을 이해하고 대화를 통해 해결책을 모색하는 것이 필수적이며, 이를 위해서는 관련 주체 간의 협력과 지속적인 교육 및 훈련이 요구된다. 사회적 안전망 구축을 위한 노력은 단순히 갈등을 해결하는 것을 넘어, 사회 전체의 안정성과 지속 가능성을 담보하는 기초적인 요소로 작용할 것이다.

재난 위기

3 장

1. 위기 개념

위기(crisis)는 예측하기 어려운 갑작스러운 변화나 심각한 문제 상황을 의미하며, 개인, 조직, 또는 사회 전체에 중대한 영향을 미칠 수 있는 사건이다. 위기의 개념은 그리스어 “krísis”에서 유래했으며, 이는 ‘고르다, 결정하다, 판단하다’라는 의미를 가진 “krínō”에서 파생된 용어이다. 이는 본질적으로 중요한 결정을 내려야 하는 순간이나 중대한 변화를 의미하며, 위기가 발생하면 기존의 대처 능력만으로는 해결하기 어려운 극단적인 상황이 초래될 수 있다.

위기는 단순한 어려움이나 도전과는 다르게, 신속한 대응과 효과적인 의사결정을 요구하는 특성을 가진다. 일상적인 삶에서 건강 문제, 경제적 어려움, 인간관계의 갈등과 같은 개인적 차원의 위기가 발생할 수 있지만, 재난 상황에서의 위기는 개인적인 수준을 넘어 사회 전체에 광범위한 영향을 미치는 특징이 있다. 자연재해, 사회적 재난, 경제 위기, 정치적 불안정, 기술적 재난 등 다양한 유형의 위기가 존재하며, 이러한 위기들은 단순한 문제 상황이 아니라 개인과 공동체의 안정과 존속을 위협하는 중대한 사건으로 간주된다.

재난 위기는 피해의 규모가 크고, 신체적·심리적 충격이 장기적으로 지속될 가능성이 높기 때문에 이에 대한 철저한 대비가 필요하다. 따라서 위기 상황을 최소화하기 위해서는 사전 교육과 훈련을 통한 예방이 필수적이며, 효과적인 위기 대응 체계를 갖추는 것이 중요하다. 학교, 직장, 지역사회 등 다양한 공동체에서 위기의 특징과 대응 방법에 대한 지속적인 교육이 이루어져야 하며, 이를 통해 구성원들이 위기 상황에서 신속하고 적절한 대응을 할 수 있도록 준비해야 한다.

또한, 위기 상황에서는 단순한 물리적 대응뿐만 아니라 심리적 대응이 필수적이다. 많은 사람들이 위기 상황에서 극심한 스트레스와 심리적 불안을 경험하기 때문에, 심리적 응급처치(PFA : Psychological First Aid)와 같은 초기 개입이 중요하다. 이는 피해자들이 급성 스트레스 반응을 조절하고 안정감을 찾을 수 있도록 돕는 역할을 한다. 재난 발생 후 장기적인 심리적 회복을 위해서는 공동체 내에서 지속적인 지원이 필요하며, 위기 대응 과정에서 개인과 사회가 협력하여 심리적 복구를 돕는 것이 필수적이다.

위기 상황에서 효과적인 대응을 위해서는 단순히 위기 발생 시 대처하는 것에 그치지 않고, 예방과 대비의 과정이 선행되어야 한다. 위기 대응은 예방(Prevention), 대비(Preparedness), 대응(Response), 복구(Recovery)의 4단계로 이루어지며, 각 단계에서 체계적인 접근이 필요하다. 사전 예방을 위해서는 지속적인 연구와 교육, 훈련이 이루어져야 하며, 대비 단계에서는 위기 발생 시 즉각적으로 대응할 수 있는 시스템이 구축되어야 한다. 대응 단계에서는 신속한 의사결정과 행동이 요구되며, 복구 단계에서는 피해를 최소화하고 정상적인 상태로 회복할 수 있도록 장기적인 지원이 이루어져야 한다.

위기의 본질적인 특징은 불확실성과 긴급성에 있으며, 이는 신속하고 적절한 의사결정이 이루어지지 않을 경우 심각한 결과를 초래할 수 있음을 의미한다. 따라서 효과적인 위기관리를 위해서는 사전 대비와 체계적인 대응 시스템이 필수적이며, 공동체 내에서 위기 대응 능력을 지속적으로 강화하는 것이 중요하다. 이를 통해 위기 상황에서도 최소한의 피해를 입고 빠르게 회복할 수 있는 사회적 역량을 갖출 수 있을 것이다.

1) 위기의 특징

위기의 특징은 그 불확실성과 긴급성, 그리고 개인과 사회에 미치는 광범위한 영향을 중심으로 정의될 수 있다. 위기는 단순한 어려움이나 문제 상황과는 달리, 기존의 대응 역량을 초과하며 신속한 의사결정과 적절한 개입을 요구하는 특성을 갖는다. 이는 위기의 심각성에 따라 개인, 조직, 지역사회, 국가 차원에서 다층적인 대응이 필요함을 의미한다. 위기의 주요 특징은 다음과 같다.

첫째, 불확실성(Uncertainty)이다. 위기는 일반적으로 예측하기 어렵고, 발생 시점과 범위가 명확하지 않으며, 진행 과정에서 상황이 급변할 가능성이 크다. 예를 들어, 자연재난은 기상 예보나 지질학적 연구를 통해 어느 정도 예측이 가능하지만, 사회적 재난이나 기술적 재난(테러, 사이버 공격 등)은 예측이 매우 어렵고 돌발적으로 발생하는 경우가 많다. 또한, 위기가 발생한 이후에도 정보가 제한적이거나 혼란스러운 경우가 많아 정확한 판단이 어려워지는 경우가 많다. 2011년 일본 동일본 대지진은 지진 발생 자체는 어느 정도 예상되었지만, 실제 규모와 쓰나미의 파괴력, 원전 사고 등은 예상보다 훨씬 심각하게 전개되어 대응이 어려웠다. 2001년 9.11 테러는 사전에 일부 경고가 있었으나, 구체적인 공격 방식과 목표물이 정확히 예측되지 않아 사전 방어가 불가능했다. 2017년 워너크라이(WannaCry) 랜섬웨어 공격은 전 세계적으로 동시에 확산되었으며, 초기에는 피해 규모와 전파 방식이 명확하지 않아 즉각적인 대응이 어려웠다. 이처럼 위기의 불확실성은 정확한 예측과 신속한 대응을 어렵게 만들며, 사전 대비와 유연한 대응 전략이 필수적이다.

둘째, 긴급성(Urgency)이다. 위기는 즉각적인 대응을 요구하며, 적절한 대응이 지연될 경우 피해가 급격히 증가할 수 있다. 예를 들어, 대형 재난이 발생하면 구조와 응급 대응이 신속하게 이루어져야 하며, 정부와 민간단체, 지역사회가 협력하여 빠른 복구 계획을 수립해야 한다. 긴급성이 강조되는 위기에서는 효과적인 위기 커뮤니케이션과 빠른 의사결정이 필수적이며, 대응이 늦어질 경우 물리적 피해뿐만 아니라 사회적 혼란, 심리적 충격도 가중될 가능성이 높다. 2004년 인도양 쓰나미 당시 초기 경보 시스템이 미비하여 신속한 대피가 이루어지지 않았고, 그로 인해 20만 명이 넘는 인명 피해가 발생했다. 2014년 세월호 참사에서는 구조 대응이 늦어지면서 승객들이 적절한 탈출 기회를 얻지 못해 대규모 인명 피해가 발생했다. 또한, 2020년 코로나19 팬데믹 초기에는 각국 정부의 대응 속도 차이에 따라 감염 확산 정도가 크게 달라졌으며, 신속한 봉쇄 조치를 취한 국가들은 상대적으로 피해를 줄일 수 있었다. 이처럼 위기 상황에서는 신속한 결정과 즉각적인 대응이 필수적이며, 초기 대응의 속도와 정확성이 피해 규모를 결정하는 중요한 요인이 된다.

셋째, 중대한 영향(Severity and Impact)이다. 위기는 개인의 정신적·신체적 건강뿐만 아니라, 경제, 사회, 정치적 시스템에도 장기적인 영향을 미칠 수 있다. 예를 들어, 대규모 자연재해는 국가 경제에 심각한 타격을 줄 수 있으며, 테러 공격이나 대형 산업재해는 사회적 신뢰를 저하시킬 수 있다. 2008년 글로벌 금융위기는 경제적 위기가 사회적 불안과 정치적 변동을 초래하며 전 세계적으로 장기적인 영향을 미친 사례이다. 2011년 동일본 대지진은 일본 경제에 막대한 타격을 주었으며, 후쿠시마 원전 사고로 인해 수십 년간 환경과 에너지 정책에 영향을 미쳤다. 2001년 9.11 테러는 미국 사회의 안전 개념을 변화시켜 공항 보안 강화, 대테러 정책 변화 등으로 이어졌다. 또한, 위기는 개인 수준에서 PTSD (외상 후 스트레스 장애), 우울증, 불안장애와 같은 심리적 영향을 유발할 가능성이 높으며, 2014년 세월호 참사 생존자와 유가족들이 심리적 후유증을 겪으며 장기적인 치료와 지원이 필요했던 사례가 이를 잘 보여준다. 이처럼 위기는 단순한 물리적 피해를 넘어 사회 전체의 구조적 변화와 개인의 정신 건강에 심각한 영향을 미치며, 장기적인 대응과 복구 계획이 필수적이다.

넷째, 연쇄적 파급 효과(Domino Effect, Cascading Impact)이다. 위기는 하나의 사건으로 끝나지 않고, 연쇄적으로 다른 문제를 발생시킬 가능성이 높다. 예를 들어, 대규모 지진은 건물 붕괴뿐만 아니라 화재, 가스 누출, 교통마비 등의 2차 피해를 초래할 수 있으며, 2011년 동일본 대지진은 쓰나미를 유발했고, 이로 인해 후쿠시마 원전 사고가 발생하면서 방사능 유출이라는 장기적인 환경 재난으로 이어졌다. 경제적 위기의 경우, 2008년 글로벌 금융위기는 대량 실업과 기업 도산을 초래하며 전 세계적으로 경기 침체를 가속화시켰다. 또한, 전염병 확산과 같은 보건 위기는 경제적 불황과 사회 불안을 초래할 수 있으며, 2020년 코로나19 팬데믹은 보건 위기에서 시작해 글로벌 공급망 붕괴, 실업 증가, 정치적 갈등 심화 등 다양한 연쇄적 영향을 가져왔다. 따라서 위기 대응 전략은 단순히 현재의 상황을 해결하는 것이 아니라, 이후 발생할 수 있는 2차, 3차 피해까지 고려하여 설계되어야 한다. 이를 위해 다차원적인 대응 시스템과 장기적인 복구 계획이 필요하며, 위기 발생 이후에도 지속적인 모니터링과 정책적 대응이 이루어져야 한다.

다섯째, 사회적 혼란(Social Disruption)이다. 위기가 발생하면 기존 사회 질서가 유지되기 어려워지며, 공포와 불안이 확산될 가능성이 높다. 이는 잘못된 정보(가짜 뉴스)의 확산, 정부와 기관에 대한 신뢰 저하, 시민들의 공황 상태와 같은 사회적 문제를 유발할 수 있다. 2020년 코로나19 팬데믹 초기에는 감염병에 대한 정확한 정보가 부족한 상태에서 가짜 뉴스가 퍼지면서 마스크와 생필품 사재기가 발생하였고, 백신과 치료제에 대한 음모론이 확산되며 사회적 불안을 심화시켰다. 2008년 글로벌 금융위기 당시 경제 붕괴에 대한 공포가 확산되면서 은행 인출 사태(Bank Run)가 발생하였고, 이는 금융시장에 추가적인 충격을 주었다. 또한, 2011년 동일본 대지진 후 후쿠시마 원전 사고에 대한 정보가 제한적으로 제공되면서 방사능 유출에 대한 공포가 과장되었고, 일본 정부의 위기 대응에 대한 신뢰도가 크게 하락하였다. 특히, 정보가 부족하거나 불확실성이 높은 위기에서는 대중의 심리적 동요가 커지며, 잘못된 대응이 이루어질 경우 상황이 더욱 악화될 가능성이 크다. 따라서 위기 대응에서는 신속하고 명확한 정보 제공이 필수적이며, 정부와 공공기관은 신뢰할 수 있는 커뮤니케이션 채널을 통해 위기 상황을 투명하게 전달해야 한다. 이를 위해 정확한 정보 전달 시스템을 구축하고, 가짜 뉴스 차단과 같은 사전 예방 조치가 필요하며, 시민들에게 신뢰를 줄 수 있는 위기 대응 리더십이 요구된다.

여섯째, 다양한 대응 주체의 개입(Multi-agency Involvement)이다. 위기는 단일 기관이나 조직이 해결할 수 있는 문제가 아니며, 정부, 비정부 기구(NGO), 민간 기업, 지역사회, 언론, 국제기구 등 다양한 주체들의 협력이 필요하다. 2020년 코로나19 팬데믹의 경우 정부의 방역 정책이 핵심이었지만, 의료 기관의 대응, 과학자들의 연구,

백신 개발을 위한 제약회사의 노력, 시민들의 협조가 함께 이루어져야 효과적인 대응이 가능했다. 2010년 아이티 대지진 발생 시 국제사회가 즉각적으로 지원을 제공했지만, 현지 정부, NGO, 유엔, 각국의 재난구호팀이 원활하게 협력하지 못해 초기 구조와 복구 작업이 지연되었다. 또한, 2005년 미국의 허리케인 카트리나 사태에서는 연방정부와 주정부 간 조율 부족으로 혼란이 발생하며 피해가 확대된 바 있다. 따라서 위기관리 체계에서는 각 주체들의 역할과 협력 방안을 명확히 규정하고, 위기 발생 시 신속하게 협력할 수 있도록 사전 대비가 필요하다. 이를 위해 공동 대응 프로토콜을 마련하고, 정기적인 위기 대응 훈련과 정보 공유 체계를 구축하며, 다기관 협력의 중요성을 강조하는 위기관리 시스템이 요구된다.

일곱째, 장기적 여파(Long-term Consequences)이다. 일부 위기는 발생 후 단기간에 해결될 수 있지만, 대규모 재난이나 경제적 위기, 전쟁과 같은 사건은 수년에서 수십 년간 영향을 미칠 수 있다. 2008년 글로벌 금융위기는 경제 구조와 노동 시장에 지속적인 변화를 초래하며, 일부 국가는 경기 회복에 오랜 시간이 걸렸다. 2011년 동일본 대지진과 후쿠시마 원전 사고는 일본 사회와 경제, 에너지 정책에 장기적인 영향을 미쳤으며, 방사능 오염 문제로 인해 수십 년간 환경 복구와 피해 지역 재건이 필요하게 되었다. 9.11 테러는 단순한 일회성 사건이 아니라 이후 미국의 안보 정책과 국제 관계에 깊은 영향을 주었으며, 대테러 전쟁과 공항 보안 체계 강화 등 다양한 변화로 이어졌다. 또한, 팬데믹과 같은 보건 위기는 사회적 거리두기와 원격 근무 문화 정착, 의료 시스템 개혁 등 장기적인 사회 변화를 초래할 수 있다. 따라서 위기 대응 전략은 단기적 대응뿐만 아니라, 장기적인 복구 및 재건(recovery & rebuilding) 과정까지 포함해야 하며, 피해자들의 심리적 회복과 사회적 재통합을 위한 지속적인 지원이 필요하다. 이를 위해 정부와 민간 부문이 협력하여 장기적인 복구 계획을 수립하고, 심리적 지원 프로그램, 지역사회 복원력 강화, 지속 가능한 개발 전략을 함께 추진하는 것이 중요하다.

결론적으로, 위기는 단순한 문제 상황이 아니라 불확실성과 긴급성이 강조되는 중대한 사건이며, 개인과 사회 전체에 연쇄적인 영향을 미칠 수 있다. 따라서 효과적인 위기 대응을 위해서는 위기의 특징을 명확히 이해하고, 유형별 맞춤형 대응 전략을 마련해야 한다. 이를 통해 위기 발생 시 신속한 대응과 장기적인 복구가 가능해지며, 사회적 안정성을 유지하고 피해를 최소화할 수 있을 것이다.

2) 위기관리 (Crisis management) 개념

위기관리는 위기가 발생했을 때 피해를 최소화하고 신속하게 복구하기 위한 체계적인 접근을 의미하며, 조기 대처가 핵심이다. 위기가 발생하면 신속하고 적절한 대응이 이루어져야 하며, 이를 위해 사전 예방, 위기 발생 시 대응, 그리고 사후 복구 과정이 유기적으로 연계되어야 한다. 효과적인 위기관리는 단순한 대응 차원을 넘어, 위기를 체계적으로 관리하고 사회적, 경제적, 심리적 영향을 최소화하는 전략적 과정이다.

위기 예방 활동은 위험 요소를 사전에 분석하고, 이를 줄이기 위한 전략을 수립하는 과정이다. 이를 위해서는 위험 평가, 예방 계획 수립, 교육 및 훈련이 필수적이다. 정부와 지방자치단체는 특정 지역과 분야에 위기 등급을 부여하고, 정기적인 점검을 통해 예상되는 위험을 사전에 파악해야 한다. 이를 위해 다양한 분야의 전문가들이 참여하여 구체적인 전략을 수립하고 실행할 권한이 부여되어야 한다. 예를 들어, 자연재해가 빈번한 지역에서는 지진 대비 내진 설계 기준을 강화하고, 홍수 위험이 높은 지역에서는 배수 시스템을 정비하는 것이 위기 예방의 중요한 요소가 된다. 또한, 질병 확산 가능성이 높은 지역에서는 조기 경보 시스템을 구축하고 백신 보급을 사전에 준비하는 등의 사전 조치가 필요하다.

위기 예방을 효과적으로 수행하기 위해서는 분야별 위원회를 구성하여 위험 평가와 위험 요소 분석을 정기적으로 수행해야 한다. 이를 바탕으로 예상되는 위험 상황에 대비한 대응 전략을 마련하고, 필요한 자원과 인력을 확보하는 것이 필수적이다. 이러한 계획은 단순한 문서화 작업이 아니라, 실제 적용 가능한 실행 계획으로 구체화되어야 한다. 특히, 교육과 훈련을 강화하여 국민들이 재난 및 위기 상황에서 대처할 수 있도록 하는 것이 중요하다. 이를 위해 학교 및 직장에서 정기적인 위기 대응 교육을 의무적으로 시행하고, 직장 외부에 있는 자영업자나 프리랜서 등을 위한 온라인 교육 프로그램을 제공하는 방안을 고려해야 한다. 또한, 교육 이수를 장려하기 위해 특정 보상 체계를 마련하고, 재난 발생 시 피해를 입은 교육 이수자들에게 보상금 지급과 같은 혜택을 제공하는 방식도 효과적일 수 있다.

위기 대응 활동은 위기가 발생했을 때 이를 신속하고 효율적으로 해결하는 과정으로, 적절한 대응 방안을 수립하고 대응 조직을 운영하며, 정기적인 훈련을 포함한다. 국가 및 기관 차원에서 효과적인 위기 대응 체계를 갖추기 위해서는 위기관리 부서를 조직하고, 이를 위한 인력과 자원 관리를 철저히 해야 한다. 단순한 대응 방안 마련을 넘어, 각 위기 유형별(자연재난, 인적재난, 사회적 위기 등)로 특화된 대응 전략을 수립하고 실행해야 한다. 예를 들어, 허리케인과 같은 자연재해 발생 시에는 신속한 대피와 피해 복구가 중요하지만, 사이버 테러와 같은 기술적 재난에서는 IT 보안과 네트워크 방어 체계가 핵심적인 역할을 한다.

위기 대응의 성공 여부는 신속한 의사결정과 실시간 정보 공유에 달려 있다. 위기 상황에서는 정확한 정보가 신속하게 전달되어야 하며, 정부 및 관련 기관이 신뢰할 수 있는 정보를 제공하고 가짜 뉴스 및 잘못된 정보 확산을 방지하는 것이 중요하다. 예를 들어, 2020년 코로나19 팬데믹 당시 일부 국가에서는 신속한 정보 공유와 투명한 커뮤니케이션을 통해 국민들의 협조를 이끌어냈지만, 정보가 부족하거나 부정확했던 국가에서는 혼란과 불신이 확산되며 위기 대응이 더욱 어려워졌다. 따라서 위기 대응에서는 명확한 커뮤니케이션 전략이 필수적이며, 대응 과정에서 시민들의 협조를 얻기 위한 신뢰 구축이 필요하다.

위기 후 복구 활동은 위기 상황을 평가하고, 재발 방지 및 장기적인 복구 계획을 수립하는 과정이다. 복구 활동은 단순히 위기를 극복하는 것을 넘어, 사회와 경제 시스템을 정상화하고 재발 방지 대책을 마련하는 데 중점을 둬야 한다. 이를 위해 정부 기관과 지방자치단체는 피해 평가를 신속히 수행하고, 복구 지원 프로그램을 마련하며, 피해자들에게 실질적인 도움을 제공해야 한다. 또한, 복구 과정에서 지역사회와 기업, NGO 등이 협력하여 장기적인 회복 지원 체계를 구축하는 것이 중요하다. 예를 들어, 대규모 자연재해 이후 단순한 구조 활동을 넘어, 주거 지원, 심리 상담, 경제 재건 프로그램 등을 포함하는 종합적인 복구 계획이 마련되어야 한다.

위기 상황에서 개인의 역할도 중요하다. 개인은 사전 교육과 훈련을 통해 위기 대응 능력을 길러야 하며, 위기 발생 시 신속하게 안전한 장소로 대피하고 가족 및 이웃과 비상 연락망을 유지해야 한다. 특히, 개인이 위기 대응 지침을 숙지하고 대처할 수 있도록 정기적인 훈련이 필요하며, 위기 발생 시 필요한 행동 지침이 명확히 전달되어야 한다. 예를 들어, 대형 화재 발생 시 대피 경로와 비상 키트 사용법을 숙지하는 것은 생존 가능성을 크게 높이는 요소가 될 수 있다.

위기관리는 국가, 기관, 기업, 개인 모두에게 중요한 개념이며, 이를 효과적으로 수행하기 위해서는 사전 대비, 신속한 대응, 체계적인 복구 활동이 긴밀하게 연계되어야 한다. 단순히 위기 발생 후 대응하는 것이 아니라, 사전 예방과 교육, 그리고 위기 이후의 장기적인 복구 및 학습 과정까지 포함하는 포괄적인 전략이 필요하다. 이를 위해 정부는 지속적으로 위기 대응 능력을 강화하고, 기업과 지역사회는 협력하여 위기 발생 시 신속하고 효과적인 대응이 가능하도록 대비해야 한다. 종합적으로, 위기관리는 단순한 비상 대응을 넘어 지속 가능한 사회를 구축하는 데 필수적인 요소이며, 이를 위한 체계적이고 실질적인 정책과 실행 전략이 필요하다.

2. 위기 경보

위기 경보 시스템은 위기 발생 시 즉각적인 대응을 가능하게 하고 피해를 최소화하기 위한 필수적인 요소이다. 효과적인 위기관리를 위해서는 위기가 발생하는 즉시 체계적인 대응이 이루어질 수 있도록 사전에 계획된 시스템을 구축해야 한다. 이는 단순한 위기 대응을 넘어 위기 예방, 진행 상황 모니터링, 위기 발생 시 신속한 조치, 사후 복구까지 포괄하는 종합적인 관리 체계를 의미한다.

위기가 발생하면 즉각적인 대처가 이루어져야 하며, 이를 위해 국민들에게 실질적인 훈련과 교육을 제공하여 위험 감지와 조치를 신속하게 취할 수 있도록 해야 한다. 이는 정부의 신뢰성과 안정성을 높이는 데 기여하며, 위기 상황에서 효과적인 대처 능력을 배양하는 핵심 요소가 된다. 또한, 위기 발생과 동시에 자동적으로 위기관리 시스템이 작동하도록 체계화해야 하며, 이를 통해 불필요한 혼란을 줄이고 신속한 대응이 가능하도록 해야 한다. 위기 발생 시 안전이 최우선 고려되어야 하며, 물적 피해보다 인적 피해를 최소화하는 데 주력해야 한다. 위기가 어느 정도 진정되면 구조 및 피해 규모를 파악하여 국민들에게 신속하고 정확한 정보를 제공해야 하며, 정보 제공이 지연될 경우 유언비어 및 가짜 뉴스 확산으로 인해 피해 복구가 더욱 어려워질 수 있다. 따라서 정부는 위기 대응 부처를 조직하고, 각 부서의 역할을 명확히 하여 변화하는 상황에 맞춰 대처 전략을 신속하게 조정해야 한다.

위기관리를 효과적으로 수행하기 위해서는 위기 발생 이전 단계부터 지속적으로 관련 사항을 관찰하고 분석해야 한다. 이는 단순한 위기 대응이 아니라, 위기의 징후를 조기에 감지하고 사전 예방 조치를 강화하는 것이 핵심이다. 위기 예방을 위해 관련 정보를 수집·분석하고, 위기관리 매뉴얼을 제작하여 배포하며, 정부 및 공공기관, 전문가 그룹이 협력하는 시스템을 구축해야 한다. 특정 위기를 담당하는 예방 부서를 운영하여 예상되는 위기 유형별 대비책을 마련하고, 필요한 인력과 자원을 확보하는 것이 중요하다. 또한, 위기 경보 체계를 구축하여 위기 단계별 대응 수위를 조정하고, 위기 발생 시 신속한 대응이 가능하도록 해야 한다.

위기 경보 단계는 관심(Moderate), 주의(Substantial), 경계(Severe), 심각(Critical) 상태로 구분되며, 각 단계에 따라 대응 강도를 조정해야 한다.

가) 위기 관심(Moderate) 상태

위기 관심 상태는 비교적 안정적인 상황이지만, 잠재적 위협이 존재하는 경우를 의미한다. 이 단계에서는 위기 발생 가능성을 모니터링하고, 예방 조치를 강화하는 것이 중요하다. 이를 위해 사전 교육과 훈련을 강화하고, 국민들에게 위기 대처 방법을 숙지하도록 지원해야 한다. 또한, 위기 발생 시 즉각 대응할 수 있도록 시스템을 점검하고 필요한 조치를 미리 마련해야 한다. 국민들에게 실질적인 훈련과 교육을 제공하고, 위기 발생 시 자동적으로 대응할 수 있도록 매뉴얼을 제작하여 배포하는 것이 필요하다.

나) 주의(Substantial) 상태

주의 상태는 위기가 발생할 가능성이 높아지거나, 외부적 요인으로 인해 위협이 증가하는 상황을 의미한다. 이 단계에서는 정부 및 기관들이 위기 발생 가능성에 대비하여 대응 체계를 점검하고, 위기 대응 훈련을 강화해야 한다. 재난 관리 부서는 필요할 경우 언론을 통해 신뢰할 수 있는 정보를 제공하고, 국민들에게 대비 지침을 안내해야 한다. 또한, 위기 예방 부서는 위기 발생 가능성을 줄이기 위한 추가적인 조치를 시행하며, 관련 기관 간 협력을 강화해야 한다.

다) 경계(Severe) 상태

경계 상태는 위기가 발생했거나 발생할 가능성이 매우 높은 상황을 의미하며, 신속한 대응이 요구된다. 이 단계에서는 즉각적인 비상 대응 체계를 가동하고, 현장 대응 인력을 배치하여 피해를 최소화해야 한다. 위기 대응 부서는 현장 출동을 준비하고, 통신 시스템을 점검하여 실시간으로 정보를 공유할 수 있도록 해야 한다. 또한, 피해 예상 지역 주민들에게 대피 방송을 실시하고, 필요할 경우 강제 대피 조치를 시행해야 한다. 신속하고 정확한 정보 제공이 핵심이며, 정보가 부족할 경우 시민들의 혼란이 가중될 수 있다. 위기 대응 부서는 경찰, 소방, 의료 기관 등과 협력하여 효과적인 대응이 이루어지도록 조정해야 한다.

라) 심각(Critical) 상태

심각 상태는 이미 대규모 피해가 발생했거나, 위기가 극도로 심각한 단계로 접어든 경우를 의미한다. 이 단계에서는 모든 가용 자원을 동원하여 피해 확산을 막고, 인명 구조 및 복구 활동을 신속하게 수행해야 한다. 정부와 공공기관은 즉각적인 재난 대응 체계를 가동하고, 피해 지역 주민들에게 필수적인 생필품과 의료 지원을 제공해야 한다. 또한, 피해 지역에 대한 지속적인 모니터링을 실시하고, 장기적인 복구 계획을 마련해야 한다. 심각한 위기 상태에서는 심리적 불안이 극대화될 가능성이 높으므로, 국민들에게 명확한 지침을 제공하고, 심리 상담 및 지원 서비스를 병행해야 한다.

위기 대응 과정에서 가장 중요한 요소는 신속하고 정확한 정보 제공과 효율적인 대응 체계 구축이다. 위기가 발생하면 즉각적인 대응이 필요하며, 사전에 마련된 위기관리 시스템이 자동적으로 작동하여 혼란을 최소화해야 한다. 이를 위해 정부는 위기 경보 체계를 지속적으로 점검하고, 실효성 있는 대응 전략을 수립해야 한다. 또한, 국민들의 대처 능력을 강화하기 위해 지속적인 교육과 훈련을 실시하고, 위기 발생 시 신속하고 일관된 정보 제공이 이루어지도록 해야 한다. 위기 대응 부서는 각 기관 간 협력을 강화하고, 위기 발생 이전부터 철저한 대비책을 마련하여 국가적 재난 대응 역량을 강화하는 데 주력해야 한다.

표 3-1 위기경보 구분

구 분	내 용	비고
적정한(Moderate) 상태	• 위기 상황이 예상 가능한 상태 • 위험요소 파악 및 대응책 마련 • 대응체계 구축 및 테스트	
상당한(Substantial) 상태	• 위기 상황이 발생할 가능성이 높은 상태 • 위기 대응 전략 수립 • 대응체계 구축 및 테스트 • 모니터링 체계 구축	
엄격한(Severe) 상태	• 위기 상황이 발생하거나 발생 가능성이 높은 상태 • 대응책 신속 마련 • 대응체계 바로 시행 및 테스트 • 정보 수집 및 분석	
심각한(Critical) 상태	• 위기 상황이 매우 심각한 수준 • 대응책 우선순위 매우 높음 • 대응체계 즉각적 시행 및 평가 • 대처 방안 수립 및 대응	

3. 위기관리 원칙

1) 리차드슨 위기관리 7가지 원칙

제임스 리차드슨(James Richardson)은 위기관리와 재난 대응 분야에서 인정받는 학자로, 그의 연구와 저술은 이론적 토대와 실천적 접근 방식을 통합하여 많은 조직과 개인에게 유용한 지침을 제공하고 있다.

리차드슨은 초기에 사회학과 심리학을 전공하며 인간 행동 및 사회적 상호작용에 대한 깊은 이해를 쌓았다. 이러한 배경은 그가 나중에 위기관리와 재난관리의 복잡한 이면을 탐구하는 데 큰 도움이 되었다. 그는 위기 발생 시 개인의 심리적 반응과 사회적 영향, 그리고 조직이 효과적으로 대응하기 위해 필요한 전략들을 연구하게 된다.

경력의 초기 단계에서 그는 여러 대학에서 강의를 진행하며 위기관리에 대한 중요성을 강조했다. 이를 통해 그는 미래의 위기관리 전문가들을 양성하고, 학생들에게 실제 사례와 이론을 결합한 교육을 제공하였다. 그의 강의는 학생들에게 위기관리의 다각적인 접근 방식을 이해하도록 돕는 데 중점을 두었다.

리차드슨의 연구에는 재난 발생 시 요구되는 신속한 대응 방안에 관한 심도 깊은 분석이 포함되어 있으며, 그는 이를 통해 위기관리의 체계적 접근을 발전시켰다. 이 과정에서 그는 2001년 9월 11일 미국에서 발생한 테러 사건과 같은 여러 사건을 연구하여, 그의 이론을 실증적으로 뒷받침하는 사례를 제시하였다.

그의 저서 「Crisis Management : A Critical Appraisal 1」은 위기관리 분야에서 중요한 학술 자료로 간주되며, 여러 조직과 정부에서 위기 대응 체계를 구축하는 데 필수적인 참고서가 되었다. 리차드슨은 위기관리의 중요성을 널리 알리고, 정부, 비정부 조직, 기업 등 다양한 분야의 전문가들이 협력하여 위기에 효과적으로 대비해야 한다고 주장하였다.

리차드슨의 생애는 위기관리 분야의 발전에 큰 영향을 미쳤고, 그는 위기 발생 전, 중, 후의 활동이 어떻게 체계적으로 이루어져야 하는지를 지속적으로 탐구하며 많은 사람들에게 영향을 미쳤다. 그의 연구와 철학은 단순히 위기에 대한 경각심을 불러일으키는 데 그치지 않고, 사람들에게 진정한 안전과 회복의 가능성을 제시하며 사회적 안정에 기여하고 있다.

제임스 리차드슨은 자신의 저서인 「Crisis Management : A Critical Appraisal 1」에서 위기관리의 7가지 원칙을 제시하여, 정부와 비정부 조직이 위기 상황에 효과적으로 대응하기 위한 유용한 가이드라인을 제공했다. 이 책은 위기 상황에서의 행동 양식과 전략을 분석하며, 실제 위기 상황에서 성공적으로 대처한 여러 조직들의 사례를 공유하고 있다.

리차드슨은 위기에 대한 폭넓은 통찰을 통해 위기관리에 대한 지식과 이해를 높이고, 실제 위기 상황에서 극복할 수 있는 방법을 제시한다. 그는 기업, 정부, 비정부 조직 등 다양한 분야에서 발생할 수 있는 다양한 위기 유형을 언급하며, 이러한 위기를 효과적으로 관리하기 위해서는 각별한 노력이 필요하다고 강조한다.

특히, 리차드슨은 재난을 위기로 규정하며, 위기 극복을 위해서는 재난 주무 부처에서 위기관리의 중요성을 인식하고 이를 이해하는 것이 중요하다고 지적한다. 그는 위기관리가 재난 상태에 대비하는 차원에서만 국한되지 않고, 평상시에도 효과적인 대응 체계를 마련해두어야 한다고 주장한다. 위기관리 원칙을 바탕으로 조직들은 사전에 예방 활동을 강화하고, 위기 발생 시 신속하고 체계적인 대응이 가능하도록 철저한 준비를 해야 한다.

리차드슨의 연구는 각종 위기 상황에서 어떻게 대처해야 하는지를 깊이 있게 탐구하며, 위기의 발생 원인과 이를 예방하거나 최소화하는 방법에 대한 실질적인 전략을 제안한다. 이 책은 위기 겪는 조직들이 위기 대응에 필요한 지식과 도구를 확보할 수 있도록 돕는 역할을 하며, 각 조직의 구성원들이 자신들의 역할을 인식하고 효과적으로 협력할 수 있는 기틀을 마련하는 데 기여한다.

리차드슨은 위기관리를 위한 깊이 있는 통찰과 실질적인 가이드를 제공함으로써, 정부와 비정부 조직이 위기 상황에서 적절하게 대처하고, 나아가 사회 전체의 안전과 회복력을 높이는 데 중요한 기여를 하고 있다. 위기 발생 시, 이러한 원칙들과 전략들을 활용하여 보다 효과적이고 지속 가능한 대응 체계를 구축할 필요성이 강조된다.

가) 예방(Prevention)

위기관리는 사전 예방이 핵심이며, 이는 위험을 미리 식별하고 최소화하는 과정이다. 위기가 발생하기 전에 이를 초래할 수 있는 요소를 분석하고, 가능한 위기 상황을 예측하여 사전에 조치를 취하는 것이 필수적이다. 이를 위해 위험 평가(Risk Assessment), 위기 조기 경보 시스템(Early Warning System), 위기 대응 매뉴얼 개발이 체계적으로 이루어져야 한다. 예방이 효과적으로 수행되면 위기의 발생 가능성을 현저히 줄일 수 있으며, 설령 위기가 발생하더라도 피해 규모를 최소화할 수 있다.

위험 평가는 다양한 위협 요소를 사전에 식별하고 분석하는 과정으로, 이는 물리적, 환경적, 경제적, 기술적, 사회적 요인을 포함해야 한다. 예를 들어, 지진 발생 위험이 높은 지역에서는 지질학적 연구와 건물 내진 설계를 강화하여 피해를 예방할 수 있다. 또한, 대형 화재가 발생할 가능성이 있는 산업 단지에서는 소방 설비 점검을 철저히 하고, 정기적인 화재 대피 훈련을 실시해야 한다. 금융 시장에서는 경제 위기의 징후를 감지하기 위해 거시 경제 지표(예 : 금리 변동, 주가 지수, 실업률 변화)를 지속적으로 모니터링하고, 금융 기관들은 신용 리스크 관리 시스템을 도입하여 금융 불안정성을 최소화해야 한다.

위기 조기 경보 시스템(Early Warning System)은 위기의 징후를 사전에 감지하고 신속한 대응을 가능하게 하는 체계이다. 이는 기후 변화, 공중 보건, 산업 안전, 사이버 보안 등의 다양한 분야에서 적용될 수 있다. 예를 들어, 허리케인이나 태풍과 같은 자연재해의 경우, 기상 관측 시스템을 활용하여 사전에 경고를 발령하고 주민들이 대피할 수 있도록 조치를 취해야 한다. 최근 기후 변화로 인해 극한 기상 현상이 빈번하게 발생하고 있으며, 이를 대비하기 위한 AI 기반의 기상 분석 기술이 도입되고 있다. 또한, 사이버 보안 위협의 경우, 기업들은 침입 탐지 시스템(IDS)과 보안 정보 이벤트 관리(SIEM) 솔루션을 활용하여 사이버 공격 징후를 실시간으로 감지하고, 해킹이나 랜섬웨어 공격이 발생하기 전에 대응할 수 있도록 해야 한다.

위기 대응 매뉴얼 개발은 위기 발생 시 혼란을 방지하고 효과적인 대응을 위한 핵심 요소이다. 이는 조직별로 특화된 매뉴얼이 필요하며, 단순한 문서화 작업이 아니라 실제 실행 가능한 가이드라인이 되어야 한다. 예를 들어, 병원에서는 대규모 감염병 발생 시 대응 프로토콜을 마련하여 의료진과 행정 직원들이 신속하게 조치를 취할 수 있도록 해야 한다. 2020년 코로나19 팬데믹 초기, 일부 국가에서는 명확한 대응 매뉴얼이 부재하여 의료 시스템이 마비되고, 방역 조치가 지연되는 문제가 발생하였다. 반면, 기존에 감염병 대응 매뉴얼을 보유하고 있던 국가들은 빠르게 검역과 백신 개발을 추진하며 피해를 최소화할 수 있었다.

또한, 조직 내에서 예방 조치를 실효성 있게 운영하기 위해 정기적인 교육 및 훈련이 필수적이다. 예를 들어, 항공사에서는 기장의 비상착륙 훈련을 정기적으로 시행하여 기내에서 발생할 수 있는 위기 상황에 신속하게 대응할 수 있도록 하고 있으며, 대기업들은 경영진 및 직원들을 대상으로 위기 대응 워크숍을 운영하여 실질적인 대응 역량을 강화하고 있다. 정부 차원에서도 공공기관 직원과 긴급 대응 요원들에게 재난 대응 훈련을 제공하여 위기 발생 시 신속하게 움직일 수 있도록 대비하고 있다.

예방 단계에서의 실질적 조치는 위기가 발생했을 때 피해를 줄이는 결정적인 요소가 된다. 정부와 기업은 위기 발생 가능성을 최소화하기 위해 지속적으로 위험 평가를 수행하고, 조기 경보 시스템을 강화하며, 실질적인 대응 매뉴얼을 개발하여 모든 조직 구성원들이 이를 숙지하고 실천할 수 있도록 해야 한다. 이러한 체계적인 예방 활동이 이루어진다면, 위기의 발생 가능성을 현저히 낮출 뿐만 아니라, 발생하더라도 신속한 대응이 가능하여 사회적, 경제적 피해를 최소화할 수 있을 것이다.

나) 준비 (Preparation)

위기관리는 단순한 예방 조치만으로 완벽하게 이루어질 수 없으며, 위기 발생 가능성에 대비한 철저한 사전 준비(Preparedness)가 필수적이다. 준비 단계는 위기 발생 시 혼란을 줄이고 신속하게 대응할 수 있도록 조직적 · 기술적 · 전략적 준비를 갖추는 과정이며, 위기 대응 계획 수립, 위기 시나리오 분석, 대응 조직 구성, 정기적 훈련 및 모의실험이 핵심 요소로 포함된다.

위기 대응 계획 수립은 예상되는 위기 상황을 구체적으로 분석하고, 발생 가능성이 높은 위기 유형에 맞는 대응 절차를 정리하는 것이다. 예를 들어, 정부 기관은 자연재해 발생 가능성이 높은 지역을 대상으로 재난 대응 계획(National Disaster Response Plan, NDRP)을 수립하여 지자체와 협력하는 구조를 마련해야 한다. 기업의 경우, 공급망 위기(예 : 원자재 부족, 물류 대란)나 정보 보안사고(예 : 데이터 유출, 해킹)와 같은 다양한 위협을 고려한 기업 지속 가능 계획(Business Continuity Plan, BCP)을 수립하고, 위기 발생 시 최소한의 운영을 유지할 수 있도록 해야 한다.

위기 시나리오 분석은 과거 사례와 현재 환경을 바탕으로 특정 유형의 위기가 발생할 가능성과 그 영향을 평가하는 과정이다. 이를 위해 위기 시뮬레이션 모델(Crisis Simulation Model)을 활용하여, 위기가 현실화될 경우 조직과 사회에 미치는 영향을 예측하고 대응책을 마련할 수 있다. 예를 들어, 팬데믹 발생 가능성을 고려한 시뮬레이션을 수행하면, 의료 시스템이 어느 시점에서 과부하가 걸릴지, 백신 및 치료제 개발에 필요한 기간은 얼마인지 등을 미리 평가할 수 있으며, 이러한 분석을 기반으로 대비책을 수립할 수 있다. 기업의 경우, 정보 유출 사고 발생 시 어떤 고객 정보가 유출될 가능성이 높은지, 데이터 백업 및 암호화 시스템이 충분한지 등을 평가하는 사이버 보안 시뮬레이션(Cybersecurity Stress Test)을 진행할 수 있다.

대응 조직 구성은 위기 발생 시 신속하고 효율적인 의사결정을 내릴 수 있도록 명확한 역할과 책임을 설정하는 과정이다. 정부는 위기 유형별로 전문 대응 기구를 지정하고, 재난 발생 시 중앙 정부, 지자체, 공공기관이 협력할 수 있는 체계를 갖추어야 한다. 예를 들어, 미국의 연방재난관리청(FEMA)은 허리케인, 지진, 산불 등 대형 재난 발생 시 연방 정부, 주 정부, 민간 부문이 공동으로 대응하는 체계를 구축하고 있으며, 한국에서도 국가재난안전관리본부(NDMS)가 유사한 역할을 수행하고 있다. 기업에서는 위기 대응 위원회(Crisis Response Team, CRT)를 조직하여 CEO, 홍보팀, 법무팀, IT 보안팀, 생산팀 등 주요 부서 간 협력을 통해 위기 대응 의사결정이 신속하게 이루어지도록 해야 한다.

정기적인 훈련 및 모의실험은 준비 단계에서 가장 중요한 요소 중 하나이다. 위기 대응 매뉴얼이 존재하더라도 실제 위기 발생 시 효과적으로 작동하기 위해서는 반복적인 실습과 평가가 필요하다. 시뮬레이션 훈련(Drills & Simulation Exercises)을 통해 위기 상황에서 대응 조직이 신속하게 움직일 수 있도록 해야 하며, 주요 이해관계자 간 협력이 원활하게 이루어지는지를 점검해야 한다. 예를 들어, 일본은 지진이 자주 발생하는 국가로서 지진 대피 훈련(Earthquake Evacuation Drills)을 정기적으로 시행하며, 학교, 공공기관, 기업 등이 모두 참여하여 실제 지진 발생 시 대응 역량을 높이고 있다. 또한, 대규모 화재나 대형 항공 사고 발생 시 비상 대응 모의 훈련(Emergency Response Exercises)을 통해 소방 당국과 응급 의료 시스템이 신속하게 작동할 수 있도록 훈련을 강화해야 한다.

또한, 기술적 대비도 중요하다. 디지털 시대에는 사이버 보안 위기가 점점 증가하고 있으며, 이에 대비하기 위해 기업과 공공기관은 모의 해킹 훈련(Penetration Testing, Red Team Exercises)을 통해 보안 취약점을 사전에 파악하고, 시스템을 강화해야 한다. 글로벌 금융기관들은 금융 시스템 위기 발생 시 시뮬레이션을 통해 은행 간 협력 체계를 점검하고, 고객 자산 보호 조치를 실시간으로 수행하는 훈련을 진행하고 있다.

준비 단계는 위기 발생 시 피해를 최소화하고 신속한 대응이 가능하도록 사전 조치를 마련하는 필수적인 과정이다. 정부와 기업은 위기 대응 계획을 수립하고, 예상되는 위기 유형에 대한 시나리오 분석을 수행하며, 대응 조직을 명확히 구성해야 한다. 또한, 정기적인 훈련과 시뮬레이션을 통해 대응 역량을 지속적으로 강화해야 한다. 위기관리는 단순한 문서화 작업이 아니라, 실질적인 실행 가능성을 높이는 것이 핵심이며, 준비 단계에서의 철저한 대비가 위기가 현실화되었을 때 생명과 자산을 보호하는 결정적인 역할을 하게 된다.

다) 대응 (Response)

위기가 발생하면 신속하고 정확한 대응이 필요하며, 효과적인 대응을 위해서는 위기 발생 즉시 의사결정 구조를 가동하고, 대응 조직이 신속하게 작동해야 한다. 대응 과정에서 가장 중요한 요소는 정보 수집 및 공유, 신속한 의사결정, 피해 최소화 조치이다. 위기관리는 위기가 발생한 이후부터 종료될 때까지 체계적으로 이루어져야 하며, 초기 대응이 적절히 이루어지지 않을 경우 피해가 급격히 확대될 수 있다. 따라서 대응 단계에서는 조직적,

기술적, 전략적 접근을 모두 고려한 통합적 대응이 이루어져야 한다.

위기 발생 시 첫 번째로 수행해야 할 조치는 정보 수집 및 공유(Information Gathering & Sharing)이다. 위기가 발생하면 신뢰할 수 있는 정보원을 통해 정확한 데이터를 신속하게 확보하고, 이를 기반으로 의사결정을 내려야 한다. 예를 들어, 자연재해가 발생한 경우, 기상청 및 지진 관측 센터 등의 공식 기관에서 실시간 데이터를 제공하며, 이 정보를 활용하여 대피 명령이나 긴급 구조 활동을 조율할 수 있다. 사이버 보안사고 발생 시, 기업의 IT 보안팀은 침입 탐지 시스템(IDS) 및 보안 정보 이벤트 관리(SIEM) 시스템을 활용하여 공격 경로를 분석하고, 즉각적인 방어 조치를 시행해야 한다. 또한, 정보는 단순히 수집하는 것에서 그치지 않고, 정부, 공공기관, 기업 간 신속하게 공유되어야 하며, 특히 언론과 협력하여 대중에게 정확한 정보를 전달하는 것이 필수적이다. 정보 공유가 원활하지 않으면 가짜 뉴스 및 허위 정보가 확산되면서 사회적 혼란이 가중될 수 있다.

두 번째 요소는 신속한 의사결정(Rapid Decision-Making)이다. 위기 상황에서는 의사결정이 지연될 경우 피해가 급속도로 증가할 수 있으므로, 조직 내에서 사전에 구축된 위기 대응 체계에 따라 신속한 결정이 내려져야 한다. 이를 위해 정부와 기업은 비상 대응 위원회(Emergency Response Committee)를 즉시 가동하여 상황을 분석하고, 최적의 대응 전략을 수립해야 한다. 예를 들어, 9.11 테러 당시 뉴욕시 당국은 신속한 결정을 내려 맨해튼 하부 지역을 즉각 폐쇄하고, 대중교통을 중단하여 추가 피해를 예방했다. 기업의 경우, 데이터 유출 사고가 발생하면 법무팀과 IT 보안팀이 즉시 협력하여 피해 규모를 분석하고, 고객들에게 보상 대책 및 보안 강화를 약속하는 공식 발표를 하는 것이 중요하다. 위기 상황에서는 최고경영자(CEO) 또는 정부 수장이 직접 신속한 결정을 내리고 이를 실행할 수 있도록 조직 체계를 명확히 하는 것이 필수적이다.

세 번째 요소는 피해 최소화 조치(Damage Mitigation Measures)이다. 위기 발생 후, 가장 중요한 목표는 피해를 최소화하고, 위기가 확산되는 것을 방지하는 것이다. 예를 들어, 대형 화재가 발생한 경우, 소방당국은 화재 진압과 동시에 건물 내 인명 구조를 최우선으로 수행해야 하며, 소방관과 응급 의료팀은 협력하여 부상자 치료 및 대피 지원을 해야 한다. 허리케인과 같은 자연재해의 경우, 정부는 사전 대피 명령을 내리고 대피소를 운영하여 인명 피해를 최소화해야 한다. 기업 차원에서는 공급망 위기가 발생할 경우, 대체 공급업체를 즉시 확보하고, 고객 및 협력사들에게 상황을 투명하게 공유하여 경제적 피해를 최소화하는 것이 중요하다. 또한, 재난 상황에서는 심리적 지원도 중요한 역할을 한다. 예를 들어, 대규모 사고 후 생존자와 피해자 가족을 위해 심리적 응급처치(Psychological First Aid, PFA)를 제공하여 정신적 충격을 완화해야 한다.

대응 과정에서 특히 중요한 개념은 골든타임(Golden Time)이다. 골든타임이란 위기 발생 후 초기에 신속하고 적절한 대응이 이루어지지 않으면 피해가 걷잡을 수 없이 커지는 시점을 의미한다. 예를 들어, 응급 의료에서는 심정지 환자의 경우 4~6분 내에 심폐소생술(CPR)을 시행해야 생존 가능성이 높아지는 것처럼, 화재 발생 후 초기 5분 내에 화재를 진압하지 않으면 건물 전체로 불이 확산될 가능성이 커진다. 또한, 사이버 공격의 경우, 해킹이 감지된 후 몇 분 내에 방어 조치를 취하지 않으면 기업의 전체 시스템이 마비될 수 있다. 따라서 골든타임 내에 효과적인 대응이 이루어지도록 위기 대응 체계를 구축해야 하며, 이를 위해 실시간 감시 시스템(Real-time Monitoring System)과 인공지능(AI) 기반 위기 대응 솔루션을 적극 활용하는 것이 필요하다.

또한, 위기 대응에서는 커뮤니케이션 전략(Communication Strategy)도 중요한 역할을 한다. 위기 발생 시 기업이나 정부는 신속하고 정확한 정보를 국민과 이해관계자들에게 제공해야 하며, 정보의 투명성이 보장되어야 한다. 위기 상황에서 대중이 신뢰할 수 있는 공식 채널을 통해 정보를 얻지 못하면, 허위 정보와 가짜 뉴스가 급속도로 확산될 가능성이 크다. 이를 방지하기 위해 정부와 기업은 위기 커뮤니케이션 팀(Crisis Communication Team, CCT)을 운영하여 언론 대응, 소셜 미디어 관리, 공식 성명 발표 등을 체계적으로 수행해야 한다. 예를 들어, 2020년 코로나19 팬데믹 초기, 신속하고 명확한 방역 지침을 제공한 국가들은 혼란을 최소화했지만, 대응이 늦거나 모호했던 국가에서는 공포와 불신이 확산되며 사회적 불안정성이 증가하였다.

대응(Response) 단계는 위기 발생 시 신속한 정보 수집과 공유, 빠른 의사결정, 그리고 피해 최소화 조치를 중심으로 이루어져야 한다. 이를 위해 사전에 위기 대응 체계를 구축하고, 실시간 모니터링 시스템을 활용하며, 훈련된 대응 조직이 즉각적으로 움직일 수 있도록 해야 한다. 또한, 골든타임 내 적절한 조치를 취함으로써 피해를 최소화하고, 대중과 이해관계자들에게 명확한 정보를 제공하여 혼란을 방지하는 것이 필수적이다. 위기 상황에서는 조직의 대응 능력과 리더십이 시험받는 순간이며, 효과적인 대응이 이루어질 경우 사회적 신뢰와 조직의 평판을 보호할 수 있는 기회가 될 수 있다.

라) 복구(Recovery)

위기 대응 이후, 피해를 최소화하고 정상적인 상태로 복귀하는 과정이 복구(Recovery)이다. 복구는 단순히 물리적 재건뿐만 아니라 심리적 회복(Psychological Recovery), 신뢰 회복(Trust Restoration), 조직 내 위기관리 시스템 개선을 포함하는 포괄적인 과정으로 진행되어야 한다. 이는 위기 발생 후 단기적 복구(Immediate Recovery)와 장기적 복구(Long-term Recovery)로 나누어 체계적으로 접근하는 것이 필요하다. 위기가 발생한 후의 복구 과정이 미흡하면 추가적인 사회적 혼란과 경제적 손실을 초래할 수 있으며, 신뢰 회복이 이루어지지 않으면 조직이나 정부의 장기적인 운영에 부정적인 영향을 미칠 수 있다. 따라서 복구 과정에서는 단순한 시설 복구를 넘어, 사회적·경제적·심리적 회복을 종합적으로 고려해야 한다.

우선, 단기적 복구(Immediate Recovery) 단계에서는 위기로 인해 발생한 피해를 신속하게 복구하고, 사회의 기본 기능을 정상화하는 것이 목표이다. 자연재해의 경우, 도로와 전력망 복구, 응급 의료 지원, 주거 지원 등이 핵심적인 요소이다. 예를 들어, 2011년 동일본 대지진 당시 일본 정부는 즉각적으로 전력 공급을 복구하고, 임시 주거 시설을 마련하는 데 집중했다. 또한, 허리케인 카트리나 이후 미국 정부는 이재민들을 위한 긴급 쉼터를 운영하고, 생필품 공급망을 신속하게 복구하는 데 주력했다. 기업 차원에서도 위기 발생 후 빠른 조치를 통해 시장과 고객 신뢰를 유지하는 것이 중요하다. 예를 들어, 식품 오염 사고가 발생한 경우, 해당 제품을 신속하게 회수하고, 원인 분석 결과를 공개하며, 향후 예방 조치를 명확히 발표하는 것이 소비자 신뢰 회복의 핵심이 된다.

한편, 장기적 복구(Long-term Recovery) 단계에서는 보다 지속 가능하고 근본적인 해결책을 마련해야 한다. 이는 물리적 재건을 넘어, 위기 이전보다 더 나은 환경을 조성하고, 동일한 위기가 반복되지 않도록 개선하는 과정을 포함한다. 자연재해가 발생한 지역에서는 건물의 내진 설계를 강화하고, 홍수 지역에는 배수 시스템을 보강하는 등의 장기적 대비책이 마련되어야 한다. 예를 들어, 2004년 인도양 쓰나미 이후, 피해를 입은 국가들은 조기 경보 시스템을 새롭게 구축하고, 재난 대비 교육을 강화하여 유사한 피해가 반복되지 않도록 하였다.

심리적 회복(Psychological Recovery) 역시 중요한 복구 요소이다. 위기는 단순한 물리적 피해뿐만 아니라 개인과 공동체의 정신 건강에도 장기적인 영향을 미칠 수 있다. 대규모 재난 발생 후 생존자와 피해자 가족들은 PTSD (외상 후 스트레스 장애), 우울증, 불안장애 등의 심리적 후유증을 겪을 가능성이 높다. 이에 따라, 심리적 응급처치(Psychological First Aid, PFA)를 시행하고, 장기적인 심리 상담 및 치료 지원을 제공하는 것이 필수적이다. 예를 들어, 세월호 참사 이후 한국 정부와 민간단체들은 유가족 및 생존 학생들을 대상으로 지속적인 심리 상담 프로그램을 운영하였다. 또한, 직장에서 대형 구조조정이 발생하거나 기업 파산으로 인한 실업 사태가 발생한 경우, 직원들의 심리적 안정을 위해 상담 프로그램을 제공하고, 새로운 일자리를 찾을 수 있도록 지원해야 한다.

신뢰 회복(Trust Restoration)은 복구 과정에서 핵심적인 요소이다. 정부나 기업이 위기 대응 과정에서 미흡한 모습을 보일 경우, 국민이나 소비자들의 신뢰가 급격히 하락할 수 있으며, 이는 장기적인 경제적·사회적 손실로 이어질 수 있다. 따라서 투명한 정보 공개, 책임 있는 대응, 사후 대책 마련 등이 필수적이다. 예를 들어, 2010년 BP 석유 유출 사고 이후, BP는 사고 수습을 위해 200억 달러 이상의 보상 기금을 조성하고, 환경 복구 프로젝트를 적극 추진함으로써 기업 신뢰 회복을 위해 노력했다. 반면, 2011년 후쿠시마 원전 사고 당시 일본 정부의 초기 대응이 불투명하고 정보 제공이 부족했던 점은 국민들의 신뢰를 저하시켰으며, 이는 일본 사회에서 원자력 발전에 대한 불신을 더욱 심화시키는 결과를 초래했다.

조직 내 위기관리 시스템 개선도 복구 과정에서 중요한 요소이다. 위기가 발생한 후, 동일한 문제의 재발을 방지하기 위해 기존 대응 시스템을 재검토하고, 개선할 점을 식별해야 한다. 이를 위해 사후 평가(Post-Crisis Review)를 실시하고, 대응 과정에서의 문제점을 분석하여 위기 대응 프로토콜을 개정해야 한다. 기업에서는 기존의 위기 대응 매뉴얼을 업데이트하고, 새로운 기술을 도입하여 재난 대응 역량을 강화하는 것이 중요하다. 예를 들어, 9.11 테러 이후 미국 정부는 기존의 보안 시스템을 전면적으로 개편하고, 항공 보안 강화, 정보 공유 시스템 개선, 대테러 훈련 확대 등의 조치를 시행하였다.

복구(Recovery) 단계는 단순히 피해를 원래 상태로 되돌리는 것이 아니라, 위기 발생 이전보다 더 나은 환경을 조성하는 것이 목표가 되어야 한다. 이를 위해 단기적 복구(Immediate Recovery)와 장기적 복구(Long-term Recovery)를 구분하여 실행해야 하며, 인프라 복구뿐만 아니라 심리적 회복, 신뢰 회복, 조직 내 시스템 개선까지 종합적으로 고려해야 한다. 정부와 기업은 단순한 물리적 재건을 넘어, 위기로 인해 발생한 사회적 신뢰 문제를 해결하고, 피해자들에게 지속적인 지원을 제공함으로써 장기적인 회복력을 강화해야 한다. 이러한 종합적인 접근이 이루어질 때, 위기 이후의 사회적·경제적 복구가 보다 효과적으로 이루어질 수 있으며, 미래의 위기에 대한 대비 역량도 향상될 수 있다.

마) 학습(Learning)

위기 대응 과정에서 가장 중요한 것은 단순한 복구를 넘어, 위기 이후 교훈을 도출하여 같은 문제가 반복되지 않도록 하는 것이다. 이는 조직과 사회가 보다 강력한 위기 대응 시스템을 구축하고, 위기 발생 시 더욱 신속하고 효과적인 대응을 할 수 있도록 하는 핵심 요소이다. 학습(Learning) 과정은 기존 대응 전략의 취약점을 분석하고, 보다 나은 대응 전략을 마련하는 과정으로, 이를 위해 사례 분석(Case Study), 위기 후 평가(Post-Crisis Review, After Action Review), 백서(White Paper) 발간 등의 방법이 활용된다.

위기 후 학습 과정에서 가장 중요한 것은 체계적인 사례 분석(Case Study)이다. 위기가 발생한 이후, 유사한 위기의 재발을 방지하기 위해 이전의 대응 과정에서 어떤 점이 효과적이었고, 어떤 점이 부족했는지를 면밀히 검토해야 한다. 예를 들어, 2011년 동일본 대지진 이후 일본 정부와 학계는 피해 규모를 줄이기 위해 지진 대비 정책을 전반적으로 검토하였으며, 기존의 해안 방벽 높이를 상향 조정하고, 쓰나미 대피소를 확충하는 등의 조치를 시행하였다. 기업에서도 데이터 유출 사고가 발생하면, 침해 경로를 철저히 분석하고, 네트워크 보안 강화를 위한 추가 조치를 마련하는 것이 필수적이다.

위기 후 평가(Post-Crisis Review, After Action Review)는 실제 대응 과정에서 발생한 문제점을 객관적으로 분석하고, 향후 개선 방향을 설정하는 중요한 과정이다. 이는 정부, 기업, 공공기관 등 모든 조직에서 적용할 수 있으며, 위기 발생 후 일정 기간 내에 실행해야 한다. 예를 들어, 9.11 테러 이후 미국 정부는 국가안보위원회를 중심으로 대테러 대응 시스템의 취약점을 평가하고, 정보 공유 체계를 개편하는 등의 후속 조치를 시행하였다. 기업 차원에서는, 제품 리콜 사태 발생 후 고객 불만 사항을 분석하고, 품질 보증 프로세스를 개선하는 과정이 이에 해당한다. 이러한 평가 과정에서 중요한 것은 투명성이며, 문제가 발생했을 때 이를 숨기려 하기보다는 정확한 분석을 통해 개선책을 마련하는 것이 장기적으로 조직의 신뢰도를 높이는 데 기여한다.

백서(White Paper) 발간은 위기 대응 과정에서 얻은 교훈을 체계적으로 정리하고, 이를 내부 교육 및 외부 공유를 위해 활용하는 과정이다. 이는 정부 차원에서 국가 재난 대응 보고서를 발간하거나, 기업이 보안사고 발생 후 보안 강화 지침을 공개하는 등의 형태로 이루어진다. 예를 들어, 2008년 글로벌 금융위기 이후, 각국의 중앙은행들은 금융위기의 원인을 분석한 백서를 발간하고, 금융 규제 강화를 위한 법안을 개정하는 등의 조치를 시행하였다. 이러한 자료들은 향후 유사한 위기 발생 시 정책 결정자들이 신속하게 대응할 수 있는 중요한 참고 자료가 된다.

위기 학습 과정에서는 기술적 개선(Technological Improvement)도 중요한 요소가 된다.

예를 들어, 항공 사고 발생 후 조종사의 대응 조치를 철저히 분석하고, 해당 사례에서 얻은 교훈을 바탕으로 조종사 훈련 및 안전 매뉴얼을 개정하는 것이 필수적이다. 2009년 허드슨강에 비상 착륙한 US Airways 1549편 사고 이후, 조종사들에게 비상 착륙 시뮬레이션 훈련이 더욱 강화되었으며, 이와 같은 사례 분석은 항공 안전성을 높이는 데 기여하였다. 기업 차원에서도, 대규모 사이버 공격이 발생한 경우 보안 시스템의 취약점을 분석하고, AI 기반 위협 탐지 기술을 도입하여 미래의 위협을 보다 효과적으로 예방하는 조치를 취해야 한다.

위기 후 학습 과정에서는 조직 내 문화적 변화(Cultural Shift)도 중요한 요소이다. 위기관리는 단순히 위기 발생 후 대응하는 것이 아니라, 조직의 사고방식을 변화시키고, 위기 예방과 대비를 조직 문화의 일부로 정착시키는 것이 중요하다. 예를 들어, 1986년 체르노빌 원전 사고 이후, 원자력 업계에서는 안전 문화(Safety Culture)의 개념이 도입되었으며, 이후 원전 운영자들은 단순한 기술적 대비를 넘어, 조직 내에서 안전을 최우선 가치로 삼는 문화를 조성하는 데 집중하게 되었다.

위기 학습(Learning) 과정은 단순한 사후 분석을 넘어, 조직과 사회가 보다 강력한 위기 대응 체계를 구축하는 핵심 과정이다. 이를 위해 체계적인 사례 분석, 위기 후 평가, 백서 발간, 기술적 개선, 조직 문화 변화 등이 함께 이루어져야 한다. 위기 대응 능력을 지속적으로 향상시키기 위해서는, 단순히 대응 매뉴얼을 개정하는 것뿐만 아니라, 조직 내에서 위기 대응 역량을 지속적으로 강화하는 것이 필수적이다. 이를 통해 동일한 위기가 반복되는 것을 방지하고, 조직과 사회의 회복력을 강화할 수 있다.

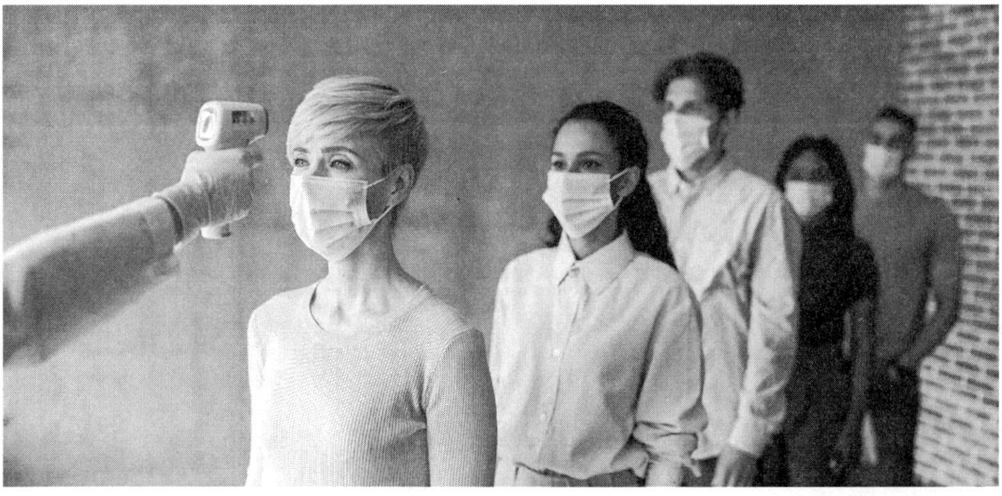

그림 3.1 코로나 검사

바) 책임성(Accountability)

책임성(Accountability)은 위기관리에서 가장 중요한 요소 중 하나로, 위기 발생 시 책임 소재를 명확히 하고, 투명한 의사결정 과정을 보장하는 것을 의미한다. 위기 상황에서는 신속하고 적절한 대응이 필수적이며, 책임성이 확보되지 않으면 위기 대응 과정에서 혼선이 발생하고, 신뢰가 저하될 가능성이 높다. 따라서 정부, 기업, 공공기관 등 모든 조직은 위기 대응을 담당하는 리더와 책임자를 명확히 지정하고, 의사결정 과정에서의 투명성을 보장해야 한다. 이를 통해 조직의 신뢰도를 유지하고, 위기 대응이 효과적으로 이루어질 수 있도록 해야 한다.

책임성은 단순히 위기 발생 이후 책임 소재를 규명하는 것이 아니라, 위기 발생 전부터 명확한 책임 구조를 설정하고, 대응 과정에서의 역할을 명확히 정의하며, 위기 대응 실패 시 적절한 조치를 마련하는 것까지 포함한다. 위기가 발생하면 즉각적인 대응이 필요하며, 누가 어떤 역할을 수행할 것인지가 사전에 명확히 정의되지 않으면, 대응 과정에서 지연과 혼선이 발생할 수 있다. 예를 들어, 자연재해 대응 과정에서 중앙정부와 지방정부, 긴급 구조 기관 간의 역할이 명확하지 않다면, 구조 활동과 피해 복구 과정에서 효율성이 떨어지고, 국민의 신뢰가 저하될 가능성이 높다.

기업 차원에서의 책임성도 매우 중요하다. 데이터 유출 사고, 제품 결함, 환경오염 사건과 같은 위기 상황에서 경영진의 책임성이 확보되지 않으면, 기업의 브랜드 가치가 하락하고, 장기적인 신뢰 회복이 어려워질 수 있다. 예를 들어, 2017년 에퀴팩스(Equifax) 데이터 유출 사건에서는 고객들의 민감한 정보가 유출되었음에도 불구하고, 기업 경영진이 초기 대응을 미흡하게 하였고, 소비자들에게 충분한 정보를 제공하지 않음으로써 신뢰도가 급격히 하락했다. 반면, 2018년 메리어트 호텔의 데이터 유출 사고에서는 기업이 즉각적으로 데이터를 보호하기 위한 조치를 취하고, 피해 고객들에게 보상 방안을 발표하는 등 투명한 위기 대응을 실시함으로써 신뢰를 빠르게 회복할 수 있었다.

위기 발생 시 정부 차원의 책임성 확보도 필수적이다. 재난 관리, 전염병 대응, 금융 위기 등 국가적 차원의 위기에서는 정부가 신뢰를 유지하는 것이 매우 중요하며, 투명한 정보 제공과 책임 이행이 필수적이다. 예를 들어, 2020년 코로나19 팬데믹 대응 과정에서 각국 정부는 다양한 전략을 시행하였으며, 대응 과정에서의 투명성과 책임성이 국가별로 상이한 결과를 초래했다. 뉴질랜드의 경우, 정부가 초기부터 명확한 방역 지침을 발표하고, 국민들에게 정확한 정보를 제공하며, 방역 책임을 명확히 함으로써 사회적 신뢰를 유지할 수 있었다. 반면, 일부 국가는 초기 대응 과정에서 혼선을 빚고, 방역 지침을 일관성 없이 변경함으로써 국민들의 신뢰를 잃고 사회적 불안을 증폭시키는 결과를 초래했다.

위기 대응 과정에서 책임성이 부족할 경우, 의사결정의 지연과 혼선, 잘못된 정보 제공, 위기 확산, 사회적 신뢰 하락과 같은 문제가 발생할 가능성이 크다. 따라서 책임성을 보장하기 위해 다음과 같은 조치가 필요하다. 첫째, 조직 내 위기 대응 책임자를 명확히 지정하고, 역할과 권한을 사전에 정의해야 한다. 기업에서는 최고위기관리책임자(Chief Crisis Officer, CCO) 또는 최고정보보안책임자(CISO)가 위기 대응을 주도하도록 하고, 정부에서는 국가재난안전관리본부와 같은 중앙조직이 위기 상황에서 조율 기능을 수행해야 한다. 둘째, 위기 발생 시 투명한 의사결정 과정을 보장해야 한다. 이를 위해 의사결정 과정에서의 주요 사항을 기록하고, 이해관계자들에게 투명하게 공개하는 것이 필요하다. 셋째, 위기 대응 실패 시 책임을 회피하지 않고, 즉각적인 후속 조치를 마련해야 한다. 정부나 기업이 위기 대응 실패를 인정하지 않거나 책임을 회피하려 할 경우, 신뢰도가 급격히 하락하며 장기적인 피해를 초래할 수 있다.

예를 들어, 2010년 BP 석유 유출 사고에서 BP는 사고 초기 대응이 미흡했으며, 경영진이 책임을 회피하는 모습을 보이면서 기업의 신뢰도가 크게 하락했다. 이후 BP는 신뢰를 회복하기 위해 환경 복구 프로젝트를 추진하고, 피해 지역 주민들에게 보상 기금을 조성하는 등의 조치를 취하였다. 이러한 조치는 기업이 책임을 인정하고, 위기 대응 실패에 대한 보상과 재발 방지 대책을 마련하는 것이 신뢰 회복에 중요하다는 점을 보여준다.

책임성이 확보되지 않으면, 조직의 신뢰도는 급격히 저하될 수 있으며, 이는 단기적인 피해뿐만 아니라 장기적인 조직 운영에도 부정적인 영향을 미칠 수 있다. 특히, 정부 차원에서 책임성이 부족할 경우, 국민들의 정부 정책에 대한 신뢰가 하락하며, 향후 위기 대응 역량이 약화될 가능성이 크다. 기업의 경우에도 책임성을 확보하지 못하면 소비자와 투자자들의 신뢰를 잃게 되어, 브랜드 이미지와 주가에 악영향을 미칠 수 있다. 따라서 책임성은 단순히 도덕적 요소가 아니라, 위기 대응의 실효성을 결정짓는 중요한 전략적 요소로 인식되어야 한다.

책임성(Accountability)은 위기 대응의 핵심 요소이며, 이를 확보하기 위해서는 책임 구조의 명확한 설정, 투명한 의사결정 과정 보장, 위기 대응 실패 시 책임 이행 및 신뢰 회복 조치 마련이 필수적이다. 정부와 기업은 위기 발생 전부터 책임 구조를 사전에 정의하고, 위기 발생 시 신속하고 투명한 결정을 내리며, 위기 대응 실패 시에도 적극적인 후속 조치를 마련해야 한다. 이러한 책임성이 보장될 때, 조직은 위기 속에서도 신뢰를 유지할 수 있으며, 장기적으로 보다 강력한 위기 대응 역량을 갖출 수 있을 것이다.

그림 3.2 코로나 바이러스

사) 커뮤니케이션 (Communication)

위기 발생 시 명확하고 신속한 커뮤니케이션은 효과적인 위기관리의 핵심 요소이다. 위기 대응 과정에서 잘못된 정보가 확산되면 사회적 혼란이 가중될 수 있으며, 이는 위기의 심각성을 더욱 악화시키고 대응의 효율성을 저하시킬 수 있다. 따라서, 위기관리는 투명하고 일관된 메시지 전달을 통해 국민, 고객, 이해관계자와의 신뢰를 유지하는 것이 무엇보다 중요하다. 신뢰를 확보하지 못한 커뮤니케이션은 조직의 대응 역량을 약화시키고, 혼란과 불안을 증폭시키는 결과를 초래할 수 있다. 이를 방지하기 위해서는 위기 커뮤니케이션 전략(Crisis Communication Strategy)을 사전에 수립하고, 위기 발생 시 이를 즉각적으로 실행할 수 있도록 체계를 갖추는 것이 필수적이다.

위기 커뮤니케이션의 첫 번째 원칙은 정보의 신속성과 정확성이다. 위기가 발생하면 초기 대응의 속도와 메시지의 일관성이 매우 중요한 역할을 한다. 신속한 커뮤니케이션이 이루어지지 않으면 가짜 뉴스와 허위 정보가 급속도로 확산될 가능성이 높아지며, 이는 조직이나 정부의 신뢰도에 심각한 타격을 줄 수 있다. 예를 들어, 2020년 코로나19 팬데믹 초기, 각국 정부의 커뮤니케이션 방식에 따라 국민들의 불안 수준과 방역 협조도가 크게 달라졌다. 뉴질랜드 정부는 위기 초기에 신속하고 투명한 정보를 제공하며 국민과의 신뢰를 구축하였고, 이에 따라 사회적 협력이 원활하게 이루어졌다. 반면, 일부 국가에서는 방역 지침이 모호하거나 변화가 잦았으며, 이에 따른 불신과 혼란이 확산되었다. 따라서 위기 상황에서는 공식적인 정보 제공 채널을 활용하여 신뢰할 수 있는 정보를 신속하게 전달하는 것이 중요하다.

두 번째 원칙은 일관된 메시지 전달이다. 위기 상황에서 다양한 이해관계자가 존재하기 때문에, 각기 다른 채널을 통해 제공되는 정보가 일관되지 않으면 신뢰가 약화될 수 있다. 예를 들어, 정부 기관, 기업, 공공기관 등에서 제공하는 정보가 서로 상충될 경우, 국민과 소비자들은 무엇을 믿어야 할지 혼란스러워할 수 있으며, 이는 불필요한 혼선을 초래할 수 있다. 따라서, 위기 발생 시에는 중앙화 된 커뮤니케이션 체계를 운영하여 모든 메시지가 동일한 내용을 반영하도록 해야 한다. 기업에서는 CEO 또는 대변인이 공식 성명을 발표하고, 정부 기관에서는 국가 위기 대응팀이 중심이 되어 정보를 제공해야 하며, 이를 통해 국민과 고객들에게 신뢰를 줄 수 있는 일관된 메시지를 전달해야 한다.

세 번째 원칙은 다양한 채널을 활용한 정보 전달이다. 전통적인 언론 매체뿐만 아니라, 소셜 미디어(SNS), 공식 성명, 이메일, 대국민 브리핑 등을 활용하여 정보를 전달하는 것이 필수적이다. 최근에는 인터넷과 소셜 미디어가 주요 정보원으로 자리 잡았기 때문에, 신속하고 효과적인 커뮤니케이션을 위해 소셜 미디어를 적극 활용해야 한다. 예를 들어, 2018년 태국 동굴에 갇힌 유소년 축구팀 구조 작전 당시, 태국 정부와 구조팀은 실시간으로 진행 상황을 업데이트하며 국민들의 불안을 해소하고, 국제 사회의 지원을 효과적으로 조율할 수 있었다. 반면, 2011년 후쿠시마 원전 사고에서는 정보 공개가 늦어지고, 일본 정부와 도쿄전력(TEPCO)의 메시지가 일관되지 않아 국민들의 불안이 더욱 증폭되었다.

네 번째 원칙은 위기 커뮤니케이션의 투명성 확보이다. 정보가 부족하거나 제공된 정보의 신뢰성이 낮으면, 이해관계자들은 다른 비공식 경로를 통해 정보를 찾게 되며, 이는 혼란을 초래할 가능성이 크다. 따라서, 위기 상황에서는 불확실한 정보도 명확하게 구분하여 발표하고, 현재까지 밝혀진 사실과 추가적인 조사 결과가 언제 제공될 것인지 명확히 해야 한다. 예를 들어, 기업에서 대규모 제품 리콜 사태가 발생할 경우, 소비자들에게 정확한 리콜 절차를 안내하고, 보상 방안을 명확히 제시하는 것이 신뢰 유지에 도움이 된다. 1982년 타이레놀 독극물 사건 당시, 존슨앤드존슨은 빠르게 제품을 리콜하고, 소비자들에게 지속적으로 정보를 제공하면서 기업의 신뢰를 유지하는 데 성공하였다.

다섯 번째 원칙은 위기 이후의 신뢰 회복을 위한 지속적인 커뮤니케이션이다. 위기 대응이 종료된 후에도 조직은 지속적으로 이해관계자들과 소통하며, 신뢰를 회복하기 위한 노력을 기울여야 한다. 기업의 경우, 위기 발생 후 단순히 피해 복구 조치를 취하는 것에서 끝나는 것이 아니라, 이후 고객 신뢰를 회복하기 위한 장기적인 전략을 수립해야 한다. 예를 들어, 2010년 BP 석유 유출 사고 이후, BP는 환경 복구 프로젝트를 대대적으로 추진하고, 이에 대한 정보를 지속적으로 공유함으로써 기업의 신뢰도를 회복하기 위해 노력했다. 반면, 2015년 폭스바겐 배출가스 조작 스캔들에서는 초기 대응이 미흡하고 투명성이 부족하여 브랜드 이미지가 장기간 손상되었으며, 이에 따른 경제적 손실이 매우 컸다.

위기 발생 시 효과적인 커뮤니케이션은 위기 확산을 방지하고, 조직과 정부의 신뢰를 유지하며, 위기 대응을 보다 효과적으로 수행할 수 있도록 하는 필수적인 요소이다. 이를 위해 사전 커뮤니케이션 전략을 수립하고, 위기 발생 시 신속하고 일관된 메시지를 다양한 채널을 통해 제공하며, 위기 종료 후에도 지속적으로 소통하면서 신뢰를 회복하는 노력이 필요하다. 커뮤니케이션의 성공 여부는 조직의 위기 대응 역량을 결정하는 중요한 요소이며, 위기관리 체계의 핵심적인 부분으로 자리 잡아야 한다.

그림 3.3 지진피해

그림 3.4 인도네시아 쓰나미 피해

그림 3.5 미국 허리케인 피해

결론적으로 위기관리는 단순한 문제 해결이 아니라, 예방, 준비, 대응, 복구, 학습, 책임성, 커뮤니케이션이라는 체계적인 프로세스를 통해 이루어져야 한다. 위기 발생 전에는 위험 요소를 사전에 분석하고, 예방 조치를 마련하며, 명확한 대응 체계를 구축하는 것이 필수적이다. 이를 통해 조직과 정부는 위기 발생 가능성을 최소화하고, 발생 시 신속한 대응이 가능하도록 대비해야 한다.

위기 발생 시에는 즉각적이고 체계적인 대응이 이루어져야 하며, 정보의 신속한 공유와 일관된 메시지 전달이 중요하다. 대응의 핵심은 골든타임(Golden Time) 내에 피해를 최소화하고, 혼란을 줄이며, 신뢰를 유지하는 것이다. 효과적인 위기 커뮤니케이션 전략을 실행하면 사회적 혼란을 방지하고, 이해관계자들의 협조를 유도할 수 있다.

위기 대응 이후에는 단순한 피해 복구를 넘어, 지속적인 학습과 개선을 통해 동일한 위기가 반복되지 않도록 하는 것이 중요하다. 이를 위해 정부와 조직은 위기 후 평가(Post-Crisis Review)와 사례 분석을 수행하고, 결과를 토대로 위기 대응 매뉴얼을 지속적으로 보완해야 한다. 과거 위기에서 얻은 교훈을 조직 내 지식으로 축적하고, 이를 바탕으로 미래의 위기 대응 역량을 강화해야 한다.

책임성(Accountability)은 단순히 책임 소재를 규명하는 것이 아니라, 위기 발생 전부터 명확한 역할과 권한을 정의하고, 위기 대응 과정에서 투명한 의사결정을 보장하며, 위기 대응 실패 시 적극적인 책임 이행과 신뢰 회복 노력을 포함하는 개념이다. 책임성이 확보되지 않으면 위기 대응이 비효율적으로 이루어질 가능성이 높고, 신뢰가 약화될 수 있다. 정부 및 기업은 위기 발생 시 신속한 대응을 가능하게 하기 위해 사전 준비 단계에서 책임 구조를 명확히 설정해야 하며, 위기 발생 후에는 투명한 정보 공유와 신뢰 회복 조치를 적극적으로 시행해야 한다.

위기관리는 단순한 일회성 대응이 아니라, 지속적으로 개선되고 발전해야 하는 역량이다. 정부와 조직이 위기관리 시스템을 체계적으로 구축하고, 이를 지속적으로 강화하는 노력을 기울일 때, 사회와 기업은 위기 발생 시에도 신뢰를 유지하며 장기적으로 더욱 강력한 위기 대응 역량을 갖출 수 있을 것이다. 이를 통해 조직과 사회는 보다 탄력적이고 회복력 있는 시스템을 구축할 수 있으며, 위기를 기회로 전환하는 능력을 갖추게 될 것이다.

2) 어빈 레들레너(Irving Redlener)의 위기관리

어빈 레들레너(Irving Redlener, M.D.)는 미국의 저명한 공공보건 전문가이자 재난관리 및 위기 대응 분야의 권위자로, 특히 국가적 재난과 전염병 위기에 대한 연구와 정책 개발에 기여한 인물이다. 그는 1944년 8월 12일 미국 뉴욕에서 태어나, 마이애미 대학교(University of Miami)에서 의학 학위를 취득한 후, 소아과 전문의로 활동하며 공공보건 정책과 재난 대응 체계 구축에 대한 연구를 심화했다. 레들레너는 의료 서비스가 취약한 지역사회에서 공공의료 정책을 연구하고, 재난 상황에서 의료 시스템이 어떻게 효과적으로 대응해야 하는지를 분석하며, 국가 차원의 위기관리 시스템 개선을 위한 정책적 조언을 제공했다.

그는 컬럼비아 대학교 메디컬 센터(Columbia University Medical Center)에서 소아과 및 공공보건학 교수로 재직하며, 재난 발생 시 의료 시스템과 공공 보건이 어떻게 작동해야 하는지에 대한 연구를 수행했다. 또한 컬럼비아 대학교 내에 재난 대비 및 대응 연구소(National Center for Disaster Preparedness, NCDP)를 설립하여, 자연재해, 생물학적 공격, 전염병 팬데믹과 같은 재난 상황에서 정부와 공공기관이 보다 효과적으로 대응할 수 있도록 연구와 정책 자문을 수행했다. 그는 미국 국토안보부 및 연방재난관리청(FEMA)과 협력하여 국가 재난 대비 전략 수립에 기여했으며, 9.11 테러, 허리케인 카트리나, 코로나19 팬데믹과 같은 대규모 재난에서 정부 대응이 어떻게 이루어져야 하는지를 연구하고, 개선책을 제시했다.

어빈 레들레너의 연구는 특히 대형 재난이 사회적 취약 계층, 특히 어린이와 노인, 저소득층에게 미치는 영향을 분석하는 데 집중되었다. 그는 9.11 테러 이후 미국의 재난 대응 시스템의 한계를 분석하고, 보다 효과적인 대응 체계를 구축할 필요성을 강조했다. 2005년 허리케인 카트리나가 발생했을 때, 연방 및 주정부의 재난 대응 실패를 비판하며 보다 체계적인 위기관리 시스템이 필요하다고 주장했다. 그는 카트리나 피해 지역에서 의료 시스템이 붕괴되는 과정을 분석하며, 정부가 위기 대응 역량을 보다 강화해야 한다고 강조했다. 또한, 2020년 코로나19 팬데믹 동안, 미국 정부의 대응 방식을 분석하고, 백신 보급, 의료 시스템 확충, 공공 보건 시스템 강화를 위한 다양한 정책적 제안을 발표하며, 전염병 확산을 예방하는 전략을 연구했다.

그는 대중과 학계를 대상으로 재난 대응 및 공공 보건의 중요성을 알리기 위해 여러 권의 저서를 집필했으며, 그 중 대표적인 저서가 「Americans at Risk : Why We Are Not Prepared for Megadisasters and What We Can Do Now」(2006)이다. 이 책에서 그는 미국이 대형 재난(메가 디재스터)에 얼마나 취약한지를 분석하고, 정부 및 민간 부문이 대비해야 할 방안을 제시했다. 그는 허리케인 카트리나와 같은 자연재해뿐만 아니라, 생물학적 공격, 전염병 확산, 핵 위협 등의 위기에 대한 대응 전략을 논의하며, 국가 차원의 재난 대비 시스템을 보다 강화해야 한다고 주장했다. 또한, 그는 학계와 정부를 대상으로 다양한 연구

논문을 발표하며, 국가적 재난 대응 정책의 개선 방안을 지속적으로 제안했다.

어빈 레들레너는 위기관리와 공공보건 정책 연구에서 큰 영향을 미친 학자이자 정책 전문가로 평가받는다. 그의 연구는 미국의 재난 대응 체계를 개선하는 데 중요한 기여를 했으며, 특히 어린이와 저소득층을 보호하는 재난 대비 정책 개발에 중점을 두었다. 그는 정부, 학계, 보건 전문가들 간의 협력이 필수적임을 강조하며, 단순한 물리적 복구가 아닌 장기적인 사회적 회복과 보건 시스템 강화를 위한 정책적 접근이 필요하다는 점을 지속적으로 주장했다. 그의 연구는 오늘날에도 재난 발생 시 공공 보건 시스템이 어떻게 작동해야 하는지에 대한 이론적 기반을 제공하며, 정부 및 국제기구의 재난 대응 정책 수립에 중요한 역할을 하고 있다.

어빈 레들레너(Irving Redlener)의 위기관리는 공공보건과 재난 대응을 중심으로 한 국가적 위기관리 체계 구축에 초점을 맞추며, 특히 사회적 취약 계층을 보호하고 재난 이후 복구와 장기적 회복을 위한 정책적 접근을 강조하는 모델이다. 그는 의료 및 공공보건 전문가로서, 자연재해, 생물학적 위협(전염병 팬데믹), 테러, 기후변화로 인한 대규모 재난 등 다양한 위기 상황에서 국가와 지역사회가 어떻게 대응해야 하는지를 연구했다. 그의 위기관리 전략은 예방(Preparedness), 대응(Response), 복구(Recovery), 학습(Learning)이라는 4단계 접근법을 기반으로 하며, 각 단계에서의 핵심 요소를 다음과 같이 제시한다.

가) 예방 (Preparedness)

위기 발생 가능성을 최소화하고 대응 역량을 강화하기 위해서는 사전 예방이 필수적이다. 어빈 레들레너는 국가 및 지역사회 차원의 재난 대비 체계를 구축하기 위해 재난 대비 및 대응 연구소(National Center for Disaster Preparedness, NCDP)를 설립하고, 대규모 재난에 대비할 수 있는 전략적 접근 방안을 연구했다. 그는 재난 발생 가능성이 높은 지역과 집단을 사전에 분석하여, 이를 기반으로 한 예방 프로그램을 개발하고 실행하는 것이 효과적인 위기관리를 위한 핵심 요소라고 강조했다.

레들레너는 위기 예방의 핵심으로 조기 경보 시스템(Early Warning System)과 재난 대응 훈련(Disaster Preparedness Drills)의 구축을 제안했다. 조기 경보 시스템은 재난 발생 위험을 실시간으로 감지하고, 위기 발생 이전에 정부와 지역사회가 대비할 수 있도록 정보를 제공하는 역할을 한다. 그는 자연재해, 생물학적 위협, 전염병 팬데믹 등의 재난을 사전에 예측하고 경고할 수 있는 데이터 분석 및 감시 체계가 필수적이라고 보았으며, 이를 통해 신속한 대응이 가능해져 인명 피해와 경제적 손실을 최소화할 수 있다고 주장했다.

또한, 레들레너는 단순한 이론적 대비책이 아니라 실제 재난 발생 시 신속하고 효과적인 대응이 이루어질 수 있도록 지속적인 훈련과 시뮬레이션을 수행해야 한다고 보았다. 그는 긴급 구조대, 의료 기관, 지역사회 지도자들이 정기적인 재난 대응 훈련을 실시하여 실전 대응 능력을 강화해야 한다고 강조하며, 이를 통해 각 기관과 조직 간의 협력이 원활하게 이루어질 수 있도록 준비해야 한다고 주장했다.

특히, 의료 시스템의 역할을 강조하며, 재난 발생 시 병원과 공공보건 기관이 긴급 구조팀과 사전 협력하여 대응할 수 있도록 시스템을 구축하는 것이 필수적이라고 하였다. 그는 전염병 팬데믹과 같은 보건 위기에서는 병상 확보, 의료 장비 조달, 백신 및 치료제 배포 등의 프로세스를 미리 계획하고, 의료진이 신속하게 대응할 수 있는 구조를 마련해야 한다고 주장했다.

레들레너의 연구는 단순한 물리적 인프라 구축을 넘어, 정부, 공공기관, 의료 기관, 지역사회의 협업 체계를 강화하는 것이 예방적 위기관리를 위한 핵심 전략이라는 점을 강조한다. 그는 사전 예방이 이루어지지 않을 경우, 위기가 발생했을 때 대응 속도가 늦어지고 피해 규모가 급격히 증가할 수밖에 없다고 보았다. 따라서, 재난 예방 및 대응 체계를 정기적으로 점검하고, 지속적으로 훈련을 강화하는 것이 효과적인 위기관리를 위한 필수적인 과정이라고 주장했다.

나) 대응 (Response)

위기 발생 시 신속하고 체계적인 대응을 통해 피해를 최소화하는 것이 핵심이며, 초기 대응의 속도와 정확성이 위기관리의 성패를 결정짓는다. 어빈 레들레너는 재난 발생 초기의 '골든타임(Golden Time)'이 가장 중요한 시기이며, 이 시점에서 적절한 대응이 이루어지지 않을 경우 피해가 급격히 증가하고 사회적 혼란이 가중된다고 강조했다. 그는 정부가 명확한 커뮤니케이션 체계를 구축하고, 긴급 의료 지원 및 인명 구조 시스템을 신속히 가동할 수 있는 체계를 마련하는 것이 필수적이라고 주장했다.

레들레너는 9.11 테러, 허리케인 카트리나, 코로나19 팬데믹과 같은 대형 재난에서 정부의 대응 실패 사례를 분석하며, 초기 대응의 지연이 가져온 심각한 결과를 경고했다. 예를 들어, 2005년 발생한 허리케인 카트리나 당시, 연방재난관리청(FEMA)의 대응이 늦어지면서 구조 및 지원이 제때 이루어지지 못했고, 이는 대규모 인명 피해와 사회적 혼란을 초래했다. 그는 이 사례를 분석하며 위기 발생 즉시 의료 및 구호 지원을 가동하고, 대피 계획을 실행하며, 신속한 정보 제공이 이루어져야 한다는 점을 강조했다.

또한, 레들레너는 위기 발생 시 정부와 기관이 불확실한 상황에서도 일관된 정보 전달과 명확한 의사결정이 필요함을 지적하며, 혼란을 최소화하기 위해 공식적인 위기 대응 시스템을 통해 신속한 조치를 취해야 한다고 주장했다. 코로나19 팬데믹의 경우, 초기 대응 단계에서 국가별 차이가 뚜렷하게 나타났으며, 대응이 신속하고 명확했던 국가일수록 피해를 최소화할 수 있었다. 그는 특히 보건 위기에서 의료 시스템이 붕괴되지 않도록 사전 대응 계획을 마련해야 하며, 병상 확보, 의료 인력 배치, 백신 및 치료제 조달 등 다각적인 대책이 필요하다고 분석했다.

레들레너의 연구는 위기 발생 시 대응의 핵심 요소로 ① 신속한 구조 및 구호 활동, ② 명확하고 일관된 커뮤니케이션, ③ 의료 시스템의 즉각적인 대응, ④ 대피 및 피해 최소화 전략의 실행을 제시한다. 그는 재난 대응의 효과를 극대화하기 위해 정부, 의료 기관, 구조대, 민간 부문이 유기적으로 협력할 수 있는 시스템을 마련해야 하며, 이를 위해 사전 훈련과 협업 체계를 구축하는 것이 필수적이라고 강조했다.

레들레너의 위기 대응 전략은 단순한 재난 복구를 넘어, 위기 발생 직후 신속한 조치가 피해 규모를 결정짓는 중요한 요소라는 점을 강조하며, 정부와 공공기관이 재난 발생 직후 혼선 없이 효과적으로 대응할 수 있도록 체계적인 대응 시스템을 구축해야 한다는 점을 시사한다.

다) 복구 (Recovery)

재난 복구(Recovery) 과정은 단순한 물리적 재건을 넘어, 사회적·심리적 회복이 함께 이루어져야 한다는 점에서 더욱 중요하다. 어빈 레들레너는 재난 발생 이후 사회적 취약 계층(어린이, 노인, 저소득층)에 대한 장기적인 지원이 필수적이라고 강조하며, 재난 피해 지역에서 공공 보건 서비스가 지속적으로 제공될 수 있도록 보건 시스템을 강화해야 한다고 주장했다.

그는 코로나19 팬데믹 기간 동안 지역 병원과 공공 의료 기관이 정상적으로 운영될 수 있도록 의료 지원 체계를 유지하는 것이 필수적이라고 분석했다. 대규모 전염병 사태에서 병상 부족과 의료 인력의 과부하 문제는 재난 복구를 지연시키는 주요 요인이 되며, 이로 인해 사회적 약자들이 더욱 취약한 상태에 놓일 가능성이 높아진다고 경고했다. 따라서, 보건 시스템을 신속하게 복구하고, 지속적인 의료 서비스를 제공할 수 있도록 자원을 배분하는 것이 핵심 전략이 되어야 한다고 강조했다.

뿐만 아니라, 레들레너는 재난 이후의 심리적 충격을 완화하기 위한 정신건강 지원 프로그램의 병행이 필수적이라고 보았다. 그는 대형 재난 이후 PTSD (외상 후 스트레스 장애), 불안, 우울증과 같은 정신건강 문제가 증가하는 현상을 분석하며, 심리적 지원이 장기적인 복구 과정에서 중요한 역할을 한다고 설명했다. 예를 들어, 9.11 테러 이후 뉴욕 시민들이 겪은 장기적인 심리적 충격을 분석하며, 위기 이후 정신건강 서비스가 체계적으로 제공되지 않을 경우 개인과 사회 전체의 회복 속도가 지연될 수 있다고 주장했다.

허리케인 카트리나 이후 미국 남부 지역의 피해 복구 과정에서도 경제적 재건이 지연됨에 따라 빈곤층이 더욱 심각한 위기에 처하게 된 사례를 분석하며, 경제 회복과 고용 창출이 장기적인 복구 과정에서 핵심 요소가 되어야 한다고 강조했다. 그는 재난 이후 지역 경제가 활성화되지 않을 경우, 저소득층과 실업자들이 더욱 취약한 상태에 놓이게 되며, 이는 사회적 불안정성을 증가시키는 요인으로 작용할 수 있다고 경고했다. 따라서, 정부가 피해 지역의 경제 회복과 고용 창출을 위한 장기적인 복구 계획을 마련하고, 피해를 입은 지역사회에 대한 경제적 지원과 사회적 안전망을 강화해야 한다고 제안했다.

레들레너는 재난 복구 과정에서 정부와 지역사회가 협력하여 사회적 안전망을 강화하고, 장기적인 복구 정책을 수립하는 것이 필수적이라고 강조했다. 그는 단순한 물리적 인프라 재건을 넘어서, 사회적·경제적·심리적 회복을 종합적으로 고려해야 하며, 이를 통해 재난 피해 지역이 보다 빠르고 안정적으로 정상화될 수 있도록 체계적인 전략을 마련해야 한다고 주장했다. 이러한 접근은 지속가능한 복구(Sustainable Recovery)의 개념을 반영하며, 사회 전체의 회복력을 강화하는 방향으로 발전되어야 한다는 점을 시사한다.

라) 학습 (Learning)

위기 발생 시 신속하고 체계적인 대응을 통해 피해를 최소화하는 것이 핵심이며, 초기 대응의 속도와 정확성이 위기관리의 성패를 결정짓는다. 어빈 레들레너는 재난 발생 초기의 '골든타임(Golden Time)'이 가장 중요한 시기이며, 이 시점에서 적절한 대응이 이루어지지 않을 경우 피해가 급격히 증가하고 사회적 혼란이 가중된다고 강조했다. 그는 정부가 명확한 커뮤니케이션 체계를 구축하고, 긴급 의료 지원 및 인명 구조 시스템을 신속히 가동할 수 있는 체계를 마련하는 것이 필수적이라고 주장했다.

레들레너는 9.11 테러, 허리케인 카트리나, 코로나19 팬데믹과 같은 대형 재난에서 정부의 대응 실패 사례를 분석하며, 초기 대응의 지연이 가져온 심각한 결과를 경고했다. 예를 들어, 2005년 발생한 허리케인 카트리나 당시, 연방재난관리청(FEMA)의 대응이 늦어지면서 구조 및 지원이 제때 이루어지지 못했고, 이는 대규모 인명 피해와 사회적 혼란을 초래했다. 그는 이 사례를 분석하며 위기 발생 즉시 의료 및 구호 지원을 가동하고, 대피 계획을 실행하며, 신속한 정보 제공이 이루어져야 한다는 점을 강조했다.

또한, 레들레너는 위기 발생 시 정부와 기관이 불확실한 상황에서도 일관된 정보 전달과 명확한 의사결정이 필요함을 지적하며, 혼란을 최소화하기 위해 공식적인 위기 대응 시스템을 통해 신속한 조치를 취해야 한다고 주장했다. 코로나19 팬데믹의 경우, 초기 대응 단계에서 국가별 차이가 뚜렷하게 나타났으며, 대응이 신속하고 명확했던 국가일수록 피해를 최소화할 수 있었다. 그는 특히 보건 위기에서 의료 시스템이 붕괴되지 않도록 사전 대응 계획을 마련해야 하며, 병상 확보, 의료 인력 배치, 백신 및 치료제 조달 등 다각적인 대책이 필요하다고 분석했다.

레들레너의 연구는 위기 발생 시 대응의 핵심 요소로 ① 신속한 구조 및 구호 활동, ② 명확하고 일관된 커뮤니케이션, ③ 의료 시스템의 즉각적인 대응, ④ 대피 및 피해 최소화 전략의 실행을 제시한다. 그는 재난 대응의 효과를 극대화하기 위해 정부, 의료 기관, 구조대, 민간 부문이 유기적으로 협력할 수 있는 시스템을 마련해야 하며, 이를 위해 사전 훈련과 협업 체계를 구축하는 것이 필수적이라고 강조했다.

레들레너의 위기 대응 전략은 단순한 재난 복구를 넘어, 위기 발생 직후 신속한 조치가 피해 규모를 결정짓는 중요한 요소라는 점을 강조하며, 정부와 공공기관이 재난 발생 직후 혼선 없이 효과적으로 대응할 수 있도록 체계적인 대응 시스템을 구축해야 한다는 점을 시사한다.

그는 위기 대응을 하나의 순환 과정(Crisis Cycle)으로 보고, 모든 위기에서 교훈을 얻어 대응 능력을 점진적으로 향상시켜야 한다고 주장했다. 이를 위해 정부와 공공기관뿐만 아니라, 학계, 민간 기업, 지역사회가 협력하여 재난 대응 시스템을 발전시켜야 하며, 국가 차원에서 위기 대응 및 복구 과정에 대한 데이터베이스를 구축하고, 실질적인 정책 개선으로 이어질 수 있도록 해야 한다. 이러한 지속적인 학습과 개선이 이루어질 때, 정부와 지역사회는 재난 대응 능력을 강화하고, 위기 발생 시 보다 신속하고 효과적인 대응이 가능하게 된다.

어빈 레들레너의 위기관리 모델은 현대 사회에서 발생하는 다양한 재난과 위기 상황에 대응하는 데 있어 정부 및 국제기구가 재난 대응 정책을 수립하는 중요한 기초 자료로 활용되고 있다. 그의 연구는 단순한 위기 대응을 넘어 사전 예방, 신속한 대응, 효과적인 복구, 지속적인 학습을 포함하는 포괄적인 시스템 구축을 강조하며, 이는 현대 재난관리 및 공공보건 정책에서 필수적인 요소로 자리 잡고 있다.

레들레너는 특히 국가적 차원의 재난 대응 시스템 구축이 필수적이며, 이를 위해 정부,

공공기관, 민간 기업, 지역사회가 긴밀하게 협력해야 한다고 강조했다. 그는 위기 발생 후 단기적인 대응에 그치는 것이 아니라, 재난 이후의 장기적인 회복과 복원력을 강화하는 것이 필요하다고 주장하며, 이를 위해 취약 계층을 위한 공공보건 서비스 강화, 지속적인 위기 대응 훈련, 인프라 복구 및 경제 재건을 위한 체계적인 계획 수립이 이루어져야 한다고 보았다.

그의 연구는 특히 자연재해, 전염병 팬데믹, 기후변화로 인한 재난, 대규모 인도적 위기 등 다양한 유형의 위기에 적용될 수 있으며, 각 국가와 지역사회가 맞춤형 위기관리 전략을 개발하는 데 활용되고 있다. 예를 들어, 코로나19 팬데믹 대응 과정에서 그의 연구는 보건 시스템 강화 및 백신 보급 체계 개선을 위한 정책 개발에 기여하였으며, 허리케인 카트리나 이후 미국의 재난 대응 시스템 개선 과정에서도 중요한 참고 자료로 활용되었다.

레들레너의 모델은 오늘날 세계보건기구(WHO), 유엔(UN), 연방재난관리청(FEMA), 미국 질병통제예방센터(CDC) 등 다양한 국제 및 국가 기관에서 재난 대응 전략을 설계하고 실행하는 데 중요한 기반을 제공하고 있으며, 특히 공중보건과 위기관리의 융합된 접근 방식이 어떻게 실질적인 정책으로 구현될 수 있는지를 보여주는 사례로 평가받고 있다.

그의 연구는 재난이 단순히 물리적 피해를 초래하는 것이 아니라, 사회적 불평등을 심화시키고 장기적인 경제적·심리적 영향을 미친다는 점을 강조하며, 지속 가능한 복구와 공공보건 시스템의 역할이 무엇보다 중요함을 시사한다. 레들레너는 단순한 재난 대응을 넘어, 사회적 회복력(Social Resilience)과 공공보건 인프라 강화가 미래의 재난을 예방하고, 피해를 최소화하는 핵심 전략이 되어야 한다고 주장하며, 그의 이론과 정책 제안은 현재와 미래의 위기관리 정책에서 지속적으로 중요한 역할을 하고 있다.

Disaster Psychology

재난 발생 단계

4 장

1. 재난 발생 전 단계

재난 발생 전 준비는 재난이 발생하기 전에 가능한 한 많은 대비를 하는 것을 의미한다. 이 과정은 재난의 잠재적 영향을 최소화하기 위한 조치를 취하는 것으로, 여러 단계에서 이루어진다. 재난 전에 시행되는 다양한 활동이 포함되며, 이러한 활동은 재난 발생 시 효과적으로 대응할 수 있는 기초를 마련하는 데 필수적이다.

재난 발생 전 단계에서 가장 중요한 작업 중 하나는 잠재적인 위험을 사전에 식별하고 관리하는 것이다. 여기에는 비상 상태 발생 시에 효과적으로 대응할 수 있는 계획을 수립하는 것이 필수적이다. 예를 들어, 비상 키트를 만드는 것, 대피 계획을 세우는 것, 위험 건물이나 구조물의 보강, 그리고 재해에 대한 잠재적 위험 및 적절한 대응에 관한 교육과 훈련을 포함한다.

이렇게 철저하게 준비함으로써 개인과 지역사회는 재난 발생 시 부상, 인명 손실, 그리고 재산피해의 가능성을 줄일 수 있다. 특히 지진, 허리케인, 홍수 또는 산불과 같은 자연재해가 자주 발생하는 지역에 거주하는 사람들에게는 이러한 사전 대비가 더욱 중요하다. 재난 전의 철저한 준비는 재난 후 복구 노력의 비용과 기간을 줄이는 데도 크게 기여할 수 있다.

재난에 효과적으로 대비하기 위해서는 우선 자신이 거주하거나 일하는 지역의 잠재적 위험과 취약성을 이해하는 것이 중요하다. 이를 위해 해당 지역에서 과거에 발생한 재난에 대한 데이터 조사를 실시하고, 잠재적 위험 요소를 식별하며, 이러한 사건의 가능성과 심각성을 이해하는 것이 포함된다. 정부와 행정기관은 위험요소가 있는 지역에 대한 정확한 정보를 주민들에게 제공하고, 누구나 손쉽게 접근할 수 있도록 지역 알림판 등의 매체를 활용하여 정보를 전파해야 한다.

재난 발생 전 준비 단계에서는 안전조치를 취하는 것도 핵심이다. 예를 들어, 태풍으로 인한 강한 바람이 불 때 창문이 파손되는 위험이 있다. 이를 방지하기 위해서는 창문을 강화하고, 폭풍우 동안 위험 요소가 될 수 있는 느슨한 물건을 고정해 놓는 것이 좋다. 또한, 응급 상황에 대비하여 필요 음식, 물, 응급 처치 키트와 같은 비상용품을 미리 비축해두는 것이 중요하다. 가족 비상 연락체계를 구축하고, 재난 상황을 수시로 확인할 수 있는 비상방송을 청취하도록 하며, 피해가 우려되는 상황이 발생하면 즉시 119에 신고해야 한다.

재난 발생 시 자신과 타인을 보호하기 위한 상세한 계획을 세우는 것이 중요하다. 예를 들어, 재난 경고가 발령되면 가족 구성원들이 신속하게 대피할 수 있는 경로를 미리 상의해 두어야 한다. 또한, 각 개인이 사용하는 물품의 위치를 명확히 알고 있어야 하며, 불안한 상황에서 즉각적으로 행동할 수 있도록 준비하는 태도가 필요하다.

위기관리의 준비 과정은 그 자체로 시간이 소요되지만, 이러한 사전 대비 없이는 위기 발생 시 극복하기 어렵다는 점을 명심해야 한다. 철저한 준비는 재난 발생 이후의 피해를 최소화하고, 안전한 사회를 구축하는 데 중요한 첫걸음이 될 것이다.

1) 정보 유지

정보 유지란 재난이 발생하거나 긴급 상황에서 중요한 정보를 신속하게 수집하고 이를 효과적으로 유지하는 과정을 의미한다. 이러한 정보 유지는 재난 대비와 대응에서 매우 중요한 역할을 한다. 예를 들어, 재난이 발생하면 피해 상황을 파악하고 피해 규모를 측정하여 적절한 대처 방안을 마련해야 한다. 이 과정에서 신속하고 정확한 정보 수집이 필수적이다. 이를 위해 미리 정보 수집 경로를 정립하고, 신속하게 정보를 확인하고 분석하는 능력을 갖추는 것이 중요하다.

정보 유지를 위해 다음과 같은 방법들이 필요하다.

가) 정보 수집 경로 파악

정보 수집 경로란 적절한 정보를 어떤 방식으로 수집할 것인가를 정의하는 것이다. 정보 수집 경로를 파악하는 것은 수집된 정보의 신뢰성과 정확성을 평가하는 데 있어 매우 중요하다. 일반적으로 정보 수집 경로는 두 가지로 나눌 수 있다.

첫째, 직접 수집 경로가 있다. 이는 자신이 필요한 정보를 직접 수집하는 방법을 의미한다. 예를 들어, 피해 지역 주민이나 관련 전문가와의 직접 인터뷰나 설문 조사를 실시하여 정보의 신뢰도를 높일 수 있다. 이러한 방법은 현장의 목소리를 직접 들음으로써 더욱 정확한 정보를 확보할 수 있게 해준다.

둘째, 간접 수집 경로가 있다. 이는 이미 누군가에 의해 수집된 정보를 참조하는 방법을 말한다. 예를 들어, 기존 연구 보고서, 인터넷 뉴스, 현장 보고서 등을 검색하여 유용한 정보를 수집하는 것이다. 간접 수집 경로는 시간과 노력을 절약할 수 있지만, 정보의 출처와 신뢰성을 반드시 검증하는 것이 필요하다.

정보 수집 경로는 해당 정보의 신뢰성과 정확성을 결정하는 중요한 기준이 된다. 따라서 정보를 사용하기 전에 그 정보가 어떻게 수집되었는지, 정보 수집자의 의도와 동기가 무엇인지, 그리고 정보가 출처나 상황에 맞게 조작되지 않았는지를 평가하는 것이 필수적이다.

긴급 상황에서 유용한 정보를 제공하는 정부 기관, 뉴스 미디어, 소셜 미디어 등의 경로를 사전에 파악하고, 이들을 활용하여 정보를 수집하는 방법을 마련함으로써 위기 상황에서도 효과적으로 대처할 수 있는 기반을 마련해야 한다.

이러한 정보 유지는 위기 상황에서 발생할 수 있는 혼란을 줄이고, 결정적인 순간에 적절한 행동을 취할 수 있도록 돕는 핵심 요소로 작용한다.

나) 정보 검증 및 분석 능력 강화

정보 검증 및 분석 능력의 강화는 건강한 판단력을 형성하고, 오해와 잘못된 정보를 피하는 데 필수적이다. 정보의 정확성과 신뢰성을 보장하기 위해서는, 우선 정보를 제공하는 출처를 신중히 확인하는 것이 중요하다. 또한, 정보의 정확성, 신뢰성, 일관성을 평가하는 과정은 그만큼 중요한 요소로 작용한다.

정보를 검증하는 방법에는 여러 가지가 있지만, 일반적인 원칙은 출처를 확인하고, 해당 정보의 사실 여부를 판단하는 것이다. 이와 더불어 정보를 분석하는 능력을 향상시키기 위해서는 다양한 관점에서 문제를 바라보는 시각을 키우고, 그로 인해 이해도를 높이는 것이 필요하다.

구체적으로, 자료를 체계적으로 분류하고 정리하는 기술, 정보의 패턴과 상관관계를 파악하는 능력, 그리고 추론과 일반화를 위한 논리적 사고력 등의 다양한 기술이 필요하다. 이러한 능력은 다양한 분야에서 유용하게 활용되며, 개인의 일상생활에서도 핵심적인 역량으로 자리 잡는다. 특히 가짜 정보로 인해 사회적 피해가 가중될 수 있는 현 시대에서, 수집한 정보의 정확하고 신뢰할 만한지를 판단하고 분석하는 능력은 더욱 필수적이다.

예를 들어, 코로나19 팬데믹 동안, 백신과 치료법에 대한 정보가 인터넷과 소셜 미디어에서 빠르게 퍼졌다. 이 때 많은 가짜 뉴스가 돌았고, 개인들은 신뢰할 수 있는 출처인 세계보건기구(WHO)나 질병통제예방센터(CDC)의 공식 발표를 따르는 것이 중요했다. 정보가 사실인지 여부를 판단하고, 필요한 경우 전문가의 조언을 받는 능력은 개인과 사회의 건강을 보호하는 데 큰 역할을 했다.

또한, 2016년 미국 대선 당시에도 소셜 미디어에서 퍼진 잘못된 정보가 여러 논란을 일으켰다. 이 상황에서 국가 기관과 사회단체는 정보 검증 및 분석의 중요성을 알리며, 시민들에게 신뢰할 만한 소스를 통해 정보를 확인하라고 권장하였다. 2011년 일본의 후쿠시마 원전 사고 직후, 다양한 정보가 언론과 사회적 매체를 통해 퍼졌다. 주민들은 방사능 노출에 대한 불안감이 커지면서 정보 검증의 필요성을 느꼈고, 정부 기관의 공식 발표와 과학적 연구 결과를 통해 정확한 상황을 파악하려고 했다. 신뢰할 수 있는 정보를 기반으로 한 판단이 주민들의 안전과 건강 보호에 기여했다.

이처럼 정보 검증 및 분석 능력은 전반적인 사회의 정보 신뢰성을 높이며, 타인의 잘못된 정보에 의해 발생할 수 있는 피해를 예방하는 데 중요한 역할을 한다. 따라서 이러한 능력을 지속적으로 강화해 나가는 것이 필요하다.

다) 정보 공유 체계 구축

정보 공유 체계 구축은 정보를 수집하고 분석한 결과를 시민들과 효과적으로 공유하는 프로세스를 의미한다. 이러한 체계를 통해 시민들은 보다 정확하고 신속하게 의사 결정을 내릴 수 있게 된다. 정보 공유 체계는 여러 가지 방식으로 구축될 수 있다. 예를 들어, 지방정부는 지역 내에서 정보를 효과적으로 공유하기 위한 시스템을 마련할 수 있으며, 국가 차원에서는 지방정부의 정보를 수합하여 지역 간의 정보 공유를 위한 전국적인 협의체를 구성할 수 있다.

정보 공유 체계의 구축은 시민들 간의 원활한 협업을 가능하게 하고, 동시에 정보의 신뢰성과 정확성을 높이는 데 기여한다. 이는 다양한 분야에서 기반으로 하는 의사결정을 내리는 데 있어서도 중요한 역할을 하며, 시민들이 서로 협력하여 문제를 해결할 수 있는 환경을 조성한다. 지인, 가족, 지역사회와 함께 정보를 공유하는 체계를 만들어야 하며, 이를 통해 커뮤니티 전반의 안정성을 도모해야 한다.

예를 들어, 2011년 일본 도호쿠 대지진 발생 시, 정부와 지방자치단체는 신속하게 피해 상황과 복구 계획을 시민들에게 전달하기 위해 다양한 정보를 효과적으로 공유할 수 있는 체계를 운영하였다. 이러한 정보는 주민들에게 대피 경로와 안전시설에 대한 세부 사항을 전달하여 사람들의 안전을 확보하는 데 큰 도움을 주었다.

또한, COVID-19 팬데믹 동안 많은 국가에서 정보 공유 체계가 중요하게 작용하였다. 정부는 실시간으로 감염자 수, 백신 접종 현황, 방역 지침 등을 국민들과 공유하며, 이를 통해 시민들이 최신 정보를 바탕으로 행동할 수 있도록 하였다. 이런 방식은 시민들이 스스로 예방 수칙을 준수하고, 감염 확산을 방지하는 데 중요한 역할을 하였다.

세 번째로, 지자체에서 주최하는 주민 소통 회의도 좋은 예가 될 수 있다. 이 회의에서는 지역 주민들이 서로의 의견을 나누고, 필요한 정보를 공유하며 위기 상황에 대비할 수 있는 방법을 논의하는 장이 만들어진다. 이를 통해 주민들은 서로의 경험과 지식으로 사회적 연대를 강화할 수 있다.

마지막으로, 소셜 미디어 플랫폼은 현대 정보 공유 체계의 중요한 구성 요소로 자리잡았다. 많은 지역 정부가 소셜 미디어를 통해 실시간으로 정보를 전파하고, 주민들과의 소통을 활성화하고 있다. 이러한 플랫폼은 사람들이 서로의 상황을 신속하게 공유하고, 필요한 지원이나 자원에 대한 정보를 쉽게 찾을 수 있도록 돕는다.

이와 같이 정보 공유 체계는 위기 상황에서 시민들에게 필요한 정보를 제공하고, 각 개인이 적극적으로 대처할 수 있는 능력을 갖추게 한다. 따라서 정보의 공유와 투명성 향상을 위한 체계적 노력이 지속적으로 필요하다.

2) 대피 계획

대피 계획은 재난이 발생할 경우 안전하게 대피할 수 있는 절차와 전략을 설정하는 것을 의미한다. 재난이 발생하면 사전에 선정된 대피 장소로 신속히 이동할 수 있도록 교육과 훈련을 통해 대처 계획을 수립하는 것이 필수적이다. 이때, 대피 장소를 선정하는 과정에서는 주변 환경과 잠재적인 위험 요소를 면밀히 파악해야 한다.

정부는 대피 장소를 미리 점검하고, 비상 물품을 구비한 상태에서 재난 대피 매뉴얼을 작성하고 보급해야 한다. 대피 장소는 주변의 위험 요소를 고려해야 하며, 예를 들어, 강, 해안가, 산이나 섬 등의 위험성을 평가하고, 낙하물 등의 위험 요소를 사전에 조사하여야 한다.

또한, 긴급한 상황에서 대피 장소로 갈 수 없는 경우에는 대피 중인 개인이 자신이 있는 장소에서 가장 안전한 곳을 찾아 위험 요소를 점검하고 피해를 최소화하도록 해야 한다. 이때 개인은 자신의 안전이 담보되지 않거나 구조될 수 있다는 불안감과 두려움을 느낄 수 있다. 이러한 심리적 어려움은 불확실성에 의해 발생하는 경우가 많다. 현재의 위치를 119나 가족, 친구, 지인에게 알리고, 자신이 구조된다는 믿음을 가질 때 심리적 불안이 완화될 수 있다. 또한, 함께 대피하지 못한 가족과 동료 등의 불안과 공포로 인해 군중심리가 작동하여 두려움이 증폭될 수도 있고, 이를 또 다시 감소시킬 수 있다.

군중 심리(Crowd Psychology)는 사회적 재난 상황에서의 행동에 큰 영향을 미치는 요소로, 크게 네 가지 특징이 있다.

첫째, 경신성(피암시성)이다. 이는 군중이 다른 사람의 암시에 따라 쉽게 행동을 취하는 경향을 나타낸다. 위기 대피 상황에서 잘못된 지시나 비합리적인 행동을 암시받더라도 쉽게 따르기 쉬운 상황을 의미한다.

둘째, 충동성(변이성)이다. 군중은 충동적이고 즉흥적인 행동을 취할 가능성이 높다. 위기 상황에서 두려움으로 인해 도망치거나 갑작스럽게 고성을 지르는 등의 행동이 나타날 수 있다.

셋째, 과장성(단순성)이다. 군중의 감정은 단순해지고 과장될 수 있으며, 위기 피난 현장에서 인지 능력이 떨어지거나 재난 상황을 과도하게 해석하여 극단적인 생각을 할 수 있다.

마지막으로, 편협성(전횡성)이다. 군중은 다른 사람이나 집단의 반대 의견을 허용하지 않으려는 경향이 있으며, 이는 리더가 자신의 지시만 따르도록 강요하게 만들 수 있다.

이러한 문제들을 극복하기 위해서는 대피 현장에서 합리적이고 경험이 풍부한 사람을 리더로 선정하고, 리더의 지시에 따라 움직일 수 있도록 해야 하며, 리더는 심리적 불안과 공포를 조장하는 행동을 자제해야 한다. 또한 리더는 외부와 연락하여 현 상황을 알리고, 함께 있는 사람들에게 정확한 정보를 전달해야 한다.

더불어 정기적인 피난 대피 훈련을 통해 가족, 직장 동료 등 구성원들이 어떠한 상황에서도 빠르고 안전하게 대피 및 대처할 수 있도록 해야 한다. 대피 시 필요한 비품(예 : 물, 간단한 식량, 휴대폰, 라디오, 의류 등)은 미리 준비해두는 것이 좋다.

대피 계획은 시간이 지남에 따라 변경되거나 수정될 수 있으므로, 주기적으로 검토하고 개선하는 것이 중요하다. 신규 대피 장소가 선정될 수 있으며, 이전의 대피 장소가 위험하다고 판단되는 경우, 정기적으로 점검하여 대피 장소를 조정해야 한다. 비상식량은 유통기한을 정기적으로 점검하여 새로운 물품으로 교체하고, 비상 장비 역시 수시로 점검해야 한다.

잘 수립된 대피 계획은 재난 발생 시 빠르고 안전하게 대피할 수 있도록 하며, 대피 후에도 스트레스와 불안감을 최소화하는 데 큰 도움이 된다.

3) 비상 키트

비상 키트는 긴급 상황이나 재난 시 필요한 기본적인 물품들이 들어 있는 가방 또는 상자를 말한다. 이러한 비상 키트는 개인이나 가족이 재난 상황에서 신속하게 대처할 수 있도록 갖추어져 있어야 한다. 비상 키트에는 기본적으로 식수, 식량, 의약품, 라디오, 보온용품 등이 포함되며, 각 가족의 구성원이나 특정 상황에 따라 키트의 구성은 달라질 수 있다.

식수는 비상 키트의 핵심 요소 중 하나로, 이동과 저장이 간편한 생수를 준비해야 한다. 필요한 경우 물을 저장할 수 있는 용기도 함께 준비해 두는 것이 좋다. 만약 비상 상황에서 물이 소진되거나 오염된 물을 마셔야 하는 경우를 대비해, 물을 정화할 수 있는 방법을 사전에 습득하고 필요한 정화 도구를 갖추어 두는 것이 중요하다. 물의 정화 방법은 인터넷 등 다양한 자원을 통해 쉽게 접근할 수 있으니, 이를 참고하여 사전 연습을 해두는 것이 바람직하다.

식량은 위기 상황에서의 생존에 필수적인 요소로, 라면이나 오랫동안 보관이 가능한 건조식품 등을 준비하면 좋다. 의약품 역시 충분히 준비해야 하며, 가족 구성원 개인의 필요 약품과 응급처치용 의약품, 그리고 상처나 화상 치료에 필요한 소독약 등을 포함해야 한다.

비상 키트에 포함될 전기용품으로는 충전 가능한 휴대용 배터리, 충전기, 그리고 손전등과 같은 휴대용 조명이 필요하다. 또한, 재난 상황에서 정보를 수시로 확인할 수 있는 라디오도 필수적이다. 이 외에도 보온할 수 있는 담요를 반드시 준비하여야 한다. 담요는 환자가 발생했을 때 이동 시 필요한 요소로, 이에 따라 충분한 양을 비상 키트에 포함해야 한다.

추가적으로 비상 키트에는 재난 유형과 관련된 대처 방법을 안내하는 매뉴얼 및 지도가 포함되어야 하며, 긴급 상황에서 연락할 수 있는 비상 연락망 목록도 마련해 두어야 한다. 이러한 정보는 위기 상황에서 혼란을 겪고 있는 개인에게 큰 도움이 될 수 있다.

결국, 비상 키트는 재난 발생 시 즉시 대처해야 하는 상황에서 가장 중요한 도구가 된다. 따라서 가족과 직장 구성원이 함께 준비하고, 키트의 위치가 누구나 쉽게 접근할 수 있는 곳에 지정해 두는 것이 중요하다. 이를 통해 위기 상황에서 필요한 자원을 신속하게 확보하여 피해를 최소화하고 생존 확률을 높일 수 있을 것이다.

4) 의사소통 계획

재난 상황에서의 효과적인 의사소통은 생존에 매우 중요한 역할을 한다. 따라서, 재난 발생 시에는 의사소통 계획을 준비하는 것이 필요하다. 의사소통 계획으로 다음과 같은 내용이 있다.

가) 연락 방법

재난 상황에서의 효과적인 의사소통을 위해서는 연락 방법이 중요하다. 연락 방법은 비상 상황에서 연락을 취할 수 있는 다양한 수단을 의미한다. 이는 전화, 문자, 이메일, 소셜 미디어, 모스구호 등 다양한 수단으로 구성될 수 있다.

모스구호는 새뮤엘 핀리브리즈 모스(Samuel Finley Breese Morse, 1791~1872)가 고안하여 1844년 완성된 전신 기호로, 짧은 발신 전류와 긴 발신 전류만을 가지고 전신부호를 구성한 뒤 문장을 완성시켜 전달하는 기술이다. 재난 상황에서 모든 통신이 두절되었을 때 자신의 위치 및 위험을 알리는 모스구호를 익힌다면 만약의 사태에서 도움을 받을 수 있을 것이다. SOS 신호는 (돈돈돈 쓰쓰쓰 돈돈돈)이다. 모스구호 입력 방법은 짧게 세 번, 길게

표 4.1 모스구호

Character	Moser Code	Character	Moser Code
A	.-	S	...
B	-...	T	-
C	-.-.	U	..-
D	-..	V	...-
E	.	W	.--
F	..-.	X	-..-
G	--.	Y	-.--
H	....	Z	--..
I	..	0	-----
J	.---	1	.----
K	-.-	2	..---
L	.-..	3	...--
M	--	4	....-
N	-.	5	.....
O	---	6	-....
P	.--.	7	--...
Q	--.-	8	---..
R	.-.	9	----.

세 번, 다시 짧게 세 번으로 알면 된다. 또는 "따따따 따 따 따 따따따"로 소리를 내도 알 수 있다.

재난 상황에서 가족의 생사를 확인하는 게 무엇보다 중요하다. 가족 구성원과의 연락을 위해서는 가족 구성원들과 비상시 연락 방법 등을 미리 정하고, 연락이 잘 이루어지지 않을 경우를 대비하여 가족들이 알 수 있는 특정 장소 및 시간을 정해두는 것이 좋다. 대피 장소 및 기타 정보를 확인하기 위해서 수시로 라디오 및 재난 방송을 청취하도록 해야 한다.

재난 상황에는 확인되지 않는 정보들이 무분별하게 전해질 수 있다. 잘못된 정보를 믿고 행동하게 되면 자칫 생명을 잃을 수 있는 위험한 상황에 놓이게 된다. 재난과 관련된 정보는 정부인가를 받은 방송 및 SNS 등의 공식적인 발표를 신뢰하는 것이 가장 안전한 방법이다. 이를 위해서는 정부가 제공하는 방송, 홈페이지 및 SNS 등을 확인하는 것이 좋다. 또한 지역 방송국이나 라디오를 통해서도 지역사회에서의 안전 정보를 확인할 수 있다.

종합적으로, 재난 상황에서의 효과적인 의사소통을 위해서는 미리 연락 방법을 확인하고, 연락 방법에 대한 구체적 방법을 수립해 두는 것이 중요하다.

나) 정보 제공

정보 제공은 재난 발생 시 중요한 역할을 한다. 정확하고 신속한 정보를 전달함으로써 사람들은 상황을 파악하고 적절한 대처 방법을 선택할 수 있게 되며, 이는 재난 대응 계획의 핵심 요소 중 하나로 작용한다.

정보 제공은 다양하게 이루어질 수 있다. 예를 들어, 이메일, 문자 메시지, 소셜 미디어, 방송, 라디오, 그리고 전화 등 여러 수단을 통해 정보를 전달함으로써 재난 발생 시 시민의 안전과 생명을 보호하는 데 기여할 수 있다. 그러나 정보 제공에 있어서는 무엇보다도 정확성과 신속성이 중요하다. 부정확한 정보나 지체된 정보는 사람들에게 잘못된 판단을 유도하고, 적절한 대처를 할 수 없게 만들 수 있기 때문이다.

정보 제공의 방식은 상황에 따라 다르게 이루어질 수 있다. 재난 발생 초기에 상황 파악이 불분명한 경우가 많기 때문에, 예방 조치나 대처 방법에 대한 일반적인 정보를 우선 제공해야 한다. 이후 상황이 개선되었을 때는 보다 구체적인 데이터와 지침을 제공할 수 있다.

정보 제공이 이루어지기 위해서는 정보 수집에 대한 명확한 계획이 필요하다. 재난 발생 상황에서 정보 수집은 상황 인식에 매우 중요한 역할을 하므로, 정보를 수집하는 방법과 담당자를 미리 정해두고 체계적으로 관리할 수 있는 체계를 구축해야 한다. 이렇게 준비된 정보는 신속하고 정확하게 제공될 수 있다.

정보 제공은 시민들의 심리에 큰 영향을 미친다. 불확실성은 사람들에게 두려움을 유발하기 쉽고, 이는 H.P. 러브크래프트가 1927년 자신의 소설에서 "인간의 가장 오래되고 강력한 감정은 두려움이며, 가장 오래되고 강력한 두려움은 미지의 것에 대한 두려움"이라고 묘사했듯이, 인간의 두려움의 근본 원인이 된다. 여러 심리학자들은 불확실성이 두려움을 유발하고, 합리적인 사고를 방해하는 패닉 상황을 초래하는 이유를 증명해왔다.

예를 들어, 2013년 보스턴 마라톤 폭탄 테러 사건 후, 정부와 경찰은 시민들에게 신속하게 정보를 전달하는 데 힘썼으며, 잘못된 정보가 퍼지는 것을 막기 위해 매체를 통해 공식적인 보고를 지속적으로 업데이트했다. 이러한 정보 제공은 시민들의 불안감을 잠재우고 사건에 대한 신뢰를 높이는 데 기여했다.

또 하나의 예로, 2020년 COVID-19 팬데믹에서 정부는 감염자 수, 백신 접종 현황, 방역 지침 등을 지속적으로 공개하고, 이를 통해 국민이 현재의 상황을 정확히 이해하고 대처 방법을 결정할 수 있도록 했다. 이러한 투명한 정보 제공은 사회적 불안감을 낮추고, 사람들 사이에 협력적인 분위기를 조성하는 데 중요한 역할을 했다.

세 번째 예로, 2011년 일본 도호쿠 대지진의 경우, 일본 정부는 신속하게 피해 상황과 복구 계획을 전달하기 위해 다양한 매체를 통해 정보를 전파하였다. 이 과정에서는 시민들이 대피소 정보를 받은 신속함 덕분에 많은 인명을 구할 수 있었다.

네 번째로, 2021년 유럽 홍수 사건에서는 정보 전달의 중요성이 부각되었으며, 각국 정부는 소셜 미디어와 TV 방송을 통해 대피 경로와 안전 지침을 신속하게 전달했다. 이는 이미지와 신뢰를 보장하는 동시에 피해를 최소화하는데 기여한 예다.

마지막으로, 재난 발생 시 주민들이 쉽게 접근할 수 있는 정보를 제공하는 지역 알림 시스템의 도입은 많은 지역에서 긍정적인 효과를 가져왔다. 이러한 시스템은 주민들이 필요할 때 신뢰할 수 있는 정보를 신속하게 받을 수 있도록 하여, 행동의 기준을 명확히 하였다.

재난 상황에서의 신속하고 정확한 정보 제공은 불확실성으로 인한 두려움을 줄여주고, 시민들이 안전하게 대처할 수 있도록 돕는다. 이러한 정보는 위기 때에 사람들을 보호하는 중요한 요소로써, 각 기관과 정부는 정보를 투명하게 전달하고, 이를 통해 위기를 극복하는 데 필요한 신뢰를 구축해야 한다.

다) 역할과 책임

의사소통 계획에서는 각자의 역할과 책임을 명확히 하는 것이 필요하다. 이를 위해 사전에 각 역할과 책임을 정하고, 재난 발생 시 신속하게 실행할 수 있는 체계를 마련해야 한다. 역할과 책임은 가족 구성원, 특정 조직이나 그룹 내에서 각 개인이 맡은 역할과 그에 따른 책임을 의미한다.

예시 1: 가족 내의 역할 분담

예를 들어, 가족 구성원 간의 역할 분담은 재난 상황에서 매우 중요하다. 가족이 만약 대피 상황에 처하게 되면, 사전에 약속해둔 대피 장소에 누가 갈 것인지, 그리고 어떤 방식으로 서로의 안전을 확인할 것인지를 미리 정해둘 필요가 있다. 만약 누군가가 연락이 두절되면, 정해진 약속 장소에 가서 만나는 식으로 신속하게 상황을 대응할 수 있다.

예시 2: 대피소의 운영

대피소에서는 관리자가 대피소의 운영과 피난민의 안전을 책임진다. 직원들은 대피소의 시설 유지 보수와 피난민의 생활 지원을 담당하며, 피난민들은 안전 규칙을 준수하고 본인의 안전을 책임진다. 이러한 역할 분담은 대피소가 체계적으로 운영되고 모든 사람이 안전하게 보호될 수 있는 환경을 만든다.

예시 3: 소방서의 역할

재난 상황에서 각 기관도 명확한 책임을 져야 한다. 예를 들어, 소방서는 화재 발생 시 즉각 대응하여 화재를 진압하고, 동시에 구조 활동을 수행해야 한다. 이는 소방서 직원들이 각자 자신의 역할을 수행하며 협력하여 인명피해를 최소화하는 데 기여하게 된다.

예시 4: 보건소와 의료진의 책임

보건소와 의료진은 응급상황 발생 시 부상자에 대한 치료와 응급조치를 담당한다. 예를 들어, 대규모 사고가 발생했을 때, 의사와 간호사는 즉각적으로 부상자를 치료하고 필요한 약품과 장비를 준비해야 한다. 이들은 대학병원이나 지역 병원에 대한 지원 요청을 신속히 해야 하며, 각자의 임무를 충실히 수행하는 것이 상황의 안정에 중요하다.

예시 5: 정부와 지방자치단체의 역할

마지막으로, 정부와 지방자치단체는 재난 대응에 대한 매뉴얼을 마련하고 자신의 역할을 수행해야 한다. 예를 들어, 2014년의 세월호 참사와 같은 사건 후, 정부는 재난에 대한 대응 방안의 투명성과 유효성을 높이기 위해 여러 재난 리 대책을 보완해야 했다. 각 부처의 역할과 책임을 명확히 하여, 재난 발생 시 시민들에게 신속하게 정보를 전달하고 필요한 조치를 취할 수 있도록 해야 한다.

이러한 예시들은 각 개인이 자신에게 주어진 역할과 책임을 충실히 수행하는 것이 얼마나 중요한지를 보여준다. 위기관리에서의 명확한 역할과 책임은 효율적인 대처와 조직적인 응급 대응을 가능하게 하며, 결국 모든 이해관계자가 함께 협력하여 안전한 사회를 구축하는 데 기여하게 된다.

라) 교육 및 훈련

교육 및 훈련은 재난 대비를 위한 중요한 요소 중 하나로, 이를 통해 개인과 지역사회는 재난 상황에서 적절한 대처 능력을 키우고 혼란을 최소화하며 피해를 줄일 수 있다. 교육은 이론적 인식과 정보를 전달하는 반면, 훈련은 그 이론을 실제 상황에서 적용할 수 있는 기술과 대처 능력을 익히는 과정이다. 이러한 재난 대비 교육과 훈련은 개인과 지역사회가 다양한 종류의 재난에 직면했을 때, 더욱 능동적이고 효과적으로 대처할 수 있게 해준다.

재난 대비 교육과 훈련은 여러 가지 형태로 제공될 수 있다. 예를 들어, 지역사회에서는 재난 대처 계획과 절차를 이해할 수 있도록 정보 세션과 워크숍을 개최하여 사고 발생 시 필요한 조치를 미리 알고 대비할 수 있도록 한다.

예시 1: 지역사회의 정보 세션 및 워크숍

많은 지역사회에서는 재난 예방 및 대응에 관한 정보 세션과 워크숍을 주기적으로 개최한다. 이러한 프로그램에서 주민들은 자신의 지역에서 발생할 수 있는 자연재해에 대한 정보와 대응 방법을 배우게 된다. 주민들이 각자 아는 지식을 나누고, 위기 발생 시 어떤 행동을 취해야 하는지에 대한 계획을 수립하는 기회를 제공한다.

예시 2: CPR 및 응급 처치 교육

일부 지역에서는 CPR (심폐소생술) 및 기본 응급 처치 기술 교육을 제공하여 주민들이 긴급 상황에서 필요한 기술을 배우게 하고, 실제 시뮬레이션을 통해 연습할 수 있도록 하여, 실제 상황에서도 자신 있게 대처할 수 있는 능력을 기를 수 있게 한다.

예시 3: 화재 대피 훈련

많은 기업과 학교에서는 정기적으로 화재 대피 훈련을 실시한다. 이 훈련에서 참가자들은 비상 대피 경로를 익히고, 화재 상황에서의 대처 방법을 실습한다. 이러한 경험은 실제 화재 발생 시 빠르고 안전한 대피를 가능하게 한다.

예시 4: 구조 작업 훈련

전문 구조 팀이나 응급 대응 부서는 구조 작업에 대한 훈련을 받는다. 예를 들어, 지진 발생 후의 구조 작업 훈련을 통해, 구조대원들은 잔해 속에서 생존자를 찾는 방법과 부상자를 안전하게 이송하는 기술 등을 익힌다. 이러한 훈련은 실제 상황에서 효율적으로 대응할 수 있도록 돕는다.

예시 5: 커뮤니티 연합 훈련

재난 대비를 위한 커뮤니티 연합 훈련도 중요한 역할을 한다. 여러 지역 단체와 기관이 협력하여 대규모 재난 시나리오를 설정하고, 주민들이 실제로 대처해야 할 상황을 연습하게 된다. 예를 들어, 해안가 지역에서 허리케인 대응 훈련이 이루어질 때, 자원봉사자들은 대피소 운영과 지원 활동에 참여하여 실제적인 경험을 쌓는다.

이러한 교육과 훈련은 정기적으로 이루어지는 것이며, 주민들의 적극적인 참여를 통해 실제 상황에서의 대응 능력을 향상시키고 재난에 대한 불안감을 줄이는 데 기여한다. 또한, 재난 대비 교육과 훈련을 통해 지역사회는 서로 협력하여 대처할 수 있는 유기적인 팀으로 성장하게 되며, 위기 상황 발생 시 신속하게 대응할 수 있는 기반을 마련하게 된다.

5) 자신을 보호하기

재난이 발생한 경우, 안전한 장소나 대피소를 찾는 것은 매우 중요하다. 이러한 과정은 개인과 가족의 생명과 안전을 지키기 위한 첫 번째 조치로, 재난에 대한 사전 준비가 필수적이다. 이를 위해서는 먼저 지역 당국이 제공하는 안전한 대피소를 찾아가거나, 만약 그러한 정보가 부족한 경우에는 스스로 안전한 장소를 찾아야 한다.

그림 4.1 대피소

안전한 장소는 최대한 재난 현장에서 멀리 떨어져 있어야 하며, 특정 유형의 재난에 맞는 안전 지역이 필요하다. 예를 들어, 지진이나 홍수와 같은 자연재해가 예상되는 경우에는 반드시 고지대나 산, 언덕에 위치한 장소로 피신하는 것이 이상적이다. 대피소는 일반적으로 지역 당국에서 지정하는 곳으로, 체육관이나 학교와 같은 공공시설이 이에 해당한다. 이러한 대피소는 신뢰할 수 있는 구조적 안전성을 갖추고 있으므로 긴급 상황에서 안전한 장소로 기능할 수 있다.

대피소로 향할 때는 가족 구성원 간의 안전 확인이 필수적이다. 가령, 대피 중 연락이 두절된 가족의 안전을 확인해야 할 때, 사전에 정해둔 약속 장소나 대피소에서 만나기로 하는 것이 유용하다. 이런 약속은 위기 상황에서 가족 간의 혼란을 줄이고, 안전하게 재회할 수 있는 길잡이가 된다.

재난 상황에서는 단독 판단이 오히려 위험할 수 있다. 예를 들어, 화재 상황에서 자신의 판단으로 안전하다고 느낀 장소가 실은 위험한 경우가 있을 수 있다. 이때 정부나 관련 기관의 지시를 따르지 않으면 치명적인 결과를 초래할 수 있다. 재난 상황에서는 정부 당국의 지시가 안전을 위한 중요한 기준이 되며, 그들의 전문적 지식과 경험은 신뢰할 만한 정보의 출처가 된다.

모스구호와 같은 비상 신호를 사용하는 것도 큰 도움이 될 수 있다. 모스구호는 통신이 두절된 상황에서 자신의 위치와 위험을 알리는 데 사용될 수 있기 때문에, 이러한 기본적인 신호 지식도 일상에서 익혀두는 것이 좋다.

한편, 심리적 불안감과 두려움은 재난 상황에서 자연스럽게 발생할 수 있는 반응이다. 개인이 자신의 안전을 확신할 수 없고, 재산 피해를 걱정하여 대피 방송을 무시하고 위험 지역에 남아 있을 가능성이 매우 크다. 이럴 때는 주변의 마을 통장이나 이장 등 지역 리더들이 주민을 설득하고 안전한 장소로 재빨리 이동할 수 있도록 도와주어야 한다. 이러한 과정에서는 기초 심리학에 대한 이해를 바탕으로 한 교육이 필수적이다.

재난 발생 시 대피와 안전한 행동을 위한 구체적인 계획을 세우는 것도 중요하다. 대비 물품(예 : 생수, 비상식량, 응급 키트 등)을 사전에 준비하고, 대피 계획과 경로를 가족 간에 공유하는 것이 필요하다. 또한, 대피 시 이동할 안전한 경로를 미리 알아보고, 정해진 피난 시설 및 안전한 장소에 대한 지도나 정보를 숙지해 두어야 한다.

결국, 재난 발생 시 정확하고 신속한 대처를 위해서는 모든 개인이 사용할 수 있는 대피 계획과 신뢰할 수 있는 정보를 바탕으로 행동하게 만들어야 한다. 이러한 준비는 생명과 재산을 보호하는 데 있어 가장 중요한 수단이 될 것이다. 효과적인 재난 대처는 개인의 안전뿐만 아니라 지역사회의 회복력에도 기여하게 된다.

6) 다른 사람 돕기

그림 4.2 다른 사람 돕기

재난 상황에서는 자신뿐만 아니라 주변 사람들도 도움이 필요할 수 있다. 따라서 재난 발생 시에는 자신의 안전을 보호하는 것뿐만 아니라, 도움이 필요한 사람들을 돕는 것도 매우 중요하다.

먼저, 취약한 사람들에게 도움을 주는 것이 중요하다. 예를 들어, 노인, 장애인, 어린이, 임산부 등은 대부분 보호가 필요한 취약한 계층으로, 이들에게는 누군가의 도움이 절대적으로 필요하다. 이들은 대개 자신의 힘만으로는 대피하기 어려운 상황에 처해 있을 수 있으며, 외부의 지원 없이는 안전한 곳으로 이동하기 어렵다.

이와 관련하여 몇 가지 예를 살펴보자.

예시 1: 노인 대피 지원

대피가 필요한 노인을 발견한 경우, 그들을 안전한 대피소로 안내하고 필요한 물품을 함께 가지고 가는 것이 중요하다. 예를 들어, 허리케인과 같은 자연재해가 발생했을 때, 인근 지역 주민이 노인을 안전한 대피소로 안내하며 필요 시 휠체어를 사용하거나, 대피소에서 필요한 물품을 미리 준비해 놓는 것이 좋다.

예시 2: 장애인 지원

장애인을 도와야 할 상황에서는 즉시 소방서나 관계 기관에 신고하여 전문적인 지원을 요청해야 한다. 예를 들어, 대규모 재난 발생 시 장애인이 빠르게 대피할 수 있도록 옮김이 필요한 경우, 주변 사람들이 함께 힘을 모아 그들을 안전한 장소로 이동시키는 등 즉각적인 지지를 제공해야 한다.

예시 3: 아이들과 함께 대피

재난 상황에서 아이들이 혼자 대피하기 어려울 수 있다. 부모나 보호자가 대피할 수 없는 경우, 근처의 성인이 그들을 안전하게 대피시키는 것이 필요하다. 예를 들어, 학교가 재난 경고를 발령했을 때, 선생님이 학생들을 안전한 대피소로 안내하며 상황을 지켜보고 필요한 경우 적절한 조치를 취하는 것이다.

예시 4: 임산부 안전 확보

임산부는 재난 발생 시 신속한 대피가 필요하다. 재난이 발생하면 주변 사람들이 임산부가 안전하게 대피할 수 있도록 먼저 도움을 요청하거나 도와주는 것이 중요하다. 예를 들어, 대피소 내에서 특별한 지원이 필요한 임산부를 위해, 주민들이 대피소 운영 측에 알리고 그들이 필요한 자원(예: 물, 스낵, 편안한 장소)을 확보하도록 하는 것이 도움이 된다.

예시 5: 지역 공동체의 협력

재난 상황에서 지역사회는 공동으로 긴급 대응을 수행해야 할 필요성이 있다. 예를 들어, 대규모 자연재해가 발생했을 때 자원봉사자들이 현장에 나가 이재민을 도우며 식량과 물품을 제공하는 경우가 있다. 이 과정에서 지역 주민들은 서로 지원하며, 정보와자원의 흐름을 원활하게 한다.

물론, 도움을 주는 과정에서도 반드시 자신의 안전을 고려해야 한다. 재난 상황에서는 여러 위험이 상존할 수 있으므로, 다른 사람을 돕는 동안에도 자신의 안전을 최우선으로 생각하는 것이 필수적이다.

위기 상황에서 다른 사람을 돕는 것은 단순한 이타적 행동을 넘어서, 공동체의 안전과 회복력을 높이는 데 기여하는 중요한 요소가 된다. 도움이 필요한 이들에게 손을 내미는 과정은 서로 간의 신뢰를 구축하고, 위기 상황에서도 결속력을 강화할 수 있는 길이 된다.

2. 재난 발생 중 단계

재난은 예기치 않는 상황에서 발생하고 그로 인해 많은 인명과 재산 피해가 생기게 된다. 재난 발생 중에 가장 중요한 부분은 자신의 안전을 확보하는 것이다. 재난 발생 중 안전을 확보하는 방법은 다음과 같다.

1) 안전한 장소로 이동

재난 발생 시 자신의 안전을 확보하기 위해 안전한 장소로 피하는 것은 매우 중요하다. 안전한 장소로 이동하는 방법은 다음과 같다.

- **대피 지시를 따르기** : 재난 발생 시 관할 당국에서는 대피 지시를 내린다. 이때 가능한 한 빠른 시간 내에 대피 지시에 따라 지정된 대피 장소로 신속히 이동해야 한다. 이러한 지시를 따르는 것은 개인의 안전을 보장하는 데 필수적이다.
- **주변 상황 파악하기** : 주변 상황을 파악하는 과정은 매우 중요하다. 재난 발생 시 아직 대피하지 못한 이웃이 존재할 수 있으므로, 주변 인원의 상황을 체크하고 필요한 경우 도움을 줄 수 있는 방안을 모색해야 한다. 자신의 거주지에서 가스나 전기 등의 안전을 차단하여 2차 피해를 예방하는 것도 필수적이다. 또한 구조와 구호에 필요한 물품을 확인하고 안전한 장소로 이동할 준비를 해야 한다.
- **안전한 길로 이동하기** : 재난이 발생하면 사람들은 패닉에 빠져 가능한 한 빨리 현장을 탈출하고 싶어 하게 된다. 이러한 급한 마음 때문에 안전하지 않은 길로 이동할 수 있다. 따라서 사전에 대피해야 할 장소로 가는 안전한 경로를 익혀두는 것이 중요하다. 예를 들어, 지진 상황에서는 건물이 무너질 수 있는 지역을 피하고, 채광이나 구조물의 안전성을 고려한 경로를 숙지해야 한다.
- **대피 장소에서 대기하기** : 재난 발생 시 많은 가짜 뉴스와 잘못된 정보가 유포될 수 있다. 확인되지 않은 정보를 바탕으로 대피 장소를 이탈하거나 불필요한 행동을 하지 않도록, 관계 기관의 지시에 따라 질서 있게 대기해야 한다. 안전한 대피소에서는 규칙을 준수하고 안전한 행동을 유지하며 대기하는 것이 중요하다.

재난 발생 시 가능한 한 빠른 시간 내에 안전한 장소로 이동하는 것은 생존의 핵심이다.

이때 주변 상황을 꼼꼼히 파악하고, 관할 당국의 안전 지시를 준수하며, 다른 사람들과 협력하여 함께 대피할 수 있도록 사전에 계획을 세우는 것이 필요하다.

재난의 종류에 따라 적절한 대처 방법이 달라질 수 있으므로, 예를 들어 홍수 상황에서는 가능한 한 높은 곳이나 물에 잠기지 않는 안전한 장소를 찾고, 지진 발생 시에는 충격을 최소화할 수 있는 안정적인 장소로 대피하는 것이 중요하다.

이동할 때는 통신기기를 휴대하고, 필요한 물품은 간단한 것들만 손쉽게 가져가도록 해야 한다. 신체적인 안전을 위해 가벼운 옷과 실용적인 신발을 착용하는 것이 좋다.

또한, 이동하는 도중에는 재난 발생 상황이나 안전 상황을 지속적으로 파악하며 신속하고 안전하게 대피 장소로 이동해야 한다. 이때 심리적 안전도 심각한 상태에서 중요하다는 점을 잊지 말아야 한다. 심리적 안전을 확보하기 위해서는 사전에 재난 상황에 대한 충분한 교육과 훈련이 선행되어야 한다.

정기적인 훈련과 시뮬레이션을 통해 학습한 내용은 심리적 불안을 줄여주고, 위험한 상황에서도 침착하게 행동할 수 있는 데 큰 도움이 된다. 이러한 준비는 재난 상황에서의 대처 능력을 높일 뿐만 아니라, 결국 개인의 안전과 생존 가능성을 크게 향상시키는 기초가 된다.

2) 상황 파악

재난 발생 시 상황 파악은 매우 중요한 과정이다. 상황을 정확하게 파악함으로써 발생한 재난의 종류, 규모, 위치, 그리고 피해 규모 등을 이해하고, 이에 따른 적절한 대응 방안을 마련할 수 있다. 상황 파악에는 다음과 같은 정보 수집 방법이 필요하다.

- **공식적인 정보 수집** : 방송, 라디오, 인터넷 등 다양한 매체를 통해 제공되는 공식적인 정보를 수집하는 것이 필수적이다. 재난 상황에서는 가짜 정보가 쉽게 퍼지므로, 가짜 뉴스에 현혹되지 않도록 정부 기관이나 관련 기관에서 발표하는 재난 관련 정보를 반드시 확인해야 한다. 이러한 정보를 바탕으로 구체적인 대응 방안을 수립할 수 있으며, 상황에 대한 정확한 이해를 돕는 데 큰 도움이 된다.
- **주변 상황 파악** : 주변 상황을 파악하는 것은 재난 발생 현장에서 직접적으로 이루어지는 행동이다. 처음에는 안전한 장소에서 잠시 머무르며 주변을 살펴보고, 재난으로 인해 발생한 피해 상황을 평가해야 한다. 이후 필요한 경우 구조 요청이나 신고를 진행하는 것이 중요하다. 예를 들어, 구조대가 도착하기 전에 주변의 피해 정도를 파악하여

구조 요청을 더욱 효과적으로 알릴 수 있다.

이렇게 수집한 정보는 안전한 환경을 유지하고 필요한 대응 작업을 진행하기 위한 기초 자료가 된다. 상황 파악이 완료되면, 이를 바탕으로 긴급 대응 방안을 수립하고 실제 대응 작업을 시작할 수 있게 된다.

이와 같은 과정은 단순한 정보 수집에 그치지 않고, 적절한 판단을 내리는 데 필요한 필수적인 단계이다. 상황 파악이 제대로 이루어지지 않으면, 잘못된 정보에 기반한 대응으로 인해 피해가 확대되거나 상황이 악화될 수 있기 때문이다. 그러므로 재난 발생 후 신속하게 정보를 수집하고 분석하는 능력은 재난관리에서 매우 중요하다고 할 수 있다.

3) 구조 요청

재난 발생 시 구조 요청은 생명을 구할 수 있는 매우 중요한 절차이다. 이에 따라 구조 요청을 하기 전에는 자신이 어디에 있는지, 주변 상황이 어떤지, 함께 있는 사람은 몇 명이며 그들의 상태는 어떤지 등을 먼저 파악해야 한다.

구조 요청은 119 (소방서)나 112 (경찰)의 응급 전화로 할 수 있지만, 만약 전화가 연결되지 않는 상황이라면 구조대원들이 쉽게 볼 수 있도록 자신의 위치를 알리는 것이 중요하다. 알리는 방법은 여러 가지가 있으며, 예를 들어 다음과 같은 방법을 활용할 수 있다.

- **휴대폰 불빛 활용** : 밤에 신속히 구조를 요청해야 할 때는 휴대폰의 플래시 라이트를 켜고 불빛을 비추어 자신의 위치를 알릴 수 있다. 이는 특히 어두운 지역에서 구조대원들이 쉽게 확인할 수 있도록 돕는다.
- **소리 내기** : 구조 요청 시 소리 지르기나 다른 소리를 내어 자신이 위치하고 있음을 알릴 수 있다. 주변에 누군가 있는 경우에는 소리의 방향성을 이용해 보다 구체적인 위치를 알릴 수 있다.
- **흰색 옷 흔들기** : 주변에 사람이 잘 보이지 않는 경우, 흰색 옷이나 다른 밝은 색의 물체를 흔드는 방법이 효과적이다. 이를 통해 구조대원들이 쉽게 시각적으로 인식할 수 있게 된다.
- **연기를 사용할 때** : 가까운 곳에서 발생한 화재로 인해 연기가 발생하는 상황이라면, 연기를 내기 위해 물건을 태우는 것도 구조 요청의 한 방법이다. 단, 이 방법은 주변의 상황을 고려해야 하며, 안전한 거리에서 연기가 올라가도록 해야 한다.
- **필요한 사항만 이야기하기** : 전화로 구조 요청 시, 자신이 먼저 지나치게 많은 말을 하는

것보다 구조대원이 물어보는 질문에 대해 간결하고 명확하게 답변하는 것이 중요하다. 예를 들어, 자신의 위치와 현재 상황, 즉 위험한 상태인지 여부 정도만 알리면 구조대원이 상황을 빠르게 파악하는 데 도움이 된다.

구조대원이 도착하기 전까지는 자신의 위치를 유지하며 안전하게 대기해야 한다. 구조대원이 도착하면 그들의 안전을 위해 지시에 따라 움직이고 협조해야 한다. 구조 후에는 자신과 구조대원의 안전을 모두 고려하여 안전한 장소로 이동해야 하며, 만약 부상을 입었다면 적절한 의료 시설에서 즉시 치료를 받아야 한다.

이와 같은 구조 요청 절차는 생명을 구하는 데 매우 중요한 요소로, 위기 상황에서의 빠른 판단과 행동이 적절한 구조를 가능하게 만든다. 따라서 위기 발생 시에는 가능한 한 신속하고 효과적으로 구조 요청을 하는 것이 생존의 열쇠가 될 수 있다.

4) 응급 처치

응급 처치는 갑작스럽게 발생한 사고나 질병으로 인해 생명이 위태로운 사람을 구조하고 조치하는 과정으로, 이러한 대응은 전문 의료 인력이 도착하기 전에 필수적으로 이행되어야 한다. 응급 처치는 사람의 생명을 구하는 중요한 활동이며, 신속하고 정확한 대처가 요구된다.

응급 처치의 기본 절차는 크게 다음과 같은 단계로 나눌 수 있다.

가) 환자의 안전을 확보해야 한다

응급 처치를 시작하기 전, 가장 먼저 환자의 안전을 확보해야 한다. 위험한 장소에서 벗어나는 것이 가장 우선적인 작업이다. 예를 들어, 화재 발생 시에는 환자를 연기나 불길로부터 멀리 이동시켜야 하고, 충돌이나 폭발이 우려되는 상황에서도 즉시 안전한 장소로 이끌어야 한다. 이동 시에는 환자가 가능한 안정된 자세를 유지할 수 있도록 조치를 취해야 한다.

나) 구조 요청을 해야 한다

사고 발생 후 즉시 119 (소방서)나 112 (경찰)와 같은 응급 서비스에 연락하여 구조 요청을 해야 한다. 이때 자신의 위치와 상황을 정확히 전달하는 것이 중요하다. 예를 들어, 위기 상황에서 통신이 어려울 경우, 주변 사람이나 신고 가능한 인프라를 활용하여 가까운 도움을 요청해야 한다. 가능한 모든 적절한 경로를 통해 구조 요청이 전달되도록 하는 것도 중요하다.

다) 응급 상황을 파악해야 한다

환자의 상태를 확인하고 필요한 조치를 취해야 한다. 의식이 있는지, 호흡이 잘 되는지, 맥박이 존재하는지 점검하는 것이 첫 번째 단계이다. 또한 출혈, 골절, 화상 등 상처가 있는지 확인하면서, 각 상태에 맞는 응급 처치를 수행해야 한다. 예를 들어, 출혈이 있는 경우 해당 부위를 압박하여 출혈을 멈추게 하고, 골절 발생 시 해당 부위를 고정해야 한다.

라) 응급 처치를 한다

응급 처치의 핵심 단계는 필요시 인공호흡과 심폐소생술(CPR)을 수행하는 것이다. 이러한 기술은 사전에 숙지해야 하며, 이에 대한 이론과 실제 훈련을 통해 위기 상황에서 신속하게 실행할 수 있어야 한다. 또한, 심박 정지가 발생하거나 의식이 없는 환자에게는 즉시 CPR을 시작해야 한다. 출혈 부위에는 압박을 가하고, 화상 부위는 찬물에 흐르게 하여 통증을 줄이고 감염을 예방해야 한다.

마) 응급 처치 용품 준비

재난 발생 시, 개인 또는 가족 단위로 응급 처치 용품을 항상 준비해 두어야 한다. 응급 키트에는 기본적인 상처 치료용품, 일반 의약품, 소독약, 의료용 장갑, 그리고 기본적인 비상식량과 물이 포함된다. 이러한 비상 키트는 필요할 때 신속하게 사용할 수 있도록 가까운 곳에 두고 정기적으로 점검해야 한다.

바) 심리적 지원 제공

신체적 치료뿐만 아니라, 재난 상황에서는 피해자의 심리적 안정이 특히 중요하다. 불안과 두려움 속에서 피해자들은 심리적인 지원이 필요하다. 예를 들어, 응급 구조 활동 중에는 구조대원이 환자에게 안정감을 주고 감정적으로 지지해주는 것이 중요하다. 예기치 못한 상황에서 주민들은 두려움을 느끼기 쉽기 때문인데, 이러한 정서적 지원은 치료 과정에서 긍정적인 영향을 미친다.

2011년 일본 도호쿠 대지진 발생 후, 구조대원들은 신속하게 구조 작업을 시행하며 여러 피해자들에게 응급 치료를 제공하였다. 의료진은 부상자의 신체적 상처를 치료하는 것뿐만 아니라, 구조된 시민들에게 심리적으로 안정감을 주기 위해 애썼다. 대피소에서도 정신 건강 전문가들이 배치되어 위기 상황에서 겪는 심리적 어려움에 대해 지원과 상담을 제공하여, 주민들이 안정된 마음으로 복구 작업에 참여할 수 있도록 도왔다.

2020년 COVID-19 팬데믹 초기에는 많은 사람들이 감염에 대한 두려움을 느꼈다. 이때 의료 기관은 공공장소에서의 검진 및 치료를 신속하게 시행하고, 심리 상담 서비스를 제공하여 환자와 의료 종사자들의 정신적 부담을 덜어주었다. 또한, 응급 상황에서 환자들이 재택 치료를 받을 때 필요한 응급 처치 정보를 웹사이트나 소셜 미디어 등을 통해 신속하게 제공하였다.

2021년 유럽의 여러 국가에서 폭우로 인해 홍수가 발생하였고, 이로 인해 많은 인명피해가 발생했다. 이 시기에 응급 구조팀과 의료진은 신속하게 피해 지역에 배치되어 올바른 응급처치를 시행하고 수속 치료를 제공하였다. 또한, 심리 상담사들은 심리적 충격을 겪고 있는 피해자들에게 지원을 제공하여 그들의 정신적 안정을 돕기 위한 프로그램을 운영하였다.

이와 같은 예시들은 응급 처치가 단순히 생리적인 구호를 넘어서, 심리적 지원과 함께 이루어져야 함을 잘 보여준다. 재난 상황에서는 신체적 부상 뿐만 아니라, 정신적 상처도 크기 때문에 전체적으로 조화로운 접근이 중요하다.

응급처치는 재난 발생 시 생명을 구하는 가장 중요한 수단 중 하나로, 그 과정에서의 신속한 대응과 심리적 지원은 피해자 회복에 큰 영향을 미친다. 미리 준비된 재난 대응 체계와 적절한 의사소통은 위기 상황에서 필수적으로 요구되는 요소이며, 이를 통해 우리는 보다 안전하고 회복력 있는 사회를 만들어 나갈 수 있다.

5) 생필품 준비

재난이 발생하면 가정에서는 최소한 72시간 동안 생활에 필요한 물과 식량 등 생필품을 준비해 두는 것이 좋다. 이러한 준비는 갑작스러운 재난 상황에서 생존을 위한 필수적인 요소로 작용하며, 개인과 가족의 안전을 지키는 데 중요한 역할을 한다.

- **물** : 재난 발생 시 가장 기본적으로 준비해야 할 것은 물이다. 인당 하루 2리터 이상의

물을 준비해야 하며, 이 물은 생명 유지에 필수적이다. 물을 저장할 수 있는 용기와 수돗물 처리용 필터 등도 함께 준비해 두는 것이 좋다. 만약 오염된 물을 사용할 상황이 발생할 경우, 정화한 물을 안전하게 소비할 수 있도록 사전 지식을 갖추는 것이 필요하다.

- **식량** : 재난 시에 필요로 하는 식량으로는 가루 형태의 식품, 통조림, 건조식품, 비상식량 등이 있다고 할 수 있다. 개인의 식습관과 선호에 따라 유통기한이 지나지 않은 식품을 선택하여 준비해야 한다. 예를 들어, 라면과 같은 신속한 조리가 가능한 식품 뿐만 아니라, 견과류나 에너지 바와 같은 저장이 용이한 간편식도 좋은 선택이 될 수 있다.
- **의약품** : 개인이 필요로 하는 의약품과 상처 또는 외부 살균용품 역시 필수 품목으로 준비해야 한다. 이러한 의약품은 유통기한을 확인하고, 특히 만성 질환이나 알레르기가 있는 경우에는 해당 약품을 별도로 챙기는 것이 중요하다. 예를 들어, 고혈압 환자는 필요한 혈압 약과 긴급 상황에서 사용할 수 있는 기초 응급 처치용품을 준비해야 한다.
- **보온용품** : 재난 상황에서는 일반적으로 전기가 차단되는 경우가 많기 때문에, 보온용품을 챙기는 것이 중요하다. 겨울용 파카, 담요, 손난로 등을 준비하여 혹독한 날씨 속에서도 체온을 유지할 수 있도록 해야 한다. 보온용품은 특히 추운 계절에 재난이 발생했을 때 큰 도움이 된다.
- **기타 생활용품** : 생필품 준비에는 건전지, 휴대용 라디오, 칼 등의 생활용품도 포함되어야 한다. 이러한 도구들은 비상 상황에서 정보 확보와 기본적인 생존에 필요한 여러 작업을 수행하는 데 필수적이다. 예를 들어, 휴대용 라디오는 재난 발생 시 정보를 얻는 수단으로 활용될 수 있으며, 건전지는 응급 상황에서 여러 기구를 작동시키는 데 필요하다.

각 재난 상황에 따라 준비해야 할 생필품의 종류와 양은 달라질 수 있으므로, 자신의 지역과 상황에 적합하게 사전 준비를 철저히 해야 한다. 정기적으로 생필품의 유통기한을 확인하고, 필요한 경우에는 교체하여 항상 대비 가능한 상태로 유지하는 것이 중요하다.

위와 같은 준비는 재난 발생 시 개인과 가족의 안전을 확보하고, 위기 상황에서의 생존 가능성을 높이는 데 큰 역할을 할 것이다.

6) 정부 지침 준수

재난 상황에서는 정부에서 발표하는 지침과 권고사항을 적극적으로 준수해야 한다. 이는 개인의 생명과 안전을 보호하고, 재난 피해를 최소화하기 위한 기본적인 행동 지침이다.

- **대피 및 안전조치** : 재난이 발생했을 때 가장 중요한 것은 안전한 장소로 신속하게 대피하는 것이다. 정부가 마련한 대피 시설에 즉시 이동하고, 정부의 안내에 따라 행동해야 한다. 예를 들어, 허리케인이 접근하고 있을 때 정부가 발령한 대피 명령을 즉시 따르는 것은 생존 가능성을 높이는 데 중요한 결정이 된다. 대피를 위해 사전에 정해진 경로 및 대피소에 대한 정보를 숙지해 두는 것이 효과적이다.
- **식수와 음식** : 재난 상황에서는 식수와 음식이 부족해질 수 있으므로, 정부가 제공하는 생수와 비상식량 배급에 질서 있게 따라야 한다. 정부에서 배포하는 자원은 위기 상황에서 주민의 생존을 보장하는 중요한 요소이며, 이를 올바르게 이용하는 것이 필요하다. 예를 들어, 정부가 제공하는 식수나 비상식량을 기다리는 동안 질서 있게 대기함으로써 혼란을 줄이고 필요 자원을 확보할 수 있다.
- **통신과 정보** : 재난 상황에서는 많은 잘못된 정보가 퍼질 수 있으므로, 정부에서 제공하는 신뢰할 수 있는 정보를 바탕으로 상황을 파악해야 한다. 라디오, TV, 그리고 정부가 운영하는 웹사이트와 소셜 미디어 등 공식적인 매체의 정보를 신뢰하고, 이를 통해 재난의 상황을 지속적으로 확인해야 한다. 예를 들어, 2011년 일본 대지진 때 정부는 신속하게 방송을 통해 대피 경로, 피해 상황 및 후속 조치에 대한 정보를 제공하였다. 이러한 정보는 주민들이 올바른 선택을 하고 재난을 대비하는 데 큰 도움이 되었다.

정부의 지침과 권고사항을 적극적으로 준수함으로써, 개인과 지역사회의 안전을 보호하고 재난 상황에서 최소한의 피해를 입을 수 있다. 각 개인이 정부의 안내를 따른다면, 위기 상황에서의 혼란을 줄이고 효과적인 대응이 가능해진다.

따라서 재난 발생 시에는 주어진 정부 지침을 빠짐없이 따라 행동하는 것이 필수적으로 요구된다. 이렇게 함으로써 자신의 안전을 지키고, 공동체의 회복력 또한 높일 수 있는 길이 열리게 된다.

7) 대처 계획 수립

대처 계획 수립은 재난 발생 시 신속하고 체계적인 대처를 위해 필수적으로 사전에 준비해야 하는 과정이다. 이러한 대처 계획은 여러 가지 중요한 요소로 구성되어 있으며, 각 단계에서의 세심한 고려가 필요하다.

- **위험요인 파악** : 대처 계획의 첫 번째 단계는 재난 발생 가능성이 높은 지역과 인프라를 파악하는 것이다. 특히, 특정 지역에서 자주 발생하는 재난의 유형을 분석하고, 그에 따른 위험 요소를 식별하여 해당 위험 요인에 대한 대처 방안을 마련해야 한다. 예를 들어, 태풍이 자주 발생하는 해안 지역에서는 그에 맞춰 대피 장소와 대피 경로를 미리 정하고 필요한 장비와 자원도 준비해야 한다.
- **대처 전략 수립** : 재난 상황 발생 시 빠른 대응을 위해 명확한 대처 전략을 수립해야 한다. 이에는 대피 방법, 응급 상황의 대처 방법, 구조 요청 절차 등을 포함하여, 위기에 대한 포괄적인 대응 방안을 마련하는 것이 중요하다. 예를 들어, 대규모 화재 발생 시에는 대피 경로를 사전에 설정하고, 상황 발생 시 각자의 임무를 명확히 해두어야 한다.
- **인력 및 장비 준비** : 대처 계획 수립 시에는 필요한 인력과 장비를 미리 준비해 두는 것이 중요하다. 인력은 구조대원, 의료진, 자원봉사자 등으로 구성될 수 있으며, 장비는 구조용 장비, 응급 처치 키트, 기본적인 생활필수품 등 다양하다. 예를 들어, 지역사회가 자원봉사자 훈련을 통해 응급 구조 훈련을 실시하면, 비상 시에 즉각적인 대응이 가능해진다.
- **통신체계 구축** : 재난 상황에서는 정보와 커뮤니케이션이 매우 중요하다. 따라서 대처 계획 수립 시에는 효과적인 통신 체계를 구축해야 하며, 응급 상황 발생 시 신속하게 정보를 공유할 수 있는 방안을 마련해야 한다. 소셜 미디어 및 방송, 문자 메시지 등을 통해 실시간으로 정보를 전달하고, 각 기관 간의 협력적인 소통을 강화해야 한다.
- **대응 절차 강화** : 대처 계획 수립 이후에는 각 단계의 대응 절차를 지속적으로 강화하고 개선하는 것이 필요하다. 이를 위해 정기적인 훈련과 시뮬레이션을 통해 계획을 숙지하고, 실제 상황에서 나타날 수 있는 개선해야 할 부분을 파악해 나가야 한다. 예를 들어, 매년 정기적인 재난 훈련을 실시하여 직원들이나 시민들이 바람직한 대처 방법을 실습할 수 있도록 하는 것이 효과적이다.

재난 발생 시 대처 계획을 사전에 준비해 놓는 것은 매우 중요하다. 체계적이고 신속하게 실행 가능한 대처 계획이 있을 경우, 피해를 최소화하고 인명과 재산을 보호하는 데 있어 큰 효과를 발휘할 수 있다. 이를 통해 개인과 지역사회는 위기 상황에서 효과적으로 대처할 수 있는 기반을 마련할 수 있으며, 모든 구성원이 안전하게 행동할 수 있도록 해야 한다.

3. 재난 발생 후 단계

재난 발생 후에는 피해를 입은 개인, 가족 및 지역사회의 복구를 위한 노력이 필수적이다. 이러한 복구 작업은 일반적으로 매우 복잡하며, 많은 시간과 노력이 들어간다.

먼저, 재난 후 복구 작업을 위해 구체적인 계획을 수립해야 한다. 이 계획에는 복구의 우선순위를 결정하고, 필요한 자원 및 기술을 식별하며, 복구 작업을 감독할 책임자와 팀을 지정하는 내용이 포함된다. 예를 들어, 대규모 홍수 후에는 먼저 피해가 큰 지역의 주택과 기본 인프라를 복구하기 위한 우선순위를 정하고, 필요한 인력, 자원, 기술적 지원을 파악하여 효율적으로 복구 작업을 진행할 수 있는 기반을 마련해야 한다.

다음으로, 피해를 입은 개인들에 대한 심리적 및 경제적 지원이 중요하다. 이를 위해 긴급 지원과 상담 서비스를 제공하는 것이 필요하다. 긴급 지원은 음식, 물, 숙박 등 기본적인 요구를 충족시키기 위한 지원을 포함하며, 피해자들에게 필요한 자원을 신속하게 제공하는 것이 목표이다. 상담 서비스는 스트레스, 우울증, 불안감 등으로 심리적 어려움을 겪고 있는 피해자들을 지원하여 그들의 정서적 안정을 돕는 데 중점을 둬야 한다. 예를 들어, 재난 발생 후 심리 상담 전문가는 피해자들에게 전문적인 지지를 제공하고, 감정적인 어려움을 극복할 수 있도록 도와야 한다.

지역사회의 복구는 인프라 복구 작업, 건물과 시설물의 수리 및 복원, 그리고 경제 복구 등의 포괄적인 과정을 포함한다. 이를 위해서는 다양한 자원과 지원을 모색해야 하며, 지역 사업체, 사회단체, 정부와 협력하여 복구 작업을 수행해야 한다. 예를 들어, 지역 상점 및 기업이 함께 협력하여 지역사회의 경제 회복을 지원하거나 자원을 제공하는 식으로 연대할 수 있다.

또한, 복구 작업은 재난 예방과 관련된 정책 및 전략을 개발하는 것에도 중점을 둬야 한다. 이러한 정책은 미래의 재난 발생을 예방하고, 재해로 인한 피해를 최소화하기 위한 목적으로 마련되어야 한다. 예를 들어, 정부는 대규모 재난에 대비한 건축 기준을 강화하거나 지역사회의 인프라를 보다 탄력적으로 설계하는 등의 예방 조치를 확보해야 한다. 이러한 예방 노력은 지속적으로 추진되어야 하며, 각종 재난에 대한 준비 태세를 갖추는 데 기여해야 한다.

복구 작업은 재난 발생 이후에도 지속적으로 이어져야 한다. 재난 발생 후에는 계속적인 지원과 모니터링이 필요하다. 특히 심리적인 어려움을 겪고 있는 개인들에게는 지속적인 상담 및 지원이 제공되어야 한다. 이러한 지속적인 노력은 피해를 입은 개인, 가족 및 지역사회가 정상으로 돌아갈 수 있도록 도와주며, 재난 회복의 중요한 요소가 된다.

결국 재난 발생 후 피해를 입은 개인과 가족, 그리고 지역사회가 정상으로 돌아가기 위해서는 체계적이고 지속적인 복구 노력이 필요하다. 복구 과정은 많은 시간이 걸릴 수 있으며, 각 단계에서 필요한 조치를 명확히 하고, 관련 기관 간의 협력을 통해 피해를 최소화하는 데 집중해야 한다.

1) 수색 및 구조

재해 직후, 수색 및 구조 팀은 갇힌 사람이나 부상을 입은 사람을 찾아 구조하기 위해 최선을 다해야 한다. 수색 작업은 재난 발생 후 가능한 한 빨리 시작되어야 하며, 이를 위해 수색 대상 지역을 정확히 파악하고 즉각적으로 수색팀을 파견하는 것이 필요하다.

수색팀은 대개 소방서에서 주축이 되지만, 국가나 지방 정부, 군 조직, 민간단체 등도 함께 참여할 수 있도록 다양하게 구성되어야 한다. 이러한 협력은 보다 효율적인 수색 작업을 보장하며, 다양한 자원과 전문성을 결합하여 구조 작업의 성공률을 높일 수 있다.

구조 작업은 주로 응급 구조 및 응급 의료 지원을 포함한다. 구조 팀은 생존자를 구조한 후 신속하게 가까운 병원으로 이송하여 필요한 의료 지원을 받을 수 있도록 유관 기관과 긴밀한 협력 방안을 구축해야 한다. 예를 들어, 수색팀이 구조 작업 중 발견한 부상자를 즉시 병원에 전달하기 위해 의료진과의 긴밀한 소통체계를 유지하는 것이 중요하다. 이는 구조된 사람의 생명과 회복에 있어 결정적인 역할을 한다.

구조 작업은 매우 위험할 수 있으므로 구조팀원들은 반드시 안전 장비를 사용하고 안전 규정을 준수해야 한다. 구조대원들의 안전이 우선시되어야 하며, 이를 위해 적절한 교육과 훈련이 필요하다. 예를 들어, 구조대원들은 불확실한 구조물 아래에서 작업할 경우, 헬멧, 보호장갑, 그리고 기타 방호 장비를 갖추어야 하며, 위험 요소가 있는 지역에 진입하기 전에 사전 안전 점검을 실시해야 한다.

결국, 수색 및 구조 작업은 문자 그대로 인명을 구하는 중요한 임무이며, 이에 대한 준비와 훈련은 생존자들의 안전을 지키는 데 있어 필수적이다. 재난 발생 후 적절한 수색 및 구조 과정이 이루어진다면, 이는 피해를 최소화하고 생명 회복에 기여할 수 있는 기반이 된다.

아이티 대지진은 2010년 1월 12일 발생한 규모 7.0의 강진으로, 수도 포르토프랭스 근처에서 발생하였다. 이 지진은 매우 큰 피해를 초래하여 수십만 명의 사망자와 약 200만 명의 이재민이 발생하였다. 지진 발생 직후, 국제 구조대와 자원봉사자들이 즉시 현장으로 파견되어 수색 및 구조 활동을 시작하였다. 구조팀은 잔해 속에서 생존자를 찾기 위해 고든, 탐지견, 구조 장비를 활용하여 효과적으로 임무를 수행했다. 당시 구조대원들은 긴급한 상황에서 거리와 구조물의 안정성을 고려하여 신속하게 구조 우선 순위를 정하고, 구호 물자를 배포하는 등을 통해 피해자들의 안전을 확보했다.

세월호 참사는 2014년 4월 16일에 발생한 해양 사고로, 제주도로 향하던 여객선이 침몰하였다. 이 사고는 수많은 인재 문제를 제기했으며, 구조 요청 당시의 대응 문제가 도마에 올랐다. 사고 발생 직후, 해양경찰과 소방관 등 구조대원이 즉시 현장에 출동하여 수색 작업을 개시하였다. 그러나 초기 대응의 부실로 인해 구조 작업은 지연되었고, 이러한 지연은 구조된 인원의 생존율에 심각한 영향을 미쳤다. 이 사건은 재난 발생 시 신속한 대응과 효율적인 구조 작업의 중요성을 다시 한 번 일깨워주는 사례로 남아 있다.

2015년 네팔 대지진은 4월 25일 발생한 규모 7.8의 지진으로 큰 피해를 초래했다. 수천 명의 사망자와 수많은 부상자가 발생하였으며, 여러 건물이 무너져 내리면서 구조 요청이 시급히 이루어졌다. 국제 구조팀과 자원봉사자들은 잔해 속에서 생존자를 찾기 위해 즉시 현장으로 파견되었고, 긴급 의료 지원과 구조 활동이 동시에 진행되었다. 네팔 정부와 국제사회는 협력하여 구조 활동을 지원하며, 피난민들에게 필요한 식량과 의료품을 제공하였다.

COVID-19 팬데믹 동안, 전 세계 각국은 의료 재난 대응을 위해 수색 및 구조 조직을 구성하였다. 의료진은 감염 위험 속에서도 환자들을 치료하기 위해 현장에 신속하게 투입되었고, 병원에서는 구급차에 의식을 잃은 환자를 구조하는 등의 활동이 진행되었다. 이 과정에서 의료진은 과도한 업무 부담과 감정적 스트레스에도 불구하고 차별화된 구조 활동을 통해 다수의 생명을 구하는 데 기여했다.

2021년 터키에서 발생한 규모 7.0 지진은 현지의 대규모 구조 작업을 초래하였다. 지진 발생 직후, 구조대와 자원 봉사자들이 즉시 현장으로 파견되어 잔해 속에서 생존자를 찾기 위해 수색 및 구조 작업을 시작하였다. 구조팀은 현장 내 상황을 신속히 파악하고, 필요한 장비와 인력을 배치하여 최대한 빠른 시간 안에 구조 활동을 진행하였다. 이 과정에서 시민들도 자발적으로 구조 작업에 참여하는 등 지역사회의 단결과 협력이 돋보였다.

2) 긴급 구호

재난 발생 후의 긴급 구호는 재난 피해자를 보호하고 생명을 구하기 위해 제공되는 즉각적인 인도주의적 지원을 의미한다. 이러한 지원은 생명과 안전을 지키기 위해 필수적이며,

식량, 식수, 의약품, 쉼터, 위생용품, 그리고 심리적 지원이 포함될 수 있다. 긴급 구호는 피해자들이 재난의 즉각적인 영향에서 회복하고 일상생활로 돌아가도록 돕는 중요한 역할을 한다.

긴급 구호는 일반적으로 정부 기관, 유엔 기구, 그리고 민간단체와 같은 다양한 조직들에 의해 제공된다. 이 지원은 정부와 지방자치단체, 시민단체 등이 주도하기 때문에, 다양한 참여 기관의 협력이 필수적이다. 특히 민간단체는 재난 피해 지역사회에 더 가까이 위치하고 있어 해당 지역 주민들의 요구를 더욱 정확하게 이해하고 지원할 수 있는 장점이 있다.

재난 피해 지역에 대한 긴급 구호는 재난의 즉각적인 영향으로부터 피해자를 보호하기 위해 신속하게 이루어져야 한다. 이는 기본적인 생필품을 제공하는 것을 의미하며, 필요한 물품으로는 식량, 식수, 의약품, 잠자리 및 위생용품 등이 포함된다. 이러한 지원은 피해자들이 재난의 충격에서 빠르게 회복할 수 있도록 도와주며, 안정적인 환경을 회복하는 데 기여한다.

또한, 심리적 지원도 긴급 구호의 중요한 요소로 떠오르고 있다. 재난 피해자는 정신적으로 큰 충격을 받을 수 있으며, 심리적 안정이 없이는 생존 후 정상적인 생활 복귀가 어렵다. 그러므로 전문 상담사와 심리 치료사가 함께 동원되어, 피해자들이 심리적 어려움을 극복할 수 있도록 지원해야 한다.

그림 4.3 태풍피해

예를 들어, 2023년 튀르키예 지진으로 인해 상당한 인명피해와 막대한 재산 손실이 발생하였다. 국제적인 구조 팀과 자원봉사자들은 신속히 현장에 파견되어 생존자를 찾고, 응급치료를 제공하는 등 긴급 구호 작업을 수행하였다. 또한, 후속 조치로 대피소 및 임시 거주지에서 필요한 심리 상담 서비스도 제공하여 피해자들이 감정적으로 안정될 수 있도록 도왔다.

또 다른 예로 2014년 필리핀 태풍 하이옌(요랜다)은 필리핀을 강타하여 수많은 피해를 유발하였다. 이때 국제 사회와 필리핀 정부는 즉각적인 긴급 구호 작업을 시작하였다. 다양한 구조팀이 피해 지역으로 파견되어 물과 음식, 의료 지원을 제공하며, 특히 심리적 지원 프로그램도 운영하여 심리적 충격을 겪고 있는 피해자들을 돕는 데 주력하였다.

국내의 경우 2018년 4월, 강원도 고성에서 발생한 산불이 최대 재난으로 번지면서 많은 주택과 임야가 소실되었다. 이 재난 발생 후 정부와 지방자치단체는 즉각적으로 최전선에서 수색 및 구조 작업에 나섰고, 인근 지역 주민들에게 대피 명령을 내렸다. 구조대원들은 신속하게 피해지역에 배치되어 인명을 구하고, 피해자들에게 필요한 식수와 식량, 임시 거주지를 제공하였다.

2021년 전라북도 지역에서 발생한 폭우로 인해 저수지가 넘치고 농경지가 침수되는 피해가 발생하였다. 이에 따라 정부와 소방관, 자원봉사자들이 함께 협력하여 피해 주민들을

그림 4.4 대형 산불

그림 4.5 폭우피해

위한 긴급 구호 작업을 시행하였다. 구조 작업과 함께 식량, 물자 및 의료 지원이 신속하게 진행되어 필요한 도움을 받을 수 있었다.

다양한 사례들은 긴급 구호가 단순히 물질적 지원을 넘어, 심리적 안정 및 회복의 중요성을 가진다는 점을 보여준다. 재난 발생 후 신속하게 실시되는 이러한 구호 조치는 생명을 구하는 데에 실질적으로 중요한 역할을 할 뿐만 아니라, 피해자들이 다시 일상으로 복귀하는 데 필요한 필수적인 기반을 마련해 준다. 이를 위해서는 관련 기관의 협력과 준비가 중요하며, 사회가 함께 위기에 대처하는 것이 반드시 필요하다.

3) 손상 평가

손상 평가는 재난 발생 후 손상된 기반 시설, 주택, 사업체 및 공공시설에 대한 손상 정도를 파악하고 우선순위를 정하여 복구에 필요한 자원을 결정하는 과정이다. 이 평가는 재난 발생 이후 초기 대응 및 복구 작업의 방향을 결정하는 데 있어 매우 중요한 역할을 한다.

손상 평가는 일반적으로 다음과 같은 단계로 진행된다.

- **철저한 현장 조사 실시** : 첫 번째 단계는 재난 발생 지역을 직접 방문하여 손상의 정도와 영향을 조사하는 것이다. 이 단계에서는 건물, 인프라, 도로 등의 손상 정도를 확인하고, 인명피해와 재산 피해를 평가해야 한다. 예를 들어, 2017년 허리케인 하비가 텍사스에 상륙했을 때, 구조대원과 파견된 전문가들이 피해 지역에 대한 철저한 현장 조사를 실시하여, 어느 지역에 가장 큰 피해가 있었는지를 신속히 파악하였다. 국내의 경우 2014년 세월호 참사는 구조와 구호 활동 단계에서 문제점이 많았다. 사고가 발생한 후, 정부는 구조팀을 파견하였으나 초기 대응에서의 손실과 위험요소를 충분히 파악하지 못하여 실질적인 구조 작업에 어려움을 겪었다. 잘 계획된 현장 조사가 이루어지지 않았던 것이다. 이러한 사례는 피해 지역에 대한 철저한 현장 조사가 얼마나 중요한지를 잘 보여준다.

- **평가 기준 설정** : 두 번째 단계는 손상의 정도를 측정하기 위한 평가 기준을 설정하는 것이다. 이 기준은 재난의 유형과 특성에 따라 다르게 정해지며, 일반적으로 건물의 구조적 손상 정도, 기능상의 영향 정도, 그리고 복구에 필요한 비용 등을 고려한다. 이러한 기준이 명확해야만 손상 평가가 신뢰할 수 있고 효율적으로 이루어질 수 있다. 예를 들어, 2018년 강원도 산불 발생 시, 정부는 산불로 인해 파괴된 주택과 시설들의 수정 여부를 평가하기 위한 기준을 마련하였다. 이 기준은 피해 범위, 구조적 안정성, 복구 비용 등을 포함했으며, 이를 통해 신속한 재난 대응 전략을 마련할 수 있었다.

- **손상 정도 평가** : 세 번째 단계에서는 현장 조사와 설정한 평가 기준을 바탕으로 손상의 정도를 평가한다. 이때, 건물의 구조적인 손상, 내부 시설의 파손 정도, 인프라 시설의 가용성 등을 종합적으로 고려하여 평가해야 한다. 전문가들은 손상된 건물 내부 및 외부를 면밀히 조사하여, 구조 안정성을 확보할 수 있는지를 판단해야 한다. 예를 들어, 2020년 포항 지진 사례에서, 지진 발생 직후 지방 정부와 전문가들이 해당 지역의 인프라와 건물의 상태를 평가하였다. 이들은 각 건물의 파손 정도를 체크하고, 인프라의 가용성을 평가하여 무엇을 먼저 복구할 것인지를 판단하였다.

- **보고 및 결정** : 마지막 단계에서는 손상 평가 결과를 정리하여 관련 당국에 제출하고, 대응 및 복구 작업에 필요한 결정을 내린다. 이 단계에서는 손상 정도와 영향을 고려하여 복구 작업의 우선순위를 정하고, 자원 할당 및 복구 전략을 수립해야 한다. 이를 통해 손상 평가는 재난 대응과 복구 작업의 효율성을 높이는 데 큰 도움이 된다. 2019년

대구의 물난리 사건 이후, 대구시는 피해 상황을 면밀히 분석하여 재난 복구가 필요한 지역과 기관에 대한 지침을 세웠다. 이 단계에서는 손상 정도와 영향을 고려하여 자원 할당과 복구 전략이 수립되었다.

정확한 손상 평가를 통해 우선순위를 결정하고 적절한 자원을 효과적으로 배분할 수 있으며, 향후 재난 대비 및 예방을 위한 기준으로 활용될 수 있다. 이러한 평가 과정은 광범위한 데이터 수집과 분석을 요구하며, 최종적으로 공동체의 회복력과 안정성을 높이는 데 필수적인 역할을 한다.

4) 청소 및 복원

재해 발생 현장은 많은 오염물질로 인해 전염병의 위험이 크므로, 잔해물 제거 및 손상된 건물 주변에 대한 청소 작업이 필수적이다. 재난이 발생한 후 효과적인 복원을 위해서는 먼저 피해 평가를 실시하여 피해 규모와 유형을 정확히 파악하고, 이를 바탕으로 우선순위에 따른 작업 계획을 수립해야 한다.

작업을 시작하기 전에 가장 먼저 안전한 환경을 보장하기 위해 모든 전기와 가스를 차단하고, 구조물의 안전성을 확인하는 과정이 필요하다. 신뢰할 수 있는 평가 후에는 작업을 진행할 수 있도록 하여야 하며, 이를 위한 개인 보호장구를 착용하고 작업 영역을 안전하게 설정해야 한다. 이러한 보호 조치는 재난 작업 시 근로자들의 안전을 보장하는 데 중요한 역할을 한다.

피해 지역에서는 파편, 부스러진 유리, 파손된 벽체 등과 같은 위험 요소를 정리하고 정화해야 한다. 이러한 청소 과정은 전염병 예방과 사고 방지를 위한 필수 조치로, 작업이 완료된 후에도 잔여 오염물질이나 위험 요소를 반드시 처리해야 하므로, 이러한 과정은 정기적으로 점검되어야 한다.

작업이 완료된 후에는 남은 잔재물이나 폐기물을 처리하기 위해 정부 및 지방 자치단체는 폐기물 수거 서비스를 신속하게 제공해야 한다. 이를 통해 피해 지역의 안전성을 빠르게 회복할 수 있도록 한다. 또한, 복원 작업이 완료된 후에도 지속적인 모니터링이 필요하다. 재난으로 인한 피해로 인해 구조물이나 시설에 잠재적인 위험이 남아 있을 수 있으므로, 정기적인 검사와 유지 보수가 필요하다.

예를 들어, 2014년 세월호 참사 이후, 구조 및 복구 작업이 마무리된 후에도 사고와 관련된 시설에 대한 정기적인 안전 점검과 유지 보수가 이루어졌다. 이러한 사후 점검은 유사한 사고 발생을 방지하는 데 기여하는 중요한 절차로 자리 잡았다.

또한, 2021년 유럽의 폭우와 홍수 사건에서도 재해 발생 후 피해 지역의 청소 및 복원 작업이 신속히 진행되었다. 지역 정부는 잔해물 제거와 거리 청소를 위해 자원을 투입하고, 청소가 완료된 후에는 전염병 예방 차원에서 화장실 및 공공시설을 정기적으로 소독하였다.

재난 발생 후의 청소 및 복원 작업은 주민의 안전과 건강을 보장하는 데 중요한 과정이며, 지속적인 노력으로 재난의 후유증을 최소화하는 데 큰 기여를 한다.

5) 심리적 지원

재난은 정신 건강에 상당한 영향을 미칠 수 있기 때문에, 심리적 지원 서비스는 필수적이다. 정부는 재난 피해자들에게 심리지원을 효과적으로 제공할 수 있는 방법을 미리 수립하고, 이를 통해 피해 주민들이 필요한 지원을 받을 수 있도록 해야 한다.

재난 피해자들은 우선 위로와 지지가 필요하다. 이러한 심리적 지원은 피해자들이 자신의 감정을 표현하고 받아들일 수 있도록 도와준다. 가족, 친구, 이웃 등 사회적 지지 체계를 통해 상호 작용을 강화할 수 있으며, 이는 피해자들에게 심리적 안정감을 제공하는 데 중요한 역할을 한다. 또한, 전문 상담가나 심리 치료사를 통해 체계적이고 전문적인 정서적 지원을 제공할 수 있으며, 이는 피해자들이 자신의 감정을 이해하고 수용하는 과정을 돕는다.

재난 발생 후에는 피해자들에게 상황에 대한 이해와 대처 방법에 대한 정확한 정보를 제공하는 것이 중요하다. 이러한 정보는 불안감을 완화하고 현실에 적응하는 데 큰 도움이 된다. 지역 공동체에서 운영하는 심리적 지원 프로그램을 통해 피해자들이 느끼는 무력감, 공포심, 그리고 우울감과 같은 심리적 불안 요소를 제거해야 한다. 이러한 프로그램은 피해자들이 감정적 지원을 통해 치유 받을 수 있는 환경을 조성한다.

국가별 사례를 통해 이러한 심리적 지원의 필요성과 실제적 적용을 살펴보자.

가) 일본의 도호쿠 대지진

2011년 일본 도호쿠 대지진 이후, 일본 정부는 피해자들을 위한 심리적 지원 서비스를 강화하였다. 정부는 특별히 trained 된 심리 상담사와 자원봉사자들을 피해 지역에 배치하여, 심리적 지원 및 상담 서비스를 제공하였다. 피해자들은 일반 대화뿐만 아니라, 그들의 경험과 감정을 나누는 세션을 통해 자신들의 심리적 어려움을 극복하게 되었다.

나) 미국의 허리케인 카트리나

2005년 허리케인 카트리나가 미국 뉴올리언스를 강타했을 때, 정부는 비상 치료 센터를 설치하고, 피신한 주민들을 위한 정신 건강 상담 서비스를 제공하였다. 심리 치료사들은 현장에 상주하며 주민들이 겪는 심리적 고통을 이해하고 그들의 회복을 도왔다. 이러한 심리적 지원은 피해자들이 안정된 상태로 다시 일상생활로 복귀하는 데 큰 도움을 주었다.

다) 네팔의 대지진

2015년 네팔 대지진 발생 이후, 여러 국제 구호 단체가 심리적 지원 프로그램을 운영하였다. 이들은 현지의 문화와 언어에 맞춘 심리 상담을 제공하여, 구조된 이재민이 그들의 경험을 공유할 수 있도록 독려하였다. 피해자들은 전문가의 지원을 통해 감정적 충격을 받아들이고 회복하는 데 기여 받았다.

라) 2020년 COVID-19 팬데믹

COVID-19 팬데믹 상황에서도 세계 각국은 정신 건강 지원의 필요성을 인식하였다. 한국에서는 정부가 심리 상담 서비스를 제공하고, 코로나19로 인한 불안감과 우울 증세를 호소하는 국민들을 위해 24시간 상담 전화와 온라인 상담 서비스를 운영하였다. 이는 시민들이 위기 상황에서 건강하게 감정을 관리할 수 있도록 돕는 중요한 기회가 되었다.

마) 호주의 산불

2019~2020년 호주의 산불 발생 시, 정부는 피해를 본 지역 주민들을 위한 정신 건강 지원 서비스를 확대하였다. 전문 심리 상담사들이 파견되어 피해자에게 위로와 지원을 제공하며, 심리적 불안을 해소할 수 있도록 도와주었다. 이러한 지원은 주민들이 심리적 충격에서 벗어나 다시 지역사회에 통합되는 데 큰 역할을 하였다.

이와 같이 다양한 국가에서 재난 상황에서의 심리적 지원은 피해자들이 정서적으로 회복하고 재건할 수 있도록 돕는 중요한 요소로 작용하고 있다. 국가와 지역사회는 지속적인 심리적 지원 체계를 마련하여 재난의 여파를 이겨낼 수 있도록 해야 한다.

6) 재정 지원

재정 지원 프로그램은 재난으로 인해 임금 손실이나 재산 피해와 같은 재정적 손실을 입은 개인이나 단체에게 제공된다. 이러한 재정 지원은 피해자들이 재난에서 회복하기 위한 필수적인 지원으로 고려된다. 재정 지원은 일반적으로 두 가지 형태로 이루어진다.

첫째, 재난 발생 후 피해를 입은 개인, 가정, 기업, 지역사회 등은 재정적인 어려움에 직면하게 된다. 이러한 상황에서 정부와 지방자치단체, 그리고 국민의 성금 등이 힘을 합쳐 재정 지원을 제공하여 피해자들을 지원한다. 예를 들어, 정부는 긴급 예산을 편성하여 긴급 지원금이나 생활비를 지급함으로써 피해자들이 최소한의 생활을 유지할 수 있도록 돕는다. 또한, 재난 피해 지역으로 선포하게 되면, 행정적 및 재정적 지원을 통해 사회 기반 시설을 복구하고 재건하는 데 필요한 자금을 확보할 수 있다.

둘째, 금융 지원 프로그램을 통해 저금리 대출이나 재정 지원을 제공함으로써 개인과 기업이 재건을 위한 자금을 조달할 수 있도록 돕는다. 이와 더불어, 세제 혜택을 통해 피해를 입은 개인과 기업에게 세금 감면이나 세제 혜택을 제공하여 경제적 부담을 덜어주는 조치도 시행된다. 이러한 지원은 피해자들이 재난으로부터 신속하게 회복하는 데 필요한 자금을 확보하는 데 큰 도움이 된다.

예를 들어, 2014년 세월호 참사는 법적, 사회적, 그리고 경제적 충격을 가져왔고, 정부와 민간 기구는 피해자 및 유가족을 위한 재정 지원 프로세스를 신속하게 구축하였다. 정부는 특별법을 제정하여 피해자들에게 긴급 생활 지원금을 지급하고, 자녀 및 가족의 교육 문제 해결을 위한 장학금 제도를 운영하였다. 이러한 재정 지원은 유가족들이 경제적 부담을 덜고, 심리적 안정감을 찾는 데 도움을 주었다.

또한 2017년 11월, 포항에서 발생한 규모 5.4의 지진은 많은 주택과 상업 시설에 피해를 입혔다. 정부는 위기 발생 후 피해 지역을 빠르게 조사하였고, 재난 피해 지원금을 마련하여 이재민들에게 지급하였다. 이 지원금을 토대로 피해자들은 응급복구 작업과 생활 안정에 필요한 자금을 마련할 수 있었다.

더불어 2020년 COVID-19 팬데믹 상황에서 한국 정부는 긴급재난지원금을 지급하여 국민들이 경제적 어려움을 겪지 않도록 지원하였다. 특히 소상공인, 자영업자, 그리고 고용위기에 처한 사람들에게 재정적 지원을 확장하여 국가 전체의 경제적 피해를 최소화하는 데 힘썼다. 이러한 지원은 재난 영향으로 인해 실직하거나 경영이 어려워진 사람들에게 큰 도움이 되었다.

2021년 4월, 강원도 지역에서 발생한 대형 산불로 인하여 수많은 가옥과 농경지가 피해를 입었다. 정부는 재난 피해 지역을 선포하고, 피해 주민들을 위한 재정적 지원을 즉시 시행하였다. 피해를 입은 가정에게는 긴급 생활 지원금과 함께 재건을 위한 금전적 보상도 제공되었다. 이는 피해자들이 보다 빠르게 복구 작업을 진행하여 일상을 되찾는 데 기여하였다.

2022년 태풍 힌남노의 영향으로 많은 지역에서 홍수와 강풍으로 인해 피해가 발생하였다. 이 때 정부는 재난 지역 주민들에 대한 긴급 재정 지원을 결정을 내리고, 피해 복구와 관련된 자금을 확보하여 빠르게 배포하였다. 특히 저소득층과 소상공인에게 빠른 경제적 지원이 이루어져 피해 극복이 촉진되었다.

이러한 사례들은 재난 상황에서 재정 지원이 얼마나 중요한지를 잘 보여준다. 신속하고 효율적인 지원은 피해자들이 어려운 시기를 극복하고, 정상적인 생활로 돌아갈 수 있도록 돕는 핵심 요소로 작용한다. 재정 지원 프로그램은 단순히 금전적 보상을 넘어서, 사회적 연대와 회복력 강화를 위해 필수적으로 마련되어야 할 제도적 장치임을 증명하고 있다.

7) 지역사회 재건

재난 지역사회의 재건은 재난으로 인한 피해를 입은 지역의 사회적, 경제적, 인프라적 회복을 위한 과정을 의미한다. 이러한 과정을 통해 재난의 파괴적 영향을 극복하고, 지역사회의 회복력을 강화하여 지속 가능한 발전을 이루는 것이 목표이다.

재난 지역사회의 재건은 일반적으로 다음과 같은 단계로 이루어진다.

가) 비상 대응과 긴급 구호

재난 발생 즉시, 가장 먼저 필요한 것은 긴급한 구호와 구조 작업이다. 이 단계에서는 중앙 정부, 지방정부, 시민단체, 자원봉사자들이 협력하여 피해자를 구조하고 생존에 필요한 지원을 제공한다. 예를 들어, 2010년 아이티 대지진 당시, 국제 구호 기구들이 긴급 구조대와 자원봉사자들을 조직하여 피해 지역으로 파견함으로써, 즉각적인 구조 활동과 긴급 식량 배급을 실행했다. 이러한 연대와 협력은 재난 상황에서의 생명 보호에 있어 결정적인 역할을 한다.

나) 재난평가와 계획

재난 상황이 다소 진정된 후에는 피해 평가와 상황 분석을 통해 재난으로 인한 피해 규모와 종류를 파악해야 한다. 이를 바탕으로 회복에 필요한 계획을 수립하는 과정이 중요하다. 예를 들어, 2011년 일본 도호쿠 대지진 후, 일본 정부는 피해 지역을 신속하게 조사하고, 피해 규모를 평가하여 효과적인 복구 계획을 세웠다. 이 과정에서는 전문가들이 참여하여 체계적인 데이터 수집과 분석이 수행되었다.

다) 사회적 회복

재난으로 인한 사회적 파괴를 극복하기 위해서는 지역사회 내의 상호 지원 체계와 연대를 강화해야 한다. 지역 주민들의 참여와 협력을 장려하고, 이를 통해 사회적 결속력을 높이는 프로그램을 실시해야 한다. 예를 들어, 2014년 세월호 참사 직후, 한국 사회는 피해자 가족을 지원하기 위한 다양한 연대 활동을 전개하였으며, 이는 사회적 결속력을 높이는 데 기여하였다.

라) 경제적 회복

재난으로 인한 경제적 피해를 극복하고 지역 경제를 회복하기 위해서는 소상공인과 기업에 대한 재정적 지원이 필요하다. 또한, 산업 다변화와 새로운 일자리 창출을 통해 지역 경제의 다각화를 촉진해야 한다. 예를 들어, 2017년 포항 지진 발생 이후, 지역 정부는 피해를 입은 상공인들에게 긴급재난 지원금을 지급하고, 장기적인 복구를 위한 기술적 및 재정적 지원 프로그램을 마련하였다.

마) 인프라 복구와 개발

재난으로 손상된 인프라를 빠르게 복구하고, 재난에 강한 인프라를 개발하는 것이 중요하다. 이러한 안전한 인프라 구축은 재난 발생 시 피해를 최소화하고 지역사회의 안정과 발전을 보장하는 데 기여한다. 예를 들어, 강원도 지역에서 잦은 산불에 대비하기 위해, 지역 정부는 산림 방화도로 및 안전시설을 개선하여 재난에 대한 저항력을 강화하였다.

바) 재난 예방과 대비

마지막으로, 재난이 발생하지 않도록 예방하고, 대비하는 것이 무엇보다 중요하다. 이를 위해서는 재난관리와 대응 능력을 강화하고 지속적인 재난 예방 활동을 실시해야 한다. 예를 들어, 학습된 기후 변화 영향 평가를 통해 각 지역의 특성에 맞는 예방 대책을 마련하고, 교육 및 훈련을 통해 주민들을 재난 대비태세로 이끌어내는 것이 필요하다.

재난 지역사회의 재건은 지속적이고 종합적인 노력을 필요로 하지만, 효과적인 협력과 지속 가능한 발전을 통해 지역사회의 회복과 발전을 이룰 수 있는 중요한 과정이다. 이러한 단계별 접근은 궁극적으로 지역 주민들이 안정된 환경에서 생활할 수 있도록 도와준다.

재난의 영향 | 5장

재난은 자연재해와 인위적 재난 모두를 포함하여, 최근 몇 년 동안 전 세계적으로 많은 발생 사례가 있다. 이러한 재난은 인프라, 경제 및 사회 전반에 걸쳐 광범위한 영향을 미치며, 그로 인해 재난과 관련된 문제에 대한 논의와 대처 방안의 중요성이 더욱 부각되고 있다.

재난 발생 시 인프라에 미치는 영향은 매우 크다. 전력 공급, 통신, 교통 등 주요 인프라 시설이 심각한 피해를 입게 된다. 예를 들어, 지진이나 태풍과 같은 자연 재난이 발생하면 도로, 교량, 항구와 같은 필수적인 기반 시설이 파손되고, 이는 지역사회와 경제 활동에 직접적인 타격을 입힌다. 인프라의 손상은 다음과 같은 결과를 초래할 수 있다.

전력 공급 중단 및 전력 시설이 파괴되면, 해당 지역의 전력 공급이 중단되어 기업의 생산 활동과 주민의 일상생활이 심각하게 영향을 받게 된다. 이는 광범위한 경제적 손실로 이어질 수 있다.

통신 장애로 인해 통신 인프라의 파괴는 정보의 흐름을 차단하여 상황 판단을 어렵게 만든다. 이러한 통신 장애는 구조 작업과 응급 대응에 심각한 영향을 끼칠 수 있으며, 효과적인 위기 대응을 방해한다.

교통 혼잡 및 사고로 도로의 파손이나 교량의 붕괴로 인해 교통이 마비될 경우, 응급 구조 요원이 피해 현장에 도착하는 데 지연을 초래할 수 있다. 이는 인명 구조와 피해 복구에 치명적인 결과를 가져올 수 있다.

재난은 경제에 미치는 영향도 매우 크다. 피해를 입게 되는 것은 단순히 재산 손실에 그치지 않고, 생산, 소비, 투자 등 경제 활동 전반에 직간접적인 영향을 미친다. 이러한 피해는 궁극적으로 취업, 소득, 물가 등의 변화까지 연쇄적으로 이어질 수 있다.

공장이나 사업체가 손상되거나 폐쇄되면, 생산량이 감소하게 된다. 이로 인해 고용이 줄어들고, 기업의 수익성이 악화된다. 주민들이 재난 피해로 인해 불안감이나 두려움을 느낄 경우, 소비가 감소할 수 있다. 이는 장기적으로 지역 경제의 둔화를 초래할 수 있다. 재난 복구를 위해 정부가 긴급 지원과 재정적 지원을 해야 하며, 이는 국가의 재정에 부담이 된다. 이러한 재정적 부담은 세금 인상이나 기타 공공 서비스 예산의 감소를 가져올 수 있다.

재난의 사회적 영향 또한 매우 크며, 이는 개인의 심리적 안정, 사회적 상호작용, 그리고 집단의 응집력에까지 영향을 미친다. 위기 상황에서 사람들은 심리적 충격과 불안으로 큰 어려움을 겪을 수 있으며, 사회적 관계가 약화되거나 사회적 불신이 확산될 수 있다.

또한 재난 피해자는 종종 PTSD (외상 후 스트레스 장애)와 같은 정신적 문제를 겪는다. 이러한 고통은 개인의 일상생활과 사회적 상호작용에 심각한 영향을 미치며, 장기적인 치료가 필요할 수 있다.

그림 5.1 외로움

더불어 재난 상황에서 자원이 부족해지면, 지역사회 내에서 갈등이 발생할 수 있다. 이는 취약한 계층에 대한 무관심이나 비협조적 태도에서 기인할 수 있으며, 사회적 통합을 저해하는 요소가 된다.

이러한 다양한 영향에 대응하기 위해서는 정부와 지역사회가 재난 대응 계획을 수립하고, 시민들이 안전하게 대처할 수 있도록 교육해야 한다. 위기관리와 예방 전략을 강화하고, 시민들이 재난 발생 시 올바른 행동을 취할 수 있는 능력을 기르는 것이 필수적이다.

공공 기관과 민간단체가 협력하여 안전 교육 프로그램을 개발하고, 이를 통해 모든 시민에게 재난 예방과 대처 방법을 알리는 것이 중요하다.

재난 예방 및 대응 교육 프로그램은 각 지역의 특성과 위험 요소에 맞추어 Customize 되어야 한다. 교육은 학교, 직장, 지역사회 센터 등 다양한 장소에서 이루어질 수 있으며, 각기 다른 연령대와 배경을 고려한 맞춤형 교육이 필요하다. 이러한 교육 프로그램은 재난이 발생했을 때 적절한 대처 능력을 기를 수 있도록 하고, 위기 상황에서의 실행력을 높이는 데 기여하는 중요한 요소가 된다.

예를 들어, 많은 학교에서 자연재해와 관련된 행동 방침을 교육하고, 정기적으로 재난 대피 훈련을 실시하여 학생들이 실제 상황에서 필요한 대처 방법을 익히게 하고 있다. 이러한 훈련은 학생들이 위기 발생 시 두려움을 줄이고, 침착하게 대처할 수 있도록 돕는다. 더불어, 기업에서도 직원들을 대상으로 정기적인 안전 교육과 훈련을 통해 위기 상황에서의 역할과 책임을 명확히 하고 있다.

또한, 정부 주도하에 지역사회와 협력하여 정보 공유 플랫폼을 구축해야 한다. 이를 통해 지역 주민들은 해당 지역에서 발생할 수 있는 재난에 대한 정보를 쉽게 접근할 수 있게 되고, 그에 대한 대처 방안을 미리 학습할 수 있는 기회를 갖는다. 예를 들어, 재난관리 전담 부서가 지역 주민들과의 정기적인 소통 회의를 진행하여, 각종 재난 관련 정보와 예방 조치를 공유하는 형태의 활동이 이루어질 수 있다.

이렇듯 재난의 발생에 대한 대비는 단순히 구조 활동에 그쳐서는 안 된다. 예방적 조치를 통해 모든 시민들이 재난에 대한 경각심을 갖고, 위기 발생 시 자신과 주변 사람들을 보호할 수 있는 역량을 강화해야 한다. 이러한 준비가 있어야만 재난 발생 시 피해를 최소화하고, 빠른 회복을 할 수 있는 길이 열린다.

재난의 영향은 단순히 물질적인 피해로 그치지 않고 사회 전반에 걸쳐 심각한 영향을 미친다. 이에 따라 철저한 준비와 교육, 그리고 지방 및 중앙 정부의 협력이 필수적이다. 이러한 체계적 접근이 바로 지속 가능한 발전을 이루기 위한 중요한 기초가 된다.

이러한 모든 요소들은 재난관리와 회복 전략의 성공을 좌우하는 핵심적인 부분으로 작용하게 된다. 시민들의 참여와 협력, 그리고 체계적인 의사소통이 전략적으로 결합될 때, 우리는 재난으로 인한 피해를 최소화하고 보다 안전한 사회를 만들어 나갈 수 있다.

1. 인명피해

재난이 발생하면 인명피해는 가장 심각한 문제 중 하나로 부각된다. 지진, 태풍, 홍수, 대형 화재 등 다양한 재난은 인명피해를 초래할 가능성이 높으며, 이로 인해 무수히 많은 사람들이 생명을 잃거나 부상을 당하게 된다. 위기관리와 대응에서 인명피해를 최소화하는 것은 매우 중요한 목표이다.

재난 발생 후, 손상된 기반 시설이나 구조물의 안전성 점검이 필요하다. 예를 들어, 지진 발생 시 건물이 무너져 사람 갇히는 상황이 생길 수 있으며, 이러한 경우 신속한 수색 및 구조가 필요하다. 이때 제일 먼저 해야 할 일은 안전한 대피를 위한 계획을 세우고, 해당 지역의 위험 요소를 명확히 이해하고 있어야 하는 것이다.

위기 발생 시 주민들은 불안과 긴장을 느끼기 때문에, 안전한 장소로 대피하기 위한 교육과 대처 방법에 대한 훈련이 필수적이다. 사전 교육을 통해 가족 및 가까운 이들과의 대피 계획을 공유하고, 위기 상황 발생 시 적절하게 대처할 수 있는 능력을 함양해야 한다. 예를 들어, 대규모 재난이 발생하기 전에 지역사회에서 재난 대응 훈련을 수차례 실시하여 주민들이 평소에 대피 방법을 알아두고 위기 발생 시 침착하게 행동할 수 있도록 준비시키는 것이 매우 중요하다.

또한, 재난 발생 시 정부와 관련 기관은 신속하게 피해 상황을 평가하고, 주요 정보를 시민들에게 투명하게 전달해야 한다. 이 경우, 정부의 신뢰성은 매우 중요한 요소로 작용하게 된다. 정부가 정확하고 신속한 정보를 제공할 경우 시민들은 필요한 대처를 미리 파악할 수 있으며, 이는 인명피해를 줄이는 데 기여한다. 재난 발생 시 정확한 정보를 얻지 못하게 되면, 주민들은 혼란에 빠져 불필요한 위험을 감수하게 되고, 이는 인명피해로 이어질 수 있다.

한편, 재난이 발생하면 피해자들이 심리적 고통을 겪기 쉽다. 특히 인명피해가 크거나 사랑하는 사람을 잃었을 경우, 생존자들은 깊은 상실감을 느끼고 정신적 트라우마를 겪게 된다. 이러한 심리적 후유증을 극복하기 위해서는 적절한 심리 상담과 지원이 필요하다. 전문 상담사들은 피해자의 감정을 이해하고, 이들이 조속히 회복할 수 있도록 도와줘야 한다.

재난 발생 후 인명피해를 최소화하기 위해서는 모든 구성원이 적극적으로 협력해야 한다. 정부는 체계적인 재난 대응 시스템을 마련하여 각 부처와 기관 간의 협조를 강화해야 하며, 시민들도 자신의 역할을 인식하고, 위기 상황에서 서로를 도울 수 있는 자세를 가져야 한다. 예를 들어, 지역 단체와 민간 자원봉사자들이 함께 참여하여 필요시 직접적인 도움을 주는 구조 활동을 수행할 수 있어야 한다.

또한, 재난 발생 후 피해 복구에 있어 지역 주민들 간의 협력이 매우 중요하다. 서로 돕고 지원하는 공동체 의식은 위기 상황에서 심리적 안정감을 높이고, 피해를 효과적으로 극복하는 데 도움이 된다. 이러한 연대감은 각 개인의 안전을 지키는 데 기여하며, 결국 인명피해를 줄이는 결과로 이어진다.

재난 상황에서 인명피해를 최소화하기 위한 준비와 대응 과정은 매우 중요하다. 모든 구성원들이 함께 협력하고, 위기 상황에 지속적으로 대비하는 것이야말로 안전하고 회복력 있는 사회를 만들어 가는 데 필수적이다.

2. 경제적 영향

재난은 경제에도 큰 영향을 미친다. 대규모 재난이 발생하면 수많은 건물과 시설물이 파괴되며, 기업과 생산 시설이 멈추게 된다. 이러한 상황은 지역 내 일자리와 생산 활동을 중단시켜 결국 전체 경제적 손실로 이어질 수 있다. 예를 들어, 자연재해로 인해 기업들이 피해를 입으면 생산성이 감소하고, 이로 인해 비즈니스 활동이 중단되는 사례가 발생하게 된다. 이는 지역 경제의 침체를 초래하고, 고용 불안정성을 높이는 결과를 가져온다.

더욱이, 도시 지역에서는 인프라나 교통 시스템이 손상되어 혼잡이 발생하고, 자원의 흐름이 제대로 이루어지지 않을 수 있다. 그러한 문제는 지역사회에 큰 부작용을 초래할 수 있으며, 예를 들어 물가 상승과 같은 경제적 압박으로 이어지기도 한다.

재난이 지속되는 동안 사람들은 생계를 유지하기 위해 자금을 필요로 하며, 이로 인해 고용 상황이 악화되고, 기업들이 부도로 인해 어려움을 겪을 수 있다. 이러한 경제적 불안정성은 인플레이션을 발생시킬 수 있으며, 이는 사회 전반에 심각한 영향을 미친다.

따라서 대처 방안으로는 재해 발생 전에 예비적인 경제적 대책을 수립하고, 예비 금융 계획을 마련하는 것이 중요하다. 이는 재난 상황에서의 경제적인 지원과 필요한 지원 대상자를 신속히 확인하고, 해당 지원을 적절히 분배할 수 있도록 하는 데 필수적이다.

예를 들어, 2014년 세월호 참사 이후, 한국 정부는 피해자와 유가족을 위한 재정 지원을 신속하게 실시하였다. 이들은 긴급 생계 지원금을 통해 최소한의 생활을 유지할 수 있었고, 사회적 복구 노력의 일환으로 여러 정책을 마련하여 지역 경제 회복을 위한 기반을 강화하였다.

추가적으로, 2011년 일본 도호쿠 대지진 이후, 일본 정부는 재난으로 피해를 입은 지역 경제를 회복하기 위해 다각적인 지원 정책을 신속히 도입했다. 특히, 피해 지역 기업들을 대상으로 재정 지원 프로그램을 마련하여 피해를 입은 사업체들이 신속히 정상 운영으로 복귀할 수 있도록 도왔다.

구체적으로, 대지진으로 큰 피해를 입은 미야기현의 한 수산업체 사례를 들 수 있다. 이 업체는 지진으로 인해 공장이 붕괴되고 냉동 설비와 장비가 심각하게 파손되어 수산물 가공 및 유통이 중단되는 위기를 맞았다. 이에 일본 정부는 중소기업 재건 지원금을 통해 복구 작업에 필요한 자금을 제공했다. 이 지원금으로 업체는 설비를 복구하고, 새로운 기계를 도입할 수 있었으며, 재건 과정에서 필요한 추가 자금을 정부의 저리 대출 프로그램을 통해 확보했다.

또한, 일본 정부는 해당 업체와 같은 피해 기업들이 생산 및 유통을 원활히 재개할 수 있도록 지역 내 공급망 복구에 집중했다. 예를 들어, 피해 지역의 항만 시설 복구에 예산을 투입하여 수산물의 물류 이동이 다시 가능하도록 했고, 수산업과 연계된 관련 업체들도 생산 체계를 다시 갖출 수 있었다. 이를 통해 미야기현 수산업체는 1년 이내에 가공 공장의 운영을 재개하고, 피해 이전 수준의 생산량을 회복할 수 있었다.

이외에도, 일본 정부는 피해 기업들의 상품 판매를 촉진하기 위해 지역 특산품 판촉 행사와 같은 마케팅 지원을 병행했다. 이를 통해 피해 기업들이 재정적으로 자립할 수 있는 기반을 다지고, 지역 경제 전반이 회복되는 데 큰 기여를 했다. 이러한 사례는 일본 정부의 신속하고 구체적인 지원 정책이 재난으로 인해 심각한 경제적 피해를 입은 지역의 회복을 효과적으로 도왔음을 보여준다.

2020년 COVID-19 팬데믹 상황에서, 많은 정부는 전례 없는 경제적 충격에 대응하기 위해 대규모 경제 지원 패키지를 신속히 마련했다. 이러한 지원은 실직 위기에 놓인 직장인과 생계가 어려워진 소상공인들에게 직접적인 도움을 제공했을 뿐만 아니라, 경제 전반의 침체를 완화하는 데에도 중요한 역할을 했다.

외국 사례로는 미국 정부가 팬데믹 초기 시행했던 케어스 법안(CARES Act)을 들 수 있다. 미국은 이를 통해 약 2조 달러 규모의 재정지원을 실시했으며, 실직자들에게 주당 추가 실업 수당 600달러를 지급하여 갑작스러운 소득 감소를 완화했고, 개인의 소비 여력을 유지함으로써 경제 순환이 완전히 멈추지 않도록 했다. 소상공인들을 위해서는 급여 보호 프로그램(Paycheck Protection Program, PPP)을 도입하여, 직원 급여를 지급하기 어려운 사업체들에게 저리 대출을 지원하고, 일정 조건을 충족할 경우 이를 탕감 받을 수 있도록 했다.

또한, 일본 정부는 COVID-19로 매출이 급감한 소상공인들을 대상으로 현금 지급 프로그램을 실시하여, 연간 매출이 50% 이상 감소한 사업체에 최대 200만 엔(약 2천만 원)의 직접 지원금을 제공했다. 이를 통해 많은 소상공인들이 운영 자금을 확보하며 사업을 유지할 수 있었다.

국내의 경우, 역시 경제적 충격을 완화하고 국민들의 생계를 보호하기 위해 다양한 지원 정책을 신속하게 도입했다. 가장 대표적인 사례로는 긴급재난지원금의 지급을 들 수 있다. 모든 국민을 대상으로 소득 수준에 따라 1인 가구는 40만 원, 4인 이상 가구는 최대 100만 원까지 지급했다. 이 지원금은 주로 지역사랑상품권이나 체크카드 형태로 지급되어 지역 상권에서만 사용할 수 있게 함으로써, 국민들의 소비를 촉진하고 지역 경제를 활성화하는 데 크게 기여했다. 예를 들어, 한 가정은 긴급재난지원금을 사용하여 식료품과 생활용품을 구입하며 생계비 부담을 덜 수 있었고, 이를 통해 지역 상점들이 매출 감소를 일부 회복할 수 있었다.

또한, 소상공인과 자영업자들을 위해 소상공인 새희망자금과 착한 임대인 지원 제도를 운영했다. 소상공인 새희망자금은 매출이 급감한 소상공인들에게 최대 200만 원의 현금을 지급하는 제도로, 폐업 위기에 처한 사업체들이 운영 자금을 확보할 수 있도록 도왔다. 예를 들어, 팬데믹으로 매출이 50% 이상 감소한 한 카페 운영자는 이 지원금을 통해 임대료와 공과금을 납부하며 폐업을 피할 수 있었다. 착한 임대인 지원 제도는 임대료를 자발적으로 인하한 건물주들에게 세액공제 혜택을 제공하여, 임차인의 임대료 부담을 경감하는 데 도움을 주었다.

직장인과 실직자들을 위해서는 고용유지지원금과 긴급고용안정지원금을 도입했다. 고용유지지원금은 기업이 근로자를 해고하지 않고 유급 휴직을 제공할 경우, 정부가 휴업수당의 최대 90%를 지원하는 제도이다. 이를 통해 실직률 증가를 억제하고, 기업들이 팬데믹 상황에서도 최소한의 고용을 유지할 수 있도록 했다. 긴급고용안정지원금은 프리랜서, 특수고용직 등 고용보험 사각지대에 있는 노동자들에게 최대 150만 원의 현금을 지원하여, 갑작스러운 소득 감소로 인한 생계 위기를 완화했다.

이와 같은 지원 정책은 단순히 경제적 손실을 완화하는 것을 넘어, 국민들의 생계를 보호하고 경제시스템의 연속성을 유지하는 데 효과적으로 작용했다. 팬데믹이라는 위기 상황 속에서도 신속한 대응과 촘촘한 지원체계를 통해 한국 사회는 경제적 안정성을 비교적 빠르게 회복할 수 있었다.

2021년 유럽의 홍수 사건 이후, 피해 지역 사회를 복구하기 위한 다양한 프로젝트가 긴급히 시행되었다. 이러한 복구 프로젝트는 홍수로 인해 심각한 경제적 손실을 입은 지역사회의 기반을 재건하고, 주민들이 다시 생업에 복귀할 수 있도록 돕기 위해 설계되었다.

독일은 이번 홍수로 가장 큰 피해를 입은 라인란트-팔츠주와 노르트라인-베스트팔렌주를 대상으로 대규모 복구 지원 패키지를 마련했다. 독일 정부는 약 300억 유로 규모의 복구 기금을 조성하여 피해 지역 주민과 기업에 직접적인 지원을 제공했다.

또한, 유럽연합(EU)은 홍수 피해를 입은 회원국들에게 연대기금(EU Solidarity Fund)을 통해 추가적인 지원을 제공했다. 이 기금은 긴급 복구 작업에 사용되었으며, 도로, 다리, 전기 및 수도와 같은 공공 인프라 복구에 중점적으로 투입되었다. 예를 들어, 홍수로 인해 고립된 마을에 접근할 수 없었던 주요 도로를 신속히 복구하여 물자와 인력이 원활히 이동할 수 있도록 했다.

피해 지역 주민들의 생활 안정과 경제 회복을 위해 재건 보조금도 제공되었다. 가옥이나 사업장이 파괴된 경우, 피해 규모에 따라 복구비용의 최대 80%를 정부가 지원했다. 또한, 주민들에게는 새로운 주택 임대를 위한 임대 보조금과 임시 주거 시설이 제공되었다. 한편, 소상공인과 농민들을 대상으로 한 별도의 지원 프로그램도 마련되어, 농작물을 잃은 농민들이 새로운 종자를 구입하거나, 기계가 파손된 소규모 사업체들이 재설비를 갖출 수 있도록 도왔다.

이와 함께 지역사회의 심리적 안정과 공동체 복구를 위해 상담 서비스와 지역 재건 커뮤니티 프로그램이 운영되었다. 이러한 프로젝트는 단순히 물리적 복구에 그치지 않고, 피해 주민들이 심리적 상처를 치유하고 안정적인 생활로 복귀할 수 있는 토대를 마련하는 데 기여했다.

유럽의 홍수 복구 프로젝트는 신속하고 종합적인 지원을 통해 경제적 손실을 최소화하고, 피해 지역 주민들의 일상 복귀를 돕는 성공적인 사례로 평가받았다.

이렇게 각기 다른 사례들을 통해 알 수 있듯, 적극적인 경제 회복 대책을 마련하는 것은 재난으로 인한 경제적 손실을 최소화하고 지역사회가 다시 안정적인 상태로 돌아갈 수 있도록 하는 데 필수적이다. 빈틈없는 준비와 효과적인 지원이 이루어질 때, 재난을 극복할 수 있는 기반이 마련될 것이다.

3. 사회적 분열

글로벌 사회에서 사회적 분열은 다양한 상황을 통해 명확히 드러나며, 그 중 하나의 대표적인 사례는 2005년 허리케인 카트리나 당시 미국 남부 지역에서 나타난 인종적, 경제적 갈등이다. 이 사건은 자연재해로 인해 드러난 사회적 불평등과 정부 대응의 한계를 보여주는 사례로, 피해 지역 주민들의 대피와 재난 대응 과정에서 다양한 사회적 분열의 문제가 관찰되었다.

허리케인 카트리나가 루이지애나 주 뉴올리언스를 포함한 남부 지역을 강타하기 전, 대피 계획의 불균형이 명확히 드러났다. 저소득층 주민들은 대피에 필요한 교통 단이 없거나, 대피소에 대한 정보 부족으로 인해 위험 지역에 머물 수밖에 없었다. 예를 들어, 자가용을 소유하지 않은 주민들은 대피소까지 이동할 수 없었고, 대중교통 역시 충분히 제공되지 않았다. 반면, 경제적으로 여유가 있는 주민들은 쉽게 안전한 지역으로 대피할 수 있었다. 이는 재난 초기부터 경제적 격차가 생존 가능성을 결정짓는 중요한 요소로 작용했음을 보여준다.

허리케인 이후 구호물자와 지원의 분배 과정에서도 심각한 불공평이 발생했다. 저소득층과 흑인 거주 지역은 지원이 늦거나 아예 배제되는 경우가 많았다. 정부와 구호 기관의 자원이 적시에 배분되지 않으면서 음식, 물, 의료 지원이 시급했던 지역 주민들이 더욱 큰 피해를 입었다. 예컨대, 뉴올리언스의 빈곤 지역에서는 주민들이 생존을 위해 필수 자원을 구하지 못해 절박한 상황에 처했고, 이는 지역 간 갈등과 긴장을 심화시켰다.

재난 이후, 생존에 필요한 자원을 둘러싼 경쟁과 갈등이 심화되면서 지역 사회의 결속력이 약화되었다. 고립된 저소득층 주민들은 생존을 위해 서로를 돕기보다는 자원을 두고 경쟁하게 되었고, 이는 주민 간의 상호 불신을 키웠다. 이러한 상황은 지역사회를 더욱 분열시키고 재난 극복을 위한 협력의 기반을 약화시켰다.

허리케인 카트리나가 남긴 가장 큰 교훈 중 하나는 정부의 비효율적 대응으로 인한 국민 신뢰 상실이었다. 연방 정부와 주 정부 간의 협력이 체계적으로 이루어지지 않았고, 피해 주민들은 자신들이 절실히 필요로 하는 지원을 받지 못했다. 이러한 실패는 사회적 불만과 정부에 대한 불신을 낳았으며, 미래 재난에서도 동일한 문제가 반복될 것이라는 불안감을 남겼다.

허리케인 카트리나는 단순히 자연재해에 그치지 않고, 사회적 불평등과 분열을 적나라하게 드러낸 사건이었다. 경제적 격차와 인종적 불평등은 대피와 복구 과정 전반에 영향을 미쳤으며, 정부의 대응 실패는 이러한 갈등을 악화시키는 역할을 했다. 이 사례는 재난 상황에서 사회적 약자를 배려하는 공평하고 체계적인 대응 체계의 중요성을 강조하며, 사회적 결속을 유지하기 위한 정책적 노력이 얼마나 중요한지를 보여준다.

재난 상황에서의 사회적 분열도 눈에 띄는 예로 들 수 있다. 코로나19 팬데믹은 전 세계적으로 큰 영향을 미쳤지만, 각국의 대응 방식과 이에 대한 반응에서도 분열이 나타났다. 일부 지역에서는 정부의 방역 조치를 두고 강력한 반대가 일어났고, 이는 정치적 이념이나 경제적 이해관계에 따라 갈라진 집단 간의 격렬한 갈등으로 발전했다. 마스크 착용이나 백신 접종 문제를 둘러싼 논란은 각 집단 간의 대립을 심화시켰고, 이는 사회적 신뢰를 크게 약화시켰다. 예를 들어 미국의 경우 저소득층 및 소수 인종 커뮤니티의 주민들은 의료 서비스를 받는 데 있어 더 큰 어려움을 겪었다. 이들은 보험이 없거나, 보험의 보장이 미흡한 경우가 많아 병원에 가는 것이 어렵고, 필요할 때 적절한 치료를 받지 못하는 경우가 많았다. 반면, 경제적으로 여유 있는 계층은 체계적으로 더 나은 의료 서비스를 받을 수 있어 건강 격차가 더욱 심화되었다. 또한 팬데믹으로 인해 많은 학교가 온라인 수업으로 전환되었지만, 저소득층 가정의 학생들은 필요한 기술 장비나 안정된 인터넷 환경을 갖추지 못한 경우가 많았다. 이로 인해 교육 기회가 불균형하게 제공되었고, 학업 성취도에서도 차이가 발생했다. 이러한 상황은 장기적으로 사회적 불평등을 더욱 심화시킬 우려가 있었다. 더불어 팬데믹으로 인한 고립감과 불안감이 사회 전반에 퍼졌지만, 저소득층과 소수 인종 커뮤니티에서는 정신건강 지원이 부족하여 상황이 더욱 심각했다. 이는 사회적 고립을 악화시키고, 지역사회 내의 지원 네트워크가 약화되게 했다.

이러한 사례들은 사회적 분열이 개인과 집단 간의 관계를 어떻게 복잡하게 만들고, 더 나아가 사회 전체에 어떤 영향을 미치는지를 잘 보여준다. 사회적 분열을 해소하기 위한 노력은 단순히 갈등을 완화하는 것만이 아니라, 상호 이해와 존중을 기반으로 한 대화를 통해 이뤄져야 할 것이다. 다양한 배경을 가진 사람들이 서로를 이해하고 공감할 수 있는 기반을 구축하는 것이, 더 나은 사회를 위한 중요한 출발점이 될 것이다.

4. 정치적 영향

재난 상황에서 정치적 영향은 매우 중대한 역할을 하며, 이는 정부의 대응 방식과 그에 대한 시민의 반응 사이의 복잡한 상호작용으로 나타난다. 재난이 발생했을 때, 정부는 즉각적으로 대응할 의무가 있으며, 이때의 정치적 결정은 피해를 최소화하고 필요한 자원을 적시에 할당하는 데 있어 결정적인 요소가 된다. 그러나 정부의 대처가 미비하거나 느릴 경우, 재난은 커다란 피해를 초래할 수 있으며, 이는 시민들의 불만으로 이어질 수 있다.

예를 들어, 2005년 미국의 허리케인 카트리나가 발생했을 때, 재난 대응의 미비로 인한 정치적 파장이 크게 나타났다. 당시 정부는 재난 상황에 대한 초기 대응에 실패하였고, 이에 따른 혼란과 피해는 지역사회에 심각한 타격을 주었다. 이 사건은 정치적 비난의 대상이 되었으며, 정부의 부실한 대응은 후속적인 정책 변화와 정치적 책임을 요구하는 목소리로 이어졌다. 시민들이 안전과 생존을 확보할 수 없다고 느낄 때, 이들은 정부에 대한 불신과 분노를 쏟을 수밖에 없다. 이러한 감정은 궁극적으로 정치적 불안과 사회적 갈등을 초래하며, 이는 연이어 선거 결과와 정치적 풍향에도 영향을 미친다.

고동현(2015)은 자신의 논문에서 허리케인 카트리나는 재난 상황에서 정부의 신속하고 체계적인 대응의 중요성을 명확히 보여주는 사례라고 말했으며, 부실한 대응은 피해를 가중시키는 것을 넘어, 사회적 불평등과 신뢰 약화, 그리고 정치적 불안을 초래할 수 있다고 했다. 그는 재난관리에서는 공평한 자원 분배와 취약 계층에 대한 배려가 필수적이며, 투명하고 효과적인 대응 체계가 구축되어야 한다고 주장했으며 이는 단순히 재난 피해를 줄이는 것을 넘어, 사회적 결속과 정치적 안정성을 유지하기 위한 핵심 요소라는 점에서 중요한 교훈을 남긴다고 강조했다.

정치적 결정은 재난에 대한 대응 전략뿐만 아니라 자원 할당 및 재난 복구 작업의 방향성을 결정한다. 이 과정에서 정치적 이해관계가 얽히게 되며, 이는 자원 분배 과정에서의 경쟁과 갈등으로 이어질 수 있다. 예를 들어, 특정 지역이 재난 복구를 위해 더 많은 자원을 요구할 때, 다른 지역과의 간섭이 발생할 수 있으며, 이로 인해 정치적 긴장이 고조될 수 있다. 이러한 자원 할당에 대한 갈등은 복구 작업의 속도를 늦추고, 결과적으로 피해를 가중시킬 수 있다.

또한 재난 상황은 경제에 미치는 영향이 크기 때문에, 정치적 결정과 경제적 영향 사이에는 밀접한 관계가 존재한다. 재난으로 인해 경제적 손실이 발생하게 되면, 정부는 재정적 지원과 보상을 위한 정책을 세워야 한다. 이러한 정치적 결정은 경제 회복의 속도와 방향성을 결정하기 때문에, 매우 신중하게 이루어져야 한다. 예를 들어, 2020년의 COVID-19 팬데믹에서 여러 나라 정부는 경제적 지원 패키지를 마련했지만, 그 효과와 실행의 적시에 따라 정치적 비판이나 시민의 반발이 일어났다.

결국, 재난 상황에서의 정치적 영향은 정부의 대응이 얼마나 적절하고 신속한가에 따라 크게 좌우된다. 정치적 결정은 단순한 정책 수립을 넘어, 사회 전반의 신뢰와 안정성을 결정짓는 중요한 요소라는 점에서 그 책임이 막중하다. 따라서 정부는 재난 예방과 대처에 있어 더욱 적극적이고 투명하게 나서야 하며, 이를 통해 시민의 안전과 생존을 보장하고, 정치적 불안을 최소화할 수 있는 기반을 마련해야 할 것이다.

5. 환경적 영향

재난의 발생은 자연, 기술적, 그리고 인간적인 요인에 의해 촉발되며, 이러한 재난은 환경에도 중대한 영향을 미친다. 환경적 영향은 재난 발생 이전에도 이미 존재하던 문제들을 더욱 심화시키는 요소가 되며, 이에 따라 지역 생태계와 생물 다양성에 실질적인 위협이 가해지게 된다. 대표적인 예시로는 지진, 태풍, 홍수와 같은 자연재해가 있으며, 이들로 인해 초래되는 환경적 변화는 종종 광범위하고 장기적인 영향을 미친다.

자연재해가 발생할 때, 그로 인한 환경적 영향은 국지적인 차원에서 주로 나타난다. 즉, 특정 지역의 생태계가 파괴되거나 그 안의 생물 다양성이 감소하게 된다. 예를 들어, 홍수 발생 시에는 수질 오염이 일어나고, 생물 서식지가 침수되면서 생물종의 서식이 위협받을 수 있다. 이 과정에서 오염물질이 방출되거나, 기존의 서식지가 파괴되어 수많은 동식물이 생존에 위협을 받을 수 있다. 이러한 상황은 결국 생태계의 불균형을 초래하고, 지속 가능한 자연환경을 구축하는 데에 큰 도전을 제공한다.

또한, 재난 발생으로 인해 발생하는 폐기물과 화학물질의 방출은 환경오염을 악화시킨다. 예를 들어, 산업 시설이 피해를 입거나 화학 공장이 파손되면, 그곳에서 다루던 유해 물질이 환경으로 유출되면서 토양과 수질이 오염될 수 있다. 이러한 오염은 단기적인 피해뿐 아니라 장기적으로 건강 문제, 식수 문제 등을 야기하며, 지역 주민과 생태계에 심각한 위협으로 작용한다. 따라서 재난 이후의 복구 과정에서 이러한 환경적 요소를 무시할 수 없으며, 적극적인 대처가 필요하다.

재난으로 인한 환경적 영향을 최소화하기 위해서는 재난관리 시스템에 환경 요소를 통합해야 한다. 재난 발생 이전에는 지역의 지리적 및 기후적 조건을 고려하여 예방 조치를 취할 수 있는 전략을 마련해야 한다. 예를 들어, 산사태가 빈번한 지역에서는 효과적인 산림관리와 토양 보호 정책을 시행해 재난 발생 가능성을 사전 차단해야 한다. 이어서 재난 발생 후에는 피해 지역의 생태계와 생물 다양성을 보호하면서 청소 및 복구 작업을 실시해야 한다. 이 단계에서 오염된 지역의 정화 작업과 생태계 복원을 위한 계획이 중요하다.

또한, 재난 발생으로 인해 발생한 폐기물, 화학물질 및 오염물질에 대한 효율적인 처리 방법을 마련해야 한다. 이를 통해 환경오염을 최소화하고, 생태계의 회복력을 증진시키는 것이 필요하다. 궁극적으로는, 재난이 환경에 미치는 영향을 이해하고 이를 효과적으로 관리하기 위한 지속적인 연구와 정책적 노력이 필요하다.

재난은 환경에 다양한 영향을 미치며, 이는 인명구조, 경제적 방안, 사회적 연대, 정치적 대응과 함께 동시다발적으로 고려되어야 한다. 특히 환경 보호는 지속 가능한 발전을 위해 필수적이며, 인류와 자연이 조화를 이루는 길을 제시할 수 있는 중요한 요소로 작용할 것이다. 따라서 앞으로의 대응 과정에서는 이러한 다양한 측면을 유기적으로 연결하는 접근 방식이 필요하다.

6. 개인과 가족에 미치는 영향

재난으로 인해 개인의 생명과 건강에 위협이 발생할 수 있다. 예를 들어, 지진이나 태풍 등의 자연재해로 인해 개인의 생명과 건강이 직접적으로 위험에 노출될 수 있다. 또한, 재난으로 인해 식수와 음식 등 필수 생활용품의 부족으로 인한 영양실조, 전염병 등의 질병 위험성도 증가한다.

재난 상황에서 개인은 불안, 두려움, 혼란, 무력감 등의 강한 감정적 스트레스를 경험할 수 있다. 특히, 가족 구성원이나 친구를 상실하는 등의 감정적 충격을 경험 할 경우에는 정신적 고통이 심해질 수 있다.

미국 사회심리학자인 John H. Harvey는 자신과 가까운 사람 또는 사물을 상실하였을 경우에 대해 '생활하면서 감정적으로 투자하던 무언가를 잃어버리는 것'이라고 정의했다. 사람은 공동체 삶을 살아가고 사회적 존재라고 말한다. 이는 인간의 삶 속에 누군가의 존재에 의존하고 살아간다는 것이다. 재난 상황에서 의존하는 대상을 잃는 대상 상실은 두려움과 아픔을 준다. 특히 재난으로 인해 갑작스러운 주변 사람들 특히 가족 등의 죽음은 누구나 상실로 인한 아픔을 느끼게 한다. 재난으로 인한 상실의 이유가 무엇이든 상실을 경험할 때 우리는 슬픔과 가족 없이 앞으로 살아가야 하는 불안과 두려움을 느낀다. 가족뿐만 아니라 가족과 같은 애완동물, 귀중한 물건 등을 상실 할 때도 심한 우울증을 경험하게 된다.

재난을 경험하고 가족 및 친구 등 가까운 사람을 잃게 되는 두려움을 극복하기 위해서는 상실의 두려움과 아픔을 통해 성장할 수 있는 심리상담을 필요로 하다. 재난은 가족 구성원 간의 관계에도 큰 영향을 미친다. 다음은 가족 구성원 간의 관계에서 발생할 수 있는 문제점들이다. 재난으로 인해 가족 구성원 중 누군가가 다친 경우, 다른 가족 구성원들은 심리적 충격을 받을 수 있다. 이때, 다른 가족 구성원들이 심리적 지지를 제공하지 않거나, 오히려 상처를 입힐 경우 심리적 충돌이 발생할 수 있다. 더불어 재난 상황에서는 의사소통이 매우 중요하다. 하지만, 가족 구성원들 중 누군가가 치거나 사망할 경우, 의사소통에 어려움을 겪을 수 있다. 또한, 재난 상황에서는 정보가 부족한 경우가 많기 때문에, 가족 구성원들 간의 의사소통이 매우 중요하다. 이때, 의사소통이 원활하지 않으면, 재난 상황에서 더 큰 위험에 노출될 수 있다.

또한, 재난 상황에서는 가족 구성원들이 역할을 분담해야 한다. 하지만, 가족 구성원들중 누군가가 신체적인 부상을 당한 경우, 다른 가족 구성원들은 그를 도와야 하는 상황이 발생할 수 있다. 이러한 상황이 지속되면 감정적인 충돌이 생기게 되고 심리적으로 힘든 시간을 보낼 수 있다. 예를 들면 가족 구성원 중 누군가가 다친 경우, 다른 가족 구성원들은 자신의 감정을 억누르기 어려울 수 있다. 이때, 감정적인 충돌이 발생하면, 가족 구성원들 간의 관계에 손상을 줄 수 있다.

반대로 가족 구성원 중 누군가가 다친 경우, 다른 가족 구성원들은 그를 돌보고 돕는 과정을 통해서 상호의존성이 높아지는 결과를 나타낼 수 있다. 한 가족 구성원이 무언가를 해결하기 위해서는 다른 가족 구성원들의 지원이 필요하고, 그렇게 되면 다른 가족 구성원들도 한 가족 구성원 사이에서 끈끈한 가족애를 느낄 수 있다.

그러나 가족 중 재난으로 부상을 입어 장기간 간호를 받아야 하는 경우에는 가족 모두가 심각한 경제적 심리적 어려움을 받게 된다. 이러한 어려움을 극복할 수 있도록 정부에서는 피해자 돌봄 정책을 추진하고 가족 상담을 통해 심리적 안정을 가질 수 있도록 적극 지원해야 한다.

재난은 개인과 가족에 많은 영향을 미친다. 그 영향은 재난의 종류, 규모, 발생 지역, 개인과 가족의 상황 등에 따라 다양하게 나타날 수 있다. 재난 발생 시에는 생명과 안전에 대한 위협이 크다. 예를 들어, 지진, 홍수, 폭풍, 화재 등으로 인해 생명과 건강에 직접적인 위협을 받을 수 있다. 이로 인해 개인과 가족은 심리적인 충격을 받을 수 있으며, 신체적인 상처나 장애를 입을 수도 있다.

심리학에서는 애도 심리학을 통해 상실에 대한 아픔을 치료하고 극복할 수 있는 방법을 찾고 있다.

상실에 대한 애도의 반응은 학자마다 연구 결과가 다르지만 그 중에서도 Kubler-Ross (1969)는 상실에 대한 반응으로 부인 → 분노 → 협상하기 → 우울 → 수용 과정을 거치게 된다고 설명한다. 그러나 애도 이론의 5단계는 순차적으로 진행되거나 점차 진행되는 것이 아닌 우울이나 부인 등의 부정적인 감정이 섞여있기도 하며 때로는 우울 단계에서 다시 분노 단계로 퇴행되기도 한다. 결국 좋아졌다, 나빠졌다 등의 굴곡을 거치면서 기능을 점차 회복하게 된다.

① **부인(부정)단계** : '나에게? 사실이 아니야!'라고 끊임없이 스스로에게 질문을 던진다. 믿을 수 없는 부인 단계는 혼란스럽고 망연자실한 모습을 보인다.

② **분노단계** : 부인 단계에서 현실을 자각하게 되면 "왜 이런 나에게 이런 일이 일어났는지?" 분노를 표출하게 되고 분노의 대상은 자기 자신, 타인, 신 등 다양하다.

③ **협상하기 단계** : 이 단계에서는 '죄책감'이 핵심 감정이며 혹시 "내가 이렇게 했다면

죽음을 피할 수 있었을까?"라는 질문과 함께 자신의 잘못된 행동을 찾아 자책한다. 사후세계를 믿을 경우 신과의 관계 안에서 해결되지 않은 사건들을 협상하려고 한다.

④ **우울단계** : 부인, 분노, 협상하기 단계를 거치면서 에너지를 많이 썼기에 이 시기에는 기능이 저하되고 무기력해지면서 우울한 감정에 빠지게 된다. 슬프고 공허한 감정이 깊게 파고든다.

⑤ **수용단계** : 부정적인 정서에서 이제 모든 것이 괜찮다고 말하는 수용의 단계로써 현실을 인식하고 죽음을 받아들이면서 마음이 고요해진다.

정상적인 애도 반응은 충격차원에서 현실로부터 회피하지만 점차 직면차원으로 들어가 현실에 직면을 하면서 새로운 현실로의 조정차원을 거친다(출처 : 한국트라우마연구교육원). 심리적인 어려움을 경험한 사람들에게 정신건강 전문의, 심리상담사, 사회복지사 등으로 이루어진 전문가 집단이 상담 및 치료를 할 수 있도록 재난 심리상담 위원회를 구성하여 적극적인 대처를 해야 한다.

또한 재난으로 인해 개인의 경제적인 영향도 크게 받을 수 있다. 집이나 자산이 파괴되거나 손상되어 대규모의 재건비용이 발생할 수 있다. 재난으로 인해 일자리를 잃거나, 소상공인이나 농어민 등의 경우에는 생계를 유지하는 것이 어려워질 수 있다. 재난 상황에서 개인은 재난 상황에 대한 다양한 정보에 노출된다. 이에 따라, 심리적으로 비관적인 인식이 강화될 수 있다.

재난 상황에서는 자연스럽게 사회적 거리가 줄어들어 대규모의 모임이 제한되는 등 사회적 삶에 대한 영향도 크게 받을 수 있다. 이러한 영향들은 개인의 성격, 신체적인 상태, 인지 능력, 가족 구성원과의 관계, 지역사회의 상황 등에 따라 크게 달라질 수 있다. 따라서 재난 대비와 대응 시에는 이러한 다양한 영향을 고려하여 대처해야 있다.

더불어 재난으로 인한 경제적 손실은 상당하다. 예를 들어, 가게나 회사가 피해를 입으면, 수입이 줄어들어 생활에 큰 영향을 미칠 수 있다. 또한, 재난 대응을 위한 지출로 인해 개인과 가족의 경제적 부담도 커지고 생활환경이 변화할 수 있다. 예를 들어, 가정이나 주거지가 파괴되거나 침수되면, 새로운 생활환경에 적응해야 있다. 이로 인해 새로운 환경에서 살아남기 위한 대처 능력을 갖추지 않은 사람들은 더 큰 어려움을 겪을 수 있다. 무엇보다 중요한 것은 재난으로 인한 심리적 어려움이다. 이는 재난으로 생긴 심리적 고통으로 인해 생명에 대한 위협을 느끼게 되고 경제적 손실로 인해 스트레스를 받고, 불안감이나 우울감을 느낄 수 있다.

7. 사회공동체에 미치는 영향 및 대처

재난은 사회공동체에 심대한 영향을 미치며, 이는 긍정적이거나 부정적인 양상으로 나타날 수 있다. 한편으로 재난은 사회적 분열을 심화시키는 요인이 될 수 있다. 특히, 재난이 발생한 지역에서 이웃 간의 지리적, 경제적, 인종적 차이가 뚜렷할 경우, 피해를 입은 사람들은 더욱 고통을 받을 수 있다. 이러한 상황은 사회적 불평등과 밀접한 관련이 있으며, 재난 상황에서는 기존의 불평등이 더욱 강화되는 경향이 있다. 예를 들어, 경제적으로 취약한 계층이 재난의 여파로 더 큰 피해를 입고, 그에 따른 지원이 부족할 경우, 이들은 회복이 더욱 어려운 상황에 처하게 된다.

재난은 또한 사회공동체의 경제적 안정성에 직접적인 영향을 미친다. 대표적으로 재난 발생 지역 내의 기업이나 상업 시설이 피해를 입으면, 경제적 손실이 발생하고, 이는 지역 주민들의 생계를 위협하는 요소가 된다. 사업체의 폐쇄나 감소는 고용 불안을 초래하고, 이로 인해 주민들은 생계의 불안정성을 느끼게 된다. 이러한 경제적 고통은 심리적 스트레스를 가중시켜, 결국 사회적 안정성에 타격을 줄 수 있다.

그러나 재난 속에서도 사회적 연결성이 강화될 수 있는 기회가 존재한다. 사람들은 재난이라는 공통의 경험을 통해 서로 위로하고 격려하며, 함께 어려움을 극복하려는 의지를 갖게 된다. 이러한 상황에서는 인간이 서로의 존재와 상호 의존성을 더욱 깊이 인식하게 된다. 피해를 당한 주민뿐만 아니라 자원봉사자, 정부 관계자들 간의 소통이 이루어지고, 이들이 서로 협력하여 공동의 목표를 이루기 위해 노력하게 된다. 이 과정은 지역사회의 연대감을 촉진하고, 개인의 고통을 경감시키는 효과를 가져올 수 있다.

따라서 재난 상황에서는 사회공동체의 연결성을 강화하고, 사회적 분열을 예방하며, 경제적 안정성을 유지하기 위한 다양한 대처 방안이 필요하다. 정부는 주민들 간의 상호 지원 및 협력이 이루어질 수 있는 정책을 개발하고 지원해야 하며, 이를 통해 지역사회의 통합을 도모할 수 있다. 지역 정부는 실질적인 도움이 될 수 있는 대화 창구를 구축하여, 주민과 정부 간의 원활한 소통이 이루어지도록 해야 한다. 이러한 접근은 주민들 간의 연대와 협력을 증진시키고, 재난 이후의 회복력을 높이는 데 중요한 역할을 할 것이다.

재난은 사회공동체에 깊은 영향을 미치는 요인으로 작용하며, 이러한 영향은 상황과 대응 방식에 따라 다르게 나타날 수 있다. 따라서 재난에 대한 준비와 대응에서 사회공동체의 특성과 필요를 이해하고 반영하는 것이 필수적이다. 이를 통해 우리는 보다 회복력 있는 공동체를 구축하고, 재난의 부정적인 영향을 최소화할 수 있을 것이다.

재난은 사회공동체에도 큰 영향을 미치는 요인은 다음과 같다.

1) 사회적인 유대감의 증대

재난 상황에서 사람들은 서로에게 도움을 주고받아야 하는 상황에 놓이게 된다. 이때, 사람들은 서로를 돕고 존중하는 모습을 통해 재난을 극복할 수 있다. 이러한 상황에서는 개인의 이익이 아닌 사회적 이익을 위해 서로가 힘을 합치게 된다. 이를 통해 사람들은 서로를 더 이해하고, 상호 간의 신뢰가 증대된다. 재난 상황에서는 두려움과 공포로 인해 가까운 사람들과 함께 어려움을 극복하려고 할 때 심리적인 안전감을 찾게 된다. 이러한 이유로 사람들은 서로의 버팀목이 되고 어려운 사람들에게 도움의 손길을 주어 사회적 유대감을 끈끈하게 만들어 나간다. 이러한 유대감은 사람들이 지역사회 구성원들을 더욱 소중하게 생각하게 되어, 지역사회 구성원들 간의 상호 간의 연대감도 더욱 증대된다. 심리적인 관점에서 사회적 유대감이 사람의 심리에 미치는 영향은 매우 크다. 재난 현장은 혼자의 힘으로 살아가기는 불가능한 환경에 놓이게 되고 인간이 타인과의 교류를 지속적으로 하지 못하게 되면 극심한 우울감과 자괴감을 형성하게 된다.

재난 상황에서 이러한 사회적 유대감은 사회적인 문제를 해결하기 위한 기반을 제공한다. 지역사회 구성원들이 서로를 존중하고 지원하는 상황에서, 재난 피해를 입은 피해자들의 필요를 파악하고 빠르게 대응할 수 있다. 이를 통해, 피해자와 정부 그리고 자원봉사자들이 상호 간의 소통을 원활하게 되고 필요한 도움을 받으며 빠른 복구를 이루어낼 수 있다.

이러한 사회적 유대감을 증대할 수 있는 방안으로는 평소에 정부 및 지방정부와 의사소통을 원활하게 할 수 있는 창구를 개설하고, 의사소통을 전담하는 부서를 만들어 적극적인 대처를 해야 한다. 또한 지역사회 구성원들은 서로를 돕는 문화를 형성하기 위해서 자원봉사에 참여하는 사람들에게 감사패 및 보상정책을 만들어 재난 발생 시 지역사회 봉사 활동에 적극적으로 참여하도록 유도해야 한다. 이를 통해 지역사회는 더욱 안정적으로 운영될 수 있고, 재난 상황에서도 빠른 대처가 가능해진다.

2) 사회적인 불평등의 증대

재난 상황에서는 사회적인 불평등이 심화되는 경향이 있다. 재난의 영향 아래에서 일부 지역이나 사회 집단은 다른 집단보다 더 큰 피해를 겪게 되며, 이에 따라 이들의 어려움은 더욱 심각하게 나타난다. 특히, 경제적으로 취약한 지역이나 사회적 약자는 이러한 불평등의 고통을 더 깊게 경험하게 된다.

재난 발생 시 경제적으로 취약한 계층은 기본적으로 필요한 자원과 정보에 접근하는 데 큰 어려움을 겪는다. 예를 들어, 재난 상황에서 응급의료 서비스, 식량, 청정한 물, 통신의 중요성은 더욱 부각된다. 그러나 이러한 필수적인 자원은 종종 지원받기 어려운 위치에 있는 이들에게 도달하지 않는다. 특히, 산간 오지에 거주하는 사람들, 철거 예정 지역에 살고 있는 주민들, 그리고 경제적 어려움에 직면한 노숙자들 같은 사회적 취약 계층은 지원의 사각지대에 놓일 확률이 높아, 그들의 생존에 위협을 받을 수 있다.

이와 같은 문제는 사회적 불평등을 더욱 심화시킬 뿐만 아니라, 이로 인해 발생한 갈등은 사회적 혼란으로 이어질 가능성을 내포하고 있다. 피해를 입은 지역이나 집단 간의 불균형은 불신과 불만을 초래하며, 이는 궁극적으로 사회의 통합성과 안정성을 위협하게 된다.

따라서 이러한 사회적 불평등을 해결하기 위해서는 재난 상황에서도 모든 지역과 집단에 대한 공정한 접근과 지원이 보장되어야 한다. 정부와 관련 기관은 긴급 상황에서 경제적 취약 계층을 우선적으로 지원하기 위한 정책을 수립하고, 자원 배분의 공정성을 확보해야 한다. 이는 재난 발생 시 효과적인 구조와 구호 활동이 이루어질 수 있는 기틀을 마련하게 된다.

또한, 지역사회와 민간단체가 협력하여 지원 네트워크를 구축하고, 필요한 자원을 적시에 전달하는 시스템을 마련하는 것도 중요하다. 이를 통해 사회적 약자들이 재난 상황에서도 필요한 지원을 받을 수 있는 기반을 조성할 수 있을 것이다.

결국, 재난 상황에서의 사회적 불평등 문제는 단순히 개별적인 이슈가 아닌, 전체 사회의 안정성과 조화에 영향을 미치는 중요한 요소이다. 모든 이에게 공정한 지원과 접근성을 보장하는 노력은, 재난을 극복하는 과정에서 필수적으로 요구된다. 이는 지속 가능한 사회를 이루기 위한 초석이 될 것이며, 향후 재난 대응에서도 중요한 교훈으로 작용할 것이다.

3) 지역사회 구성원 간의 협력 강화

재난 상황에서 지역사회 구성원 간의 협력이 강화되면, 지역 내의 피해를 최소화하고 재난 극복에 더욱 효과적일 수 있다. 이를 위해서는 다음과 같은 요소들이 필요가 있다.

첫째, 지역사회 구성원 간의 소통과 정보 공유가 중요하다. 재난 상황에서는 지역사회 구성원들끼리 소통하고 정보를 공유함으로써, 상황파악과 대처에 필요한 정보를 더욱 신속하게 파악할 수 있다. 따라서, 지역사회 구성원들 간의 정보교류를 위한 소통 경로를 마련하고, 이를 유지하는 것이 중요하다.

둘째, 지역사회 구성원들 간의 자원 공유와 협력이 필요가 하다. 재난 상황에서는 특정 자원이 공급 부족으로 인해 일부 지역 또는 집단이 부족할 수 있다. 이때, 지역사회 구성원들이 서로 자원을 공유하고, 필요한 자원을 배분하는 등의 협력이 이루어진다면, 보다 효과적으로 재난을 극복할 수 있다.

셋째, 지역사회 구성원들 간의 상호 지원이 필요하다. 재난 상황에서는 일부 구성원들이 특정 위험에 노출되거나, 상황에 따라 도움이 필요한 경우가 발생할 수 있다. 이때, 지역사회 구성원들이 서로 지원을 제공하고, 상호 도움을 주고받는 등의 상호 지원이 이루어진다면, 상황을 빠르게 극복할 수 있다.

넷째, 지역사회 구성원들 간의 참여와 협력을 유도하는 제도적 지원이 필요하다. 지자체나 중앙 정부에서는 지역사회 구성원들의 참여와 협력을 유도하기 위한 제도적 지원을 제공함으로써, 지역사회 구성원들의 참여와 협력을 촉진할 수 있다. 이를 통해, 지역사회 구성원들 간의 협력을 더욱 강화할 수 있다.

이와 같이, 지역사회 구성원 간의 협력이 강화된다면, 재난 상황에서 더욱 빠르고 효과적인 대처가 가능하며, 지역사회 구성원들의 안전을 강화할 수 있다.

4) 사회경제적인 영향

재난은 사회경제에 중대한 영향을 미치며, 그 결과로 경제적인 충격이 발생하게 된다. 이러한 영향은 여러 방향으로 나타나며, 각 개인, 가족, 지역사회, 그리고 국가 전체에까지 미치는 파장을 가져온다.

첫째, 경제적인 손실이 발생한다. 재난이 발생하면 공장, 상점, 인프라 등의 시설이 파괴되거나 생산 활동이 중단되어 전체적인 생산량이 감소하게 된다. 특히 규모가 큰 재난일수록 피해의 범위와 손실 규모는 더욱 커지게 마련이다. 예를 들어, 허리케인이나 대규모 지진과 같은 재난은 대규모 시설의 파괴와 함께 막대한 재건 비용을 발생시킨다. 이러한 경제적인 손실은 재난 이후의 복구 작업에도 큰 영향을 미친다.

둘째, 일자리와 생계가 위협받을 수 있다. 재난의 결과로 대다수의 기업이 운영을 중단하거나 축소하게 되며, 이는 고용 불안으로 이어진다. 특히, 소규모 자영업자나 일용직 근로자들은 안정적인 생활 기반이 최소화된 상황에서 더욱 큰 타격을 받게 된다. 이들은 재난이 발생한 이후 생계유지에 어려움을 겪으며, 장기적인 경제적 위기에 직면할 수 있다.

셋째, 재난 대응에 소요되는 비용이 증가하게 된다. 재난 상황에서는 비상 대응을 위한 인력, 장비, 자원 배분 등의 비용이 급증하게 되며, 이로 인해 정부나 지방자치단체의 재정 부담이 가중된다. 또한 재난 발생 후에는 피해 복구 및 복원 작업을 위한 추가적인 비용이 발생할 가능성이 높아, 이는 결국 국가 예산에 부정적인 영향을 미칠 수 있다.

넷째, 경제적인 불균형이 심화 될 수 있다. 특정 지역이나 집단이 재난의 피해를 집중적으로 입게 되면, 그 지역의 경제적 위기는 더욱 깊어질 수 있다. 재난이 원인인 불균형은 결국 사회에서의 갈등이나 긴장을 초래하며, 경제적 복구에 드는 시간과 노력이 늘어나는 결과를 가져온다.

다섯째, 재난이 장기화되거나 지속될 경우, 경제적 부담은 점차 증가하게 된다. 재난 상황이 장기적으로 이어지면, 앞에서 언급한 경제적 영향을 포함한 여러 요소가 누적되어 국가 전체와 지역사회의 경제적 부담이 커질 수 있다. 재난의 규모와 지속기간에 따라 달라지겠지만, 이러한 누적 효과는 복구 작업의 복잡성을 증가시키고, 경제 회복의 지연을 초래할 수 있다.

이처럼 재난은 사회경제에 대한 광범위한 영향을 미치며, 개인과 가족, 지역사회, 나아가 국가 차원에서 모두에게 부정적인 결과를 초래할 가능성이 크다. 따라서 재난에 대한 충분한 대비와 효과적인 대처가 필요하며, 이를 위한 사전 준비와 전략적인 계획이 필수적이다. 이를 통해 우리는 재난 발생 시 피해를 최소화하고, 경제적 회복력을 더욱 강화할 수 있는 기반을 마련할 수 있을 것이다.

5) 사회적인 자원의 분배

사회적 자원의 분배는 사회 구성원들이 필요로 하는 자원이나 혜택을 공정하게 나누는 과정을 의미한다. 이러한 분배는 경제, 교육, 보건, 복지 등 다양한 분야에서 이루어지며, 목표는 사회적 격차를 줄이고 모든 구성원이 안정적인 삶을 영위할 수 있도록 하는 것이다.

사회적 자원의 분배는 미리 정해진 규칙과 절차에 따라 신중하게 이루어져야 하며, 이를 위해 정부, 기업 등의 기관이 적절한 정책과 제도를 마련하고 실행하는 것이 필수적이다. 이러한 정책은 사회적 정의를 실현하고 사회적 약자를 보호하며, 모든 시민이 공정하게 참여할 수 있는 기회를 제공하는 데 중점을 두어야 한다. 그러나 실제로는 자원의 분배가 불공평하게 이루어지는 경우가 많다. 이는 권력과 자본의 불균형, 차별 및 불평등, 그리고 부정부패와 같은 여러 요인에 기인하여 발생하고, 이러한 문제는 사회의 안정성과 발전에 부정적인 영향을 미친다. 따라서 이러한 차별과 불공정성을 해결하고 공정한 자원의 분배를 실현하기 위한 노력이 필요하다.

재난 상황에서 자원의 분배가 중요한 이유는 다음과 같다.

첫째, 자원의 부족으로 인한 혼란을 예방할 수 있다. 재난 발생 시 인력, 물품, 식량, 의약품 등 필요한 자원이 부족해지는 상황이 빈번하게 나타난다. 이때, 효율적인 자원 분배를 통해 자원의 부족으로 인한 혼란을 예방하고 시민의 안전을 도모할 수 있다.

둘째, 공정한 자원 분배가 이루어질 수 있다. 자원이 부족한 상황에서는 특정 개인이나 집단이 자원을 독점하거나 부당하게 분배받는 사례가 발생할 수 있다. 이를 방지하기 위해서는 정보에 기반을 둔 공정한 자원 분배 방식이 필요하며, 이는 투명성과 공정성을 보장하는 중요한 과정이다.

셋째, 지역사회의 안전과 안정을 보장할 수 있다. 재난 상황에서는 지역사회의 안전성을 지속적으로 확보하기 위한 자원의 공급이 긴요하다. 이러한 자원이 지속적으로 공급될 수 있도록 효율적인 자원 분배가 이루어져야 지역사회의 안전과 안정이 보장될 수 있다.

넷째, 재난 대응 역량을 강화할 수 있다. 자원의 부족으로 인해 재난 대응 역량이 제한되는 경우가 많다. 이럴 때 효율적으로 자원을 분배하여 주어진 자원을 극대화함으로써 대응 역량을 강화할 수 있다. 이는 피해를 최소화하고 신속하게 상황을 통제하는 데 기여할 수 있다.

자원 분배 방식은 재난의 종류와 규모, 그리고 각 지역사회의 특성에 따라 다양하게 조정될 수 있다. 일반적으로는 각 지역사회의 재난 대응 계획에 따라 자원 분배의 방식이 결정되며, 이 과정에서 투명하고 공정한 자원 분배가 이루어지도록 끊임없이 노력해야 한다. 또한, 배분된 자원이 효율적으로 사용될 수 있도록 지속적인 관리와 모니터링이 필요하다.

재난 상황에서 자원의 분배는 사회의 안전과 회복력을 확보하는 데 중요한 요소이며, 이를 통해 모든 사회 구성원이 안전하고 안정적인 환경에서 살아갈 수 있도록 하기 위한 노력이 지속되어야 한다.

Disaster Psychology

재난 피해자를 위한 행정지원

6 장

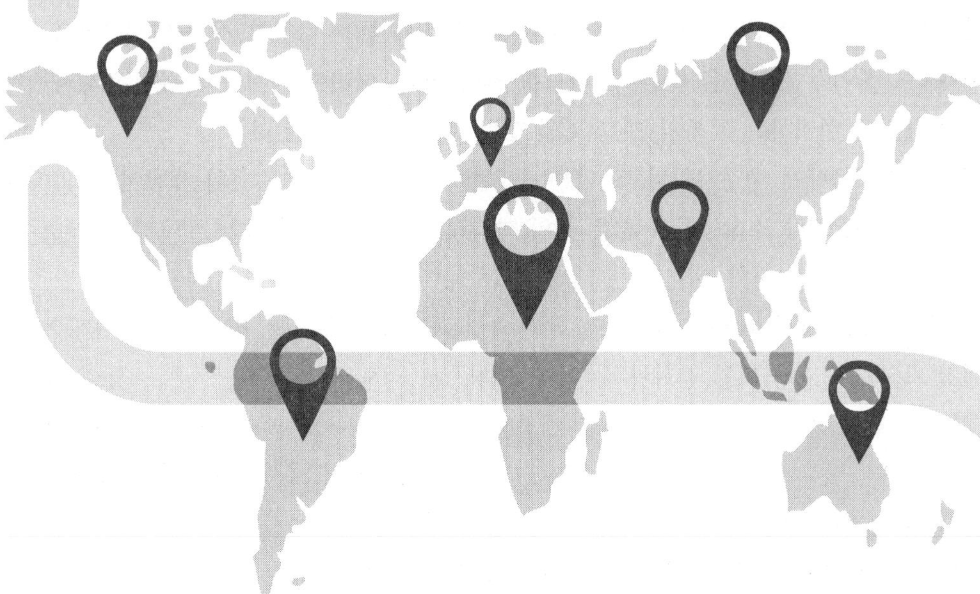

1. 재난 피해자를 위한 행정지원 조치

재해 피해자에게 심리지원을 제공하는 것은 피해자가 재난 피해자에게 행정지원을 제공하는 과정은 여러 핵심 단계로 구성되어 있으며, 이를 통해 피해자들이 빠르게 회복할 수 있도록 돕는 것이 중요하다. 우선, 피해자가 생존을 위해 필요한 기본 필수품에 접근할 수 있도록 보장하는 것이 가장 기초적이면서도 중요한 단계이다. 여기에는 음식, 물, 숙소, 의료 서비스 등의 제공이 포함된다. 이러한 필수품은 재난 발생 직후 신속하게 제공되어야 하며, 피해자들이 최소한의 생존 조건을 유지할 수 있도록 돕는다.

또한, 재난 피해자에게 정서적 지원을 제공하는 것도 매우 중요하다. 상담 서비스나 지원 그룹, 그리고 손실, 불안, 트라우마를 극복할 수 있도록 돕는 다양한 자원을 제공함으로써 피해자들이 심리적인 안정을 찾을 수 있도록 해야 한다. 이러한 정서적 지원은 피해자들이 자신의 감정을 관리하고 회복의 첫 단계를 밟는 데 큰 도움이 된다.

재난 피해자들에게 행정지원의 또 다른 중요한 측면은 재정적 지원의 제공이다. 피해자 중에서 저소득층이나 소상공인과 같은 취약 계층을 파악하고, 이들에게 필요한 보조금, 저리 대출 또는 기타 형태의 재정 지원을 제공하는 것이 필수적이다. 재정 자원을 지원받음으로써 피해자들은 자신의 삶을 재건하고 회복 과정을 시작할 수 있는 발판을 마련하게 된다.

법적 지원의 필요성 또한 간과할 수 없다. 재난으로 피해를 입은 사람들은 보상 요청, 보험 청구, 복잡한 법적 절차 등을 스스로 해결하기 어려운 경우가 많다. 따라서 이들에게 법적 지원을 제공하는 것은 필수적이다. 법적 지원은 피해자들이 자신의 권리를 이해하고, 필요한 법적 구제를 받을 수 있도록 돕는 역할을 한다.

재난 피해자에게 신속하고 정확한 정보에 접근할 수 있도록 하는 것도 매우 중요한 요소다. 재난의 원인, 피해 상황, 책임자, 정부의 대응 조치 등에 대한 정보를 제공하여 피해자들이 올바른 결정을 내릴 수 있도록 지원해야 한다. 유언비어가 횡행하는 혼란스러운 상황에서 정확하고 최신의 정보를 제공함으로써 피해자들이 회복 프로세스를 효과적으로 진행할 수 있도록 돕는 것이 필수적이다.

효과적인 행정지원을 위해서는 중앙 정부, 지방자치단체, 유관 기관, NGO 및 자원봉사 단체와의 긴밀한 협력이 필요하다. 행정기관과의 파트너십을 통해 피해자들에게 적시에 효과적인 지원이 이루어질 수 있도록 보장해야 한다. 더불어 피해자 모두가 자원을 공정하고 효율적으로 분배받을 수 있도록 노력해야 한다.

재난 피해자에게 제공하는 행정지원은 포괄적이고 종합적인 접근 방식을 필요로 하는 복잡한 과정이다. 기본 필수품의 제공, 재정 지원, 법적 지원, 사회 복지, 정신 건강 자원 등의 제공과 신뢰할 수 있는 정보 접근을 통해 피해자들이 적극적으로 회복하고, 다시 자신의 삶을 재건할 수 있도록 돕는 것이 이 과정의 핵심이다. 지역사회 및 관련 조직과의 협력을 통해 이러한 지원을 극대화하고, 재난 피해자들의 삶을 변화시킬 수 있는 기회를 제공해야 한다.

1) 심리 지원 체계 확립

재난으로부터 효과적으로 회복하기 위해서는 종합적인 접근이 필수적인 중요한 작업이다. 심리지원 제공의 핵심 단계 중 하나는 정신건강 전문가, 사회복지사, 상담사 등 다양한 전문가 그룹으로 구성된 견고한 지원 체계를 구축하는 것이다. 이들 전문가는 재난 피해자들의 심리적 건강에 대한 폭넓은 교육을 받아, 감정적 지지, 실용적인 조언, 자원 접근 안내 등 다양한 형태로 피해자를 도와주는 역할을 수행해야 한다.

심리 지원 체계는 대면 정신건강 서비스에 접근할 수 없는 피해자들, 특히 원거리 지역의 피해자들이 지원 서비스를 이용하기 어려운 경우에도 사용할 수 있어야 한다. 따라서 지원 체계는 전화 상담, 온라인 지원 그룹, 원격 치료와 같은 다양한 형식으로 제공되어야 한다. 이러한 다양한 접근 방식은 피해자들이 손쉽게 심리적 지원을 받을 수 있도록 돕는다.

심리 지원 체계는 재난 상황이 변화함에 따라 피해자들의 요구도 함께 변화하게 되므로, 이에 유연하게 대처할 수 있어야 한다. 예를 들어, 급성 스트레스 반응으로 인해 불안이나 우울증을 겪고 있는 피해자들에게는 적시에 필요한 지원을 제공해야 하며, 이러한 반응이 장기화된 경우 장기간에 걸친 심리적 지원도 마련해야 한다. 이는 피해자들에게 안정감을 부여하고 회복 과정을 촉진하는 데 도움을 준다.

종합적으로, 심리 지원 체계를 구축하는 것은 재난 피해자에게 필수적인 심리지원을 제공하는 데 있어서 매우 중요하다. 이를 위해 재해 심리 건강에 대한 광범위한 교육을 받은 다양한 전문가들을 확보하고, 지원 체계의 접근성을 높이며, 피해자들의 변화하는 요구에 유연하게 대응할 수 있도록 조정하는 것이 필요하다. 이러한 노력을 통해 재해 피해자들은 재난으로부터 효과적으로 회복하는 데 필요한 심리적 지원을 받게 될 것이다.

가) 종합적인 심리 지원 시스템 개발

재난과 관련된 심리적 문제를 다루기 위한 첫 번째 단계는 종합적인 심리 지원 시스템을 개발하는 것이다. 이 시스템은 정신건강 전문가, 사회복지사, 상담사와 함께 가족, 친구와 같은 비전문가적 자원을 포함해야 한다. 재난 발생 시 이러한 자원에 접근할 수 있는 계획을 사전에 마련되어 있어야 한다. 또한, 재난으로 영향을 받은 사람들에게 정서적, 심리적 지원을 제공하는 방법을 계획하는 것이 필수적이다.

종합적인 심리 지원 시스템은 재난의 유형에 따라 달리 만들어져야 한다.

자연적 재난으로 피해를 받은 사람의 심리지원 방안을 구체적으로 마련할 필요가 있다. 예를 들어 태풍, 폭설, 산불, 지진 등으로 인해 피해를 받은 피해자들은 재난의 원인으로 집과 인명피해를 받은 사람은 뉴스에서 같은 재난의 말만 들어도 공포심과 상실감 등을 다시 떠오르게 된다. 이러한 피해자들에게 심리지원을 받을 수 있는 방법 등을 구체적으로 적시한 문항을 관련 홈페이지에 게재 및 지역 주민 센터 등에 알릴 수 있도록 해야 한다.

종합적인 심리 지원 시스템을 만들기 위해서는, 재난으로 영향을 받은 사람들의 요구사항을 고려하는 것이 중요하며, 이것은 재난에 피해를 받은 사람들의 신체적, 정서적, 심리적 요구를 평가하고, 이러한 요구를 해결할 계획을 세우는 것을 포함된다. 또한, 피해를 받은 사람들의 문화적, 종교적 배경을 고려하고, 이러한 배경에 맞는 지원계획을 만드는 것이 필요하다.

피해를 받은 지역에서 사용 가능한 자원을 미리 확보하고 교육을 시켜 재난이 발생하면 신속하게 투입할 수 있도록 해야 한다. 가능한 자원 중에는 정신건강 전문가, 사회복지사, 상담사와 같은 자원의 가용성뿐만 아니라 식품, 숙박, 의류와 같은 다른 자원의 가용성을 평가하는 것을 포함해야 한다. 또한, 재난 초기에 심리지원이 가능한 그룹을 선정하고 2차, 3차 투입 인원과 자원들을 확보해야 한다. 또한 감정적, 심리적 지원의 다른 형태의 가용성도 고려되어야 한다.

재난 발생 시 심리지원 시스템에 포함되어야 하는 사항은 주변에 도움을 받을 수 있는 연락처와 자원 목록을 쉽게 파악할 수 있는 게시판을 관련 홈페이지, 지역 자치센터, 아파트 게시판 등에 만들어 피해자들이 쉽게 접근할 수 있도록 한다.

나) 전문가 네트워크 구축하기

재해 심리적 문제를 관리하는 데 심리지원 및 지지 체계를 마련하는 것은 중요한 일이다. 하지만 재해 대응에 특화된 정신건강 전문가, 심리상담사, 사회복지사 등 다양한 전문가들의 포괄적인 네트워크를 구축하는 것이 무엇보다 중요하다.

전문가 네트워크를 구축하는 것의 이점은 다양하다. 예를 들어, 정신건강 전문가와 심리 상담사는 우울증과 불안 증상을 완화 시키는 심리적 개입을 제공할 수 있고, 사회복지사는 주거, 교통, 아이 돌봄과 같은 일상적인 문제에 대한 실질적인 지원을 제공할 수 있다. 또한, 재해 대응에 특화된 재난 심리상담사들은 외상 적사건을 다루고 회복하는 방법에 대한 전문 지식을 제공할 수 있다.

전문가 네트워크가 구축되면 정기적인 만남을 통해 정보를 공유하고 피해자 복구에 대한 지식을 함께 나눌 수 있도록 제도를 만들어야 한다. 이를 통해 피해자들은 양질의 서비스를 받을 수 있으며, 정기적인 상담과 관리가 이루어질 수 있다. 이는 재난 상황이나 개인의 정신건강 상태에 변화가 있을 때 정신건강 전문가, 심리상담사, 사회복지사 등이 피해자의 심리상태를 빠르게 파악하여 적절한 상담이 이루어질 수 있도록 개입할 수 있다.

행정기관에서 전문가 네트워크를 구축하는 것은 재해 심리적 문제를 처리하는 데 필수적인 요소가 될 수 있다. 재해 대응에 특화된 전문가들의 포괄적인 그룹을 구성함으로써, 재난으로부터 피해를 받은 사람들에 맞은 종합적인 서비스를 제공할 수 있기 때문이다.

또한, 재해 피해자들이 직접 필요한 지원을 받을 수 없는 상태에서도 전문가들에게 서비스를 받을 수 있어야 한다. 그러기 위해서는 전화, 온라인 지원, SNS와 같은 다양한 매체를 통해 지원 체계가 이용 가능하도록 시스템을 만들어야 한다.

지원 체계는 재해 피해자들이 겪을 수 있는 초기 충격 및 외상, 재건 단계, 장기간의 정서적 회복과 같은 다양한 회복 단계를 고려하여 적응 가능해야 한다. 재해 피해자들의 변화하는 요구에 적응 가능한 지원 체계를 만들어, 개인들은 재해에서 효과적으로 회복할 수 있는 필요한 지원을 받을 수 있게 해야 한다.

종국적으로, 포괄적인 지원 체계를 구축하는 것은 재해 피해자들의 심리적 안녕과 회복을 촉진하는 데 필수적이다. 이러한 지원 체계는 재해 대응에 특화된 전문가들의 네트워크, 다양한 매체를 통한 접근 가능하고 유연한 지원, 개개인의 특정 요구를 충족시키는 서비스를 포함해야 한다. 재해 피해자들의 변화하는 요구에 적응할 수 있는 지원 체계를 만들어, 개인들은 재해로부터 효과적으로 회복하고 새로운 삶을 시작할 수 있다.

다) 피해자에 대한 자원 제공

재난 후 피해자와 그 가족들에게는 매우 어려운 시기가 될 수 있다. 재난의 많은 심리적 영향에 대처할 수 있는 다양한 자원에 접근할 수 있는 것이 매우 중요하다. 정신건강 서비스, 지원 그룹 및 기타 자원은 모두 피해자들에게 필요한 지원과 도움을 제공하는 데 중요한 역할을 할 수 있다.

정신건강 서비스는 재난으로 인해 발생한 강한 감정을 다루는 데 필수적이다. 상담 및 치료는 피해자들의 경험을 처리하고 트라우마를 극복하는데 도움을 줄 수 있다. 이러한 서비스는 또한 피해자들이 자신의 감정을 관리하고 삶을 재건하기 위해 필요한 도구와 전략을 제공할 수 있다.

지원 그룹은 재난피해자들에게 매우 유익한 자원이다. 비슷한 상황을 겪은 다른 사람들과 연결하고 경험을 공유할 수 있는 안전하고 지원적인 공간을 제공할 수 있다. 이러한 그룹은 고립감을 줄이고 피해자들에게 공동체와 소속감을 제공할 수 있다.

정신건강 서비스와 지원 그룹 외에도, 재난피해자들에게 제공할 수 있는 많은 다른 자원들이 있다. 금융 지원, 주거 지원 및 기타 형태의 지원은 모두 피해자들이 삶을 다시 꾸리고 나아가는 데 매우 유용하다. 피해자들이 이러한 지원을 받을 수 있고 새로운 삶을 시작할 수 있다는 희망을 갖도록 하는 것이 중요하다.

더불어, 재난에 대한 가능한 많은 정보를 정확하고 검증된 정보를 제공해야 한다. 이는 재난의 원인과 영향, 잠재적인 장기적 영향 등의 세부 정보를 포함되어야 한다. 이러한 정보는 피해자들이 상황을 잘 이해할 수 있도록 하고 그들의 삶에 대한 통제감을 제공할 수 있다.

또 다른 중요한 고려 사항은 문화적 민감성과 인식의 중요성이다. 다문화 사회에서 피해자들의 다양한 문화적 배경을 고려하여 지원 자원과 서비스를 그들의 독특한 요구와 신념에 민감하게 대응할 수 있도록 하는 것이 중요하다. 이는 언어 지원을 제공하고 문화적 전통과 관행을 존중하며, 피해자들이 자신과 같은 문화적 배경을 가진 다른 사람들과 연결할 수 있도록 보장하는 것을 의미한다.

재난피해자들을 위한 지원 제공은 복잡하고 다양한 과정이다. 다양한 전문가 및 조직의 협력과 조정뿐만 아니라, 재난에 피해를 받은 사람들에 대한 지속적인 지원이 필요하다. 피해자들을 먼저 생각하고 그들을 위한 지원을 함으로써, 우리는 가장 파괴적인 재난을 극복하고 빠른 시간에 재건을 가능하게 할 수 있다.

2. 피해자의 요구 평가

피해자의 요구를 평가하는 것은 효과적인 지원을 위한 핵심 단계로, 피해자의 신체적, 정신적, 감정적 요구를 종합적으로 파악해야 한다. 유엔 재난구호조정사무소(UN OCHA)는 재난 상황에서의 요구 평가가 구체적이고 철저해야 하며, 피해자의 회복 과정에 영향을 미칠 수 있는 모든 요인을 고려해야 한다고 강조한다. 이는 피해자의 고통을 경감하고 필요한 자원을 효율적으로 배분하기 위한 기본 과정이다(UN OCHA, 2020).

신체적 요구를 평가하기 위해서는 피해자가 부상을 입었거나, 주거지가 파손되어 기본적인 생활을 이어갈 수 없는 상황을 고려해야 한다. 예를 들어, 2010년 아이티 지진 당시, 긴급 구호팀이 피해자들의 신체 상태를 조사하고 필요한 의료 지원과 식량 공급을 우선적으로 제공함으로써 생존율을 크게 높였다(Paul et al., 2011).

정신적 요구는 재난 피해자의 트라우마와 스트레스 수준을 고려해 심리적 지원을 제공하는 데 중점을 둔다. 연구에 따르면, 대규모 재난에서 생존자들이 경험하는 심리적 충격은 장기적인 정신건강 문제로 이어질 가능성이 높다. 2011년 일본 도호쿠 대지진 이후, 일본 정부는 심리 상담 프로그램과 지역사회 회복 프로젝트를 통해 피해자의 정신적 건강을 지원했으며, 이는 PTSD (외상 후 스트레스 장애) 발병률 감소에 기여했다(Matsumoto et al., 2013).

감정적 요구는 피해자가 안정감을 느끼고 자신이 지원 과정에 포함되어 있다고 생각하도록 하는 데 초점이 맞춰져야 한다. 피해자가 자신의 상황을 자유롭게 표현하고 요구를 말할 수 있는 환경을 조성하는 것이 필수적이다. 연구에 따르면, 피해자가 재난 지원 과정에 적극적으로 참여할 경우 심리적 회복 속도가 빨라지고, 지원 만족도가 증가한다(Hobfoll et al., 2007).

따라서 피해자의 요구 평가는 단순히 구호 물품을 제공하는 것을 넘어, 종합적이고 개인화된 접근을 통해 피해자의 전반적인 회복 가능성을 높이는 데 중점을 두어야 한다. 이 단계는 신체적 생존뿐 아니라, 정신적 안정과 감정적 지지를 포함하는 포괄적 지원 체계의 기반을 마련하는 데 필수적이다.

1) 피해자 식별하기

재해 상황에서 효과적인 지원을 제공하기 위해서는 피해자를 신속하고 정확하게 식별하는 것이 첫 번째 단계이다. 피해자 식별은 피해자의 생존 가능성을 높이고 필요한 자원을 적시에 배분하기 위해 필수적인 과정으로, 관계기관과 현장 조사팀이 협력하여 진행한다.

피해자 식별은 보통 현장 방문, 데이터 수집, 그리고 인터뷰와 같은 다양한 방법을 통해 이루어진다. 예를 들어, 2010년 아이티 지진 당시, 국제 구호 단체들은 피해 지역을 직접 방문하여 부상자와 주거지를 잃은 주민들을 식별했다. 이 과정에서 드론 기술과 위성 이미지를 활용하여 고립된 지역과 심각한 피해를 입은 지역을 신속히 파악할 수 있었다(Paul & Che, 2011).

또한, 피해자를 효과적으로 식별하기 위해서는 지역 사회와의 협력이 중요하다. 지역 주민들은 재난 발생 직후 가장 먼저 대응할 수 있는 위치에 있으며, 피해자의 위치와 상태를 파악하는 데 중요한 정보를 제공할 수 있다. 2004년 인도양 쓰나미 사례에서도 지역사회 네트워크를 통해 피해자의 규모와 긴급 요구사항이 신속히 전달되었고, 초기 대응 시간을 단축하는 데 기여했다(Oxfam, 2005).

특히, 취약 계층의 피해자(어린이, 노인, 장애인 등)는 식별 과정에서 우선적으로 고려해야 한다. 이들은 재난 상황에서 구조와 지원의 우선순위에서 종종 소외될 위험이 높기 때문이다. 세계보건기구(WHO)는 피해자 식별 과정에서 취약 계층을 우선적으로 조사하고, 이들을 위한 맞춤형 지원 계획을 수립해야 한다고 권고하고 있다(WHO, 2018).

피해자 식별은 단순히 생존자를 확인하는 것에 그치지 않고, 그들의 구체적인 요구와 상태를 기록하여 향후 지원 단계의 기초를 마련하는 데 핵심적인 역할을 한다. 이러한 정확한 식별은 재난 피해자를 위한 효율적이고 공평한 자원 분배의 출발점이 된다.

2) 정신 및 신체 건강 평가

재해 피해자 지원에서 정신 및 신체 건강 평가는 피해자의 전반적인 상태를 이해하고, 개인별로 적합한 지원을 제공하기 위한 중요한 과정이다. 이 단계는 피해자의 회복 가능성을 높이고, 장기적인 건강 문제를 예방하는 데 중점을 둔다.

피해자의 신체 건강 상태를 평가하는 것은 재난 초기 대응의 핵심이다. 예를 들어, 2004년 인도양 쓰나미 당시, 많은 생존자들이 심각한 부상과 감염병 위험에 노출되었다. 이에 국제 구호팀과 현지 의료진은 부상자를 위한 즉각적인 치료를 제공했으며, 특히 긴급 외과 수술, 깨끗한 물 공급, 위생 시설 마련을 통해 2차 감염과 질병 확산을 방지했다. 이러한 신속한 신체 건강관리는 사망률을 낮추고 생존자들이 재난 후 건강을 회복하는 데 중요한 역할을 했다.

재난 피해자들은 종종 심리적 충격(트라우마), 불안, 우울증 등 심리적 문제를 경험하기 때문에, 정신건강 상태를 평가하고 지원하는 것은 매우 중요하다. 2011년 일본 도호쿠 대지진 사례에서는 피해자들이 PTSD(외상 후 스트레스 장애)를 겪을 가능성이 높다는 점을 고려해, 일본 정부와 지역사회가 협력하여 심리 상담 프로그램을 제공했다. 특히, 지역 커뮤니티 센터와 학교를 중심으로 피해자들이 쉽게 접근할 수 있는 상담 서비스를 제공했으며, 이는 피해자들이 심리적 안정감을 찾는 데 큰 기여를 했다.

더불어 신체적 및 정신적 건강 외에도, 피해자의 사회적 및 정서적 복지를 평가하는 것이 중요하다. 이는 피해자의 대처 기전, 다른 생존자 및 지원 단체와의 연결 능력, 그리고 삶의 전반적인 질 등을 평가하는 것을 포함된다.

정신 및 신체 건강 평가는 분리된 과정이 아니라 상호 연결된 방식으로 진행되어야 한다. 예를 들어, 신체적 부상을 입은 피해자는 동시에 정신적 고통을 경험할 가능성이 높기 때문에 의료진과 정신건강 전문가가 협력해 피해자의 상태를 다각적으로 평가해야 한다. 특히, 어린이, 노인, 장애인 등 취약 계층은 신체적, 정신적 건강 모두에서 세심한 관리가 필요하다.

세계보건기구(WHO)는 정신 및 신체 건강 평가가 피해자의 단기적 생존뿐만 아니라 장기적인 회복에도 중요한 영향을 미친다고 강조한다. 이 과정에서 수집된 정보는 개인별로 맞춤화된 치료와 지원을 설계하는 데 활용되며, 피해자가 재난 이후 건강한 삶으로 복귀할 수 있도록 돕는다고 했다.

또한, 개인의 정신적 및 신체적 건강에 기여하는 잠재적 위험요인을 고려해야 한다. 예를 들어, 약물 남용이나 재정적 어려움은 재난의 심리적 및 신체적 영향을 악화시킬 수 있다. 이러한 요인을 파악하고 대처함으로써, 개인의 전반적인 복지에 미치는 부정적인 영향을 완화 시킬 수 있기 때문이다.

전반적으로, 피해자의 신체적, 정신적, 사회적, 정서적 건강에 대한 포괄적인 평가는 재난 후 효과적이고 적절한 치료와 지원을 제공하는 데 필수적이다.

마지막으로, 개인의 전반적인 기능 수준을 평가해야 한다. 이는 자가 관리, 직장 및 여가 활동과 같은 일상 활동을 수행하는 능력을 평가하는 것을 포함된다. 또한, 개인의 다른 사람들과 상호작용하는 능력 및 감정을 관리하는 능력을 평가해야 한다. 개인의 전반적인 기능 수준을 평가함으로써, 재난으로 인한 심리적 및 신체적 피해의 정도를 판단할 수 있다.

3) 사회 및 경제적 요구 평가

재난의 심리적 영향은 개인 피해자뿐만 아니라 전체 커뮤니티에 치명적일 수 있다. 사회 및 경제적 영향도 마찬가지로 심각할 수 있으며, 사회의 모든 분야에 걸쳐 파급 효과가 발생할 수 있다. 재난피해자들의 심리적 요구를 효과적으로 처리하기 위해서는 피해자들의 사회 및 경제적 요구를 이해하고 상호 관련성을 파악하는 것이 중요하다.

재난 피해자들의 사회 및 경제적 요구를 평가하는 첫 번째 단계는 가장 취약한 계층을 식별하는 것이다. 이는 재난으로 가장 피해가 심각한 사람들을 위해서 선별적 지원을 하기 위해서이다, 예를 들어 노인, 아이들, 장애인, 경제적으로 취약한 계층들이 대상이 될 수 있다.

가장 취약한 인구가 선별되면 가장 효과적인 지원을 제공하기 위해 그들의 요구사항을 이해하는 것이 중요하다. 예를 들어, 노인은 해결해야 할 특정 의료 요구사항이 있을 수 있으며, 경제적으로 취약한 계층은 생계를 위한 제정지원을 해주어야 하며, 아이들은 재난의 트라우마에 대처하기 위해 전문적인 상담이 필요할 수 있다. 또한, 재난에 피해를 받은 각 커뮤니티의 독특한 요구사항을 고려해야 한다. 예를 들어, 지방은 수도권과 다른 요구사항을 가질 수 있으며, 이러한 요구사항은 지원을 제공할 때 고려되어야 한다.

다음 단계는 재난이 지역 경제에 미치는 영향을 평가하는 것이다. 이는 비즈니스, 고용 및 자원 가용성에 대한 영향을 평가하는 것을 포함한다. 예를 들어 지역 인프라인 도로, 다리 및 대중교통에 미치는 영향을 평가하고, 이를 통해 재난이 지역 경제에 미치는 영향을 단기 및 장기적인 것으로 나눠 대응해야 한다. 단기적으로는 지역 사업이 마비되고 사람들이 일자리를 잃고, 교통이 일시적으로 마비되는 피해를 받을 수 있으며, 장기적으로는 재난이 지역 경제에 지속적인 영향을 미칠 수 있다, 이는 장기 실업, 부동산 가치의 감소 또는 관광 산업의 감소로 이어질 수 있다.

사회적, 경제적 요구를 평가하고, 재난 피해자들의 사회 및 경제적 요구를 이해함으로써 가장 효과적인 지원을 제공할 수 있다. 이는 재난의 심리적 영향을 줄이고, 피해를 받은 사람들이 재건하고 회복할 수 있도록 도울 수 있다.

3. 심리적 지원

재난피해자에게 심리적 지원을 제공하는 것은 재난 대응의 핵심적인 부분이다. 심리적 지원은 재난에 직접적으로 영향을 받은 사람뿐만 아니라 목격자, 구조대원, 자원봉사자, 가족 구성원과 같은 간접적으로 영향을 받은 사람들에게도 필요하다.

심리적 지원은 인지적, 정서적 지원을 제공하고, 재난 피해와 그 후유증에 대한 정보를 제공하며, 정신건강 서비스를 추천하고, 재난으로 인한 스트레스 대처를 지원하는 등 다양한 형태로 이루어질 수 있다. 심리적 지원은 일회성 행사가 아닌, 지속적인 과정임을 인식해야 한다.

심리적 지원을 제공하는 것 이외에도, 재난피해자의 육체적인 안전을 확보해야 한다. 이는 식량, 숙소, 의료, 의류 및 기타 기본 필수품을 제공하므로 피해자들이 재난 현장의 위험에서 벗어나게 할 수 있다. 더불어 상담 및 약물치료와 같은 정신건강 상담도 병행 지원하여 보다 빠르게 일상으로 복귀할 수 있도록 해야 한다.

또한, 피해자들에게 새로운 직업을 찾기 위한 훈련 및 금융 지원과 같은 사회 서비스를 제공하고, 시민단체, 종교 단체 등과 협력하여 지역사회의 일원으로 복귀할 수 있는 환경을 만들어 주어야 한다.

심리적 지원 및 기타 형태의 지원을 제공함으로써, 재난피해자가 재난의 심리적 및 신체적 상태를 회복하고, 정상적인 생활로 돌아갈 수 있도록 해야 한다.

다음은 심리적 지원 방법이다.

1) 상담 및 치료

상담과 치료는 재해로 영향을 받은 사람들에게 심리지원을 제공하는 중요한 구성 요소이다. 재난 시, 사람들은 두려움, 불안, 슬픔 등 다양한 감정을 경험할 수 있다. 이러한 감정은 압도적일 수 있으며, 절망감으로 이어질 수 있다. 상담은 개인이 감정을 처리하고 트라우마를 극복하며 스트레스를 관리하기 위한 대처 전략을 개발하는 데 도움을 줄 수 있다. 또한, 치료는 개인이 새로운 현실에 적응하고 삶을 이어나가는 데 필요한 상담과 교육을 제공할 수 있다. 회복은 여정이며, 또한 치유하는 데 시간이 걸린다. 그러므로 상담과 치료 서비스를 제공하는 것은 재해 후 회복과 재건을 위한 필수적인 단계이다.

재난으로 인한 심리적인 피해는 다양한 형태로 나타날 수 있다. 일부 사람들은 재난으로 인한 외상 경험으로 인해 PTSD(외상 후 스트레스 장애)와 같은 장애를 겪을 수 있고, 다른 사람들은 재난으로 인한 스트레스에 의해 우울증과 같은 정신질환을 겪을 수 있다. 이러한 심리적인 문제들은 전문가의 상담과 치료를 받지 않으면, 장기적으로 심각한 문제를 야기할 수 있다.

정부는 또한 재난으로 인한 심리적인 피해를 겪은 사람들을 위한 개인 상담 및 그룹 상담 프로그램을 운영해야 한다. 이러한 프로그램은 피해를 직접 경험한 당사자와 가족 그리고 주변 사람들을 대상으로 심리적 안정 방안을 중점으로 지원할 수 있는 내용으로 구성되어야 한다. 이를 위해서 재난 심리 전문가와 사회복지사 및 정부 당국자들이 함께 참여하는 전문가 그룹을 만들어 재난유형별로 프로그램을 개발해야 한다.

정부는 재난으로 인한 심리적인 피해를 예방하고, 처리하는 데 많은 노력을 기울여야 하고, 상담 및 치료 서비스를 제공함으로써, 피해자들이 심리적으로 회복하고 재건에 더 빠르게 참여할 수 있도록 최선을 다해야 한다.

2) 피해자 모임

피해자 모임은 재해에 영향을 받은 사람들에게 귀중한 자원이 될 수 있다. 피해자 모임은 개인이 다른 사람들과 연결되고 자신의 경험을 공유하며 비슷한 고통을 겪는 사람들로부터 감정적 지원을 받을 수 있는 환경을 제공하므로, 참가자들은 자신들의 고통을 공유하는 그룹의 일원이 되면서 얻을 수 있는 공동체와 소속감에서 혜택을 누릴 수 있다. 피해자 모임은 재해의 어려움을 극복하는 방법에 대한 조언과 정보도 제공할 수 있으며, 회원들은 서로를 배우고 새로운 대처 전략을 개발함으로써 개인적 성장을 이룰 수 있는 공간을 제공할 수 있다. 전반적으로, 피해자 모임에 가입하는 것은 재난 피해의 어려움을 극복하고 다른 사람들과 함께 희망과 치유를 찾는 강력한 방법이 될 수 있다.

피해자 모임에 대한 집단 상담은 트라우마와 감정적 고통을 극복하는데 중요한 역할을 할 수 있다. 이러한 집단 상담은 개인이 감정을 처리하고 회복력을 갖추며 효과적인 대처 메커니즘을 개발하는 데 필요한 도구와 자원을 제공할 수 있다. 상담과 치료를 통해 개인은 건강한 방식으로 자신의 감정과 생각을 관리하고, 긍정적인 마인드셋을 개발하여 재해에서 나아갈 수 있는 방법을 배울 수 있다.

또한, 피해자 모임을 통한 위기 대응은 재난피해자들에게 제공되는 다른 심리지원의 중요한 구성 요소이다. 위기 대응 서비스는 개인이 트라우마가 발생한 상황에서 즉각적인 감정적 및 심리적 요구를 관리하는 데 도움을 줄 수 있다. 이는 개인이 위기 상황에서 지원과 지도를 받으며 스트레스를 관리하고 삶을 이어나가는 데 필요한 대처 전략을 개발할 수 있는 방법을 제공할 수 있다. 위기 대응은 또한 개인이 회복을 위한 다른 자원과 지원 서비스와 연결되는 데 도움을 줄 수도 있다.

피해자 모임에 대한 심리지원 제공은 재난피해자가 회복하고 재건하는 데 중요하다. 심리적 지원이 필요하다는 것을 인식하고 위기 대응, 상담과 치료 등을 피해자 모임에 제공함으로써, 피해자 개인이 자신만이 피해자라는 피해의식에서 벗어나 재난의 심리적 및 물리적 영향을 극복하고 재난 후 희망과 치유를 찾을 수 있다.

4. 지역사회 프로그램 개발

재난과 관련된 심리적 문제에 대처하기 위한 지역사회 프로그램과 서비스 개발은 재난 대응의 포괄적인 접근 방식의 중요한 부분이다. 지역사회 프로그램은 재난 피해자와 그 가족, 지역 주민들에게 매우 필요한 지원과 자원을 제공할 수 있다.

지역사회 프로그램을 개발하는 것은 영향을 받은 지역의 독특한 요구사항과 자원을 신중하게 고려하는 복잡한 과정이며, 이 과정에서 중요한 첫 번째 단계는 철저한 요구분석을 수행하는 것이다. 이는 피해자, 가족 구성원 및 지역사회의 이해 관계자들과 인터뷰를 진행하고, 지역의 인구통계, 건강 결과 및 기타 중요한 지표에 대한 관련 데이터 및 보고서를 검토하는 등의 다양한 방법을 포함하여야 한다.

지역사회의 요구사항이 파악되면 해당 요구사항을 해결하는 포괄적인 프로그램 개발해야 한다. 이는 지역 내 조직 및 서비스 제공자를 식별하고 파트너십을 맺어 피해자가 특정 요구에 맞는 다양한 서비스에 접근할 수 있도록 보장하는 것을 포함할 수 있다

피해자들의 즉각적인 요구사항 외에도, 프로그램의 장기적인 지속 가능성을 고려하는 것도 중요하다. 이는 지속적인 자금과 자원을 확보하기 위한 전략 개발과 지자체, 시민단체들과의 강력한 파트너십 및 협력 구축을 포함해야 한다.

더불어 지역사회의 요구사항을 면밀히 조사하여 이에 맞는 프로그램개발 계획을 수립하는 것이 다음 단계이다. 이 계획에는 지역사회의 구성원들이 재난으로부터 빠른 회복력을 가질 수 있도록 재정적 지원 및 심리적 지원을 포괄하는 프로그램을 개발하고 임시적 지원 부서를 만들어 적극적으로 지원할 수 있도록 해야 한다.

임시적 지원부서의 직원들은 사전에 재난 및 심리를 교육받은 직원으로 선발하고 현장에 바로 투입될 수 있도록 사전에 전 직원을 대상으로 교육을 실시해야 한다. 또한 적십자 등 재난에 관련된 단체와 협약을 통해 재난이 발생하면 정부와 유관기관 단체들이 함께 현장에 출동할 수 있는 시스템을 갖추고 있어야 한다. 더불어 자원봉사자 모집은 분야별로 모집하고 재난 피해 주민들의 맞춤형 서비스가 이루어질 수 있도록 해야 한다.

프로그램에 대한 서비스를 제공하는 것 외에도 프로그램이 모든 지역사회 구성원들에게 쉽게 접근 가능하도록 보장하는 것이 중요하다. 이는 프로그램이 다국어로 제공되도록 하고 장애가 있는 사람들이 접근할 수 있는 편의 시설을 확보해야 한다.

프로그램의 효과를 시간이 지남에 따라 평가하고 모니터링하고 부족한 부분은 채우고, 좋은 부분은 더욱 발전시켜 프로그램의 목표와 목적을 달성되도록 해야 한다.

5. 재난 피해자를 위한 행정지원 조치 요약

재난이 발생한 후 피해자들은 심리적, 정서적 그리고 신체적 어려움을 겪는다. 이에 따라 행정당국은 단순히 물리적 지원을 제공하는 것을 넘어, 피해자의 심리적 회복을 위한 체계적인 접근이 필요하다는 점을 인식하고 있다. "재난 심리 문제"는 자연재해, 인적재난, 사회적 재난 이후 발생하는 복잡한 심리적 문제를 탐구하는 중요한 자료이며, 피해자들이 외상 경험을 효과적으로 다룰 수 있도록 감정적・심리적 지원을 제공하는 것이 필수적이다.

재난 피해자 지원의 기본적인 요소는 쉼터, 식량, 의료 지원과 같은 생존을 위한 필수 자원의 제공이다. 그러나 이에 더해, 재난 경험으로 인해 발생하는 심리적 충격을 완화하기 위해서는 훈련된 심리학자, 정신의학 전문가, 사회복지사 등으로 구성된 전문 네트워크를 구축하여 피해자들에게 체계적인 심리・사회적 상담과 지원을 제공하는 것이 동등하게 중요하다. 단기적인 개입뿐만 아니라, 재난이 종료된 이후에도 그 심리적 영향이 오랜 기간 지속될 수 있기 때문에 장기적인 심리적 지원 시스템을 마련해야 한다.

재난 피해자의 심리적 회복을 위한 접근 방식은 다음과 같은 원칙을 기반으로 해야 한다.

첫째, 자연재난, 인적재난, 사회적 재난의 심리적 영향을 종합적으로 고려하는 다층적인 개입이 필요하다.

둘째, 피해자들의 신체적 필요뿐만 아니라 정서적 안정과 심리적 회복을 위한 맞춤형 지원이 제공되어야 한다.

셋째, 행정가, 심리학자, 사회복지사, 재난 전문가 등 다학제적 협력을 통해 피해자들이 실질적으로 재난을 극복할 수 있도록 돕는 것이 중요하다.

재난 피해자 지원에서 국가의 역할은 결정적이다. 피해자들을 보호하고 사회로 원활히 복귀할 수 있도록 하기 위해 국가는 자금 지원, 물품 지원, 주거 지원, 심리 상담 등의 행정적 지원을 총괄해야 한다. 과거에는 행정 지원이 물리적 보급에 집중되었으나, 현재는 피해자의 심리적 회복 역시 중요한 지원 요소로 인식되고 있다. 이에 따라 여러 국가기관이 심리적 지원 체계를 마련하고 있지만, 여전히 완벽하다고 볼 수는 없다. 더욱 효과적인 재난 피해자 지원을 위해서는 보다 많은 전문가들의 적극적인 참여와 피해 당사자들의 의견을 반영하는 개방적인 접근 방식이 요구된다. 정부는 이러한 지원이 실효성을 가질 수 있도록 지속적으로 연구하고 정책을 보완하는 열린 자세를 유지해야 한다.

Disaster Psychology

7 장 재난에 대한 심리 문제

1. 재난 심리 문제 정의

재난은 피해자뿐만 아니라 생존자에게도 다양한 심리적 영향을 미치며, 재난 상황에서는 많은 사람들이 불안과 두려움을 경험하게 된다. 이러한 감정은 여러 가지 원인으로 발생할 수 있으며, 특히 재난이 예기치 않게 발생하여 준비할 시간이 부족한 경우에 더 두드러진다. 이로 인해 생기는 불안과 두려움은 전반적인 심리 건강에 부정적인 영향을 미친다.

재난 심리적 문제란 외부적으로 충격적인 사건을 경험하거나 목격함으로써 발생하는 정신건강 문제를 의미한다. 이러한 문제는 재난 발생 이후 수년간 지속될 수 있으며, 개인의 삶의 질에 중대한 영향을 미칠 수 있다. 문제를 제대로 이해하고 적절히 대처하는 것은 피해자들이 회복하고 삶을 재건하는 데 필수적인 과정이다.

가장 흔한 재난 심리적 문제에는 외상 후 스트레스 장애(PTSD), 우울증, 불안증, 약물 남용 등이 있다. 이러한 심리적 문제는 재난을 경험하거나 목격한 모든 사람에게 영향을 미칠 수 있지만, 특정 개인은 다른 사람들보다 더 큰 위험에 처할 수 있다. 재난 심리 문제를 유발하는 위험 요인으로는 이전의 외상 경험, 기존 정신건강 상태, 사회적 지원의 부족과 같은 개인적 요인과 재난의 심각성, 지속 시간, 자원에 대한 접근성 같은 환경적 요인이 포함된다.

재난 심리 문제를 완화하기 위해서는 예방 및 개입 노력이 필수적이다. 이를 위해 비상계획 수립 및 훈련과 같은 대비 조치를 통해 개인과 지역사회가 재난에 효과적으로 대응할 수 있도록 도와줄 수 있다. 심리적 응급처치는 재난으로 인해 심리적 어려움을 겪고 있는 사람들에게 즉각적인 지원과 위로를 제공함으로써, 이러한 문제를 예방하거나 완화하는 데 효과적일 수 있다. 그러나 심리적 어려움이 심각한 경우, 전문적인 치료 방법인 치료 및 약물이 필요할 수도 있다.

재난이 초래하는 심리적 문제를 이해하고 적절히 대처하는 것은 재난으로 영향을 받은 개인과 지역사회의 복지를 증진시키는 데 매우 중요한 요소이다. 외상적 사건은 종종 개인의 정신건강에 심각한 영향을 미치며, 이를 적절히 다루지 않을 경우 장기적인 문제로 이어질 수 있다. PTSD (외상 후 스트레스 장애), 우울증, 불안, 약물 남용과 같은 심리적 문제는 재난 피해자들 사이에서 흔히 발생하며, 이는 개인의 일상생활을 어렵게 하고 지역사회 전체의 회복력을 저하시킬 수 있다.

외상적 사건이 정신건강에 미치는 영향을 이해하는 것은 피해자들이 겪는 고통을 완화하고 적절한 지원을 제공하기 위한 핵심이다. 피해자가 겪는 심리적 문제를 조기에 확인하고, 이러한 문제를 겪을 위험이 높은 개인(예 : 어린이, 노인, 저소득층 등)을 선별하는 것은 효과적인 개입의 출발점이다.

예를 들어, 2011년 일본 도호쿠 대지진 사례에서는 피해자 중 PTSD와 우울증 발생률이 급증하자, 지역 커뮤니티 기반의 심리 상담과 정신건강 지원을 신속히 제공함으로써 피해자들이 안정감을 되찾도록 도왔다. 이러한 조기 개입은 피해자의 장기적인 심리 회복에 중요한 기여를 했다. 이와 같이, 재난 이후 피해자들의 정신건강 문제를 조기에 식별하고 적절히 개입하는 것은 재난 복구 과정의 필수적인 요소임이 증명되었다.

재난 심리 문제를 예방하고 완화하기 위해서는 적절한 예방 프로그램과 심리적 처치가 필요하다. 예방 노력에는 피해자들에게 안정감을 제공하고, 이들이 외상적 경험을 소화할 수 있도록 돕는 심리적 응급처치(Psychological First Aid, PFA)가 포함된다. 그러나 PFA는 단순한 초기 심리적 지원을 넘어서, 생존자의 연령, 성별, 문화적 배경, 재난 경험 등을 고려한 맞춤형 개입이 필요하다(Hobfoll et al., 2021). 기존 연구에서는 PFA가 주로 초기 안정화에 집중되었으나, 최근 연구에서는 개별화된 개입(personalized intervention)의 중요성이 더욱 강조되고 있다.

예를 들어, 어린이 생존자는 감각 기반 치료(미술 치료, 놀이 치료)가 효과적이지만, 성인은 인지 행동 치료(CBT)와 심리 교육이 더 효과적일 수 있다. 이러한 접근은 단순한 심리적 안정 제공을 넘어, 개인의 심리적 특성과 재난 경험을 반영한 차별화된 개입이 필요함을 의미한다. 그러나 현재까지의 연구에서는 PFA가 재난 피해자의 PTSD 예방에 미치는 효과가 장기적으로 지속되는지에 대한 충분한 증거가 부족하다는 점도 고려해야 한다. 즉, 단기적인 심리적 안정감 제공이 PTSD 예방과 직결된다고 단정하기 어렵다(Bryant et al., 2022). 따라서 PFA는 초기 개입만으로 충분하지 않으며, 장기적인 심리 치료 및 지속적인 지원 시스템과 연계될 때 효과가 극대화된다.

최근 연구에서는 PFA가 효과적이기 위해 사회적 지원(social support), 의미 찾기(meaning-making), 외상 후 성장(Post-Traumatic Growth, PTG) 등의 개념과 함께 적용될 필요가 있다고 보고하고 있다(Harvey et al., 2020). 예를 들어, 뉴질랜드 지진 생존자 연구에서는 PFA를 받은 생존자들이 가족 및 지역사회와 긴밀한 연결을 유지할 때 외상 후 성장(PTG)이 촉진되었다는 결과가 나타났다. 이는 심리적 응급처치가 단순히 개인의 정서적 안정을 넘어서, 사회적 연결망 회복과 재난 경험의 의미화를 돕는 방식으로 확장될 필요가 있음을 시사한다.

PFA는 피해자들에게 재난의 영향을 받아 발생한 급성 스트레스를 완화하고 심리적 안정감을 되찾도록 돕는 역할을 한다. 그러나 이를 단기적인 개입으로만 바라볼 것이 아니라, 장기적인 심리 지원 체계와 결합하여 PTSD, 우울증, 불안 장애 등의 심리적 문제를 예방하는 방향으로 발전해야 한다. 이를 위해 PFA 제공자는 심리 상담 및 치료 프로그램과 협력하여, 초기 개입 후에도 지속적인 모니터링과 추가적인 심리적 개입을 고려해야 한다.

현재까지의 PFA 연구는 주로 서구 중심적인 모델을 기반으로 하고 있으며, 문화적 차이를 반영하는 개입이 부족하다는 비판도 있다. 특히, 한국과 같은 집단주의적 사회에서는 개인 치료보다 가족 및 공동체 기반 개입이 더욱 효과적일 가능성이 크다. 따라서 한국적 맥락에서 PFA를 적용할 때는 개인 상담뿐만 아니라 가족 상담, 지역사회 연계 프로그램, 집단 상담 등을 병행하는 방식이 필요하다.

이러한 초기 개입은 피해자들에게 단순히 감정적 지지를 제공하는 것을 넘어, 재난 피해자들이 의미 있는 방식으로 자신의 경험을 통합하고, 장기적인 심리적 회복 과정을 경험할 수 있도록 하는 포괄적인 개입 모델로 발전할 필요가 있다. 이를 위해 앞으로의 연구에서는 맞춤형 PFA 개입이 PTSD 예방 및 심리적 회복에 미치는 영향을 장기적으로 분석하고, 사회적 지원과 의미 찾기가 어떤 방식으로 개입될 때 효과적인지에 대한 실증적 연구가 필요할 것이다.

연구에 따르면, 재난 이후 초기 3개월 내에 정신건강 지원이 이루어진 피해자들은 그렇지 않은 피해자들보다 PTSD 발병률이 현저히 낮아지는 경향을 보였다. 이는 초기 지원과 예방적 개입이 재난 심리 문제를 완화하는 데 효과적임을 보여준다(Hobfoll et al., 2007). 이와 더불어, 전문적인 치료와 약물 처방은 일부 개인에게 완전한 회복을 위해 필수적일 수 있다. 특히, 심리적 어려움을 겪고 있는 사람들이 이러한 지원에 쉽게 접근할 수 있도록 정보를 제공하고, 지역사회와의 연계를 통해 이러한 자원을 적극 활용할 수 있는 환경을 조성하는 것이 중요하다.

재난 심리 문제에 대한 이해와 적절한 대응은 피해자들이 역경을 극복하고, 지역사회가 회복력을 유지하며 복구할 수 있는 기반을 마련한다. 심리적 응급처치, 예방 프로그램, 전문적인 치료 및 상담의 통합적 접근은 재난이 남긴 심리적 영향을 완화하고 개인과 지역사회의 장기적인 안정을 도모하는 데 필수적이다.

재난 심리 문제는 사람들의 삶의 질에 큰 영향을 미치며, 이러한 문제를 이해하고 효과적으로 대처하는 것이 필수적이다. 적절한 지원과 자원을 제공함으로써 개인과 공동체가 역경에 직면할 때 회복탄성을 갖출 수 있도록 해야 한다. 예방적 조치, 심리적 처치, 전문적인 치료 옵션은 모두 재난 심리 문제의 영향을 완화하고 회복을 촉진하는 데 중요한 도구가 된다.

또한 재난은 사람들의 일상생활에 중대한 지장을 초래하고 생활패턴을 변화시킬 수 있다. 이로 인해 발생하는 불편함과 스트레스는 매우 클 수 있으며, 가족 구성원의 상황에 대한 불안, 부상자나 사망자의 발생 등은 추가적인 심리적 부담을 유발하게 된다.

재난은 경제적 문제를 유발할 수 있으며, 이는 개인과 사회에 큰 영향을 미친다. 재난으로 인해 일자리를 잃거나 생계비가 증가하는 등 경제적 어려움은 피해자들에게 심리적 부담을 가중시킬 수 있다. 이러한 경제적 불안은 장기적으로 정신건강에도 영향을 미칠 수 있다.

또한, 재난은 사람들이 자신이 살고 있는 환경이나 사회의 안전성을 의심하게 만든다. 이러한 경험은 보다 안전하고 안정적인 사회를 만들어야 한다는 필요성을 더욱 부각시킨다. 재난이 발생하면 사람들은 자신의 안전과 주변 환경에 대한 신뢰를 잃을 수 있으며, 이는 사회적 불안과 불신으로 이어질 가능성이 있다. 이를 해결하기 위해서는 사회적 안전망을 강화하고, 재난에 대비한 철저한 정책과 교육이 필수적이다.

재난 후 심리적 문제를 해결하기 위해서는 지역사회 차원의 협력이 매우 중요하다. 지역사회 내에서 이웃 간의 연대와 소통은 심리적 회복에 큰 역할을 할 수 있다. 지역사회의 협력은 서로의 안부를 확인하고, 필요한 자원을 공유하며, 피해자들에게 심리적 안정과 극복할 수 있다는 믿음을 심어준다.

이와 함께, 의료 및 정신건강 전문가의 역할도 중요하다. 재난 대응팀에 포함된 전문가들은 피해자의 심리적 상태를 평가하고 즉각적인 지원을 제공할 수 있어야 한다. 또한, 장기적인 관리 계획을 세우고, 재난 이후 발생하는 심리적 문제를 조기에 발견하고 개입할 수 있는 체계적인 시스템이 필요하다.

재난으로 인한 심리적 문제는 단순히 개인의 문제가 아니라 사회 전체의 문제로 보아야 한다. 재난 피해자들은 자신이 속한 공동체의 일원으로서, 이들의 회복을 돕는 지원 체계가 반드시 마련되어야 한다. 지역사회와 정부, 다양한 전문가들이 함께 협력하여 피해자들의 심리적 요구를 충족시키고, 회복의 과정을 지원하는 것이 전체 사회의 안정과 발전으로 이어질 것이다.

결론적으로, 재난 심리 문제는 개인의 삶의 질뿐만 아니라 지역사회와 국가의 안녕과도 깊은 연관이 있다. 따라서 재난 발생 시 적절한 지원과 예방, 그리고 심리적 문제를 해결하기 위한 방안을 강화하는 것이 필수적이다. 이를 통해 개인과 공동체는 재난의 상처를 극복하고, 더 나아가 강한 회복력을 지닌 사회로 발전할 수 있을 것이다.

2. 재난의 심리적 문제 유형

재난은 개인의 정신건강에 깊은 영향을 미칠 수 있으며, 심리적 문제는 단기적인 충격 반응에서 만성적 장애로 발전할 수 있다. 재난이 초래하는 심리적 문제는 충격, 두려움, 불안, 우울증 등의 급성 심리적 반응(Acute Psychological Reactions)을 포함할 뿐만 아니라, 외상 후 스트레스 장애(PTSD), 복잡한 애도(Complicated Grief), 약물 남용(Substance Abuse) 등의 만성적 심리적 문제(Chronic Psychological Disorders)로 이어질 가능성이 있다. 이러한 문제는 장기적으로 개인의 삶의 질과 사회적 기능에 부정적인 영향을 미치며, 심각한 경우 지속적인 심리적 개입과 치료가 필요할 수 있다.

재난으로 인해 발생할 수 있는 다양한 유형의 심리적 문제를 이해하고 효과적으로 개입하기 위해, 심리적 문제의 범주와 증상, 그리고 이를 증가시킬 수 있는 위험 요인을 분석하는 것이 필수적이다. 심리적 개입 방법으로는 심리적 응급처치(Psychological First Aid), 상담, 약물치료 등이 있으며, 이러한 개입이 적절히 이루어질 경우 피해자들이 재난 후 심리적 안정과 회복을 촉진할 수 있다. 특히, 재난 대응 및 복구 과정에서 정신건강 전문가와 심리상담사의 역할이 중요하다. 그들은 재난 피해자들에게 즉각적인 심리적 지원을 제공하며, 장기적인 회복을 위해 지속적인 치료와 지원을 제공해야 한다. 심리적 지원은 단순한 응급 조치가 아니라, 피해자의 삶의 질을 향상시키고 장기적인 회복을 돕는 중요한 과정이다.

심리적 문제의 발생에는 다양한 위험 요인이 존재하며, 이는 개인적 요인(Personal Factors)과 환경적 요인(Environmental Factors)으로 구분될 수 있다. 개인적 요인으로는 이전의 외상 경험, 기존의 심리 건강 상태, 사회적 지원 부족 등이 있으며, 환경적 요인으로는 재해의 심각성, 지속 기간, 자원 접근성 등이 포함된다. 예를 들어, 이전에 심리적 트라우마를 경험한 개인은 재난 후 심리적 문제를 겪을 가능성이 더 높으며, 사회적 지원 네트워크가 약한 개인은 외로움과 불안을 더욱 크게 경험할 수 있다. 반면, 강한 사회적 지지 체계를 가진 개인은 심리적 회복력이 더 높으며, 재난 후 더 빠르게 일상생활로 복귀할 수 있다. 이러한 위험요인을 이해함으로써, 재난으로 인한 심리적 문제를 조기에 파악하고 개입할 수 있는 기회를 확보할 수 있다.

성격심리학에서 폴 코스타 주니어(Paul Costa Jr.)와 로버트 맥크레(Robert McCrae)가 제안한 5요인 모델(Five Factor Model, FFM)에 따르면, 개인의 성격 특성이 재난 상황에서의 심리적 반응에 중요한 영향을 미친다. 이 모델에서는 인간의 성격을 신경성(Neuroticism), 외향성(Extraversion), 친화성(Agreeableness), 성실성(Conscientiousness), 경험에 대한 개방성(Openness to Experience)의 다섯 가지 요소로 구분하며, 이는 개인이 위기와 스트레스를 어떻게 관리하는지에 영향을 줄 수 있다.

① 경험에 대한 개방성 (Openness to experience)

상상력, 호기심, 창의성, 모험심 등을 포함하며, 변화와 불확실성에 대한 적응력을 의미한다. 개방성이 높은 사람들은 재난 상황에서도 창의적인 문제 해결력을 발휘하고, 새로운 환경에 대한 적응력이 높을 수 있다.

② 성실성 (Conscientiousness)

목표 지향적인 행동, 조직력, 책임감 등을 반영하며, 위기 상황에서도 체계적인 대처 능력을 갖춘 개인들은 재난 후 심리적 안정을 유지하는 경향이 높다. 높은 성실성을 가진 사람들은 재난 후 계획적으로 회복을 준비하고, 자원을 효율적으로 활용하여 적응력을 높일 수 있다.

③ 외향성 (Extraversion)

타인과의 사회적 관계를 형성하는 능력과 적극성을 반영한다. 외향성이 높은 개인들은 재난 이후에도 사회적 지지를 쉽게 얻으며, 정서적 회복이 빠를 가능성이 있다. 반면, 외향성이 낮은 개인들은 재난 후 고립감을 경험할 가능성이 높고, 심리적 지원을 요청하는 데 어려움을 겪을 수 있다.

④ 우호성 (Agreeableness)

협력적이고 신뢰할 수 있는 태도를 반영하며, 공동체 내에서 상호 지원을 강화하는 데 중요한 역할을 한다. 우호성이 높은 개인들은 재난 후 공동체 기반의 지원 시스템을 활용하는 데 적극적이며, 협력적 대처 방식을 통해 심리적 회복력을 증진시킬 수 있다.

⑤ 신경성 (Neuroticism)

불안, 우울, 스트레스에 대한 취약성을 나타내며, 높은 신경성을 가진 사람들은 재난 이후 심리적 문제를 경험할 가능성이 높다. 이들은 외상 후 스트레스 장애(PTSD), 불안장애, 우울증 등의 발병 위험이 높으며, 따라서 조기 심리적 개입이 필요할 수 있다.

이 다섯 가지 요소로 이루어진 모델은 영문 스펠링의 첫 자를 따서 OCEAN 모델이라고 불리기도 한다. 이 5가지 요소들은 보통 50%를 기준으로 측정된다. 예를 들어, 성실성 수치가 80%라면 책임감과 질서 정연함을 남보다 중시하는 경향이 있다고 여긴다는 뜻이고, 외향성 수치가 5%라면 타인과의 교류보다는 고독함과 평정심을 즐긴다는 것을 나타낸다.

5가지 요인은 일상적인 용어를 통해 분류된다는 점이 특징이다. 이 모델에서는 각 요인들이 생물학적 기반을 가지고 있다고 본다. 즉, 개인의 유전(생물학적 기반)에 의해서 5 요인을 모두 가지고 있고, 특정 요인의 더 강하고 약한 것은 이미 유전적으로 정해졌지만 심리적 발달을 하면서 개인적 차이가 생긴다고 본다. 기본적으로 생물학적인 경향성에서 시작하기 때문에 기본적 성격은 타고나지만 발달 환경이 그 유전자의 발현/비발현에 영향을 준다고 본다. 예를 들어, 유전적으로 외향성이 높게 타고 난 사람이 재난 상황에서 불완전한 환경과 두려움을 경험하게 되면 자신의 외향성은 발현되지 않을 수 있다. 특히, 신경성 성격을 가지고 있는 사람은 재난상황을 받아들이기 힘들어하고 심리적 어려움을 호소하는 경향이 높게 나타날 수 있으므로 심리지원을 하는 관계자는 유심히 관찰하고 지원방법을 면밀히 점검해야 할 것이다. 그러나 성격 5요인으로 인간을 설명하기는 한계가 있으므로 가족, 지인, 동료들의 관심과 애정을 통해 어려움을 극복하게 해주어야 하며, 전문가의 도움이 필요한 경우는 지체하지 않고 바로 도움을 받을 수 있도록 해야 한다.

재난 대응 및 복구 노력에서 정신건강을 우선으로 다뤄야 한다. 필요한 심리적 지원과 개입을 제공함으로써, 우리는 사람들이 역경에 대처하고 회복하며 내성을 갖출 수 있도록 돕는 것이 가능하다. 이것은 더욱 성공적인 복구와 더 강력하고 내성 있는 커뮤니티를 만들어 낼 수 있다.

3. 재난 심리적 문제의 원인

1) 외상 경험

외상 경험은 사람들의 정신건강에 엄청난 영향을 미칠 수 있는 심각한 문제이다. 외상적인 사건을 목격하거나 또는 직접 피해를 당하거나, 단순히 외상적인 사건에 노출되어도 심리적으로 어려움을 겪을 수 있다. 심리적 어려움의 경험은 신체적 또는 정신적인 피해, 후유증, 우울증, 불안, 중독 등 다양한 방식으로 나타날 수 있는 지속적인 심리적 상처를 남길 수 있다.

외상 적인 사건을 경험한 사람들은 일시적으로 괴로움, 악몽, 침습적인 생각 등 다양한 증상에 대처하기 어려울 수 있다. 다른 사람들을 믿거나 깊은 관계를 형성하기 어려울 수 있다. 더불어 일부 경우에는 두통이나 위장 문제와 같은 신체적인 증상을 경험할 수도 있다.

외상 적인 사건에서 회복은 시간이 걸리는 과정이라는 것을 이해하는 것이 중요하다. 정신건강 전문가, 심리상담 전문가, 친구, 가족 등으로부터 지원을 받는 것은 치유 과정의 중요한 부분 있다. 게다가 자기관리를 실천하고 마음 이완과 스트레스 감소를 촉진할 수 있는 심리치료 프로그램 활동 등에 참여하는 것도 유익할 수 있다.

재난 이후에는 외상 경험이 불행하게도 너무나 자주 발생한다. 천재지변, 테러 공격 및 기타 대형 사건은 모두 사람들이 재난 후에 대처하기 어려운 상황을 만들 수 있다. 개인, 지역사회가 재난 심리적 문제의 위험을 인식하고 이러한 문제를 예방하고 관리하기 위한 조치를 취하는 것이 중요하다.

재난으로 영향을 받은 사람들에게 심리적 지원을 제공하는 것이 중요하다. 정신건강 전문가 및 상담 전문가는 상담 및 다른 형태의 지원을 제공함으로써 필요한 사람들에게 중요한 역할을 할 수 있다. 이는 개인이 재난 후에 더 잘 대처하고 장기적인 심리적 문제의 위험을 줄일 수 있도록 도와줄 수 있다.

2) 통제의 상실

통제를 잃는 느낌은 압도적일 수 있으며 장기적인 심리적 문제를 유발할 수 있다. 천재지변이나 기타 대형 사건과 같이 환경에 대한 통제력을 잃은 개인들이 무력감을 느낄 수 있는 것은 흔한 일이 아니다. 우리는 재난의 불확실한 상황에서 미래를 예측하기 어렵고, 상황을 통제할 수 없다고 느끼게 된다. 이는 곧 심리적 불편감과 스트레스를 유발한다. Hofstede (1980)는 불확실성 회피를 "불확실과 모호함에 대해 사람들이 위협감을 느끼고 이러한 상황을 회피하려는 정도"라고 정의하였다. 다시 말하면, 불확실성 회피는 불확실한 현상에 대한 회피 및 대응 정도를 말하며, 비체계적인 상황보다 체계적인 상황을 선호하는 정도라고 볼 수 있다. 재난 현장을 벗어나고 싶어 하는 것은 인간의 본능으로 합리적인 사고를 하기보다는 무모한 행동을 통해 상황을 회피하는 동작을 통해 위험에 빠지게 된다. Mason (1968)은 스트레스 유발 주되 요인으로 새로움, 예측불가능성, 통제불가능성이 원인이라고 주장했다. 이는 본인이 통제할 수 없는 상황에서 우울증, 불안, 공포 등의 심리적 문제가 발생할 수 있다. 또한 통제 문제를 겪는 사람들은 무력감을 극복하려는 방법으로 중독 또는 기타 자체 파괴적인 행동을 발전시키는 경향이 있다. 따라서 외상 적인 사건이나 스트레스가 있는 때에 통제감을 되찾는 방법을 찾는 것이 중요하다. 이는 전문적인 도움을 찾는 것, 마음을 다스리는 기술을 연습하는 것 또는 자기 효능감을 촉진하는 활동에 참여하는 것 등이 될 수 있다.

통제감을 되찾는 방법 중 또 하나는 가족이나 정신건강 전문가, 심리상담 전문가로부터 지원을 받는 것이다. 신뢰할 수 있는 사람들과 자신의 감정 및 경험을 이야기하는 것은 통제감을 되찾고 무력감을 줄일 수 있는 강력한 방법이다. 정신건강 전문가는 정신적 대처 전략을 개발하고 외상 적인 사건이 정신건강에 미치는 영향을 줄이는 데 유용한 지도와 지원을 제공할 수도 있다.

또한 통제감을 되찾는 것은 시간이 걸리는 과정이라는 것을 이해하는 것이중요하다. 스트레스와 외상 적인 상황에서 무력감과 통제감이 떨어지는 것은 정상적인 일이다. 그러나 적절한 지원과 자원을 활용함으로써 개인들은 이러한 느낌을 조절하고 회복력과 자기 효능감을 키울 수 있다.

스트레스와 외상 적인 상황에서 정신건강과 복지를 우선시하는 것이 매우 중요하다. 통제감을 되찾는 방법을 찾고 신뢰할 수 있는 사람들과 정신건강 전문가로부터 지원을 받음으로써 개인들은 장기적인 심리적 문제의 위험을 줄이고 역경에 대처하기 위한 회복력을 키울 수 있다.

4. 재난 심리 문제의 증상

1) 불안

불안은 재난 심리적 문제의 매우 일반적인 증상이다. 외상 적인 사건을 마주하면 불안을 느끼는 것은 자연스러운 일이다. 그러나 정상적인 정서 반응을 넘어서면 정신적 고통과 신체적 증상을 초래할 수 있다. 불안은 교감신경이 흥분되어 다음과 같은 신체적 증상을 경험할 수 있다. 두통, 심장박동수 증가, 소화불량, 호흡수 증가 등을 경험할 수 있다. 이와 같은 신체적 증상이 나타나 재난 현장에서 합리적인 생각을 할 수 없게 되어 위험한 행동을 할 수 있게 된다. 또한 재난이 끝나도 불안이 없어지지 않는 경우 불안장애로 진단을 받을 수 있다. 불안장애에 해당하는 질환으로는 공황장애(광장공포증을 동반하거나 하지 않는 경우), 강박장애, 특정 공포증(고소 공포증 등), 사회 공포증, 강박 장애, 외상 후 스트레스 장애, 범불안장애, 급성 스트레스 장애가 포함된다. 공황장애는 호흡곤란, 심장박동증가, 가슴답답함, 기절, 죽을 것 같은 공포가 생기는 증상이 발생할 수 있다. 아무런 증상이 없을 때에도 재발할 것 같은 과도한 걱정하게 된다. 공황장애가 있는 사람들은 사람이 많은 곳, 답답하다고 생각하는 장소, 어두운 터널, 지하철, 비행기 등을 회피한다.

강박장애는 흔한 증상으로는 자신의 손이 오염되었다는 생각, 주변 물건이 자신이 원하는 되로 배치되지 않을 때 불안감을 느끼게 된다. 재난을 경험한 사람의 경우 자신이 있는 건물이 언제 무너질지 모른다는 공포를 느끼게 되고 과도하게 안전을 강조하고 건물에 대한 안전을 수시로 확인하는 증상을 보인다.

범 불안장애는 과도한 불안과 걱정이 장기간 지속되며, 이를 통제하기 어렵다고 생각하고 불안과 연관된 다양한 신체증상(불면, 소화불량 등)을 느끼게 된다.

외상후스트레스장애는 재난으로 발생하는 대표적인 증상으로 꿈이나 회상을 통해 사고나 재난을 반복적으로 재경험하게 되고, 재난 현장 및 비슷한 장소를 회피하고, 흥분 상태가 지속되는 불면, 감정 통제의 어려움 등을 느끼게 된다.

이러한 불안 증상을 보이는 경우에는 신속하게 심리적 치료를 받아야 한다. 이는 불안장애의 세부 진단에 따라 치료법이 달라지기 때문이다. 항우울제 또는 항불안제 같은 약물을 통해 치료를 해야 하는 경우가 있다. 또는 약물치료 없이 인지 행동 치료법 등 심리상담을 통해 심리적 안정을 찾을 수 있다. 그러나 불안은 정상적인 심리 반응이기 때문에 불안을 완전히 없애는 것은 불가능하다. 심리치료에 의해 불안 정도가 감소하고 정상적으로 회복하도록 노력할 수 있으나, 많은 경우 재발이 잘 되며 경과가 만성화되기도 한다. 불안장애가 위험한 것은 우울증을 동반하는 경우가 흔하기 때문이다.

불안 증상 치료는 다양한 방법으로 접근할 수 있다. 인지행동요법(CBT)은 불안 증상을 줄이기 위해 사람들이 생각하고 행동하는 방식을 바꾸는 데 초점을 둔 방법이다. 불안 증상 치료의 다른 방법으로는 깊은 숨쉬기, 근육 이완법과 같은 이완 기술, 그리고 정신적 안정을 위한 명상 기법도 있다. 더불어 약물 치료도 불안증상을 치료하는 데 사용될 수 있다. 또한 충분한 수면, 정기적인 운동, 건강한 식습관 등의 생활 변화도 불안증상을 줄이는 데 도움이 된다.

가) 인지행동요법

인지행동요법(CBT)은 개인이 고통을 경험하게 하는 부정적인 사고 패턴과 행동을 식별하고 변화시키는 데 중점을 둔 심리치료의 형태이다. 이 치료법은 생각, 감정, 그리고 행동이 서로 연결되어 있으며, 이들 간의 상호작용이 개인의 심리적 상태에 영향을 미친다는 가정에 근거하고 있다. CBT는 일반적인 불안장애, 공황장애, 사회불안장애, 공포증 등 다양한 심리적 문제를 치료하는 데 사용될 수 있다.

CBT에서 상담자는 환자가 부정적인 생각과 신념을 인식하고 이를 도전하도록 유도하며, 불안을 유발하는 특정 상황을 효과적으로 관리하기 위한 대처 전략을 개발하도록 돕는다. 이 과정에서 환자는 자신의 사고방식을 재구성하고, 문제 해결 능력을 향상시키는 기회를 갖게 된다. 인지행동요법의 주요 목표는 환자가 불안감을 보다 능동적으로 통제하고 건강하게 관리할 수 있는 능력을 개발하도록 지원하는 것이다.

치료는 일반적으로 구조화된 세션 형식으로 진행되며, 환자는 과거 경험과 현재의 감정을 탐색하면서 심리적 어려움을 이해하는 데 도움을 받을 수 있다. 또한, CBT는 환자가 자아 성찰을 통해 긍정적인 사고를 할 수 있도록 유도하며, 이는 궁극적으로 환자의 삶의 질 향상에 기여한다. 이를 통해 환자는 불안의 원인에 대한 통찰력을 얻고, 보다 긍정적이고 현실적인 사고방식을 발전시킬 수 있게 된다.

따라서 인지행동요법은 심리적 문제를 겪고 있는 개인들에게 강력한 치료 도구로 작용하며, 그들이 자신의 감정과 행동을 관리하고, 건강한 대처 방식을 통해 회복할 수 있도록 돕는 데 중요한 역할을 한다.

나) 약물 치료

약물 치료는 불안 증상을 완화하는 데 있어 흔히 사용되는 접근 방법으로, 여러 종류의 약물이 다양한 방식으로 불안 증상을 치료하는 데 기여한다. 일반적으로 불안 증상 치료에 사용되는 주요 약물로는 선택적 세로토닌 재흡수 억제제(SSRI), 세로토닌-노르에피네프린 재흡수 억제제(SNRI), 벤조디아제핀, 그리고 삼환계 항우울제가 있다.

- **선택적 세로토닌 재흡수 억제제(SSRI)**

  SSRIs는 가장 널리 사용되는 불안 치료 약물 중 하나로, 주요 작용은 뇌에서 세로토닌의 농도를 높이는 것이다. 세로토닌은 기분과 감정을 조절하는 신경전달물질로, 이 약물은 세로토닌이 신경 세포에 재흡수 되지 않도록 차단함으로써 뇌에서의 세로토닌 수치를 증가시킨다. 세로토닌 수치의 증가로 인해 불안 증상이 줄어들고 기분이 향상되는 효과를 기대할 수 있다. 대표적인 SSRI 약물로는 플루옥세틴(프로작), 세르트라린(졸로프트), 에스시탈로프람(렉사프로) 등이 있다. 일반적으로 SSRIs는 장기간 복용해야 최상의 효과를 발휘하며, 초기 몇 주 동안은 부작용이 나타날 수 있지만, 이는 시간이 지나면서 대개 완화된다.

- **세로토닌-노르에피네프린 재흡수 억제제(SNRI)**

  SNRIs는 세로토닌과 노르에피네프린 두 가지 신경전달물질의 재흡수를 억제하여 불안 증상과 우울 증상을 동시에 치료하는 데 효과적인 접근법이다. 이 약물은 세로토닌의 농도를 높일 뿐만 아니라 노르에피네프린도 증가시킴으로써, 두 가지 물질의 균형을 조절하여 기분을 개선하고 에너지를 증가시킨다. 대표적인 SNRI 약물에는 덜록세틴(프라짓), 미르타자핀(렙타일)이 있으며, 이들 또한 일반적으로 장기간 복용 시 효과가 나타난다.

- **벤조디아제핀**

  벤조디아제핀은 불안 증상을 아주 빠르게 완화하는 데 사용되는 약물로, 주로 불안이나 긴장을 즉각적으로 해소하는 데 효과적이다. 이 약물은 고조된 신경계를 억제하는 작용을 하여 신체의 저항감과 긴장을 줄이는 동시에, 진정 작용을 통해 심리적 안정을 제공한다. 그러나 벤조디아제핀은 의존성과 내성이 생길 수 있어, 장기간 사용은 권장되지 않는다. 일반적으로 단기간의 급성 불안 증상에 대한 치료에 적합하다. 대표적인 벤조디아제핀으로는 다이아제팜(발리움), 로라제팜(아티반), 알프라졸람(자낙스)이 있다.

- **삼환계 항우울제**

  삼환계 항우울제는 주로 중증 우울증과 함께 불안 증상이 있는 경우에 처방되는 약물이다. 이 약물은 세로토닌과 노르에피네프린을 모두 조절하여 기분을 향상시키고 불안 증상을 완화하는 효과를 지닌다. 그러나 부작용이 크고 심혈관계에 영향을 미칠 수 있어, 일반적으로 SSRIs와 SNRIs가 효과가 없을 때 또는 환자의 상태가 매우 심각할 때 사용된다. 대표적인 삼환계 항우울제로는 아미트리프틸린(엘라빌), 노르트립틸린(파미넬)이 있다.

약물 치료는 개별 환자의 상태와 필요에 따라 조정되어야 하며, 종종 심리치료와 병행하여 이루어진다. 약물의 복용은 반드시 의사와의 상담을 통해 이루어져야 하며, 부작용이나 개인의 반응을 고려하여 적절한 조정을 필요로 한다. 또한, 약물 치료는 종종 시간이 지나면서 효과가 나타나기 때문에, 인내심을 가지고 지속하는 것이 중요하다.

결국, 약물 치료는 불안 증상 관리에 있어 유용한 도구가 되며, 이를 통해 많은 사람들이 불안 증상을 효과적으로 관리하고 개선할 수 있다. 그러나 약물 치료만으로는 불안 문제를 완전히 해결할 수 없으며, 심리 치료와의 통합적인 접근이 필요하다.

또한, 약물 치료를 시작할 때는 명확한 목표를 설정하는 것이 중요하다. 환자와 의사간의 명확한 소통을 통해 불안 증상의 개선 정도와 발생할 수 있는 부작용을 지속적으로 점검하여야 한다. 필요에 따라 약물의 종류나 용량을 조정하면서 환자의 상태를 면밀히 모니터링하는 것이 필수적이다.

환자는 약물 복용 중 지켜야 할 지침을 잘 이해하고 따라야 하며, 특정한 변화가 나타나면 즉시 전문가와 상담하는 것이 필요하다. 예를 들어, 기분의 급격한 변화, 불면증, 식욕 변화, 또는 부작용의 느껴질 수 있는 증상이 있다면, 이를 즉시 전문가에게 알리고 조치를 취해야 한다.

약물 치료의 효과를 지속적으로 평가하고 필요할 경우 치료 계획을 수정하는 것이 매우 중요하다. 만약 약물 치료가 기대하는 효과를 보지 못하는 경우, 다른 약물로 전환하거나 심리 치료와 같은 보완적 치료를 병행하는 방법을 고려해야 한다.

약물 치료는 불안 증상 치료에 있어서 강력한 도구가 될 수 있으며, 적절한 약물 선택과 지속적인 모니터링을 통해 효과를 극대화할 수 있다. 그러나 이는 환자의 상태와 필요에 맞게 조정되어야 하며, 심리 치료와의 통합적인 접근이 필요하다. 이러한 과정은 궁극적으로 환자가 자신의 불안 문제를 잘 관리하고, 보다 안정적이고 긍정적인 삶을 영위할 수 있도록 돕는 데 목적이 있다.

다) 이완 훈련

이완 훈련은 불안 증상을 관리하고 감소시키는 데 중요한 역할을 하며, 자신을 진정시키고 스트레스를 완화하는 여러 기법을 포함한다. 이 방법들은 신체와 마음의 긴장을 해소하고, 심리적 안정을 찾는 데 도움을 준다. 주요 이완 기법에는 깊은 숨쉬기, 근육 이완법, 안내된 상상력 등이 있다.

① 깊은 숨쉬기

깊은 숨쉬기는 가장 간단하고 널리 사용되는 이완 기법 중 하나로, 신체의 긴장을 줄이고 마음을 차분하게 만드는 데 효과적이다. 이 기법의 기본 원리는 천천히 깊게 숨을 들이마시고 내쉬는 동안 호흡에 집중하는 것이다. 일반적인 방법은 다음과 같다.

- **호흡 준비** : 편안한 자세를 취하고, 눈을 감거나 시선을 아래에 두어 주의가 다른 곳으로 흐르지 않도록 한다.

  깊게 들이마시기 : 코를 통해 천천히 깊이 숨을 들이마신다. 이때 배가 부풀어 오르는 것에 집중하며, 다리가 무거워지는 느낌을 느끼는 것이 중요하다.
- **호흡 유지** : 들이마신 공기를 2~3초간 유지한 뒤, 긴장을 풀면서 숨을 내쉰다. 이때 입으로 내쉬거나 코로 조절해도 좋다.
- **반복** : 이 과정을 몇 차례 반복하며, 각 호흡 시 긴장이 풀리는 느낌을 경험한다.

이러한 깊은 호흡은 자율신경계를 안정시키고, 스트레스 호르몬인 코르티솔의 수치를 낮추는데 도움을 주어 신체의 전반적인 긴장을 완화시킨다.

② 근육 이완법

근육 이완법은 특정 신체 부위를 의도적으로 긴장시킨 후 이완시키는 방법으로, 신체적 긴장을 인식하고 해소하는 데 도움을 준다. 이 기법은 주로 다음과 같은 단계로 진행된다.

- **준비** : 편안한 자세를 취하며, 방해받지 않는 공간에서 시작한다.
- **각 근육 그룹 긴장** : 발가락, 발, 종아리, 허벅지, 복부, 팔, 어깨, 그리고 목과 같은 신체의 여러 근육 그룹을 순서대로 긴장시킨다. 각 근육 그룹을 5~10초간 최대한 힘을 주어 긴장한다.
- **이완** : 긴장을 풀며 깊게 숨을 내쉬고, 이완된 상태에서 어떻게 느끼는지를 집중하여 느낀다. 각 부위의 긴장을 특별히 인지하는 것이 중요하다.
- **반복** : 모든 근육 그룹을 긴장하고 이완하는 과정을 몇 차례 반복한다. 이 훈련은 신

체가 가지고 있는 통증이나 긴장감을 해소하고, 전반적인 웰빙을 증진시키는 데 기여한다.

이 방법을 통해 개인은 자신의 신체에서 긴장감을 느끼고 이를 해소하는 능력을 키우게 되며, 불안감을 줄이는 데 실질적인 도움이 된다.

③ 안내된 상상력

안내된 상상력은 긍정적이고 평화로운 이미지를 통해 정신적으로 편안한 상태를 만드는 기법이다. 이 기법은 감정적으로 치유되고 안정감을 느끼도록 도와준다. 방법은 다음과 같다.

- **편안한 환경 조성** : 조용하고 방해받지 않는 장소에서 편안하게 앉거나 누워 마음을 가라앉힌다.
- **상상할 장면 선택** : 평화롭고 안전하다고 여겨지는 장소를 상상한다. 해변, 숲속 또는 고요한 호숫가가 될 수 있다.
- **세부 사항 상상** : 그 장소에서의 소리, 냄새, 시각적인 요소, 기억하고 싶은 느낌을 자세히 떠올린다. 예를 들어, 바닷가에서는 파도가 치는 소리, 바람의 느껴지는 감촉, 태양의 따뜻한 열기 등을 상상한다.
- **생생한 묘사** : 가능한 한 구체적으로 모든 감각을 느끼도록 하여 자신이 그 장소에 있는 것처럼 상상한다. 이러한 경험을 통해 스트레스가 완화되고, 마음의 평화를 찾을 수 있다.

이 기법은 불안 상황에서도 마음을 차분하게 유지할 수 있도록 도와주는 효과적인 방법이다. 안내된 상상력은 개인이 현실에서의 긴장감과 스트레스를 잠시 잊고 마음의 안정을 찾는 데 유용하며, 이러한 기법을 통해 심리적 회복력을 높이는 데 기여할 수 있다.

라) 지원 그룹

재난 피해자 및 그 가족들은 심각한 정신적 충격으로 인해 일상생활에서 많은 어려움을 겪게 된다. 이러한 상황에서 이들이 정상적인 생활을 회복할 수 있도록 지원하기 위해 정부 및 지방자치단체는 심리지원 그룹을 통해 불안 증상을 가진 사람들을 도울 수 있는 방법을 모색해야 한다. 이 지원 그룹은 안전하고 지지적인 환경을 제공하는 공간에서 운영되어야 하며, 참여자들이 서로의 경험과 감정을 공유하고 위로를 받을 수 있는 기회를 마련해야 한다. 이를 통해 피해자들은 정신적 충격을 극복하는 방법을 배우고, 일상으로의 복귀를 위한 첫걸음을 내딛을 수 있을 것이다.

지원 그룹은 불안 증상을 관리하는 실용적인 조언을 제공하고, 감정적 지지와 이해를 바탕으로 참여자들이 서로 연결될 수 있는 장을 만들어야 한다. 이들은 상황을 심리적으로 수용하고 적절히 대처할 수 있는 실질적인 대처 전략을 통해 회복탄력성을 갖추는 데 도움을 줄 수 있다. 또한, 유사한 경험을 가진 사람들과의 연결은 큰 위안과 동기부여가 되며, 이를 통해 심리적 안전감을 느낄 수 있도록 해야 한다.

지원 그룹에서는 심리적 피해가 심각하지 않은 사람들을 대상으로 하는 집단상담 프로그램을 진행하여, 참여자들이 자신의 고통과 어려움을 타인과의 인지적, 정서적, 행동적 교류를 통해 탐색하고 이해하도록 돕는 것이 중요하다. 이 과정에서 참여자들은 자신의 문제를 개방하고 수용하는 과정을 경험하게 되며, 이를 통해 자신의 고통을 극복할 수 있는 에너지를 얻는다.

집단상담을 실행 할 때에는 심리적으로 큰 문제가 없는 사람들로 구성하는 것이 필수적이다. 이는 집단상담의 주요 목적이 집단원들이 자신의 생각, 감정, 행동을 탐색하고 더 나은 해결 방법을 찾아가는 과정이기 때문이다. 이러한 그룹 내에서의 탐색은 집단원 각자가 자신의 감정을 표현하고 다른 이들의 피드백을 받아들일 수 있는 안전한 공간이 되어야 하며, 이를 통해 상호 이해가 증진되고 집단적 결속력이 강화될 수 있다.

재난으로 인한 정신적 충격을 극복하기 위해서는 심리지원 그룹이 중요한 역할을 해야 한다. 안전하고 지지적인 공간을 제공하여 참여자들이 서로의 경험을 공유하고, 감정을 탐색하며, 필요한 지원을 받을 수 있는 프로그램을 운영해야 한다. 이러한 과정은 피해자들이 회복하는 데 큰 도움이 될 것이며, 궁극적으로 그들의 삶의 질을 향상시키는 데 기여할 수 있다.

2) 외로움

가) 외로움의 정의

외로움(loneliness)의 사전적 정의는 ‘홀로 되어 쓸쓸한 마음이나 느낌’을 뜻한다. 인간은 사회적 동물로 타인과 원활한 소통하지 못하고 혼자 격리되었을 때 외로움을 느끼게 된다. 예를 들면 재난으로 인해 낯선 환경에 혼자 생존해야 할 때, 가족이나 친구 및 사랑하는 사람과 이별하였을 때 외로움을 느낀다. 외로움의 어원은 하나를 뜻하는 ‘외’와 ‘그러함’ 또는 ‘그럴 만함’의 뜻을 더하고 형용사를 만드는 접미사 ‘~롭다’를 붙여서 만들어진 것으로 추측된다. 또한 사람의 성격 때문에 외로움을 느낀다고 생각할 수 있다. 그러나 재난을 경험

그림 7.1 슬픔

하는 사람이 내성적인 성격을 가지고 있어 외로움을 더 느끼는 것은 아니다. 재난은 외향적인 사람도 외로움을 느끼게 하는 외부적 환경이기 때문이다. 즉, 내성적, 외향적인 성격과 외로움은 상관관계가 없다. 외로움을 오랫동안 겪다 보면 우울증과 자칫 자해, 자살과 같은 극단적인 선택으로 이어지는 수도 있다. 사회적 소외감을 느끼고 주변 사람들로부터 격리되었다고 느낄 때 실제로 뇌의 통증을 느끼는 부분이 활성화된다고 한다. 더불어 외로움은 사람이 깊은 외로움을 느끼는 감정적인 상태이다. 종종 슬픔, 공허함, 절망감과 함께 발생한다.

나) 외로움의 원인

외로움은 여러 가지 요인으로 인해 발생할 수 있는 복잡한 감정이며, 다양한 상황과 환경에서 유발될 수 있다. 특히 재난 상황에서는 의미 있는 관계의 부재, 사회적 지원의 부족, 낮은 자존감 등이 외로움을 느끼게 하는 주요 원인으로 작용할 수 있다.

예를 들어, 사랑하는 사람의 죽음이나 이별, 또는 중요한 관계의 단절은 외로움을 심화시키는 외상적 사건으로 작용한다. 이러한 사건은 개인의 정서적 안정성을 해치고, 그로 인해 사회적 관계를 맺고 유지하는 데 어려움을 겪게 만든다.

또한, 새로운 삶으로의 전환기나 어려운 시기를 겪는 과정에서도 외로움이 유발될 수 있다. 예를 들어, 이사나 새로운 직장으로의 이동, 혹은 가정의 변화는 사람들에게 스트레스를 줄 수 있으며, 이로 인해 이전의 사회적 연결이 약화되게 된다. 이러한 변화는 불확실성을 동반하며, 자연스럽게 외로움을 느끼게 할 수 있다.

의미 있는 활동의 부재나 삶의 목적 상실도 외로움의 중요한 원인 중 하나이다. 삶에서 활동이나 목표가 없다고 느낄 때, 개인은 무기력함을 경험하고, 이는 외로움으로 이어질 수 있다. 자신의 정체성을 잃거나 사회적 참여가 없을 때, 고립감을 느끼게 된다.

외로움은 우울증, 불안증, 만성 통증 등과 같은 신체적 또는 정신적 건강 문제의 결과로 발생할 수 있다. 이러한 문제는 개인의 정서적 안녕을 해치며, 타인과의 관계를 맺고 유지하는 데 어려움을 겪게 만들 수 있다. 심리적 건강 문제가 심화될수록 외로움을 느끼는 빈도와 강도도 증가하게 된다.

결국 외로움은 복합적이고 중요한 감정으로, 그 원인은 다양한 주변 요인과 개인의 심리적 상태에 따라 달라질 수 있다. 이러한 원인들을 이해하고 인식하는 것은 외로움을 극복하고 건강한 인간관계를 회복하는 데 있어 중요한 첫걸음이 될 수 있다.

① 사랑하는 사람의 손실

재난 상황에서 갑작스럽게 사랑하는 사람을 잃는 것은 외로움의 가장 일반적이면서도 강렬한 원인 중 하나이다. 이러한 손실은 사고, 자연재해, 질병, 또는 전쟁과 같은 예상치 못한 사건 때문에 발생할 수 있으며, 이러한 충격적인 경험은 개인에게 깊은 정서적 고통을 안겨준다.

사랑하는 사람이 사망하거나 실종되었을 때, 남겨진 사람은 자신의 일상생활에서 그 사람과의 관계가 얼마나 중요한지를 절감하게 된다. 일상에서 그들과의 상호작용, 정서적 지지, 그리고 공유했던 경험 등이 갑자기 사라지면서, 고독감과 상실감이 더욱 두드러지게 된다. 이러한 상황은 외로움을 과도하게 느끼게 만들며, 이는 사람의 정신건강에 부정적인 영향을 미칠 수 있다. 특히, 사랑하는 사람과의 관계가 지니고 있었던 정서적 안정감과 지지의 상실은 대인관계의 단절로 이어지며, 그로 인해 고립감을 더 깊게 느끼게 만든다.

사랑하는 사람을 잃은 슬픔이 외로움으로 변모할 때, 이 감정은 단순한 슬픔이 아니다. 이는 종종 불안, 우울증, 그리고 후유증을 동반하는 심각한 정신 건강 문제로 발전할 수 있다. 예를 들어, 정서적으로 고립된 상태에서는 우울한 기분이나 무기력감을 느끼기 쉽게 되고, 이는 개인이 자신의 일상생활에서 활동적이지 못하게 만들 수 있다.

또한, 사랑하는 사람의 손실 이후 외로움이 지속되고 깊어질 경우, 개인은 자기 자신에게 비난감을 느끼거나 자신의 상황을 부정적으로 평가할 위험이 증가한다. '왜 이런 일이 나에게 일어났는가?'라는 질문은 더욱 강하게 떠오르게 되며, 이는 심리적 부담을 가중시킨다. 이러한 사고는 자기 비난이나 죄책감으로 이어질 수 있으며, 이는 다시 외로움을 악화시키는 악순환을 초래할 수 있다.

이와 같은 외로움을 겪는다면, 그 감정은 더 심각한 정신 건강 문제의 출현을 시사할 수 있다. 따라서 사랑하는 사람을 잃고 외로움을 느끼는 경우, 이를 혼자서 감당하려고 하지 말고 도움을 요청하는 것이 중요하다. 심리치료사나 상담사와 같은 전문가의 도움을 통해, 상실의 감정과 외로움을 건강하게 처리할 수 있는 방법을 찾아갈 수 있다.

정신적으로 치유받기 위해서는 자신의 감정을 솔직하게 인식하고 표현하는 것이 필수적이다. 감정 표현은 종종 글쓰기, 미술, 음악 또는 대화를 통해 이루어질 수 있으며, 이는 감정을 해소하는데 도움이 된다. 또한, 지지적인 사회적 관계를 다시 구축하는 것도 중요하다. 친구나 가족과의 소통, 지원 그룹의 참여는 상실감을 덜어주고, 비슷한 경험을 공유하는 사람들과의 만남은 큰 위로가 될 수 있다.

사랑하는 사람의 손실은 외로움의 강력한 원인이며, 이는 단순한 감정을 넘어 삶의 여러 측면에 영향을 미칠 수 있다. 이러한 고통스러운 경험을 무시하거나 혼자서 감당하려고 하지 말고, 적극적으로 도움을 요청하며 자신의 감정을 탐색하는 과정을 통해 안정과 회복을 이룰 수 있도록 노력해야 한다. 상실의 아픔을 극복하는 데 필요한 시간과 지지 체계를 마련하는 것이 무엇보다 중요하다.

② 새로운 환경으로의 이동

재난은 기존 생활환경을 급격하게 변화시키며 수많은 이재민을 발생시킨다. 이로 인해 많은 사람들이 자신이 익숙한 환경을 떠나 새로운 환경으로 이동해야 하는 상황에 처하게 된다. 이러한 갑작스러운 환경 변화는 개인으로 하여금 자신의 처지를 비관하게 하고 적응을 어렵게 만들며, 특히 혼자 생활하는 경우 외로움의 원인이 될 수 있다.

재난 대피 장소는 대개 임시로 마련된 공간으로, 이곳에서는 개인의 사생활이 보장되지 않거나, 낯선 사람들과 공유 공간을 함께 사용해야 하면서 상당한 불편함을 경험하게 된다. 이와 같은 낯설고 통제적인 생활은 개인이 스스로 선택하고 결정할 수 있는 여지를 거의 남기지 않으며, 이는 자연스럽게 무력감과 고립된 느낌을 동반하게 된다. 개인의 자율성과 통제감이 상실되면 외로움은 더욱 심화될 수 있다.

또한, 이러한 새로운 환경에서는 과거의 생활을 계속 떠올리게 되고, 이전의 안전하고 익숙했던 삶과 비교하게 된다. 이는 종종 현재의 상황을 받아들이지 못하도록 만들며,

결과적으로 외로움을 더 많이 느끼게 하는 원인이 된다. 예를 들어, 재난 이전의 집이나 일상적인 루틴, 지역사회와의 연대가 모두 희미해질 때, 개인은 자신이 어디에 속하는지에 대해 혼란을 느낄 수 있다.

이와 같은 감정은 새로운 환경에 적응하는 과정을 방해하고, 외로움을 악화시킬 수 있다. 사람들은 이전의 생활로 돌아갈 수 없다는 현실 앞에서, 현 상황에 대한 수용이 필요한 시점에서 외로움과 고독감을 특히 심하게 느낄 수 있다.

따라서 새로운 환경으로의 이동과정에서 외로움을 극복하기 위해서는 몇 가지 접근방식이 필요하다. 첫째, 새로운 환경에 익숙해지고자 하는 노력이 중요하다. 지역사회에 적극 참여하거나 지원 단체, 커뮤니티 활동에 참여함으로써 사람들과의 연결을 다시 구축할 수 있다. 둘째, 과거의 생활을 기억하면서도 현재의 상황을 받아들이려는 마음가짐이 필요하다. 과거와의 단절에서 오는 슬픔을 자연스럽게 받아들이고, 이를 통해 새로운 목표나 의미를 찾도록 시도해보는 것이 중요하다.

새로운 환경으로 이동하는 과정에서 발생하는 외로움은 극복할 수 있지만 이를 위해서는 적극적인 적응과 수용의 노력이 필요하다. 다가온 변화에 대한 긍정적인 태도와 사회적 연결망 구축을 통해, 새로운 환경에서도 다시 안정감과 소속감을 찾을 수 있을 것이다.

③ 다른 사람들과의 연결감 부족

재난은 종종 개인을 가족, 친구, 동료, 그리고 사랑하는 사람들과 분리시키며, 이로 인해 혼자 생존해야 하는 상황에 놓이게 된다. 이러한 상황은 심각한 외로움을 초래하며, 그 주요 원인 중 하나는 다른 사람들과의 연결감 부족이다.

2020년에 발생한 COVID-19 팬데믹은 전 세계적으로 봉쇄 정책을 시행하게 만들었고, 이는 사회적 거리두기와 같은 조치로 사람들 사이의 물리적, 감정적 연결을 크게 제한했다. 사회적 거리두기, 3인 이상 모임 금지, 다중이용시설의 영업시간 제한은 사람들이 의미 있는 사회적 관계를 형성하거나 유지하는 것을 방해했다. 이러한 사회적 고립은 외로움과 우울증 환자의 급증으로 이어졌다. 실제로 코로나19 발발 초기였던 2020년 우울증 환자 수는 84만8,430명에서 2021년 93만3,481명으로 8만5,051명(10.0%) 증가했으며, 불안장애 환자 수는 같은 기간 8만4,724명(10.9%) 증가했다. 이러한 현상은 '봉쇄 외로움(Lockdown loneliness)'이라고 불리며, 사회적 고립의 심각성을 잘 보여준다.

이러한 연결감 부족은 다양한 부작용을 초래한다. 예를 들어, 장기적인 고립은 개인의 사회적 기술 저하, 자신감 부족, 그리고 타인과의 상호작용에 대한 두려움을 심화시킬 수 있다. 이는 다시 사람들을 더 깊은 고립의 악순환으로 몰아넣으며, 사회적 상호작용에서의 불안을 증가시킨다.

또한, 연결감 부족은 사람들로 하여금 삶에서 의미 있는 활동이나 취미를 찾지 못하게 하며, 이를 통해 일상에서의 즐거움이나 충만함을 잃게 만든다. 의미 있는 대화의 부재 역시 연결감 부족의 주요 원인으로, 사람들은 자신의 경험이나 감정을 나눌 기회가 줄어들면서 정서적 고립을 더 크게 느끼게 된다.

결국, 이러한 모든 요소들은 외로움과 고립감을 크게 증대시킨다. 외로움을 극복하기 위해서는 의식적으로 사회적 연결을 다시 구축하고자 하는 노력이 필요하다. 예를 들어, 온라인 플랫폼을 통해 친구나 가족과 소통을 지속하거나, 새로운 모임이나 그룹 활동에 참여함으로써 사회적 상호작용을 다시 늘릴 수 있다. 또한, 의미 있는 활동을 찾아내어 몰두하는 것도 개인의 외로움 극복에 큰 도움이 될 수 있다.

다른 사람들과의 연결감 부족은 개인의 정신 건강과 정서적 웰빙에 심각한 영향을 미칠 수 있다. 따라서 이러한 연결을 회복하고 사회적 고립을 줄이기 위해 적극적으로 노력하는 것이 중요하다. 이는 궁극적으로 개인의 삶의 질 향상과 외로움에서의 회복으로 이어질 것이다.

다) 외로움의 영향

외로움은 개인에게 심각하고 깊은 영향을 미칠 수 있으며, 다양한 심리적 문제로 발전할 위험이 크다. 외로움은 흔히 우울증, 불안, 그리고 극단적인 경우에는 자살 생각으로 이어질 수 있다. 이러한 감정은 개인의 정신적 건강을 해칠 뿐만 아니라 보다 심각한 문제가 발생할 수 있는 기회가 된다. 외로움은 또한 자존감 저하와 사회적 기능의 감소로 이어질 수 있으며, 외로운 사람들은 세상과 단절된 느낌을 갖게 되어 자신의 존재에 대한 가치 의식을 상실할 위험이 높다.

외로운 개인은 종종 자신이 속한 커뮤니티에서 소외감을 느끼며, 아무도 자신의 감정을 이해해 주지 않는다고 생각하게 된다. 이는 심리적 고립감을 증대시켜 동기 부진을 초래하고, 부정적인 사고와 행동을 증가시키는 원인이 될 수 있다. 이러한 상태는 일상생활에서의 의욕 상실로 이어지며, 노력이나 목표를 추구하는데 필요한 에너지를 떨어뜨리는 결과를 초래할 수 있다.

뿐만 아니라, 외로움은 신체 건강에도 부정적인 영향을 미칠 수 있다. 여러 연구에 따르면, 외로움은 심장 질환, 뇌졸중 및 면역 체계 약화 같은 신체적 건강 문제의 위험을 증가시키는 것으로 나타났다. 외로운 사람들은 종종 건강을 소홀히 하거나 생활 습관을 부정적으로 변화시키기 쉬운데, 이는 운동 부족이나 영양 불균형, 불규칙한 수면 패턴으로 이어진다. 이러한 비정상적인 생활 방식은 장기적으로 신체 건강을 악화시킬 수 있다.

또한, 외로움은 약물 남용 및 중독과 같은 위험한 행동으로도 이어질 수 있다. 외로운 사람들은 부정적인 감정을 피하기 위해 음주, 약물 사용 및 기타 낙오된 행동을 더 자주 선택하는 경향이 있다. 이는 빠른 해결책으로 작용할 수 있지만, 결과적으로 중독으로 이어져 개인의 삶을 더욱 어렵게 만들 수 있다.

외로움의 영향은 종종 장기간 지속될 수 있으며, 이는 개인의 삶의 질에 중대한 영향을 미칠 수 있다. 외로움의 징후를 조기에 인식하고 필요할 경우 적절한 도움을 구하는 것이 매우 중요하다. 상담, 지원 그룹, 그리고 치료는 모두 외로움과 그에 따른 부정적 영향을 극복하는 데 도움이 된다. 이러한 지원은 개인이 공감과 이해를 통해 자신의 감정을 탐색하고, 더 나아가 소속감을 느낄 수 있도록 돕는 중요한 역할을 한다.

외로움은 개인의 심리적, 신체적 건강에 심각한 영향을 미치며, 이를 해결하기 위한 적극적인 노력이 필요하다. 외로움의 문제를 인지하고, 전문가의 도움을 받는 것은 나아가 개인의 삶의 질을 향상시키고 전반적인 행복도를 높이는 중요한 첫걸음이 될 것이다.

① 신체 건강 문제

외로움은 개인의 신체 건강에 중대한 영향을 미칠 수 있으며, 이는 여러 연구에서 입증되고 있다. 외로움은 스트레스 호르몬인 코르티솔의 증가를 유발할 수 있으며, 이로 인해 두통, 피로, 소화 문제와 같은 다양한 신체적 증상이 나타날 수 있다. 높은 수준의 스트레스 호르몬은 신경계와 면역계에 부정적인 영향을 미쳐, 전반적인 건강 상태를 악화시키는 원인이 된다.

특히, 외로움은 면역 체계를 약화시키는 결과를 초래할 수 있다. 연구에 따르면, 외로움을 느끼는 사람들은 면역 반응이 저하되며, 이는 박테리아나 바이러스와 싸우는 능력을 감소시킨다. 결과적으로, 외로운 사람들은 감염에 더 취약해지고, 일반적인 질병에서도 회복할 때 더 오랜 시간이 걸릴 수 있다.

또한, 외로움은 건강에 해로운 행동의 증가로 이어질 가능성이 높다. 예를 들어, 외로움을 해소하기 위해 흡연, 음주, 그리고 과식과 같은 방식에 의존하는 경향이 있다. 이러한 건강에 해로운 행동들은 개인의 신체 건강 문제를 악화시키는 주된 요인으로 작용할 수 있으며, 장기적으로는 심장병, 비만, 그리고 당뇨병 등 만성 질환의 발병 위험을 증가시킨다.

외로움은 신체 건강에 다양한 부정적인 영향을 미치며, 이는 개인의 삶의 질과 전반적인 건강을 저하시킬 수 있다. 외로움을 느끼는 경우, 이를 신속하게 인식하고 해결하기 위한 방법을 모색하는 것이 중요하다. 올바른 지원 네트워크를 찾거나, 전문가의 도움을 받는 것은 신체적 건강을 지키고 회복하는 데 중요한 단계가 될 수 있다.

② 정신건강 문제

외로움은 개인의 정신 건강에 심각한 문제를 일으킬 수 있다. 여러 연구에 따르면, 지속적인 외로움은 우울증, 불안장애, 그리고 심지어 자살 생각으로 이어질 수 있는 주요 요인으로 지목되고 있다. 외로운 상태에 있는 사람들은 종종 자신에 대한 부정적인 감정을 느끼며, 이는 자신감 상실과 절망감, 그리고 무력감으로 발전하게 된다.
외로운 개인들은 세상과 분리된 느낌을 받으며, 자신이 사랑받거나 받아들여질 가치가 없다고 인식하게 된다. 이러한 감정은 자아 존중감에 부정적인 영향을 미치며, 결국 사회적 관계를 더욱 견고히 구축하는 데 어려움을 겪게 된다. 외롭다는 감정은 사람들을 고립시키고, 그로 인해 사회적 지원을 받는 기회를 스스로 차단할 수 있다.
또한 외로움은 인지적 문제를 초래할 수 있다. 외로운 사람들은 정신적 자원이 줄어들면서, 집중력과 기억력, 의사결정 능력이 저하될 수 있다. 감정 조절이 어려워지고 무기력해짐에 따라, 어떤 상황에서는 갑작스럽게 화를 내거나 슬픔을 과도하게 표출하거나, 심지어 폭력적인 행동을 보일 수도 있다. 이러한 정서적 폭발은 외로움에서 오는 고통을 외부로 발산하는 방식으로 나타날 수 있다.
결국, 외로움은 개인의 정신건강에 심각한 영향을 미치며, 이를 방치할 경우 우울증이나 불안장애와 같은 만성적인 정신 건강 문제로 발전할 수 있다. 이러한 문제는 상황이 악화되지 않도록 주의 깊게 인식하고 관리해야 하며, 필요할 경우 전문가의 도움을 받는 것이 필수적이다. 외로움을 극복할 수 있는 방법을 찾고, 건강한 사회적 관계를 구축하는 것은 정신적 웰빙을 회복하는 데 기여할 것이다.

③ 사회적 문제

외로움은 단순히 개인적인 감정에 그치지 않고, 사회적 문제로 확산될 수 있다. 외로운 사람들은 관계 형성과 타인과의 연결, 신뢰 구축, 그리고 자신의 감정을 솔직하게 털어놓는 데 어려움을 겪는다. 이로 인해 사람들과의 소통을 단절시키는 경향이 있으며, 이는 결국 사회적 고립을 더욱 심화시킨다. 외로움의 감정이 깊어지면 타인에 대한 신뢰도 저하되며, 사람들을 믿지 못하고 그들과의 교류를 두려워하는 상태에 빠질 수 있다.

또한, 외로움은 약물 남용이나 위험한 행동을 촉발하는 요인이 될 수 있다. 외로운 사람들은 부정적인 감정을 해소하기 위해 알코올이나 약물에 의존하게 될 가능성이 높으며, 이는 사회적 문제를 야기하는 원인이 된다. 이러한 행동은 개인의 건강뿐 아니라, 전체 사회의 안전과 복지를 위협할 수 있는 다음 단계로 전이될 수 있다.

외로움은 정신적 및 신체적 건강에 미치는 부정적 영향 외에도 사회적 및 인지적 기능에 중대한 영향을 미치며, 이는 결국 사회 전반에 영향을 미칠 수 있다. 따라서 외로움의 징후를 조기에 인식하고, 필요한 경우 즉시 도움을 요청하는 것이 중요하다. 사회적 연결이 부족한 사람들은 외로움으로 인한 우울감이나 고립을 느끼는 확률이 높으며, 이들은 가족, 친구, 동료, 지역사회, 종교 공동체와 같은 다양한 사회적 그룹에 참여하는 것이 큰 도움이 될 수 있다. 이러한 참여를 통해 사회적 관계를 늘리고, 서로의 지원을 받는 경험은 외로움을 극복하는 중요한 방법이 된다.

또한, 취미나 관심사에 따른 모임에 참여하는 것도 효과적인 방법이다. 사람들과의 소통이 활성화되면 외로움의 감정이 감소할 뿐만 아니라, 새로운 관계를 형성하는 기회도 마련된다. 전화나 문자 메시지, 소셜 미디어를 통해 다른 사람들과 연락을 유지하는 것도 매우 중요하다. 정기적으로 가족이나 친구에게 잘 지내고 있는지 연락을 하면, 상호 간의 연결감을 강화할 수 있다.

외로움은 여러 사회적 문제를 유발하고, 개인의 심리적 안녕에 심각한 영향을 미치기 때문에 이를 예방하고 극복하기 위한 노력이 반드시 필요하다. 외로움의 원인을 이해하고, 사회적 연결성을 높이기 위한 방법들을 적극적으로 찾아가는 것이 중요하다. 이를 통해 개인적인 회복은 물론, 보다 건강하고 협력적인 사회를 이루는 데 기여할 수 있다.

3) 후유증

가) 후유증 정의

재난 이후 발생하는 후유증은 외상 사건에 대한 심리적 및 감정적 반응을 의미한다. 이러한 반응은 개인의 경험, 감정적 강도, 그리고 심리적 내구성에 따라 경미한 수준에서 심각한 수준까지 다양할 수 있으며, 지속 시간도 사안에 따라 며칠, 몇 주 또는 몇 달에 이르기까지 다양하다. 후유증은 외상 사건의 영향을 직접적으로 나타내며, 피해자의 삶의 질에 중대한 영향을 미칠 수 있다.

재난 이후 흔히 경험하는 후유증의 예시는 다음과 같다.

- **불안과 두려움** : 재난을 경험한 후 개인은 일상생활에서 지속적인 불안과 두려움을 느끼게 된다. 과거의 사건이 반복될 것이라는 두려움이나, 예상치 못한 상황에 대한 경계심이 커지면서 사회적 상황에서도 불안감을 느낄 수 있다. 예를 들어, 어떤 사람이 자연재해를 경험한 뒤, 다시는 그런 상황을 겪고 싶지 않다는 두려움으로 인해 사람들 사이에서 더 많은 불안을 느낄 수 있다.

- **우울증** : 재난의 결과로 환자는 우울한 기분이 지속되거나, 과거에 즐겼던 활동에서 기쁨을 느끼지 못하는 경우가 많다. 이런 정서적 침체는 신체 건강에도 영향을 미쳐 피로감과 에너지 감소로 이어질 수 있다. 예를 들면, 재난으로 사랑하는 사람을 잃은 사람은 슬픔에 잠겨 일상적인 즐거움을 잃고 우울증을 겪는 경우가 많다.

- **외상 후 스트레스 장애(PTSD)** : 재난을 직접 경험한 사람들은 외상 후 스트레스 장애를 발전시킬 수 있다. PTSD의 증상으로는 플래시백(과거의 외상적 기억이 현실처럼 재현되는 것), 회상, 그리고 과도한 경계심이 포함되며, 이는 개인의 일상생활에 큰 방해가 된다. 예를 들어, 외상 후 스트레스를 겪는 환자는 강한 소리나 특정한 상황에서 과거의 트라우마가 떠올라 불안한 반응을 보일 수 있다.

- **약물 남용** : 일부 개인들은 외상적 경험을 잊거나 극복하기 위해 알코올이나 약물에 의존하게 된다. 이는 일시적인 안도감을 제공할 수 있지만, 결국 건강을 해치고 더 심각한 사회적 문제로 이어질 수 있다. 예를 들어, PTSD를 겪고 있는 재난 피해자가 치료를 받지 않고 술에 의존하게 되면, 이는 그의 삶의 질을 더욱 저하시킬 수 있다.

- **수면 장애** : 불안이나 스트레스는 종종 수면 문제로 이어질 수 있다. 불면증이나 악몽이 발생하면서 수면의 질이 저하되며, 이로 인해 일상적인 기능에 더 큰 영향을 미칠 수 있다. 예를 들어, 재난 후에 불안감이 지속되는 환자는 자주 악몽을 꾸게 되고, 이는 낮 동안 집중력 저하로 이어지게 된다.

- **후유증** : 재난 후에는 두통, 피로, 소화 불량 등 다양한 신체적 증상이 나타날 수 있다. 이러한 증상들은 심리적 불안을 반영하기도 하며, 내면의 스트레스를 외부로 표출하는 방식으로 간주될 수 있다.

- **악몽** : 재난의 기억이 꿈속에서 재현됨으로써, 이는 심리적 고통을 더욱 심화시킬 수 있다. 악몽 속에서 느끼는 공포는 수면의 질을 떨어뜨리고, 환자가 낮 동안 느끼는 에너지 부족으로 이어질 수 있다.

- **집중력 저하** : 외상 경험 후에는 생각이 산만해지거나 집중하기 어려운 상황이 발생할 수 있다. 이러한 저하는 학교나 직장에서의 업무 효율성을 저하시킬 수 있으며, 이는 환자의 전반적인 생활에 부정적인 영향을 미친다.

- **성질이 나빠게 됨** : 스트레스와 불안감으로 인해 과민반응이나 감정의 폭발이 흔하게 나타날 수 있으며, 이는 대인관계의 갈등을 야기할 수 있다. 예를 들어, 일상에서 느끼는 작은 자극에도 과도하게 반응하여 주변 사람들과의 관계가 악화될 수 있다.

- **대인관계 문제** : 자신의 감정을 이해받지 못한다고 느끼거나, 불안 및 두려움으로 인해 타인과의 거리감을 느끼게 되는 경우, 이는 외로움과 사회적 고립으로 이어질 수 있다. 이로 인해 개인은 지원 네트워크를 활용하지 못하게 되고, 혼자서 문제를 겪게 된다.

- **일상 활동에 어려움** : 재난 후 많은 사람들은 일상적인 업무나 활동이 힘들게 느껴지는 경우가 많다. 예를 들어, 재난으로 인해 정신적으로 다운된 상태가 지속되면, 환자는 원래 자신이 쉽게 할 수 있었던 일조차 부담스럽게 느끼게 될 수 있다. 이는 결국 일상생활의 질을 낮추고, 대인 관계의 악화로 이어질 수 있다.

- **감정 마비** : 어떤 경우에는 개인이 감정을 느끼기 어려운 상태에 빠질 수 있으며, 이로 인해 외부 세계에 대한 무관심이 나타날 수 있다. 예를 들어, 재난 피해를 경험한 개인은 심리적 고통을 피하기 위해 자신의 감정을 억압하게 되며, 이는 그들이 주변 사람들과의 관계에서 감정적으로 단절되는 결과를 초래할 수 있다.

- **유죄감 또는 부끄러움** : 또한, 재난의 상황 속에서 생존자는 종종 유죄감에 시달리게 된다. 자신이 생존했다는 이유로 고통 받는 다른 피해자들에 대한 죄책감을 느끼거나, 다른 사람의 고통을 목격한 뒤 그에 대한 부끄러움을 가지게 되는 경우이다. 이러한 감정은 개인의 정신적 부담을 가중시키고, 회복 과정에 큰 장애가 될 수 있다.

- **자살 생각** : 극심한 외상 경험 후에는 절망감에 빠지게 되어 자살을 고려하는 상황이 발생할 수 있다. 이러한 경우는 즉각적인 전문적인 치료가 필요한 긴급한 상황을 나타내며, 이를 경계하고 적시에 대응하는 것이 중요하다. 예를 들어, 재난 피해로 사랑하는 사람을 잃은 부모가 자살을 고민할 정도의 심리적 고통을 겪는 상황이 발생할 수 있으며, 이는 전문적인 전문가의 즉각적인 지원이 필요함을 나타낸다.

재난은 개인에게 심리적인 문제를 유발하는 강력한 요인이 될 수 있으며, 그로 인해 나타나는 후유증은 다양하다. 이러한 감정적, 신체적 증상들은 환자가 지나온 고통스러운 경험을 반영하며, 치료와 지원이 이루어져야 할 필요성을 강조한다. 재난으로 인한 심리적 후유증을 이해하고, 적절한 대처 방법과 지지 체계를 마련함으로써, 개인은 자신의 삶에서 다시 회복할 수 있는 가능성을 가지게 된다.

나) 후유증 종류

후유증은 재난의 다양한 영향으로부터 발생하는 증상이나 상태를 의미하며, 주로 신체적, 심리적, 행동적 방식으로 나타난다. 각 후유증의 종류는 다음과 같다.

① 신체적 후유증

재난으로 인해 나타나는 신체적 후유증에는 다양한 요소가 포함된다. 신체적 부상은 재난 발생 시 직접적으로 발생할 수 있으며, 이는 외상, 골절, 열상 등으로 나타날 수 있다. 또한, 재난 이후 생기는 만성 질환이나 장기적인 신체장애도 중요한 신체적 후유증의 일환이다. 생존자들은 재난의 여파로 극심한 피로를 느끼거나 수면 장애에 시달릴 수 있으며, 식욕의 변화도 흔히 발생한다. 이러한 신체적 후유증은 개인의 일상생활을 방해하고, 일반적인 건강 상태를 악화시킬 수 있다.

② 심리적 후유증

재난의 심리적 후유증은 심리 건강에 심각한 영향을 줄 수 있으며, 대표적으로 우울증, 불안, 외상 후 스트레스 장애(PTSD)와 같은 정신 건강 문제가 발생할 수 있다. 생존자들은 사건을 회상하거나 사고 후 감정적인 고통을 경험하면서 죄책감이나 부끄러움을 느끼게 된다. 또한, 재난 경험 후 지속적인 두려움이 발생하여, 개인이 일상생활을 수행하는 데 불안감을 유발할 수 있다. 이러한 심리적 후유증은 시간이 지나도 쉽게 해결되지 않을 수 있으며, 전문적인 치료가 필요할 수 있다.

③ 행동적 후유증

재난에 따른 행동적 후유증은 개인의 행동 스타일이나 습관의 변화를 포함한다. 공격성이 증가하거나 약물, 알코올과 같은 물질 남용 행동이 일어날 수 있으며, 이는 개인의 건강과 사회적 관계에 부정적인 영향을 미칠 수 있다. 생존자들은 대인관계에서의 불신감이나 집중력 저하, 결정을 내리는 데 어려움을 겪는 경우가 많다. 이러한 행동적 후유증은 자아 정체감의 혼란과도 연결되어 있으며, 이에 따라 사람들과의 연결을 더욱 어렵게 만들 수 있다.

이처럼 세 가지 종류의 후유증은 개인의 삶에 중대한 영향을 미치며, 각 후유증은 서로 상호작용하여 더욱 복잡한 문제를 야기할 수 있다. 따라서 이러한 후유증을 인식하고 적절한 대처 방안을 모색하는 것이 중요하며, 필요할 경우 전문가의 도움을 받는 것이 필수적이다. 각 후유증은 개인의 회복 과정에 있어 다각적인 지원과 관심을 요구하는 만큼, 사회 전반에서 이에 대한 인식과 지원이 중요하다.

나) 후유증 치료

재난 이후 발생하는 후유증은 개인의 정신적, 신체적 건강에 깊은 영향을 미치기 때문에 효과적인 치료가 필요하다. 여러 가지 치료 방법들이 이 후유증을 완화하고 치료하기 위해 활용되고 있다. 아래는 후유증 치료의 주요 방법들이다.

① 인지행동요법

인지행동요법(CBT)은 부정적인 사고 패턴과 행동을 식별하고 수정하는 심리 치료의 한 형태이다. CBT의 핵심 원리는 생각, 감정, 행동이 상호 작용한다는 것이며, 사람들은 그들의 사고방식을 변형함으로써 감정과 행동을 바꿀 수 있다. 재난의 심리적 영향을 관리하는 데 있어 CBT는 매우 효과적일 수 있다. 이 치료는 개인이 스트레스와 불안을 관리하는 대처 기술 및 전략을 개발하도록 돕는다. 예를 들어, CBT를 통해 환자는 자주 경험하는 부정적인 생각을 인식하고 이러한 생각을 어떻게 긍정적인 방향으로 변화시킬 수 있을지를 배우게 된다. 이 과정은 직접적으로 외로움과 우울감의 감소로 이어질 수 있으며, 개인의 전반적인 정서적 회복에 기여한다.

② 약물 치료

약물 치료는 재난 후 발생할 수 있는 심리적 증상을 관리하는 데 중요한 역할을 할 수 있다. 이는 불안증상, 우울증, 그리고 지속적인 스트레스 반응을 줄이는 데 도움을 줄 수 있는 약물로 이루어진다. 예를 들어, 선택적 세로토닌 재흡수 억제제(SSRI)와 세로토닌-노르에피네프린 재흡수 억제제(SNRI) 등은 우울증 증상 경감에 효과적이며, 약물 치료는 심리적 안정감을 회복하는 데 중요한 기초가 될 수 있다. 하지만 약물 치료는 반드시 전문가의 상담을 통해 이루어져야 하며, 각 개인에게 적합한 약물과 용량을 조정하는 과정이 필요하다.

③ 지지세력

지지세력의 역할은 재난을 경험한 사람들에게 매우 유익하다. 지지세력은 가족, 친구,

커뮤니티 그룹 등으로 이루어질 수 있으며, 이들은 개인이 자신의 경험과 감정을 공유할 수 있는 안전하고 지지적인 환경을 제공한다. 이러한 지원 네트워크는 비슷한 경험을 갖고 있는 사람들과의 대화를 통해 서로의 고통을 나누고 감정적으로 지지받는 느낌을 줄 수 있다. 또한, 지지세력이 공동체의 느낌을 제공함으로써 개인이 고립감을 줄이고 덜 외롭게 느끼도록 도와준다. 이는 실질적인 감정적 지지뿐 아니라 사회적 정체성을 회복하는 데도 기여한다.

재난 이후 발생하는 후유증은 여러 가지 치료 방법을 통해 관리할 수 있으며, 인지행동요법, 약물 치료, 지지세력의 활용이 모두 효과적인 접근 방법이 될 수 있다. 이들 각각의 방법은 사람의 정신적, 정서적 회복을 도와주며, 이러한 치료 방안을 적절히 결합하여 적용하는 것은 외로움과 후유증을 극복하는 데에 큰 도움이 될 것이다. 각 개인이 자신에게 맞는 지원을 찾아 회복의 길로 나아가는 것이 중요하다.

다) 후유증 예방

재난으로 인한 심리적 문제의 예방은 여러 가지 방법을 통해 이루어질 수 있으며, 이는 개인의 정신적 안정과 건강한 회복 과정을 지원하는 데 매우 중요하다. 효과적인 예방 조치는 다음과 같다:

① 지원 체계 구축

가장 중요한 단계 중 하나는 재난 피해자를 지원하는 체계를 만드는 것이다. 이는 전문 상담 서비스, 심리적 지원 그룹, 지역사회의 지지세력 등을 포함하여, 도움이 필요한 사람들에게 필요한 자원을 제공할 수 있는 기반을 마련하는 것을 의미한다. 이러한 지원 체계는 피해자들이 자신의 감정을 표현하고, 심리적 고통을 경감 받을 수 있도록 돕는 역할을 수행한다.

② 교육 및 인식 증진

재난의 잠재적 심리적 영향과 대처 방법에 대한 교육과 인식 증진 역시 중요하다. 공중보건 캠페인이나 세미나를 통해 사람들에게 외상 후 증상, 불안, 우울증 등의 문제와 이를 관리하는 방법에 대한 정보를 전달할 수 있다. 다양한 형태의 교육 프로그램은 지역사회의 구성원들이 스스로와 타인의 신체적 및 정신적 건강을 이해하고 지원할 수 있는 능력을 키우는 데 기여하며, 재난 상태에서의 대처 능력을 향상시킨다.

③ **정신건강 및 의료 서비스 접근성 확보**

재난 피해자들에게 정신건강 서비스와 신체적 부상을 위한 의료 서비스에 접근할 수 있도록 하는 것이 매우 중요하다. 이를 위해 정부 및 지역사회 차원에서 필요한 자원과 서비스를 원활하게 제공해야 한다. 정신건강 전문가와 의료 서비스의 접근성을 높임으로써, 피해자들은 필요할 때 즉시 도움을 받을 수 있다. 이와 같은 지원은 후유증을 조기에 발견하고 관리하는 데 큰 도움이 된다.

④ **정서적 지원 네트워크 강화**

가족, 친구, 그리고 지역사회의 연대감이 강화되는 것도 예방의 중요한 요소이다. 정서적 지원 네트워크는 개인이 어려움을 극복하도록 도와주는 기반이 될 수 있으며, 강력한 사회적 관계는 웰빙을 증진시키고, 심리적 외상의 위험을 줄이는 데 크게 기여한다. 이러한 네트워크는 개인이 고립되지 않도록 도와주며, 서로의 경험을 나누고 감정적으로 지원받는 것이 가능하게 만든다.

재난 심리적 문제의 예방은 다각적인 접근 방식을 통해 이루어져야 하며, 지원 체계의 구축, 교육 및 인식 증진, 정신건강 및 의료 서비스 접근성 확보, 그리고 정서적 지원 네트워크 강화가 모두 상호 작용하여 효과를 발휘할 수 있다. 이러한 예방 조치를 통해 재난의 심리적 영향을 줄이고, 후유증으로 고통 받는 사람들이 보다 빠르게 회복할 수 있도록 지원할 수 있을 것이다.

4) 외상 후 스트레스 장애(PTSD)

가) PTSD 정의

PTSD는 'Post-traumatic stress disorder'의 약자로, 극심한 충격이나 외상적 사건을 경험한 사람들이 겪는 정신적 장애이다. 이 장애는 다양한 외상적 사건에 의해 유발될 수 있으며, 그 예로는 전쟁, 자연재해, 성폭력, 사고, 가족의 상실 등이 있다. 이러한 사건들은 개인에게 큰 심리적 고통을 안겨주며, 그 후유증은 장기적으로 개인의 삶에 영향을 미친다.

일반적으로 PTSD 증상은 외상 사건을 경험한 직후에는 즉각적으로 나타나지 않는 경우가 많다. 대신, 몇 주 또는 몇 달이 지난 후에 증상이 발현되는 경향이 있다. 이러한 지연된 반응은 PTSD 환자들이 감정적 고통 또는 불안이 유발되는 외상 경험을 회피하고자 하는 심리적 메커니즘의 결과일 수 있다. 외상 사건을 곧바로 처리하지 못하는 경우, 결국 미처 정리되지 않은 감정과 기억이 누적되며 복잡하게 얽힐 수 있다.

이렇게 얽힌 감정과 기억은 개인이 경험한 외상 사건의 내용을 계속 떠올려야 하거나, 감정을 억제하게 만드는 상황으로 이어진다. 이러한 과정에서는 고통스러운 기억이 불쑥불쑥 떠오르거나, 외상에 대한 강한 감정적 반응이 수면 위로 올라오는 현상도 발생할 수 있다. 이는 PTSD의 주요 증상 중 하나로, 환자가 일상생활을 정상적으로 영위하는 데 심각한 방해 요소가 된다.

PTSD는 외상적 사건에 대한 복잡한 심리적 반응으로, 시간이 지난 후에도 그 영향을 미친다. 이 장애는 개인의 정신 건강과 일상생활에 끼치는 영향이 크기 때문에, 조기 인식과 적절한 치료가 필요하다. PTSD를 효과적으로 관리하고 극복하기 위해서는 전문적인 치료와 지지가 필수적이다.

나) PTSD 증상

외상 후 스트레스 장애(Post-traumatic Stress Disorder, PTSD)는 심각한 외상 사건을 경험한 후 나타나는 심각한 정신 질환으로, 개인의 삶의 질에 심대한 영향을 미친다. PTSD의 핵심 증상은 외상 사건과 관련된 지속적이고 침습적인 회상, 악몽, 플래시백과 같은 침습적 증상들로 나타난다. 이러한 증상들은 단순히 불쾌한 기억을 넘어, 환자에게 실제로 재경험되는 것처럼 느껴지며, 심한 공포, 절망, 무력감을 동반한다. 뿐만 아니라, 회피 행동 또한 특징적인 증상인데, 외상 사건과 관련된 장소, 사람, 활동, 생각 등을 피하려는 행동을 보이며, 이는 일상생활의 다양한 영역에 걸쳐 기능 저하를 초래한다.

PTSD의 주요 증상들을 자세히 살펴보면 다음과 같다. 먼저, 침습적 증상으로는 끊임없는 외상 사건의 회상(재경험), 악몽, 플래시백, 외상 사건과 관련된 강렬한 심리적 고통이 있다. 이는 수면 장애, 특히 불면증을 야기하며, 환자의 수면 질을 심각하게 저하시켜 낮 시간의 집중력 저하 및 피로감을 유발한다. 또한, 과도한 각성 및 경계 상태를 유지하는 항진된 각성 증상이 나타난다. 이는 과민 반응, 쉽게 놀라는 반응, 지속적인 불안감, 과도한 경계심, 집중력 저하 등으로 표현되며, 일상생활에서의 어려움으로 이어진다. 마지막으로, 회피 증상은 외상 사건과 관련된 생각, 감정, 장소, 사람, 대화 등을 적극적으로 회피하는 행동으로 나타난다. 이러한 회피는 외상 사건에 대한 기억을 억압하고 감정적 무감각을 초래하며, 대인관계 단절, 사회적 고립, 우울증 등으로 이어질 수 있다.

PTSD 증상의 심각성은 개인의 특성, 외상 사건의 심각성, 사회적 지지 체계 등 다양한 요인에 따라 다르게 나타난다. 하지만 공통적으로 삶의 질 저하, 대인관계 문제, 직업적 기능 장애 등을 야기하며, 자살 위험 또한 증가시킬 수 있다는 점에서 적극적인 치료가 필수적이다. PTSD 치료는 일반적으로 약물 치료(항우울제, 항불안제 등)와 인지 행동 치료(Cognitive Behavioral Therapy, CBT), 외상 중심 치료(Trauma-focused therapy)를 병행하는 것이 효과적이며, 개인의 심리적 상태와 외상 경험에 따라 맞춤형 치료 계획을 수립하는 것이 중요하다. 또한, 가족 및 사회적 지지체계의 강화, 스트레스 관리 기술 훈련 등을 통해 환자의 회복을 돕는 것이 중요한 보조적 치료 전략이다.

재난과 같은 갑작스럽고 예측 불가능한 사건은 PTSD 발병 위험을 크게 증가시키는 주요 원인 중 하나다. 재난으로 인해 발생하는 외상은 그 강도와 지속성 면에서 개인에게 큰 영향을 미치며, 특히 사망 또는 중상을 입은 가족이나 친구를 목격하거나 직접적인 피해를 입은 경우 PTSD 발병 위험이 더욱 높아진다. 재난 이후, 외상 사건과 관련된 촉발 요인(triggers), 즉 특정 장소, 소리, 냄새, 사람 등이 과민 반응을 유발할 수 있으며, 집중력 저하 및 기억 상실, 감정적 무감각 등의 증상이 나타날 수 있다. 이러한 증상들은 재난 직후 즉시 나타나기도 하지만, 시간이 지난 후에 나타나거나, 특정 상황에서만 나타나는 경우도 있다. 따라서 재난 발생 후에는 정신 건강 전문가의 정기적인 평가와 적절한 개입이 필요하며, 지역사회 차원의 정신 건강 지원 시스템 구축 또한 중요하다.

5) 생존자의 죄책감

재난 생존자들은 사건의 심각성과 개인적 경험에 따라 다양한 심리적 어려움을 겪는데, 그 중에서도 죄책감은 흔히 나타나는 주요 정신적 부담 중 하나이다. 이러한 죄책감은 단순히 자기 비난을 넘어, 생존자의 정신건강과 삶의 질에 심각한 영향을 미치는 중요한 요소로 작용한다. 생존자의 죄책감은 여러 가지 요인에 의해 발생하며, 그 복합적인 양상을 이해하는 것이 중요하다.

첫째, 가족이나 친구의 사망에 대한 죄책감이 있다. 사랑하는 사람을 잃은 생존자들은 자신이 그들을 구하지 못했거나, 더 잘해줄 수 있었음에도 불구하고 하지 못했다는 생각에 깊은 자책감에 시달린다. 이러한 죄책감은 자신의 무능력함과 무기력함을 끊임없이 상기시키며, 지속적인 고통과 슬픔으로 이어진다.

둘째, 상대적으로 적은 피해를 입었다는 사실에 대한 죄책감이 있다. 다른 생존자들에 비해 상대적으로 경미한 피해를 입은 경우, 자신의 생존이 다른 이들의 희생과 대조되는 것처럼 느껴지면서 죄책감을 느끼게 된다. 이러한 감정은 “내가 살아남을 자격이 있을까?”와 같은 자기 의심으로 이어지며, 자신의 행복이나 안락함을 누리는 것조차 죄책감으로 이어질 수 있다.

셋째, 생존에 대한 죄책감은 자신의 생존 자체를 부끄럽고 죄스럽게 여기는 감정이다. 주변 사람들의 죽음을 목격하거나 직접적인 피해를 경험한 후, 살아남은 것에 대한 죄책감과 자기 비난은 생존자의 심리적 안정을 크게 위협한다. 이러한 감정들은 극단적인 경우 자기혐오와 자기 파괴적인 행동으로 이어질 수 있다.

생존자의 죄책감은 단순히 개인적인 감정을 넘어, 사회적 기능 저하 및 대인관계 문제로 이어질 수 있다. 죄책감에 압도된 생존자는 사회 활동을 회피하고, 다른 사람들과의 소통을 기피하며, 고립된 삶을 살아가게 될 수 있다. 이는 정신 건강 문제뿐 아니라 사회 복귀에도 어려움을 초래한다. 따라서, 재난 이후 생존자들의 심리적 회복을 위해서는 전문가의 심리 상담 및 정신과적 치료가 필수적이다. 특히, 죄책감을 중심으로 한 심리적 외상을 다루는 전문적인 접근 방식을 통해, 생존자들이 자신이 경험한 감정을 이해하고 받아들이며, 건강한 삶으로 복귀할 수 있도록 지원해야 한다. 이를 위해서는 재난 발생 후 즉각적이고 지속적인 심리 지원 시스템 구축이 중요하며, 생존자들이 편안하게 자신의 감정을 표현하고 전문가의 도움을 받을 수 있는 환경 조성이 필요하다. 또한, 사회적 지지 체계 강화를 위한 다양한 프로그램 개발 및 운영을 통해 생존자들의 심리적 회복을 돕고, 재난 이후 건강한 사회 복귀를 지원해야 할 것이다.

Disaster Psychology

재난에 대한 생물학적 관점

8 장

1. 재난에 대한 생물학적 관점 정의

생물학적 관점은 재난 이후 발생하는 심리적 문제를 이해하는 데 중요한 부분이다. 유전자, 호르몬 및 뉴로트랜스미터와 같은 생물학적 요소는 개인이 외상적 사건에 대해 영향을 미칠 수 있다. 재난에 대한 생물학적 관점은 인간이나 동물의 생물학적 반응과 그에 따른 신체적, 생리학적 변화를 이해하는 것을 의미가 있다.

재난 상황에서 인간과 동물은 생존을 위해 전략적인 대처방식을 취한다. 이를 위해 생물학적인 반응이 활성화되며, 이러한 반응은 재난 상황에서 인간과 동물의 생존을 돕는 역할을 할 수 있다.

예를 들어, 재난 상황에서 인간은 생존을 위해 신체적인 대응을 한다. 스트레스 호르몬인 코르티솔의 분비가 증가하고, 심박수와 호흡수가 빨라지며, 혈당과 혈압이 상승한다. 이러한 생리학적 반응은 긴급 상황에서 더 높은 수준의 인지와 신체적 능력을 발휘할 수 있도록 돕는다.

또한, 재난 상황에서는 인간의 뇌 활동도 변화된다. 뇌의 생존 반응인 "전뇌절하"가 활성화되어, 생존에 필요한 주요 기능에 집중하고, 다른 기능들은 억제된다. 이러한 생물학적 반응은 인간이 빠르게 대처하고 생존을 위해 최선을 다할 수 있도록 돕는다.

이러한 생물학적인 대응은 재난 상황에서 생존을 위한 필수적인 반응이지만, 장기적으로는 건강 문제를 유발할 수 있다.

재난 상황에서 생존을 위해 생체 내 미각, 후각, 청각, 시각 등의 감각이 더욱 예민해지며, 뇌에서는 비상 대응 체계가 작동한다. 이는 스트레스 호르몬인 코르티솔과 에피네프린 등이 분비되어 심박수와 호흡량이 증가하고, 혈당 농도가 상승한다. 이러한 생물학적 반응은 적극적인 대처를 위해 필수적인 것이지만, 장기적으로는 건강 문제를 유발할 수 있다.

예를 들어, 재난 상황에서는 수면 부족, 규칙적인 식사 및 운동 부족 등의 건강관리 측면에서의 문제가 발생할 수 있다. 이러한 상황은 생체 내 스트레스 호르몬의 증가로 인해 면역력 저하 및 대사증후군 등의 건강 문제를 유발할 수 있다.

또한, 재난 상황에서는 생존을 위해 식수와 식품 등의 자원을 절약하고, 위생 시설의 부족 등으로 인해 위생 문제가 발생할 수 있다. 이러한 상황은 감염성 질병의 유행을 유발할 수 있으며, 생존에만 초점을 맞추기 때문에 장기적인 건강관리 측면에서의 문제를 방치할 가능성이 높아진다.

따라서, 재난 상황에서는 생존을 위한 적극적인 대처가 필수적이지만, 장기적인 건강 관리 측면에서도 적극적으로 대처해야 있다. 이를 위해, 정부 및 지역사회는 위생 시설의 제공, 식수 및 식품 등의 자원의 안전한 보급, 건강 교육 및 서비스 등을 제공하여 건강 관리에 대한 대책을 수립해야 있다.

1) 생물학적 관점 개요

생물학적 관점은 심리학적 문제를 이해하는 데 있어 필수적인 접근 방식으로 자리 잡고 있으며, 현실적으로 정신 질환의 복잡한 메커니즘을 탐구하는 중요한 틀을 제공한다. 이 관점에서는 정신 질환의 발생 원인을 주로 생물학적 요인에서 찾으며, 호르몬, 신경전달 물질의 불균형, 유전적 소인 등이 중심적인 역할을 한다. 예를 들어, 우울증과 같은 정신 질환은 뇌의 신경전달 물질인 세로토닌과 노르에피네프린의 부족으로 연결되는 경우가 많고, 이러한 화학적 불균형을 교정하기 위해 항우울제와 같은 약물 치료가 활용된다. 이를 통해 많은 환자들이 증상이 완화되고, 보다 나은 삶의 질을 회복할 수 있다.

또한, 환경적 요인도 이 관점에서 중요한 요소로 다루어진다. 현대 사회에서 다양한 환경 독소는 뇌 건강에 부정적인 영향을 미칠 수 있으며, 이는 정신적 안녕에 연결된다. 예를 들어, 중금속 및 화학물질과 같은 독소는 신경 발달에 영향을 줄 수 있고, 이는 결국 정신 질환의 발병 위험을 증가시킬 수 있다. 더욱이, 유전적 요인은 정신 질환의 발생에 기여하는 중요한 요소로, 특정 질환의 가족력이 있는 경우에는 특정 조건에 대해 더 높은 취약성을 보이는 경향이 있다. 이러한 생물학적 소인은 환경적 요인과 복합적으로 작용하여 개별적인 정신 건강 상태를 형성하는 데 중요한 역할을 한다.

여기에 더해, 식이요법과 운동의 생활 방식의 변화도 생물학적 관점에서 간과할 수 없는 사실이다. 건강한 식사는 뇌의 화학적 균형을 유지하는 데 기초가 되며, 특히 오메가-3 지방산과 같은 특정 영양소는 뇌 기능과 밀접한 관련이 있다. 규칙적인 신체 활동 또한 정신 건강을 증진시키는 것으로 알려져 있으며, 운동은 엔도르핀과 같은 긍정적인 화학물질을 방출하여 기분을 개선하는 데 도움을 줄 수 있다. 이러한 생활 습관 변화는 생물학적 요인을 보완하고, 정신건강을 유지하는 데 있어 중요한 기초를 제공한다.

그럼에도 불구하고 생물학적 관점만으로는 모든 정신질환의 복잡한 메커니즘을 설명하기에는 한계가 있다. 인간의 심리는 단순히 생물학적 요인으로만 이해될 수 없으며, 심리 역학적 접근이나 행동 심리학과 같은 다른 관점 역시 필수적이다. 이러한 다양한 접근 방식은 정신질환의 다양한 원인과 그에 대한 반응을 이해하고, 환자에게 가장 적합한 치료 방법을 찾아내는 데 기여한다.

결국, 통합적인 시각에서 생물학적, 심리적, 사회적 요소를 모두 고려하는 것이 가장 효과적인 정신건강 접근법이라 할 수 있다. 이와 같은 포괄적인 접근은 개인의 특성과 상황에 맞는 치료 전략을 개발하는 데 중대한 역할을 할 것이며, 정신 질환을 예방하고 치료하는 데 있어 지속 가능한 해결책을 제공할 것이다. 이러한 다면적인 이해가 실천에 옮겨질 때, 우리는 정신 건강에 대한 보다 깊은 통찰을 얻고, 이를 통해 환자들에게 더 나은 지원과 희망을 제공할 수 있게 된다.

2) 생물학적 시각의 이점

생물학적 관점은 정신질환을 이해하는 데 있어 매우 중요한 역할을 한다. 이 관점에 따르면, 정신질환의 기저에는 다양한 생물학적 요인이 존재하며, 이를 연구함으로써 정신 질환의 작동 방식과 효과적인 치료 방법에 대한 포괄적인 이해를 얻게 된다. 특히, 생물학적 시각은 이러한 질환이 단순한 도덕적 결함이나 인격의 약점으로 여겨지는 사회적 편견을 줄이는 데 큰 잠재력을 지닌다. 정신질환을 여러 생리적 요인에서 비롯된 의학적 상태로 인식하게 함으로써, 환자에 대한 보다 공감적이고 이해심 있는 태도를 유도할 수 있다.

생물학적 관점의 주요 이점 중 하나는 특정 정신질환 발생의 원인을 설명하는 데 기여할 수 있다는 것이다. 예를 들어, 최근의 연구들은 유전 요인이 조현병이나 양극성 장애와 같은 정신질환의 발병에 상당한 영향을 미친다는 것을 보여주고 있다. 이러한 생물학적 원인을 이해하는 것은 해당 질환의 근본적인 원인에 대한 이해를 증진시키고, 따라서 보다 효과적인 치료 방법을 개발하는 데 필수적이다. 유전적 소인에 대한 연구는 맞춤형 의료 접근의 기초가 되며, 개별 환자의 유전적 배경에 맞는 치료 전략을 수립하는 데 도움을 줄 수 있다.

생물학적 시각은 정신질환의 잠재적 치료법을 식별하는 데 중요한 기여를 한다. 특정 신경전달 물질이나 기타 생물학적 요인을 대상으로 하는 약물 치료가 우울증이나 불안과 같은 다양한 정신건강 문제의 증상을 완화하는 데 사용될 수 있다는 사실은 이를 잘 보여준다. 이러한 약물 치료는 기존의 증상을 개선하는 데 큰 도움을 주며, 의료 현장에서 널리 이용되고 있다. 아울러, 운동 및 식습관 개선과 같은 생활 방식 변화 또한 특정 정신질환 치료에 긍정적인 영향을 미칠 수 있다. 이는 단순히 약물 치료에 의존하는 것이 아닌, 환자의 전체적인 웰빙을 고려한 통합적인 접근 방법을 의미한다.

생물학적 관점은 정신질환을 다른 의료 질환과 동일한 수준의 의료적 상태로 강조함으로써 사회적 편견을 줄이는 데 도움을 줄 수 있다. 정신질환이 생물학적 요인에 근거해 발생한다는 사실을 이해함으로써, 환자들이 개인의 약점이나 의지력 부족으로 여겨지는 낙인에서 벗어날 수 있다. 이는 환자들이 치료를 필요로 할 때 타인의 부정적인 시선이나 사회적 낙인으로부터 벗어나 보다 적극적으로 치료를 받을 수 있도록 돕는다. 따라서 생물학적 관점은 단순한 학문적 접근을 넘어 정신 건강 분야에서 환자와 사회 전반에 긍정적인 변화를 가져오는 중요한 역할을 수행한다고 할 수 있다.

2. 생물학적 요인

이 장에서는 재해 후 심리적 문제에 기여할 수 있는 생물학적 요인에 대해 심층적으로 논의하고자 한다. 생물학적 요인은 개인의 유전적 경향성, 신체 건강 상태, 그리고 특정 의학적 상황 등 다양한 요소로 구성되어 있으며, 이러한 요소들은 재해의 심리적 영향을 결정짓는 데 중요한 역할을 한다.

우선, 유전적 경향성은 재해의 심리적 효과에 상당한 영향을 미칠 수 있다. 연구에 따르면, 정신질환의 가족력이 있는 개인은 재해 후 심리적 고통을 경험할 가능성이 더 높다고 알려져 있다. 이러한 유전적 소인들은 개인의 스트레스 반응 및 감정 조절 방식에 영향을 주어, 외상 후 스트레스 장애(PTSD)와 같은 심리적 문제의 발병 위험을 증가시킬 수 있는 특정 유전적 변이에 연결될 수 있다.

다음으로 신체 건강은 재해 후의 심리적 문제에도 중요한 역할을 한다. 연구는 나쁜 신체 건강 상태가 스트레스와 우울증 증상을 증가시키는 경향이 있으며, 반대로 양호한 신체 건강은 재해의 심리적 충격을 완화할 수 있다는 것을 보여준다. 이는 신체가 외부 스트레스에 어떻게 반응하는지를 나타내며, 신체 건강이 좋은 사람은 재해 후의 스트레스 대처 능력이 더욱 높아 안정적인 심리 상태를 유지하는 데 도움이 될 수 있다.

또한, 특정 의학적 상황 역시 재해 후 심리적 문제에 미치는 영향을 간과할 수 없다. 만성 질환이나 기타 의료적 문제가 있는 개인은 우울증, 불안, 그리고 다양한 심리적 문제를 경험할 가능성이 더욱 높아진다. 이러한 상황은 신체적 건강뿐만 아니라 정신적 복합성에 의해 영향을 받으며, 재해 경험에 대한 취약성을 증가시킬 수 있다. 특정 의학적 조건을 가진 사람들은 종종 스트레스에 대한 대처 능력이 저하되어, 재해 후의 심리적 대응이 더욱 어려운 경우가 많다.

재해 후 발생할 수 있는 심리적 문제에는 여러 가지 생물학적 요인이 작용하고 있음을 알 수 있다. 유전적 경향성, 신체 건강, 그리고 특정 의학적 상황은 모두 재해가 개인에게 미치는 심리적 영향을 결정짓는 중요한 요소들이며, 이러한 요인을 인식하고 이해하는 것은 재해 후 효과적인 치료와 회복을 위해 필수적이다. 따라서 적절한 평가와 필요에 따라 전문적인 치료가 이어질 수 있도록 하는 것이 중요하다. 이러한 이해는 재해를 겪은 개인들이 더 나은 지원을 받을 수 있도록 해주는 기초가 될 것이다.

1) 유전학

유전학은 개인이 재해에 대처하는 방식에 중대한 영향을 미치는 요소로, 많은 연구가 이를 뒷받침하고 있다. 특히 특정 유전자 조합을 가진 사람들이 재해 경험 후 외상 후 스트레스 장애(PTSD)에 더 취약하다는 사실은 주목할 만하다. 이러한 현상은 특정 유전자가 스트레스 반응과 불안 조절에 깊이 관여하고, 이들 유전자가 더 활성화되어 외상적인 사건의 부정적인 영향을 더 쉽게 경험하게 만들기 때문이다. 예를 들어, 아드레날린과 스트레스 관련 호르몬의 조절을 담당하는 유전자 변이는 개인의 스트레스 처리 방식에 영향을 미쳐, 동일한 외상 경험을 가진 사람들 사이에서도 상이한 심리적 결과를 초래할 수 있다.

또한, 유전적인 요소는 재해 이후 우울증과 불안과 같은 다른 정신 건강 문제의 발생 위험에 영향을 미치는 것으로 알려져 있다. 연구에 따르면, 우울증 가족력이 있는 개인들은 재해 후 우울증 증상을 나타낼 가능성이 높으며, 이는 우울증과 연관된 특정 유전자가 세대 간에 전달될 수 있기 때문이다. 이러한 경우, 개별적인 유전적 소인은 심리적 회복력에 영향을 미쳐, 재해로 인한 스트레스와 외상에 대한 감수성을 좌우할 수 있다.

그러나 유전적 요인은 개인이 재해에 반응하는 데 영향을 미치는 수많은 요소 중 하나일 뿐이다. 환경적 요소, 사회적 지원, 그리고 개인의 대처 전략 등도 재해 경험에 대한 반응을 결정하는 데 중대한 역할을 한다. 예를 들어, 강력한 사회적 지원망을 가진 개인은 유전적으로 불리한 요인이 있더라도 외상 후 회복력이 높을 수 있다. 이는 심리적 건강을 유지하는 데 중요한 지지체계와 긍정적인 환경이 개인의 회복 과정을 돕기 때문이다.

따라서 유전학적 요소는 개인의 심리적 반응을 이해하는 데 중요한 기초를 제공하지만, 외상적 사건에 대한 반응은 그보다 더 복합적인 차원에서 형성된다. 유전적 취약성을 인지하고 이를 이해하는 것이 중요하지만, 동시에 환경적 요인과 지원 시스템을 통해 이러한 취약성을 극복할 수 있는 기회를 모색하는 것이 필요하다. 이와 같이, 유전학은 개인의 재해 대응 능력을 결정짓는 여러 요소 중 한 축을 형성할 뿐이며, 이를 종합적으로 고려하는 접근이 필요한 시점이라고 할 수 있다.

2) 신경전달물질

신경전달물질은 기분, 감정, 행동을 조절하는 데 핵심적인 역할을 하는 뇌 내 화학 물질로서, 신경 세포 간의 신호 전달을 통해 뇌의 정상적인 기능을 유지하는 데 기여한다. 이들 화학 물질은 우리의 감정적 반응과 행동 양태에 직접적인 영향을 미치며, 특히 외상 경험 후에는 그 수준의 변화가 매우 두드러질 수 있다. 재해 같은 심각한 스트레스 사건이 발생할 경우, 신경전달물질의 균형이 깨지면서 우울증, 불안 등 여러 정신적 문제가 나타나는 가능성이 높아진다.

재해 후 신경전달물질의 변화는 여러 요인에 의해 촉발된다. 우선, 재해 자체가 가져오는 정신적 충격과 스트레스는 뇌의 화학적 균형에 큰 영향을 미친다. 이 외에도 일상적인 변화, 즉 식습관의 변화, 수면 패턴의 변동, 그리고 운동 습관의 감소 등 모두 신경전달물질의 수준을 좌우하는 요소들이다. 예를 들어, 영양소 결핍이나 불규칙한 수면은 신경전달물질 생성에 악영향을 미칠 수 있으며, 이는 기분 저하와 불안 증가로 이어질 수 있다.

아울러, 특정 약물도 신경전달물질의 균형을 변화시킬 수 있다. 예를 들어, 일부 약물은 세로토닌이나 도파민 같은 신경전달물질의 활동을 조절하며, 이는 우울증과 같은 정신적 문제의 발생 위험을 더욱 높일 수 있다. 따라서, 신경전달물질 수준의 변화가 뇌와 마음에 미치는 영향을 이해하는 것은 매우 중요하다.

신경전달물질 불균형이 정신 건강에 미칠 수 있는 잠재적으로 심각한 영향을 감안할 때, 재해 후 이러한 생화학적 수준을 주의 깊게 모니터링하고 관리하는 것이 필수적이다. 적절한 치료와 지원을 통해 신경전달물질의 균형을 회복하는 노력이 필요하며, 이는 개인이 온전한 회복을 이루는 데 결정적인 요소가 될 수 있다. 정신 건강관리 접근법은 이와 같은 생물학적 요인들을 포함하여 포괄적인 치료 방안을 마련하고, 궁극적으로 개인의 전반적인 복지를 증진시키는 방향으로 나아가야 할 것이다.

3) 호르몬

호르몬은 스트레스에 대한 신체의 반응으로 분비되는 화학적 메신저로, 인간 내분비계에서 다양한 기능을 수행하는 중요한 역할을 한다. 재해나 외상적 사건 중 및 이후, 신체의 호르몬 생성은 상황의 스트레스 때문에 흔히 불균형을 초래할 수 있다. 이때 코르티솔과 아드레날린 같은 스트레스 호르몬이 과도하게 혈류에 유입되면, 피로감, 짜증, 집중력 저하와 같은 다양한 신체적 및 정신적 증상을 유발하게 된다.

스트레스 호르몬은 우리 몸에 단기 및 장기적인 영향을 미친다는 점을 기억하는 것이 중요하다. 단기적으로는 이러한 호르몬들이 위험에 신속하게 대처하고 경계하는 데 도움을 주어 신체와 뇌가 위기 상황에서 효과적으로 반응할 수 있도록 돕는다. 그렇지만, 지속적으로 높은 수준의 스트레스가 유지되면 심장 질환을 비롯한 다양한 신체적 건강 문제뿐만 아니라, 불안증과 우울증 같은 정신 건강 장애의 발생 위험 또한 증가하게 된다. 즉, 단기적인 호르몬 반응이 지속적으로 이어질 경우, 장기적인 건강에 부정적인 영향이 미칠 수 있다.

이러한 스트레스 호르몬의 부정적인 영향을 완화하기 위해서는 자기 관리 및 스트레스 관리 기술의 실천이 필수적이다. 이를 위해 적절한 운동은 피로를 줄이고 기분을 개선하는 데 도움이 되며, 규칙적인 운동은 엔도르핀과 같은 긍정적인 호르몬의 분비를 촉진해 스트레스 수치를 낮추는 데 기여한다. 또한, 명상과 이완 기법은 심리적 안정과 스트레스 감소에 효과적이며, 정신적 균형을 유지하는 데 중요한 역할을 한다. 자연 속에서 시간을 보내는 것 또한 스트레스를 완화시키고 정신적인 회복력을 높이는 데 도움이 된다.

그리고 친구, 가족, 또는 정신 건강 전문가와의 지지 관계를 형성하는 것도 중요하다. 이러한 사회적 지원은 스트레스의 심리적 증상을 완화하고, 어렵고 힘든 상황을 극복하는 데 큰 도움이 된다. 따라서, 스트레스 호르몬으로 인한 부정적인 영향을 최소화하기 위해 다양한 자기 관리 기법을 통합하고, 필요한 경우 외부의 지원을 받는 것이 효과적이다. 이러한 노력을 통해 개인은 재해 경험으로 인한 부정적인 영향을 보다 잘 극복하고, 보다 건강한 정신적, 신체적 상태로 회복할 수 있을 것이다.

3. 생물학적 개입

생물학적 개입은 재해의 심리적 영향을 극복하는 데 중요한 역할을 하는 약물, 호르몬 및 기타 생물학적 요소의 활용을 포함한다. 이러한 개입은 우울증, 불안장애, 외상 후 스트레스 장애(PTSD) 등 다양한 심리적 문제를 치료하는 데 활용될 수 있다. 일반적으로 사용되는 생물학적 개입에는 항우울제, 항불안제 및 항정신병제와 같은 약물이 포함된다. 이러한 약물들은 신경전달물질의 균형을 조절하여 정신적 증상을 완화시키고, 환자가 보다 안정적인 상태에서 치료를 받을 수 있도록 돕는다.

최근 연구에서는 산소시틴과 같은 특정 호르몬이 재해의 심리적 영향을 극복하는 데 유용할 수 있다는 점이 주목받고 있다. 산소시틴은 사회적 유대감과 신뢰감을 증진시키는 효과가 있는 것으로 알려져 있으며, 외상 경험 후 심리적 지지를 증진시키는 데 기여할 수 있다. 그런가 하면, 오메가-3 지방산과 같은 특정 보충제가 정신적인 건강을 개선하는 데 도움이 될 수 있다는 연구 결과도 제시되고 있다. 오메가-3 지방산은 뇌 건강에 중요한 역할을 하며, 염증을 줄이고 기분을 조절하는 데 기여할 수 있어 심리적 회복을 돕는 유용한 보충제로 여겨진다.

정신약물학은 정신질환의 치료를 혁신화한 분야로, 다양한 정신 건강 문제를 치료하기 위해 약물을 사용하는 것은 정신의학에서 중요한 발전이 되었다. 항우울제, 항정신병제, 감정 안정제와 같은 약물의 개발은 우울증, 불안장애, 양극성 장애 및 조현병과 같은 다양한 장애의 효과적인 치료를 가능하게 하며, 이러한 약물들은 증상의 경감을 통해 수백만 명의 삶의 질을 향상시켰다.

전통적인 정신약물학적 치료 외에도 허브 보충제를 포함한 천연 치료법에 대한 관심이 최근 증가하고 있다. 이러한 대체 요법은 일부 환자들이 전통적인 약물 치료에 대해 긍정적인 반응을 보이지 않거나 부작용을 경험할 경우 유망한 대안을 제공할 수 있다. 다만 이러한 치료의 효과는 여전히 논란의 여지가 있으며, 신중한 접근이 필요하다.

정신약물학적 약물 사용은 반드시 자격 있는 의료 전문가에 의해 처방되고 모니터링 되어야 한다. 이는 개인의 건강 상태와 약물의 효과, 부작용 등을 종합적으로 고려하여 안전하고 효과적인 치료가 이루어지도록 하기 위함이다. 이러한 생물학적 개입들은 개인의 심리적 회복을 지원하고, 재해로 인한 부정적인 영향을 최소화하는 데 중요한 역할을 하고 있다.

4. 위험에 반응하는 뇌

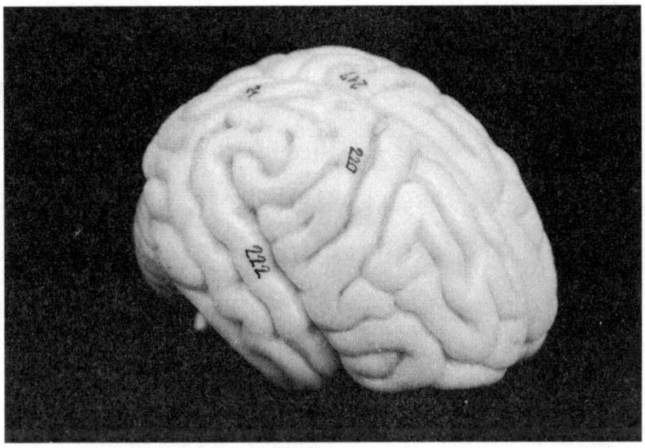

그림 8.1 뇌

인간의 뇌는 위험에 직면했을 때 자동적으로 생존을 위한 반응을 하도록 진화해왔으며, 이러한 반응은 인류의 생존 본능과 깊은 관련이 있다. 뇌의 위험 반응 메커니즘은 주로 두 가지 단계로 나뉜다.

첫 번째 단계는 감각 정보 처리 과정으로, 시각, 청각, 후각, 촉각 등의 다양한 감각 정보가 수집되고 분석된다. 이 단계에서 뇌는 외부 환경의 신호를 주의 깊게 평가하여, 위험의 존재 여부를 즉시 인식하게 된다. 예를 들어, 갑작스러운 소음이나 낯선 물체의 움직임은 즉각적으로 뇌의 감각 체계를 활성화하여 해당 위험에 반응하도록 한다.

두 번째 단계에서는 위험 정보를 인식한 뇌가 이를 처리하고 신체에 적절한 반응을 유도하는 고차적인 기능이 산출된다. 이 과정에서는 뇌의 전두엽과 같은 고차원적 영역이 과거의 경험과 현재 상황을 연결하여 최적의 대처 방법을 선택하고 실행하는 역할을 한다. 이러한 메커니즘은 생명 유지에 필수적이지만, 재난과 같은 극심한 스트레스 상황에서 이러한 반응이 지속적으로 유지될 경우, 신체와 정신 건강에 심각한 부작용을 초래할 수 있다.

재해나 위협적인 상황에서는 지속적인 긴장이 동반되며, 신경계는 스트레스 신호를 감지하고 이에 대한 신체적 반응으로 호르몬을 분비한다. 이 과정에서 뇌하수체-부신-갑상선

축이 활성화되며, 아드레노코르티코트로픽 호르몬(ACTH)이 분비되어 부신에서 스트레스 호르몬인 코르티솔을 비롯한 여러 호르몬이 방출된다. 이러한 호르몬은 신체가 '투쟁 혹은 도피' 반응을 통해 즉각적으로 위험에 대처할 수 있도록 돕는다. 코르티솔은 혈당 수치를 높이고, 면역 권리를 억제하는 등 생리적 반응을 유도하여 신속한 에너지 공급을 가능하게 한다.

하지만, 이와 같은 호르몬 분비가 장기적으로 지속될 때는 견딜 수 없는 건강 문제를 초래할 수 있다. 지속적인 코르티솔 분비는 면역 시스템을 약화시키고, 곧 이어 감염과 질병에 대해 더욱 취약한 상태로 만들 수 있다. 심혈관계에서는 혈압 상승과 심박수 증가가 나타나며, 훨씬 더 심각한 경우에는 고혈압 및 심장병 발생 위험이 증가한다. 소화기계에도 부정적인 영향을 미치며, 위산과 소화 효소 분비의 억제로 소화 불량이나 위장 문제를 유발할 가능성도 크다.

일반적인 스트레스 상황에서 호르몬의 비정상적인 분비는 신경계 및 내분비계의 균형을 깨뜨려, 정신적인 문제를 유발하게 된다. 지속적인 스트레스는 불안, 우울증, 수면 장애 같은 심리적 증상으로 나타날 수 있으며, 이는 결국 개인의 일상적인 삶과 사회적 기능에도 영향을 미친다. 더욱이, 만성적인 스트레스 상태에 노출되면 뇌의 구조와 기능에도 피해를 입히게 된다.

특히 해마는 기억력과 학습, 스트레스 대처 능력에 있어 중요한 역할을 하는 뇌 영역인데, 지속적인 스트레스에 의한 코르티솔의 과잉 분비는 해마의 세포 수를 감소시킬 수 있다. 해마의 세포 손실은 기억력 저하 및 인지 능력의 저하, 나아가서는 우울증과 불안과 같은 정신 건강 문제로 이어질 수 있다. 이처럼 지속적인 스트레스 상태는 신경 세포 간의 연결이 약화되어 뇌 기능이 저하될 수 있다는 점에서도 심각한 문제로 다가온다.

따라서 재난 상황이나 극심한 스트레스가 지속되는 경우, 개인은 효과적인 스트레스 관리 방법을 모색하고 이를 적극적으로 실천해야 한다. 운동, 명상, 심호흡 등 다양한 스트레스 완화 기법을 통해 뇌와 신체의 건강을 지키고, 정서적 안정을 찾는 것이 중요하다. 이는 단순한 자기 관리 차원을 넘어, 개인이 심리적 회복과 함께 더 나은 삶의 질을 되찾는 데 필수 있는 중요한 요소로 작용한다. 예를 들어, 규칙적인 운동은 체내 엔도르핀 수치를 증가시켜 기분을 좋게 하고, 스트레스 호르몬의 분비를 감소시키는 데 기여한다. 또한, 명상과 심리적 이완 기법은 뇌의 스트레스 반응 경로를 억제하여 감정 조절 능력을 향상시키고, 평온한 상태를 유지하도록 도와준다. 자연에서의 시간은 스트레스를 완화하고 정신적 이완을 촉진하는 효과가 있어, 이러한 요소들이 복합적으로 작용하여 개인의 심리적 회복에 큰 도움을 줄 수 있다.

더 나아가, 사회적 지지 체계의 중요성도 간과할 수 없다. 친구, 가족, 혹은 정신 건강 전문가와의 소통과 지원은 스트레스의 심리적 증상을 완화하는 데 중요한 역할을 한다. 이들은 정서적 지원과 함께 정보를 제공하고, 개인이 어려운 상황을 이해하고 대처하는 데 도움을 줄 수 있다. 이러한 상호작용은 특히 재해나 외상적 사건 이후에 중요한 심리적 완충 역할을 수행하며, 회복 과정에서 긍정적인 영향을 미친다.

인간의 뇌는 위험에 대한 반응을 자동으로 형성하며, 이는 생존 본능의 중요한 부분이다. 그러나 지속적인 스트레스와 위험 노출은 건강을 해칠 수 있으며, 이를 방지하기 위한 적극적이고 포괄적인 접근이 필요하다. 심리적 회복력을 높이는 방법, 스트레스 관리 기법, 그리고 사회적 지원은 모두 재해 후의 심리적 문제를 극복하고 건강한 삶을 회복하는 데 필수적인 요소들이다.

따라서 복잡한 스트레스 반응을 이해하고, 이를 효과적으로 관리하는 것은 각 개인이 정신적인 안정과 건강을 유지하는 데 중요한 역할을 할 것이다. 궁극적으로, 과학적 이해를 바탕으로 하여 뇌의 기능과 반응을 조절하고, 개인의 심리적 웰빙을 증진시키기 위한 방법들이 지속적으로 탐구되고 발전해야 할 필요성이 크다. 이를 통해 우리는 위험에 직면했을 때 보다 나은 대처와 회복을 이룰 수 있을 것이며, 그러한 지식은 사회 전반에 걸쳐 긍정적인 변화를 가져오는 데 기여할 것이다.

5. 위험 발생에 따른 행동

위험 상황이 발생하면 생존에 필수적인 반응을 일으키는 생존 본능이 작용하여, 인간은 주로 "싸우거나 도망가거나" 하는 대처 방식을 취한다. 이러한 반응은 고대 인간이 살아남는 데 필수적이었던 진화적 적응의 결과이다.

고대 인간은 생존을 위해 재난 상황에서 적응해야 했다. 이를 위해 우리 조상들은 생존에 필요한 능력과 기술을 발전시켰다. 예를 들어, 고대 인간은 천재지변이나 지진 등의 자연재해에 대비하기 위해 안전한 지역에 거주하는 것을 선택했으며 또한, 식량 부족 상황에서는 사냥과 채집 기술을 개발하여 생존할 수 있도록 노력했다. 고대 인간은 또한 가까운 지역의 사회적 연결망을 구축하고, 상호 협력하여 서로의 생존을 보장받았다. 이러한 협력은 자신이 만나는 위험에 대처할 수 있도록 돕는 기반을 마련하며, 지역사회 구성원 간에 유대감을 형성하는 데도 큰 역할을 했다.

따라서, 고대 인간의 진화적 적응은 재난 상황에서 생존하기 위한 필수적인 행동 방식을 발전시켰다. 예를 들어, 인간은 재난 상황에서 위협적인 상황에 빠르게 대처하기 위해 '전투 또는 도망' 반응을 보이다. 이러한 반응은 스트레스 상황에서 발생하는 호르몬 분비를 촉진하고, 생체의 대사와 면역 체계를 강화하여 생존 기회를 높인다. 고대 인간은 생존을 위해 더욱 협력하고, 사회적으로 연대하게 행동하는 경향이 있었다. 이는 지금까지도 유지되며, 재난 상황에서 서로 도와서 협력하여 대처하는 것이 생존에 더 유리하다는 것을 보여 준다.

또한, 고대 인간은 자원의 절약과 확보를 위해 예비 식량을 저장하거나, 물과 식수를 찾는 등 생존에 필수적인 자원을 찾아내는 능력을 발전시켰다. 이러한 행동 방식은 재난 상황에서 자원의 부족을 대처하는데 큰 도움을 준다. 따라서, 고대 인간의 진화적 적응은 재난 상황에서 더 효과적인 대처 방안을 마련하는 데에도 큰 도움이 된다. 이를 바탕으로 현대 사회에서도 재난 대처 전략을 수립하고, 대처 방안을 발전시켜 나가는 것이 중요하다.

이러한 반응은 신체의 호르몬 분비, 심장 박동 수 증가, 호흡 속도 증가, 근육 긴장 등으로 나타나게 된다. 이러한 반응은 주로 "화냄"이나 "도망감"과 같은 반응을 유발하며, 때로는 혼란, 패닉, 마비 등의 반응을 유발할 수도 있다.

위험 상황에 대한 대처 방식은 다양한 형태로 나타나며, 이는 주로 상황과 개인의 본능적인 반응에 따라 결정된다. 이러한 대처 방식들은 인간의 생존 본능에 뿌리를 두고 있으며, 각각의 방법이 특정한 상황에서 효과적으로 작용할 수 있다.

가) 싸우기 (Fight)

위험 상황에 직면했을 때, 많은 사람들은 그 위협에 맞서 싸우는 방식을 선택한다. 이 방식은 적극적으로 위협에 대한 저항을 통해 위험을 극복하려는 것이다. 예를 들어, 신체적으로 위협을 받았을 때 자신을 방어하기 위해 싸우는 경우를 들 수 있다. 이는 생존 본능에 따른 반응으로, 직접적인 위협이 발생했을 때 가장 일반적이고 즉각적인 대응 방식이다.

나) 도망가기 (Flight)

반면, 위험을 피하기 위해 즉각적으로 자리를 벗어나는 것도 매우 흔한 대처 방식이다. 이 방법은 위험 상황을 적극적으로 해결하기보다는 안전한 장소로 대피함으로써 위험을 회피하는 것이다. 예를 들어, 화재가 발생했을 때 신속히 건물을 빠져나가는 방식이 이에 해당한다. 이는 생존을 위한 본능적인 반응으로, 자신을 보호하려는 방향으로 대처하는 것을 의미한다.

다) 억제 (Freeze)

위험한 상황에서 인간은 때때로 동결되어 행동을 멈추는 선택을 하기도 한다. 억제 상태에서는 직접적인 대응이 어려울 때 생존을 위해 가만히 있는 경향을 보이는데, 이는 에너지를 보존하고 의도치 않은 피해를 최소화하려는 생존 전략 중 하나이다. 예를 들어, 갑작스럽게 나타난 야생동물 앞에서 너무 큰 움직임을 하지 않고 가만히 있음으로써 위협을 피하려는 경우가 있다.

라) 협상하기 (negotiation)

또한 일부 위험 상황에서는 협상을 통해 문제를 해결하는 것이 더 효과적일 수 있다. 협상은 주로 도둑이나 인질자 상황, 그리고 개인 간의 충돌과 같은 일상적인 위협에 직면했을 때 이루어질 수 있다. 예를 들어, 인질 상황에서 협상을 통해 무사히 해제되는 경우가 그렇다. 이는 명백한 물리적 대응이 아닌 대화와 타협을 통해 위험을 완화하려는 방법이다.

이러한 대처 방식은 신체적 본능 및 환경적 요인에 의해 다양한 조합으로 사용될 수 있으며, 이는 위험 상황에 적응하는 인간의 진화적 본능에 기반을 두고 있다. 올바른 대처 방식을 선택함으로써 위험한 상황에서 생존 가능성을 높이고, 자신과 타인의 안전을 지킬 수 있다. 각 방식의 중요성을 인식하고, 상황에 맞게 적절히 대응하는 기술을 기르는 것은 생존뿐만 아니라 일상생활에서의 위기관리에도 유용하다.

"인간의 생존에 필수적인 진화적 적응"은 인류가 오랜 역사 동안 진화를 거쳐 습득한 생존 전략과 관련된 개념이다. 인간은 수천 년 동안 생존에 필수적인 지식과 기술을 습득하며, 자연선택의 과정에서 다양한 환경에 대처하는 능력을 강화했다. 이러한 진화적 적응은 인간이 재난 상황에서 살아남을 수 있는 능력을 발전시켰다.

위험 상황에서의 대처방식은 매우 중요하다. 이를 위해서는 미리 계획하고 대비하는 것이 좋다. 이를 위해서는 정기적인 훈련이나 교육을 받는 것이 좋으며, 비상시 연락할 수 있는 사람들과 연락처를 꼭 기억해두는 것도 중요하다. 또한, 상황을 파악하고, 안전한 장소로 대피하거나 구조 요청을 하는 등 적절한 대처방식을 취하는 것이 필요하다.

Disaster Psychology

재난에 대한 정신분석학적 관점

9 장

1. 프로이트의 생애와 주요개념

19세기 후반과 20세기 초반, 오스트리아의 정신분석학자 지그문트 프로이트(Sigmund Freud)는 정신분석학의 아버지로 널리 알려져 있다. 그는 1856년 5월 6일 모라비아의 프레스부르크에서 태어났으며, 어린 시절 가족과 함께 빈으로 이주하였다. 빈대학교에서 의학을 전공한 그는 여기에 있는 동안 그의 직업적 경력을 쌓기 시작했다. 특히 대학 시절 그는 노이만 괴테상 수상작품을 통해 정신분석학 개념을 처음으로 발표하며 학문적 경로를 위해 튼튼한 기초를 마련하였다.

프로이트는 그의 후에 발표한 "꿈의 해석"과 "정신분석학 입문" 등의 작품을 통해 정신분석학 이론을 더욱 깊이 발전시켰다. 그의 연구는 무의식, 성적 본능, 죽음의 본능, 자아 방어기제 등의 다양한 심리적 개념을 포함하고 있으며, 이러한 이론적 토대를 바탕으로 심리치료를 제공했다. 그는 또한 정신분석학을 기반으로 한 성격 심리학 및 문학 이론 등의 연구도 수행하며 이 분야의 발전에 크게 기여하였다.

프로이트는 단순히 학술적 위상뿐만 아니라, 그의 사상이 남긴 세계적인 영향력 때문에도 인식 받고 있다. 그의 이론을 기반으로 한 학자들 중에는 카를 융(Carl Gustav Jung), 멜라니 클라인(Melanie Klein), 에리히 프롬(Erich Fromm) 등 많은 저명한 인물들이 있다. 이러한 학자들은 프로이트의 아이디어를 발전시키고 변형시키면서도, 그의 기본 원칙에 귀속하는 방식으로 작업을 이어갔다.

1939년 9월 23일, 프로이트는 런던에서 사망하였지만, 그의 업적은 오늘날에도 많은 이들에게 영향을 미치고 있다. 프로이트의 정신분석학은 다양한 심리학 분야에서 여전히 널리 사용되며, 그의 이론은 인간 정신과 심리적 현상에 대한 주요 이론으로 자리 잡았다.

그가 제시한 핵심 개념으로는 '무의식', '성적 본능', '정신 분석', '우울증', '자아', '잠재의식' 등이 있다. 무의식은 개인이 의식하지 못하는 생각, 욕구 및 충동을 의미한다. 이 무의식적인 요소들은 개인의 삶에서 중요한 역할을 하며, 행동과 감정, 태도에 크게 영향을 미친다.

성적 본능은 개인이 타고난 본능 중 하나로, 욕망과 성적 충동을 포함한다. 프로이트는 인간의 행동과 심리적 현상이 이런 성적 본능에 근본적으로 뿌리를 두고 있다고 주장하였다.

정신 분석은 개인의 무의식적인 요소를 분석하고 해석함으로써 인간의 행동과 감정을 이해하는 기법이다. 이는 개인이 자신의 문제를 해결하고 자아 성장을 할 수 있도록 돕기 위해 활용된다.

우울증은 프로이트가 인간의 본능적 욕구와의 충돌로 해석한 정서적 문제 중 하나이다. 프로이트는 우울증의 원인을 무의식 속의 충돌로 보았으며, 이를 분석하는 과정에서 정신분석학적 접근을 적용하였다.

자아는 개인의 인지적, 판단적, 판별적 기능을 담당하는 개념으로, 사회적 환경에 적응함에 따라 형성된다. 마지막으로, 잠재의식은 개개인이 의식하지 못하는 무의식적인 요소를 포함한 의식 상태를 가리키며, 이는 무의식과 자아, 성적 본능이 서로 상호작용하면서 개인의 행동과 감정에 영향을 미친다.

프로이트는 이렇듯 다양한 개념들을 제시하여 인간의 행동과 감정을 이해하는 기초를 마련하였으며, 그의 연구 결과는 현대 심리학 발전에 지대한 기여를 하였다. 그의 이론들은 재난과 같은 극단적인 상황에서 개인의 심리적 반응을 이해하고 이를 극복하는 데 유용한 틀을 제공하고 있다.

2. 재난에 대한 정신분석학적 관점

1) 소개

이 장에서는 재난에 대한 정신분석학적 관점을 통해 재난이 개인과 지역사회에 미치는 심리적 영향을 이해하고 이를 대처하는 방법을 모색하고자 한다. 첫째로, 재난과 관련된 정신분석학적 개념인 외상에 대해 논의할 것이며, 둘째로는 이러한 재난이 유발하는 후유증, 즉 외상 후 스트레스 장애(PTSD) 및 기타 심리적 문제에 대한 정신분석적 시각을 탐구할 것이다. 마지막으로, 정신분석학적 치료가 개인과 지역사회가 재난의 심리적 영향에 어떻게 대처하는 데 기여하는지를 심도 있게 살펴보겠다.

정신분석학적 관점은 재난이 개인 및 지역사회에 미치는 심리적 영향을 깊이 이해해야 한다는 점을 강조한다. 특히 재난의 외상적 경험과 그로 인해 파생되는 심리적 후유증을 어떻게 처리하는지가 장기적인 정신적 건강과 복지에 얼마나 큰 영향을 미치는지를 탐구하고자 한다. 이 관점은 재난으로 인해 사람들이 경험하는 정체성의 대혼란, 지역사회와의 유대감 손상, 안전감의 상실이 재건 과정에 어떻게 영향을 미치는지를 고찰한다.

정신분석학은 인간의 무의식적인 심리 과정에 중점을 두고, 재난이 개인의 내면세계에 미치는 영향을 분석하는 중요한 도구가 될 수 있다. 재난이 발생하면 부상당한 자아는 무의식적으로 심리적 방어기제를 동원하게 되며, 이는 공포와 불안의 증가로 나타난다. 이러한 무의식적 반응을 이해하고 수용하는 것이 재난 상황에서의 회복을 도와줄 수 있다.

재난 경험 후 나타나는 가장 두드러진 심리적 반응 중 하나는 선천적인 불안 증세이다. 예기치 않은 위험 요소가 인간의 본능적인 자기 방어 메커니즘을 활성화시키기 때문인데, 이러한 반응이 생기면 재난과 관련된 감정이 더욱 격화된다. 따라서, 정신분석적 관점에서는 이러한 무의식적 반응을 다루기 위해 치료적 접근이 필요하며, 치료 과정에서는 환자의 정서적, 인지적, 행동적 측면을 종합적으로 고려하여 대처 방안을 개발해야 한다.

재난 후 회복의 과정에서 사회적 지원의 중요성 또한 무시할 수 없다. 인간의 정체성과 안전감이 위협받는 상황에서, 타인과의 관계는 회복력을 높이는 중요한 요소로 작용할 수 있다. 정신분석학적 개입은 이러한 사회적 지원과 함께 이루어질 때 더욱 효과적인 결과를 낳을 수 있다. 치료자는 환자의 심리적 외상 이력을 살펴보고, 이를 바탕으로 적절한 치료 방법을 제시하여 회복의 경로를 마련할 수 있어야 한다.

재난은 개인과 지역사회에 단순한 외적인 피해를 줄 뿐만 아니라, 내면에서 깊은 심리적 상처를 남길 수 있는 사건이다. 따라서는 정신분석학적 관점을 통해 이러한 재난을 분석하고, 피해자의 무의식적 심리 과정과 심리적 반응을 이해함으로써, 보다 효과적인 대처 방안을 마련할 수 있게 된다. 이는 효과적인 재난 대응 및 복구 노력을 가이드 하는 유용한 통찰력을 제공하며, 결국 사람들의 삶에 실질적인 도움을 주는 기반이 될 것이며, 지속적인 정신적 건강과 복지를 증진시키는 데 기여할 것이다.

2) 정신분석 이론

정신분석 이론은 심리학 분야의 핵심적인 연구 영역으로, 19세기 말과 20세기 초 지그문트 프로이트(Sigmund Freud)의 작업에서 시작된 복잡한 역사를 가지며, 이 이론은 여러 연구자와 실무자들에 의해 지속적으로 발전하고 있다. 다양한 통찰과 관점이 추가되면서 정신분석 이론은 진화, 분화, 그리고 정제를 거쳐 현재에 이르고 있다.

정신분석 이론의 주요 개념 중 하나는 인간 행동이 무의식적 심리 과정에 의해 형성된다는 것이다. 프로이트는 이러한 무의식적 요소를 통찰하기 위해 자유연상, 꿈 해석, 그리고 이전의 경험과 기억을 회상하는 등의 다양한 기법을 사용하였다. 자유연상은 개인이 마음속에 떠오르는 모든 생각을 제약 없이 말하게 하여 무의식 속의 갈등과 욕구를 드러내는 기법이며, 이는 개인의 무의식적 심리를 탐구하기 위한 중요한 방법으로 자리매김하고 있다. 꿈 해석 또한 인간의 내면세계를 들여다보는 강력한 도구로, 꿈속의 상징과 이미지는 무의식의 표현으로 해석된다. 이러한 접근법은 심리학 분야에서 매우 영향력이 있었고, 인간 마음의 작동 원리에 대한 중요한 발견과 통찰력을 이끌어내는 데 기여하였다.

또한, 정신분석 이론에서 정립된 또 다른 중요한 개념은 오이디푸스 콤플렉스이다. 이는 아동기 동안 아동이 반대 성별 부모에 대해 나타내는 무의식적 성적 욕구와 동성 부모에 대한 질투 및 경쟁심을 설명한다. 이 개념은 다소 논란이 많았지만, 심리학 분야에서는 끊임없는 논의와 토론을 불러일으켰다. 오이디푸스 콤플렉스는 특히 부모와의 관계, 성 정체성 발달, 그리고 성적인 역할 개념을 이해하는 데 도움을 주는 중요한 틀로 작용하고 있다.

더 나아가, 정신분석 이론은 방어기제, 심리의 구조, 무의식이 행동에 미치는 역할 등 다양한 심리적 현상들을 이해하는 데 기여하였다. 방어기제는 개인이 불안이나 스트레스를 피하기 위해 사용하는 무의식적 메커니즘으로, 예를 들어 억압, 부정, 투사와 같은 기제를 포함한다. 이러한 방어기제들은 무의식에서 일어나는 갈등을 처리하는 데 필수적이며, 개인이 심리적 위기를 관리하는 방법을 보여준다.

정신분석 이론은 인간 마음의 복잡한 작용을 탐구하는 데 중요한 역할을 하였으며, 개인의 심리적 문제를 이해하고 치료하는 데 필수적인 도구가 되었다. 오늘날에도 이 이론은 심리학 분야에서 중요한 연구 주제로 남아 있으며, 정신치료, 상담, 사회적 상호작용 등을 탐구하는 데 널리 활용되고 있다. 프로이트의 작업은 현대 심리학의 발달에 깊은 영향을 미치고 있으며, 그의 이론은 오늘날에도 여전히 심리학 이론의 근본적인 기초로 자리하고 있다.

가) 심리분석과 외상

지그문트 프로이트(Sigmund Freud)에 의해 개발된 정신분석 이론은 개인이 외상적 사건에 어떻게 대응하는지를 이해하는 데 있어 포괄적인 기본 프레임워크를 제공한다. 이 이론에서는 외상이 개인의 심리적 세계에 미치는 영향을 깊이 탐구하며, 외상 경험을 따른 심리적 고통으로부터 개인이 자신을 보호하기 위해 무의식적으로 방어기제를 발전시킬 수 있다고 설명한다. 이러한 방어기제는 일반적으로 회피, 부인, 억제, 분리 등 여러 형태로 나타나며, 외상 이후 개인의 심리적 적응에 중요한 역할을 한다.

예를 들어, 회피는 개인이 외상적 사건과 관련된 고통스러운 감정으로부터 일시적으로 벗어나려는 노력으로, 초기에는 심리적 안정을 유도할 수 있다. 하지만 그러한 회피 전략은 장기적으로 볼 때 외상을 건강하게 처리하고 극복하는 데 방해가 될 수 있으며, 이러한 회피가 지속될 경우 다시 고통스러운 감정이 떠올라 심리적 고통이 지속될 수 있다. 이는 외상 경험이 개인의 삶에 미치는 영향을 복합적으로 증대시키는 요소로 작용할 수 있다.

부인 역시 중요한 방어기제로, 개인이 압도적인 감정에 직면할 때 자신이 느끼는 감정이나 상황을 왜곡하거나 사실을 인정하지 않음으로써 통제를 시도하는 방법이다. 이는 순간적으로 고통을 경감시키는 도움을 줄 수 있지만, 궁극적으로는 심리적 건강에 대한 외상의 영향을 인식하고 대처하는 데 장애가 될 수 있다. 부인 상태에 있을 때는 현실을 받아들이지 못하게 되므로, 외상 후 회복 과정이 지체될 위험이 크다.

이러한 방어기제들은 여러 면에서 유용할 수 있으며, 외상을 겪고 있는 개인에게 중요한 대처 전략으로 작용할 수 있다. 강렬한 감정을 조절하고, 일시적으로 심리적 안전과 안정을 제공하는 방어기제를 통해 개인은 초기 외상 상황에서의 심리적 피해를 최소화할 수 있다. 하지만, 방어기제는 문제를 해결하는 최종적인 방법이 아닌, 일시적인 완화에 불과하다는 점에서 한계가 있다. 전문적인 정신건강 치료는 외상 경험을 적절히 관리하고 치유할 수 있도록 도와주는 필수적인 요소이며, 치료를 통해 개인은 경험을 처리하고 건강한 대처 전략을 개발할 수 있다.

따라서 외상을 겪은 개인은 이러한 방어기제의 존재를 이해하고, 이를 통해 잠시 동안 위안을 얻을 수 있지만, 동시에 전문적인 지원과 개입을 통해 자신의 경험을 건강하게 처리해야 할 중요성을 인식하는 것이 필수적이다. 재난이나 외상적 사건을 겪은 후에는 신체적, 정서적, 사회적 지원을 받는 방향으로 나아가는 것이 회복의 중요한 열쇠가 될 수 있다.

나) 방어기제

방어기제는 인간 심리학의 필수적인 측면으로, 개인이 외상 경험으로부터 오는 심리적 고통으로부터 자신을 보호하기 위해 사용하는 다양한 심리적 전략을 뜻한다. 이들 방어기제는 의식적일 수도 있고 무의식적일 수도 있으며, 적응적으로 기능할 수도 있고 비적응적으로 작용할 수도 있다. 의식적 방어기제는 개인이 부정적인 감정으로부터 자신을 의도적으로 보호하기 위해 사용되는 전략인 반면, 무의식적 방어기제는 개인이 인식하지 못한 채 자동적으로 작동하는 전략이다. 다음은 몇 가지 주요 방어기제에 대해 살펴보겠다.

회피는 가장 일반적인 방어기제 중 하나로, 부정적인 감정을 유발할 수 있는 특정 상황이나 대상을 피하는 행위를 말한다. 예를 들어, 어떤 개인이 개에 대한 두려움을 경험하고 있다면, 그 사람은 개가 있는 공원을 피함으로써 불안을 회피할 수 있다. 이처럼 회피는 일시적으로 안도를 느끼게 해주지만, 장기적으로는 유사한 상황을 마주했을 때의 불안을 증폭시킬 수 있다.

부인 또한 흔히 나타나는 방어기제이며, 이는 현재 상황의 현실성을 부정하려는 노력을 포함한다. 예를 들어, 말기 진행성 질환 진단을 받은 사람이 자신의 상황의 심각성을 인식하지 않으려 할 수 있다. 부인은 심리적 고통을 즉각적으로 피하는 방법이지만, 이러한 상태가 지속되면 결국 객관적인 현실을 외면하게 되어 재활이나 치료에 지장을 초래할 수 있다.

억제는 외상적 기억이나 생각을 무의식적으로 밀어내는 방어기제로, 외적 자극이나 내적 감정이 개인에게 심리적 고통을 주는 것을 방지하려는 의도라 할 수 있다. 이 방어기제는 종종 개인이 죄의식이나 수치심을 느끼지 않도록 도와주는 방안으로 작용하지만, 진정한 치유에 도달하기 어렵게 만드는 장애 요인이 되기도 한다.

분리는 보다 극단적인 형태의 억제로, 개인이 강렬한 감정적 고통으로부터 보호되기 위해 자신을 현실에서 분리하는 경향을 말한다. 심한 외상을 경험한 사람들은 이 방어기제를 사용하여 그들의 경험을 심리적으로 처리하려 할 때가 많다. 이러한 상태에서는 그들이 경험한 심리적 외상으로부터의 거리감을 통해 즉각적인 고통을 줄이려 하지만, 장기적으로는 재처리 과정이 지연될 수 있다.

방어기제는 부정적인 감정으로부터 개인을 보호하기 위해 사용되는 인간 심리학의 필수적인 요소라고 할 수 있다. 일부 방어기제는 적응적으로 기능하여 개인의 심리적 안정성을 증가시킬 수 있지만, 다른 경우에는 장기적인 문제를 유발하거나 외상 경험을 제대로 처리하지 못하게 만드는 부작용을 초래할 수 있다. 방어기제의 적절한 활용과 인지는 외상 회복 과정의 일환으로써, 심리적 해소와 건강한 대처 방식 개발에 중요한 역할을 할 것이다.

다) 외상 극복

정신분석 이론은 개인이 심리치료를 통해 외상 경험을 극복할 수 있다는 가능성을 제시한다. 심리치료는 개인이 자신의 방어기제를 인식하고 감정을 받아들이는 법을 배우도록 돕는 과정이다. 이를 통해 개인은 외상 경험을 효과적으로 처리하고, 보다 안정적인 일상생활을 유지할 수 있는 능력을 키운다.

외상 극복을 위한 심리치료 기법 중 대표적인 방법으로는 인지행동치료(CBT)가 있다. 인지행동치료는 부정적인 사고 패턴과 행동을 수정하는 데 중점을 두며, 개인이 왜곡된 사고를 인식하고 이를 긍정적인 사고방식으로 대체할 수 있도록 돕는다. Beck & Haigh (2014)의 연구에 따르면, 인지행동치료는 외상 후 스트레스 장애(PTSD) 환자의 증상을 완화하는 데 효과적인 치료법으로 인정받고 있다.

또한, 노출 치료(Exposure Therapy)는 개인이 안전하고 통제된 환경에서 외상 사건에 대한 점진적인 노출을 경험하도록 유도하는 방식이다. 이 과정은 외상에 대한 긴장과 두려움을 점차 감소시키며, 부정적인 감정적 반응을 조절하는 데 도움을 준다(Foa, Hembree, & Rothbaum, 2007). 노출 치료는 특히 PTSD 환자들에게 효과적인 기법으로 널리 사용되고 있으며, 외상과 연관된 회피 행동을 줄이고 감정적 반응을 안정시키는 데 기여한다.

눈 운동 감각 재처리 및 다시 처리(Eye Movement Desensitization and Reprocessing, EMDR) 역시 외상 극복에 효과적인 치료법으로 인정받고 있다. EMDR 치료는 외상적으로 해로운 기억을 재처리하도록 돕는 기법으로, 눈의 움직임을 이용하여 부정적인 기억과 감정을 처리하는 방식이다. Shapiro (2018)의 연구에 따르면, EMDR 치료는 외상 후 스트레스 반응을 줄이는 데 매우 효과적인 것으로 나타났으며, 뇌의 정보 처리 과정을 조정하여 감정적 고통을 완화하는 역할을 한다.

이와 더불어, 지원 그룹(Support Groups)은 외상 극복을 위한 중요한 자원이 될 수 있다. 지원 그룹은 유사한 경험을 가진 사람들과 감정을 나누고 공유할 수 있는 안전한 공간을 제공하며, 공감과 이해를 통해 정서적 지지를 얻을 수 있도록 한다. 지원 그룹의 참여는 개인이 외로움을 덜 느끼고 공동체 속에서 소속감을 가지도록 돕는다. 연구에 따르면, 사회적 지지는 외상 후 회복 과정에서 긍정적인 영향을 미치며, 심리적 안정감을 증진시키는 중요한 요소로 작용한다(Brewin, Andrews, & Valentine, 2000).

외상 극복 과정은 개인마다 다르게 나타나며, 반드시 선형적인 과정이 아닐 수도 있다. 어떤 사람들은 외상 후 비교적 빠르게 적응하고 일상으로 돌아가는 반면, 어떤 사람들은 오랜 시간 동안 고통을 경험하며 반복적인 감정의 기복을 겪을 수 있다. 이는 외상 경험의 강도, 개인의 심리적 탄력성, 사회적 지지의 유무, 그리고 개인이 처한 환경적 요인에 따라 달라질 수 있다.

외상 극복 과정에서 중요한 점은 단기적인 해결책을 기대하기보다는 지속적인 지원과 노력이 필요하다는 것이다. 외상의 영향은 단순히 시간의 흐름만으로 해결되지 않는 경우가 많으며, 적극적인 개입과 자기이해, 그리고 적절한 심리적 조력이 필요하다. 외상은 종종 깊은 정서적 상처를 남기며, 단순히 사건 자체를 잊는 것이 아니라 이를 어떻게 해석하고 받아들이느냐에 따라 회복의 속도와 정도가 달라질 수 있다. 따라서 단순한 억압이나 회피보다는 외상과 관련된 감정을 충분히 탐색하고 건강한 방식으로 표현하는 것이 중요하다.

특히 외상을 극복하는 과정에서는 공감과 안정적인 환경이 필수적이다. 외상을 경험한 사람들은 종종 세상이 더 이상 안전하지 않다고 느끼며, 타인에게 마음을 여는 것이 어렵다고 생각할 수 있다. 이 때문에 신뢰할 수 있는 가족, 친구, 혹은 전문가의 지속적인 지지가 필요하며, 이러한 관계는 외상 경험자가 심리적으로 안정감을 찾고 자신의 감정을 표현하는 데 도움을 줄 수 있다. 연구에 따르면, 외상 후 긍정적인 사회적 지지를 경험한 개인은 그렇지 않은 사람들보다 PTSD 증상이 완화되는 경향이 높으며, 심리적 회복력이 강화된다고 한다(Brewin, Andrews, & Valentine, 2000).

3. 정신분석학적 치료 방법

재해의 심리적 영향을 극복하는 데 있어 정신 분석 기법을 활용하는 것을 재해의 정신 분석 치료라고 하며, 이는 정신적 외상과 미해결된 갈등이 개인에게 미치는 심리적 영향을 이해하고 극복하는 데 중점을 둔다. 이 치료 방법은 일반적으로 개인과 그룹 치료 요소를 결합하여 진행된다.

개인 요법에서는 심리치료사가 환자와 함께 재해에 대한 감정과 반응을 탐구하며, 잠재적인 심리적 문제를 발견하고 건강한 대처 전략을 개발하는 데 초점을 맞춘다. 이 과정에서 치료사는 환자에게 안정적이고 지지적인 환경을 제공하여, 환자가 감정을 안전하게 탐색할 수 있도록 돕는다. 이러한 신뢰 관계는 환자가 자신에게 영향을 미친 재해와 관련된 미해결된 갈등을 더 깊이 이해하고 극복할 수 있도록 하는 중요한 요소로 작용한다.

그룹 상담 또한 재해의 정신 분석 치료에서 중요한 역할을 하며, 이는 개인이 자신의 경험을 공유하고 다른 사람들로부터 배울 수 있는 안전하고 지원적인 환경을 제공한다. 그룹 세션에서는 환자들이 유사한 상황을 경험한 다른 이들과의 감정적 연결을 통해 서로를 지지하며, 이는 심리적 고립감을 해소하고 회복의 과정에서 굉장한 힘이 된다.

정신 분석 치료의 핵심은 무의식적인 갈등과 동기를 탐구하여 개인의 심리적 깊이를 이해하는 것이다. 많은 심리적 문제는 이 무의식적인 갈등에서 기인한다고 여겨지며, 이러한 갈등을 발견하고 이해함으로써 개인은 자신의 행동의 근본적인 원인을 파악하고 긍정적인 변화를 이룰 수 있는 기회를 갖게 된다.

정신 분석 치료는 재해와 관련된 심리적 문제를 포함한 다양한 심리적 문제를 다루는 데 유용하다. 예를 들어, 자연재해로 인해 영향을 받은 개인은 외상 후 스트레스 장애(PTSD)를 경험할 수 있으며, 이는 불안, 우울증, 그리고 신체적인 증상으로 나타날 수 있다. 정신 분석을 통해 개인은 고통의 근본적인 원인을 탐구하고, 의식적 및 무의식적인 마음의 갈등을 더욱 잘 이해할 수 있는 기회를 얻는다. 이를 통해 개인은 외상의 여파를 처리하는 데 필요한 대처 기술을 개발할 수 있으며, 이는 궁극적으로 개인이 자신의 삶을 더욱 긍정적으로 변화시킬 수 있도록 지원한다.

정신 분석 치료는 개인이 스스로와 자신의 행동을 더 깊이 이해할 수 있도록 돕고, 무의식적 요소를 탐구하며 자기 인식을 강화하고 새로운 통찰력을 얻는 기회를 제공한다. 이러한 과정은 심리적 고통을 다루는 데 필요한 기술을 습득하도록 도와주며, 개인이 보다 건강하고 지속적인 회복을 이룰 수 있도록 하는 데 중요한 역할을 한다.

전반적으로, 재난에 대한 정신 분석 치료는 재난 상황에서 발생할 수 있는 정신적인 후유증을 예방하고 회복을 돕는 데 중점을 두고 있다. 이 치료는 불안, 우울, 스트레스, 인간관계 문제 등 다양한 정신적 문제들을 다루며, 프로이트와 같은 초기 정신분석가들이 발전시킨 이론에 기초하고 있다. 이러한 치료는 개인의 무의식적인 과거 경험과 현재 경험의 상호작용을 강조하는 접근으로, 개인이 심리적 위기에 대처하는 데 유용한 길잡이가 될 수 있다.

1) 자유연상

자유연상(Free Association)은 무의식적인 생각과 감정을 발견하는 데 매우 유용한 심리분석 기술이다. 이 기술은 환자에게 자신의 생각을 검열하거나 편집하지 않고 무엇이든 말하도록 요청한다. 또한 이것은 환자의 무의식적인 마음에 대한 통찰력을 얻고 재해 이후 심리적 고통의 근본적인 원인을 찾아내는 데 매우 효과적이며, 심리치료사는 환자의 말과 연관성을 해석하여 환자의 심리 상태를 더 깊이 이해할 수 있다.

이 과정은 환자가 재해의 여파로 인해 고통을 겪고 있는 경우, 자신의 생각과 감정을 더 잘 이해하고 더 효과적인 대처 전략을 개발할 수 있도록 돕는다. 또한 이 기술은 우울증, 불안, 외상 등 다양한 심리적 문제를 탐색하는 데 사용될 수 있으며, 심리치료사는 자유연상을 사용하여 환자가 자신의 정신 건강을 더 잘 이해하고 증상을 관리하고 삶의 질을 개선할 수 있는 기술과 도구를 습득할 수 있도록 도와준다.

자유연상은 환자가 심리적 고통을 극복하는 데 도움이 되는 많은 심리 분석 기술 중 하나이다. 다른 기술로는 꿈 해석, 이전 경험 전이, 상대 전이 등이 있다. 각각의 기술은 환자의 고유한 요구와 상황에 따라 매우 유용하게 사용될 수 있다.

자유연상은 일반적으로 매우 자유로운 분위기에서 이루어지며, 상담자는 주관적인 해석을 최소화하려고 노력한다. 대신, 상담자는 환자의 말을 귀 기울여 듣고, 그것을 정성적으로 기록한다. 이를 통해 상담자는 환자의 말에서 드러나는 무의식적인 요소를 찾아내고, 이를 통해 환자의 문제를 해결할 수 있도록 돕는다.

자유연상은 정신 분석에서 가장 기본적이면서도 중요한 기술 중 하나이며, 다른 기술들의 기반이 된다. 이 기술은 환자의 내면 계를 파악하는 데 매우 유용하며, 심리적인 문제를 해결하는 데 큰 도움이 된다.

2) 꿈 해석

꿈 해석(Dream Analysis)은 정신 분석학에서 중요한 기법으로, 개인의 무의식적인 갈등과 감정을 이해하는 데 도움을 주는 방법이다. 이 기법을 통해 정신 분석가는 환자가 꾼 꿈을 분석하고, 그 꿈이 나타내는 심리적 요소를 탐구함으로써, 환자의 내면세계와 심리적 문제에 대한 깊은 통찰을 얻을 수 있다. 다음은 꿈 해석 과정에서의 몇 가지 사례를 통해 이 기법의 실제 적용 방식과 그 의미를 풍성하게 살펴보겠다.

첫 번째 사례로, 한 환자가 하늘을 자유롭게 나는 꿈을 꾸었다. 이 꿈에서 비행 중 환자는 경쾌한 기분을 느끼며 아무런 제약도 느끼지 않았다. 이 꿈은 자유와 해방감을 상징하며, 정신 분석가는 환자가 현재의 일상에서 느끼는 스트레스나 압박에서 벗어나고 싶어 하는 욕구가 내재되어 있다고 해석할 수 있다. 이러한 해석을 통해 상담자는 환자가 자신의 자유를 찾기 위해 적극적으로 어떤 변화를 원하고 있는지를 논의할 기회를 가질 수 있다.

두 번째 사례로, 다른 환자가 꿈에서 쥐를 보았고, 쥐가 자신에게 위협을 가하는 상황을 묘사하였다. 이 꿈에서 쥐는 불안이나 두려움을 상징하며, 이는 환자가 현실에서 어떤 위협적 요소를 직면하고 있다는 것을 반영할 수 있다. 정신 분석가는 이 꿈을 통해 환자가 어떤 상황에서 위협감을 느끼고 있는지를 탐구함으로써, 그들이 경험하는 두려움의 원인을 파악하는 데 도움을 줄 수 있다.

또한, 한 환자는 깊은 물에 빠져 허우적대는 꿈을 꾸었다. 이 꿈에서 물은 감정을 나타내며, 물속에 빠지는 것은 감정적으로 압도당하거나 통제력을 잃는 상황을 반영할 수 있다. 치료사는 이 꿈을 통해 환자가 현실에서 느끼는 감정의 고통 또는 스트레스의 원인에 대해 탐색할 수 있으며, 이러한 감정을 건강하게 처리하는 방안에 대해 논의할 수 있다.

세 번째 사례로, 한 환자가 유년 시절의 친구를 꿈에서 만나는 경험을 하였다. 이 꿈은 따뜻한 대화를 나누는 내용으로, 과거의 친밀한 관계를 회상하게 만들었다. 꿈에서의 이러한 만남은 환자가 현재의 삶에서 느끼는 공허감이나 결핍감을 반영할 수 있으며, 치료사는 환자가 어떤 방식으로 과거의 경험과 현재의 감정을 연결하고 있는지를 탐구함으로써 심리적 회복의 길을 모색할 수 있다.

마지막으로, 한 환자는 누군가에게 쫓기는 꿈을 경험하였다. 이 꿈에서 환자는 정체불명의 흐릿한 형체에 쫓기면서 감정적으로 고립된 느낌을 받았다. 추격의 꿈은 피해야 할 상황이나 감정을 나타내며, 여기서 흐릿한 인물은 불안의 근원이 명확하지 않음을 상징한다. 정신 분석가는 이 꿈을 통해 환자가 어떤 내면의 갈등이 나 두려움을 직면하고 있는지를 알아보고, 이를 통해 심리적 해소의 기회를 마련하는 계기로 삼을 수 있다.

이와 같이 꿈 해석은 개인의 무의식적인 심리를 탐구하고, 각 꿈의 상징적 의미를 통해 심리적 문제와 감정에 대한 깊은 통찰을 제공하는 중요한 과정이다. 이러한 과정은 환자가 자신을 더 잘 이해하고, 심리적 갈등을 해결하는 데 큰 도움을 주며, 궁극적으로는 정신적 회복과 자기 인식을 돕는 데 기여한다.

3) 전이

전이(Transference)는 정신 분석학에서 중요한 개념으로, 환자가 상담자나 치료자에게 가지는 감정이나 태도를 의미한다. 이 개념은 환자의 과거 경험과 깊은 연관이 있다. 환자가 과거의 중요한 관계에서 느꼈던 감정이 현재의 치료 관계에서 다시 나타나는 현상으로, 이는 무의식적인 반응으로 발생한다. 전이는 치료적인 관계에서 중요한 역할을 하며, 이를 통해 환자는 자신의 심리적 갈등과 불안을 탐구할 수 있다.

예를 들어, 한 환자가 어린 시절 부모에게서 충분한 애정을 받지 못한 경험이 있다고 가정해 보자. 이 환자는 치료 세션 중 상담자에게 무의식적으로 그리움을 느끼고, 상담자가 자신에게 보여주는 관심과 배려를 부모와 동일시하게 될 수 있다. 이러한 경우, 환자는 상담자에게 더 많은 관심과 보호를 요구하게 되며, 이는 그가 과거의 상처를 치유하고자 하는 욕구의 표현으로 볼 수 있다. 상담자는 이러한 감정을 탐색하며, 환자가 무의식적으로 부모와 치료자의 관계를 혼동하고 있다는 사실을 이해하게 된다. 또한 이 과정을 통해 환자는 자신의 감정에 대한 통찰을 얻게 되고, 비슷한 감정의 출처를 이해하는 기회로 삼을 수 있다.

전이는 때때로 부정적인 형태로 나타나기도 한다. 예를 들어, 한 환자가 상담 과정에서 상담자에게 적대감을 느끼거나 의심하기 시작한다면, 이 감정은 과거에 경험한 권위자나 트라우마와 관련된 감정일 수 있다. 환자는 자신의 불안정한 감정을 치료자에게 투사함으로써, 자신의 문제를 외면하게 되는 결과를 초래할 수 있다. 이런 경우, 상담자는 환자의 전이적 감정을 깊이 이해하고, 그것이 환자의 무의식적인 갈등으로부터 비롯된 것임을 밝혀내어야 한다. 이를 통해 치료자는 환자가 과거의 경험과 현재의 감정을 다루는 데 도움을 줄 수 있으며, 환자가 느끼는 감정의 원인을 명확히 파악할 수 있도록 지원한다.

전이는 치료 관계에서 중요한 학습의 기회를 제공하지만, 상담자가 이 감정에 지나치게 반응하거나 감정적인 부담을 느끼게 되면 상담의 진행 방향이 흔들릴 수 있다. 예를 들어, 상담자가 환자의 전이에 대해 과도하게 민감하게 반응하면, 치료 세션은 환자의 고통스러운 과거에 대한 논의에서 벗어나게 되고, 환자는 이전의 상처를 해결하는 데 실패할 수 있다. 따라서 상담자는 전이를 주의 깊게 관찰하며, 이를 통해 출현하는 감정이 현재의 치료 관계에 어떻게 관련되는지를 적절히 탐색해야 한다.

결론적으로, 전이는 환자의 무의식적인 감정과 갈등을 이해하는 데 있어 치료적으로 중요한 요소이며, 이를 통해 환자는 자신의 심리적 문제를 깊이 탐색할 수 있는 기회를 얻는다. 전이 현상을 적절히 활용하고 관리하는 것은 상담자와 환자 간의 신뢰를 구축하고, 치료의 효과를 극대화하는 데 필수적이다. 이 과정은 환자가 자신의 감정을 이해하고, 그를 통해 더 나은 자기 인식을 이루어 나가는 길잡이가 될 것이다.

4) 투영

투영(projection)은 정신 분석에서 매우 중요한 개념으로, 개인이 가진 불안, 적대감 또는 부정적인 감정 등을 자신의 내면에서 외부의 대상이나 타인에게 덮어씌우는 방식을 의미한다. 이는 개인이 자신의 감정을 인정하거나 받아들이기 어려운 경우, 이를 외부에서 발견한 것처럼 인식하게 만드는 무의식적인 과정이다. 결과적으로, 개인은 자신의 내면에서 겪고 있는 갈등을 외부로 투사함으로써 심리적 안정을 추구하게 된다.

예를 들어, 자신이 가지고 있는 적대감이나 분노를 인식하지 못하는 개인은 이러한 감정을 주변 사람에게 투영하여 타인을 적대적인 존재로 만든다. 가령, 직장에서 불만이 쌓인 직원을 상상해보면, 그는 동료가 자신의 의견을 무시한다고 느끼고 그들에게 분노를 느끼며, 이를 통해 동료들이 자신에게 적대적이라는 잘못된 인식으로 발전할 수 있다. 이러한 투영은 원래 자신이 느끼는 감정의 책임을 외부로 이동시킴으로써, 자신에게서 그 감정을 숨기려는 시도로 해석될 수 있다.

투영은 자아 방어기제의 하나로 기능하며, 개인이 불안하거나 받아들이기 힘든 감정을 외부로 돌림으로써 심리적 보호를 유지하려는 수단으로 작용한다. 하지만 이러한 방어적 방식은 정작 자신이 겪고 있는 문제를 해결하는 데 방해가 될 수 있으며, 타인을 부정적으로 인식하게 하여 관계를 악화시키는 결과를 초래할 수 있다. 이러한 경향성은 결국 심리적 갈등을 심화시킬 우려가 있다.

정신 분석에서는 투영을 이해하고, 이를 자아의 문제 해결에 활용하는 방식으로 접근할 수 있다. 치료 과정에서 환자가 자신이 가진 감정이나 불만을 타인에게 투사하는 양상을 관찰하게 되면, 상담자나 치료자는 이를 인식하고 환자의 문제와 그 감정이 어떻게 연결되는지를 분석하려고 노력한다. 이러한 과정은 환자가 자신의 내면 갈등을 통찰하고 이해하는 데 중요한 기여를 할 수 있다.

예를 들어, 투영을 통해 자신이 느끼는 부정적인 감정을 다른 사람에게 덮어씌우는 환자가 있다고 가정하자. 상담자는 이 환자와의 대화 중 환자가 타인의 행동에서 불만을 표출하는 것을 관찰하면서, 이를 통해 환자에게 그가 실제로 겪고 있는 감정을 인식하도록 유도할 수 있다. 상담자는 그러한 투영의 양상이 고통스러운 내면의 감정에서 비롯되었음을 설명하고, 환자가 자신이 향한 감정을 직접 직면하도록 도와줄 수 있다.

환자가 자신의 부정적인 감정이나 욕구를 자신이 아닌 타인에게 부여하는 것은 단기적으로 심리적 안정을 제공할 수 있으나, 이는 문제 해결의 대안이 아니다. 오히려 자신의 심리적 갈등을 숨어두고 부정적으로 인식하는 길을 강화할 수 있다. 따라서 상담자나 치료자는 환자가 투영을 사용할 때 이를 민감하게 인식하고, 환자가 자신의 감정과 욕구를 이해할 수 있도록 안내하는 것이 매우 중요하다. 이를 통해 환자는 자신의 문제를 받아들이고, 극복할 수 있는 대안을 찾는 데 이르는 과정을 경험할 수 있게 된다.

5) 현실성 검사

현실성 검사(Reality Testing)는 정신분석학에서 중요한 개념으로, 개인이 자신의 사고, 감정, 욕구, 그리고 지각이 실제 현실과 일치하는지를 평가하는 과정이다. 이 과정은 정신적으로 건강한 삶을 유지하는 데 필수적이며, 개인이 자신이 처한 상황을 보다 객관적으로 분석할 수 있도록 돕는다. 현실성 검사는 특히 개인이 자신의 감정을 오해하거나 사고를 왜곡할 때 유용하게 적용되며, 이를 통해 합리적인 판단을 내리는 능력을 길러준다.

정신분석학에서는 현실성 검사가 자아(Ego)의 핵심 기능 중 하나로 작용한다고 본다. 프로이트(Sigmund Freud)에 따르면, 자아는 본능적 충동(Id)과 초자아(Superego) 사이에서 균형을 유지하며 현실에 적응해야 하는데, 이 과정에서 현실성 검사가 중요한 역할을 한다. 현실성 검사는 개인이 내면의 환상과 외부 현실을 구별할 수 있도록 도우며, 왜곡된 사고를 수정하는 데 핵심적인 역할을 한다. 만약 현실성 검사가 제대로 작동하지 않는다면, 개인은 자신의 감정과 사고를 지나치게 주관적인 시각에서 해석하여 비합리적인 결론을 내리게 된다.

현실성 검사는 감정 조절과 사고 패턴을 수정하는 데 매우 중요한 역할을 하며, 이를 통해 개인은 보다 건강한 대인관계를 형성하고 삶의 질을 향상시킬 수 있다. 예를 들어, 한 사람이 친구의 사소한 행동을 보고 "그가 나를 싫어한다"라고 결론을 내리는 경우, 현실성 검사를 통해 그러한 생각이 실제 근거를 가지고 있는지 점검할 수 있다. 만약 객관적인 근거 없이 감정적으로만 판단한 것이라면, 이는 감정적인 오해이며, 현실성 검사를 통해 사고의 균형을 맞출 필요가 있다.

현실성 검사는 다양한 심리적 문제를 다루는 데 필수적인 요소로 작용한다. 우울증을 가진 사람들은 종종 자신을 과도하게 부정적으로 평가하는 경향이 있으며, 이러한 사고 패턴을 수정하기 위해 현실성 검사가 필요하다. 불안장애 환자들도 마찬가지로 불안을 유발하는 요소가 실제 위협인지, 아니면 과장된 공포인지 평가할 필요가 있다. 또한, 조현병 환자들의 경우 현실과 환상을 구별하는 능력이 저하될 수 있으므로, 정신 건강 전문가들은 현실성 검사를 통해 인지 왜곡을 줄이고 환자의 사고를 보다 현실에 기반하도록 유도한다.

외상 후 스트레스 장애(PTSD)를 겪는 사람들은 종종 과거의 외상적 경험이 현재에도 반복될 것이라는 두려움을 가진다. 현실성 검사는 이러한 감정이 실제 상황에 기반한 것인지, 아니면 과거 경험이 현재에 영향을 미쳐 왜곡된 인식을 만들고 있는지를 평가하는 데 도움을 줄 수 있다. 트라우마 생존자들이 현재의 위험과 과거의 위험을 혼동하지 않도록 돕는 것은 현실성 검사의 중요한 기능 중 하나이다.

현실성 검사를 효과적으로 수행하기 위해서는 몇 가지 훈련 기법을 활용할 수 있다. 인지 재구조화(Cognitive Restructuring) 기법을 사용하면 개인은 자신의 사고가 객관적인 사실에 근거한 것인지 확인하고, 필요하다면 왜곡된 생각을 보다 현실적인 관점으로 수정할 수 있다. 또한, 객관적 근거 검토(Reality Check) 방법을 활용하면 감정적으로 강하게 반응한 사건을 다시 검토하며 현실적인 평가를 시도할 수 있다. 타인의 피드백을 활용하는 것도 현실성 검사의 중요한 도구가 된다. 신뢰할 수 있는 사람이나 전문가에게 자신의 사고를 검토받고, 자신이 느끼는 감정이 실제 상황과 일치하는지 확인하는 과정은 현실성 검사 능력을 키우는 데 큰 도움이 된다.

현실성 검사는 개인이 자신의 사고와 감정을 보다 객관적으로 평가할 수 있도록 돕는 중요한 심리적 기제이다. 이를 통해 왜곡된 사고 패턴을 수정하고, 대인관계를 개선하며, 정신 건강을 유지하는 데 기여할 수 있다. 현실성 검사를 훈련하고 활용하는 것은 개인이 보다 건강한 사고방식을 갖도록 하는 데 필수적인 요소이며, 이는 장기적으로 심리적 안정성과 자아 성장에 긍정적인 영향을 미칠 수 있다.

4. 정신분석학적 치료 순서

정신분석학적 치료란, 우리 마음속 깊은 곳에 있는 무의식을 이해하고, 이를 바탕으로 문제를 해결해 나가는 방법을 말한다. 이 방법은 말로 이야기를 나누는 것이 중요한데, 이때 의사나 상담사는 말을 잘 들어주고 이해해준다. 그리고 환자는 이를 통해 자신의 마음속에 무엇이 문제인지 스스로 깨닫게 되어, 더 나은 삶을 살아갈 수 있게 된다.

다음은 일반적인 정신분석적 치료의 절차에 대해서 알아보자

1) 초기 평가

정신분석적 치료의 절차에서 초기 평가는 상담자와 환자 간의 신뢰 관계를 형성하고, 환자의 전반적인 배경과 문제를 이해하기 위한 중요한 단계이다. 이 과정에서 상담자는 환자의 역사, 현재의 문제, 치료 목표에 대한 정보를 체계적으로 수집한다. 초기 평가는 환자의 심리적 경로를 탐색하며, 상담 과정의 방향성을 설정하는 기초가 된다.

가) 환자의 역사

환자의 역사를 탐구하는 것은 그들의 인생 경험, 과거의 상담 또는 치료 경험 등 다양한 요소를 포함한다. 이러한 정보는 환자의 개인적 배경과 현재 상황, 그리고 증상에 대한 전반적인 이해를 도모하는 데 필수적이다. 예를 들어, 자존감 문제로 고통 받고 있는 환자를 상담한다고 가정해 보자. 환자의 역사를 자세히 들여다보면, 어릴 적 가족으로부터 충분한 칭찬이나 인정을 받지 못했거나, 학교에서 괴롭힘을 당한 경험이 있을 수 있다.

이러한 과거의 경험은 환자가 자신에게 부정적인 자아 이미지를 형성하게 만들었을 수 있으며, 현재 자신을 평가할 때 부정적으로 바라보는 경향을 강화하는 원인이 될 수 있다. 역사적인 요인은 종종 현재의 심리적 문제와 증상에 큰 영향을 미친다. 따라서 초기 평가 단계에서는 환자의 역사와 경험을 다양한 관점에서 이해하고, 이를 기초로 치료의 방향을 설정하는 것이 중요하다.

이러한 초기 평가 과정을 통해 상담자는 환자가 직면한 문제의 근본적인 뿌리를 이해하고, 효과적인 치료 계획을 수립할 수 있다. 환자의 삶의 패턴과 다양한 경험들을 고찰함으로써, 상담자는 환자가 불편을 느끼고 있는 지점들에 대해 심층적인 통찰을 제공할 수 있

다. 이는 환자가 스스로 자신을 이해하고, 긍정적인 변화를 추구하는 데 필요한 출발점이 된다.

나) 현재 문제

현재 문제는 환자가 상담이나 치료를 받기 위해 찾아온 주요한 문제나 증상을 의미하며, 이는 환자의 일상생활에 심각한 영향을 미치는 경우가 많다. 불안, 우울, 스트레스, 인간관계 문제와 같은 문제들이 이에 속한다. 이러한 문제들은 환자가 심리적으로 고통을 느끼게 하며, 상담이나 치료를 통해 이러한 문제들을 해결하고 삶의 질을 향상시키고자 하는 동기를 제공한다.

상담이나 치료 초기에, 환자가 어떤 문제를 겪고 있는지, 그리고 이러한 문제가 어떻게 일상생활에 영향을 미치는지를 자세히 파악하는 것이 중요하다. 예를 들어, 불안을 겪고 있는 환자의 경우에는 그 불안의 원인과 나타나는 증상, 그리고 특정한 상황에서 불안이 어떻게 발생하는지를 명확히 하는 것이 필요하다. 이를 통해 상담자는 불안의 근본적인 원인이나 유발 요인을 찾을 수 있으며, 이러한 요인들을 해결하기 위한 효과적인 전략을 수립할 수 있다.

또한, 불안으로 나타나는 신체적 증상이나, 일상생활에 미치는 영향을 고려하는 것도 필수적이다. 불안이 지속되는 경우, 이는 수면 부족, 집중력 저하, 대인관계 갈등과 같은 여러 가지 신체적, 사회적 문제로 이어질 수 있다.

환자의 현재 문제를 이해하는 것은 상담이나 치료의 방향성을 결정하는 중요한 요소로 작용한다. 문제의 성격과 원인을 명확히 함으로써, 상담자는 환자와 함께 문제를 심층적으로 탐색하고, 이를 해결할 수 있는 전략을 마련할 수 있다. 환자가 자신의 문제를 구체적으로 이해하고, 치료 과정을 통해 문제 해결의 길을 찾는 과정은 궁극적으로 더 나은 삶의 질로 이어질 수 있다. 이러한 접근은 환자에게 감정적으로 더 큰 안정을 주고, 더 긍정적인 미래를 설계하는 데에 도움을 준다.

다) 치료 목표

치료 과정에서는 목표를 달성하기 위해 필요한 여러 단계를 체계적으로 알아보아야 한다. 각 단계는 환자의 문제 상황에 따라 다양하게 설정될 수 있으며, 효과적인 치료를 위해 중요한 요소가 된다. 예를 들어, 우울증을 치료하고자 할 때, 치료 목표는 환자의 우울증 증상을 완화하고 일상생활에 대한 적응력을 높이는 것이 될 수 있다. 반면, 불안장애를 치료하는 경우에는 환자의 불안감을 감소시키고, 불안감이 유발되는 상황에서 효과적으로 대처할 수 있는 능력을 향상시키는 목표가 설정될 수 있다.

치료 목표는 환자의 개인적인 목표와 함께 설정되어야 하며, 상담자나 치료자가 환자와 협력하여 함께 목표를 정하고 달성 방법을 모색하는 것이 중요하다. 이 과정에서 목표는 단기적이면서도 동시에 장기적인 관점에서 고려되어야 하며, 환자의 성격, 인지 능력, 신체적 건강 상태 등을 감안하여 적절한 목표를 설정해야 한다.

정신분석학적 치료의 초기 평가 단계에서는 상담자나 치료자가 환자와의 관계를 구축하고, 환자의 자아 및 인지 구조를 이해하기 위해 환자의 발언에 귀 기울인다. 이때 자유연상 기법을 활용하여 환자가 자신의 감정이나 생각을 자유롭게 표현할 수 있는 환경이 조성된다. 상담자는 환자의 심리적 수용력, 자기 개념, 그리고 삶의 의미를 평가하게 된다. 이 과정에서 환자는 자신의 내면세계를 탐색하는 기회를 가질 수 있다.

이어지는 환자의 역사 단계에서는, 상담자는 환자의 가족사, 성격, 생활환경, 인간관계 및 과거 경험을 파악한다. 예를 들어, 경제적 문제로 인해 가족에서 충분한 식사를 제공받지 못했거나, 무관심한 부모에게서 정서적 지지를 받지 못한 경험이 나중에 환자의 문제로 나타날 수 있다. 이러한 과거의 경험은 현재 문제의 중요한 원인이 되기도 하므로, 이를 이해하는 것은 치료에 있어서 중요한 기초가 된다.

현재 문제 단계에서는, 환자가 현재 겪고 있는 문제의 세부적인 내용과 그 원인을 파악하게 된다. 상담자는 이 과정에서 환자가 가진 자원과 능력을 활용하도록 돕는다. 만약 환자가 대인관계에서의 문제를 겪고 있다면, 치료 목표는 환자가 건강한 인간관계를 형성하고 대인관계를 개선하는 것으로 설정될 수 있다. 이러한 목표는 실제적인 행동 변화로 이어져야 하며, 환자가 어떻게 이러한 문제를 직면하고 해결할 수 있을지를 구체적으로 계획하게 하는 것이 중요하다.

마지막으로, 치료 목표를 달성하기 위한 구체적인 계획 수립 단계가 이어진다. 이 단계에서는 환자가 치료에 대해 협력하고, 내적인 동기부여를 가질 수 있도록 지원하는 것이 중요하다. 상담자는 환자가 가치 있다고 생각하는 목표를 이루기 위해 필요한 방법을 확립하는 데 도움을 주며, 진전을 평가하는 기준을 설정한다. 이러한 단계들이 철저히 수행되고, 환자의 변화와 이에 따른 심리적 효과가 나타나면 그 결과는 결국 환자의 개선된 생활과 정신적 안정을 가져오게 된다.

결국, 각 단계의 체계적인 진행은 환자가 자신의 문제를 더 깊이 이해하고, 적극적으로 대처할 수 있는 기회를 제공한다. 이는 환자가 치료 과정을 통해 자신의 내면을 탐험하고, 더 나은 심리적 상태를 이루는 기반이 될 것이다.

라) 현재 상태

현재 상태의 평가는 환자가 치료를 시작하기 전에 직면한 심리적 문제와 증상을 평가하는 중요한 과정으로, 이는 환자 개인의 심리적 상태를 이해하는 기초가 된다. 각 환자는 고유한 경험과 증상을 가지고 있으며, 이로 인해 치료 접근 방식도 개인의 현재 상태에 따라 달라질 수 있다.

예를 들어, 우울증을 앓고 있는 환자는 종종 무기력하고 희망이 없는 감정을 경험하게 된다. 이들은 일상생활에서 즐거움을 느끼지 못하고, 활동에 참여하는 데에 큰 어려움을 겪기 마련이다. 그 결과, 대인관계를 유지하기 힘들어지며 자신의 감정을 외부로 드러내기보다는 내면으로 고립시키는 경향이 발생한다. 이러한 증상은 자아 정체성과 정신 건강을 관리하는 데 주요한 장애 요소가 되며, 치료의 필요성을 강조하는 주요 요인이 된다.

반면에, 불안 장애를 가진 환자들은 지속적으로 불안감, 긴장감, 그리고 공포를 느끼는 경우가 많다. 이런 환자들은 사소한 일상적 상황에서도 과도한 스트레스를 경험하여 활동에 참여할 수 있는 능력이 종종 감소한다. 예를 들어, 일상적인 쇼핑이나 친구들과의 간단한 만남조차도 그들에게는 큰 스트레스 요인이 된다. 이들은 예기치 않은 사건이나 변화를 과대평가하여 두려움을 느끼고, 이로 인해 사회적 고립을 초래할 가능성이 높다.

이러한 현재 상태를 평가하는 과정은 환자의 증상과 문제를 구체적으로 이해하는 데 필수적이다. 초기 평가는 환자와 상담자 또는 치료자 간의 신뢰 관계를 형성하고, 이후 치료의 방향성과 전략을 함께 결정하는 데 중요한 역할을 한다. 상담자는 환자가 자신의 경험과 감정을 자유롭게 표현하도록 격려하고, 귀 기울여 경청함으로써 환자에게 신뢰감을 제공해야 한다.

또한, 상담자는 환자가 이야기하는 내용에 대해 민감하고 존중하는 태도를 보여야 한다. 환자의 과거 경험을 고려하여 그들의 이야기에 귀를 기울임으로써, 상담자는 환자의 자아 및 처리 과정을 이해하는 데 중요한 데이터를 수집할 수 있다. 이는 치료 목표를 설정하고 치료 방향성을 함께 결정하는 데 중요한 기초 자료가 된다.

결국 초기 평가는 단순히 증상을 나열하는 것이 아니라, 환자의 전반적인 삶의 질을 향상시키기 위해 필요한 심리적 지원과 치료를 제공하는 필수적인 과정임을 인식해야 한다. 이러한 이해를 바탕으로 환자와 상담자 간 관계가 발전할 때, 치료 효과는 극대화될 수 있는 기반을 마련하게 된다. 이 과정은 환자가 자신의 감정과 문제를 깊이 이해하고, 궁극적으로 더 건강하고 행복한 삶을 영위하는 데 큰 도움을 줄 것이다.

2) 탐색

정신분석학에서 탐색은 매우 중요한 개념으로, 환자의 무의식적인 내면을 깊이 이해하고 해석하는 과정을 의미한다. 이 과정은 환자 내면에서 드러나는 감정, 충동, 욕구 및 생각을 명확히 파악하는 데 중점을 두며, 이를 통해 환자의 심리적 문제를 해결하는 데 기여하고자 한다. 탐색은 단순히 환자가 겪는 문제를 진단하는 것이 아니라, 그 문제의 뿌리에 있는 심리적 요소들을 드러내는 깊은 과정이다.

탐색 과정은 주로 상담자가 환자의 말을 경청하는 데 중점을 둔다. 상담자는 환자가 어떤 내용을 어떤 방식으로 말하는지에 대해 면밀하게 살펴보고, 그 과정에서 드러나는 감정과 태도를 주의 깊게 파악한다. 예를 들어, 한 환자가 어린 시절의 트라우마에 대해 이야기할 때, 불안한 감정을 느끼며 말을 멈춘다면, 상담자는 이 순간을 포착하여 환자의 내면에 있는 갈등이 어디에서 비롯되는지 탐색을 시작할 수 있다. 이때 상담자는 환자의 발언뿐만 아니라, 감정의 흐름이나 비언어적 신호(예 : 제스처, 표정)에 대해서도 주의를 기울인다. 이러한 세심한 관찰은 환자가 표현하지 못한 감정의 진실을 이해하는 데 큰 도움이 된다.

탐색의 궁극적인 목표는 환자가 무의식적으로 인식하지 못하는 감정이나 충동, 욕구를 자각하고 이해하도록 돕는 것이다. 이 과정에서 환자는 자신의 내면세계에 대해 더욱 깊은 통찰을 갖게 되며, 이는 문제가 발생한 근본적인 원인을 탐구하는 데 기여한다. 예를 들어, 환자가 불안감을 느끼는 이유를 찾는 과정은 단순한 증상을 넘어서, 보다 복잡한 자아의 정의와 관련된 상처를 이해하는 기회를 제공할 수 있다.

이와 같은 탐색 과정은 환자가 자신의 문제를 명확히 인식하고, 이를 극복할 수 있는 다양한 방법을 모색하게 한다. 환자가 자신의 감정과 욕구를 제대로 이해하게 될수록, 새로운 인식을 통해 실질적인 변화를 추구할 동기를 부여받게 된다. 나아가, 이는 개인의 자아 성장을 이루는 기반을 마련해주기도 한다. 따라서 탐색은 단순한 대화의 기술이 아니라, 환자의 심리적 치유와 성장을 위한 필수적인 도구로 작용한다.

이러한 탐색 과정을 통해 환자는 자신의 전반적인 삶의 질을 향상시키고, 더욱 건강한 정서적 상태를 구축해 나갈 수 있게 된다. 문제를 깊이 있고 체계적으로 탐구함으로써, 환자는 자신을 이해하고, 감정을 조절하며, 미래의 도전에 더 잘 대처할 수 있는 역량을 기르게 되는 것이다. 이러한 과정을 통해 치료자는 환자에게 중요한 삶의 교훈과 진전을 이끌어낼 수 있고, 이는 환자의 심리적 회복에 큰 기여를 할 것이다.

3) 해석

해석은 정신분석 상담에서 핵심적인 기법으로, 상담자가 환자의 무의식적으로 드러난 자료를 분석하고 이를 환자가 쉽게 이해할 수 있는 방식으로 연결하는 과정을 의미한다. 이 과정에서 상담자는 환자가 표현하는 언어, 상상, 꿈 등을 세심하게 분석하여 그들 내면의 무의식적인 감정, 충동, 욕구, 그리고 방어기제를 파악하고, 이를 바탕으로 환자의 심리적 상태에 의미를 부여한다.

상담자는 환자가 자신의 무의식적인 경험을 의식적으로 인식하도록 도와주며, 이러한 과정은 자아 구조의 재구성에 기여하고 보다 건강한 인격 발달을 이끌어준다. 상담자는 환자의 자율성과 자기 결정권을 존중하며, 그들이 무의식적으로 느끼는 것들을 탐색하고 이해할 수 있도록 지원한다. 예를 들어, 한 환자가 자신의 꿈을 이야기하는 장면을 떠올려보면, 이 환자는 꿈속에서 익숙한 장면과 인물들을 보았고, 거기서 느꼈던 감정이나 상징들에 대해 상담자와 이야기를 나누게 된다.

이때 상담자는 환자의 꿈에서 드러나는 상징적 이미지나 사건들을 자세히 탐색하며, 이들이 어떻게 환자의 무의식적인 감정이나 욕구를 반영하고 있는지를 분석한다. 예를 들어, 꿈속에서 불안한 상황에 처한 환자가 중요한 책을 찾지 못하는 장면이 등장한다면, 상담자는 이 책이 환자의 과거 경험, 즉 잃어버린 발달적 자원이나 지식을 상징할 수 있다고 해석할 수 있다. 이를 통해 상담자는 환자가 자신이 무의식적으로 느끼던 불안의 근원을 탐색하도록 유도할 수 있다.

이런 해석의 과정을 통해 환자는 자신이 무의식적으로 느꼈던 감정과 상황을 의식적으로 인지하게 된다. 이는 과거의 상처나 갈등을 새롭게 바라볼 수 있는 기회를 제공하며, 환자가 자신의 삶에서 보다 건강한 방향으로 성장할 수 있도록 돕는다. 예를 들어, 환자가 어릴 적 경험한 트라우마를 지금의 관계에서 어떻게 느끼는지를 이해하게 되고, 이를 통해 더 건강한 대인 관계를 형성할 수도 있다.

해석은 심리적 갈등을 이해하고 그에 대한 자각을 돕는 과정이며, 상담자는 환자의 무의식적인 감정과 욕구를 탐색함으로써 그들이 자신의 내면세계를 보다 깊이 이해하게 하고 심리적 치유와 성장을 이루는 데 중요한 역할을 한다. 이러한 해석 과정을 통해 환자는 자신의 문제를 수용하고 명확히 개념화함으로써, 이를 보다 효과적으로 극복하고 자아 성숙을 이룰 수 있는 귀중한 기회를 얻게 된다. 이처럼 해석은 치료의 매우 중요한 축이 되고, 환자의 심리적 발전을 위한 길잡이 역할을 한다.

4) 저항과 전이

치료가 진행됨에 따라 환자는 다양한 심리적 과정을 경험하게 되며, 이 과정에서 저항(resistance)과 전이(transference)라는 두 가지 중요한 현상이 나타날 수 있다. 상담자는 이러한 현상을 살펴보며, 환자가 자신의 내면세계를 탐구하고 극복할 수 있도록 지원하는 역할을 한다.

저항은 환자가 정신 분석 치료 과정에서 마주하는 내적인 어려움이나 갈등을 의식하지 않거나, 이를 인지하고 있음에도 불구하고 이를 피하거나 극복하려 하지 않는 경향을 의미한다. 예를 들어, 한 환자가 무의식적으로 자신의 문제가 무엇인지 알지만, 그 문제를 직접적으로 직면하는 것이 두렵거나 감정적으로 압도당할까 두려워 이를 감추려고 하는 상황을 상상해 볼 수 있다. 이런 저항은 환자가 치료를 통해 어떤 진전을 이루고자 할 때, 무의식적으로 자신을 방어하려는 장치로 작용할 수 있다. 상담자는 환자의 저항을 인식하고, 이 무엇이 환사를 괴롭게 하는지를 탐색하여, 치료 과정에서 변화를 촉진할 수 있는 방법을 찾아야 한다.

한편, 전이는 환자가 치료 과정 중 상담자에게 무의식적으로 자신의 감정을 이전의 다른 인물이나 경험에서 느꼈던 것과 비슷하게 전이하는 현상을 말한다. 이는 환자가 상담자에게 특정한 기대나 감정을 부여하게 되며, 이 과정을 통해 상담자는 환자의 내면세계에 대한 깊은 통찰을 얻을 수 있다.

예를 들어, 만약 한 환자가 어린 시절 부모와의 갈등에서 느꼈던 불안감을 현재 치료자에게 투사하게 된다면, 이 환자는 치료자에게 자신이 느끼는 감정을 그대로 움직이게 된다. 이러한 전이를 통해 치료자는 환자가 지닌 감정의 맥락과 그로 인해 발생하는 문제를 이해할 수 있는 기회를 마련할 수 있다.

이와 같은 사례에서 치료자는 환자의 전이를 적극적으로 탐색하고, 이를 통해 치료 과정에서 생기는 감정들이 어떻게 환자의 과거 경험들과 연결되어 있는지를 분석하게 된다. 상담자는 이러한 전이를 이해하고, 그 의미를 환자가 인식하도록 도우면서 결과적으로 환자가 자신의 불안을 해결하는 데 필요한 통찰력을 제공할 수 있다.

저항과 전이는 개인의 심리적 여정에서 중요한 역할을 하며, 이 두 가지 현상은 치료사와 환자 간의 관계를 심화하고, 환자의 무의식적인 내면을 탐색하는 데 기여한다. 상담자는 이러한 과정을 통해 환자가 자신의 문제가 무엇인지 더욱 명확히 인식하고, 그 감정을 다룸으로써 건강한 방향으로 나아갈 수 있도록 돕는 역할을 하게 된다.

5) 작업 과정

상담자와 환자는 치료 과정에서 얻은 인사이트를 현실적인 상황에 적용함으로써 지속적인 변화와 성장을 촉진한다. 정서적, 심리적 문제를 해결하기 위한 정신분석학적 작업 과정은 일반적으로 초기 평가, 탐색, 해석, 그리고 종결 단계로 나뉜다. 이 중에서도 탐색 단계와 해석 단계에서의 작업이 특히 집중적으로 이루어진다.

탐색 단계에서는 환자가 자신의 무의식 속에 숨겨진 경험, 충동, 욕구 등을 발견하고 이를 직면하도록 돕는 중요한 작업이 진행된다. 이 과정에서 상담자나 치료자는 환자가 사용하는 언어, 표현, 심지어 비언어적인 신호(예 : 몸짓, 표정 등)를 세심하게 관찰하며, 이를 통해 환자의 무의식적인 신호와 시그널을 포착하려고 노력한다. 상담자는 환자가 느끼는 감정이나 생각을 최대한 받아들이고, 그로부터 의미를 해석하기 위해 자신의 직관과 경험을 활용하는 것이 필수적이다. 예를 들어, 환자가 불안감을 느끼며 과거의 상처를 이야기할 때, 상담자는 이러한 감정이 어떻게 현재의 삶에 영향을 미치는지를 탐색하여 환자가 스스로 이해하도록 도와야 한다

해석 단계에서는 상담자나 치료자가 탐색 단계에서 수집한 정보를 분석하여 환자가 내면의 세계를 이해할 수 있도록 지원한다. 이 단계에서는 환자가 억압하고 있는 무의식적인 충동, 감정 및 욕구를 분석하고, 이를 인식하고 받아들이도록 돕는 것이 매우 중요하다. 예를 들어, 가족 관계에서의 갈등으로 인해 억압된 감정이 있는 환자는 상담 과정에서 그 감정을 표현하도록 유도될 수 있다. 상담자는 환자의 말과 행동, 꿈 등을 분석하고, 이를 통해 환자의 내면적인 동력과 욕구를 이해하고 해석한다. 이러한 해석은 환자가 자신의 심리적 문제를 명확히 파악하고, 그 문제를 극복할 수 있는 길잡이가 된다.

물론, 이러한 과정은 단순화된 개괄일 뿐이며, 정신분석적 치료의 절차는 환자의 개별적인 요구와 상담자의 접근 방식에 따라 다양하게 변형될 수 있다. 각 환자는 자신만의 경험과 배경을 가지고 있으며, 이러한 다양성에 맞추어 상담자가 유연하게 접근하는 것이 치료의 효과성을 높이는 중요한 요소이다. 환자와 상담자 간의 신뢰 관계는 이러한 작업 과정에서 더욱 깊이 있는 이해와 통찰을 제공하며, 궁극적으로 환자가 자신의 문제를 극복하고 더 나은 삶을 살아가는 데 큰 도움을 줄 것이다.

Disaster Psychology

재난에 대한 인지정서적 관점

10 장

1. 아론 T. 벡의 생애와 주요개념

아론 T. 벡(Aaron T. Beck)은 현대 심리치료의 발전에 중대한 기여를 한 심리학자로, 특히 인지행동치료(Cognitive Behavioral Therapy, CBT)의 창시자로 널리 알려져 있다. 그는 1921년 미국 펜실베이니아주 필라델피아에서 태어나 뉴욕 대학교와 펜실베이니아 대학교에서 심리학을 전공하였으며, 이후 정신과 의사로 활동하면서 심리치료에 대한 연구를 심도 있게 진행하였다. 그의 연구와 치료 기법은 전 세계적으로 많은 심리 치료사와 연구자들에게 영향을 주었으며, 오늘날까지도 정신 건강 치료의 중요한 기반이 되고 있다.

벡은 1950년대 중반부터 우울증 환자들을 연구하면서, 그들이 자신을 부정적으로 평가하고 왜곡된 사고 패턴을 유지하는 경향이 있다는 사실을 발견했다. 그는 우울증이 단순히 내면의 갈등에서 비롯된 것이 아니라, 개인의 사고방식과 해석 과정에서 비롯된다는 점에 주목하였다. 기존의 정신분석 치료가 환자의 무의식적 갈등을 탐색하는 데 초점을 맞추었다면, 벡은 환자가 현실을 어떻게 인식하고 해석하는지가 그들의 감정과 행동에 결정적인 영향을 미친다고 보았다. 이러한 발견을 바탕으로 그는 인지적 재구성(Cognitive Restructuring) 기법을 개발하여, 환자가 부정적인 사고 패턴을 스스로 인식하고 이를 수정하는 과정을 통해 심리적 안정을 찾을 수 있도록 하였다.

벡이 개발한 인지행동치료는 우울증뿐만 아니라 불안장애, 강박장애, 외상 후 스트레스 장애(PTSD) 등 다양한 정신 건강 문제 치료에 적용될 수 있도록 확장되었다. 그는 “인지 삼제(Cognitive Triad)”라는 개념을 통해 우울증 환자들이 자기 자신, 세계, 그리고 미래에 대해 부정적인 신념을 갖고 있다고 설명했다. 이러한 신념이 지속되면 환자는 점점 더 부정적인 사고에 빠지고, 이는 우울증을 더욱 악화시키는 결과를 초래한다. 인지행동치료에서는 이러한 사고 패턴을 점검하고 보다 현실적이고 균형 잡힌 사고로 교체하는 과정이 핵심적이다.

벡의 접근 방식은 단순한 이론적 개념이 아니라 과학적 연구와 임상 실험을 통해 검증된 방법론에 기초하고 있다. 그의 연구는 우울증과 불안장애 치료에서 인지행동치료가 효과적이라는 강력한 증거를 제공하였으며, 많은 임상 시험에서도 이 치료법이 전통적인 치료법보다 더욱 효과적일 수 있음을 보여주었다. 이러한 연구 결과는 심리 치료 분야에서 증거기반 치료(Evidence-Based Treatment)의 중요성을 강조하는 흐름과 맞닿아 있으며, 벡의 접근 방식이 전 세계적으로 널리 채택되는 계기가 되었다.

벡은 또한 정신 건강 치료를 보다 구조적이고 실용적인 방식으로 발전시키기 위해 다양한 연구와 치료 기법을 개발하였다. 그는 1976년 출간된 Cognitive Therapy and the Emotional Disorders에서 인지치료의 개념을 체계화하였으며, 이후 수많은 연구를 통해 이를 더욱 발전시켰다. 그의 이론과 치료 기법은 이후 불안장애, 공황장애, 강박장애(OCD), 외상 후 스트레스 장애(PTSD) 등의 다양한 정신 질환 치료에 적용되었다.

특히, 벡의 인지정서치료(Cognitive Behavioral Therapy, CBT)는 재난과 같은 외부적 압박이 개인의 심리적 안정성을 위협하는 상황에서 중요한 역할을 한다. 자연재해나 사고와 같은 급작스러운 충격적인 사건은 사람들에게 불안, 우울, 외상 후 스트레스 장애(PTSD)와 같은 심리적 문제를 유발할 수 있다. 벡은 이러한 감정적 반응이 개인의 인식과 행동에 미치는 영향을 탐색하였으며, CBT를 통해 이러한 문제를 보다 효과적으로 다룰 수 있음을 입증하였다.

예를 들어, 자연재해를 겪은 개인이 극심한 불안과 두려움을 경험할 때, 인지행동치료는 환자가 이러한 감정을 어떻게 처리하고 극복할 수 있는지를 이해하도록 돕는다. 벡은 문제가 개인의 부정적 사고 패턴에서 비롯된다고 보았으며, 이러한 사고 패턴을 수정함으로써 심리적 문제를 예방하거나 완화할 수 있다고 주장하였다. 예를 들어, 재난 상황에서 “이 상황은 나에게만 일어난다”라는 비합리적인 사고가 환자의 불안을 더욱 증폭시킬 수 있는데, 인지행동치료는 이러한 비합리적인 사고를 재고하도록 돕는다.

또한, 벡의 치료 기법은 환자가 무의식적으로 가지게 되는 부정적인 신념을 인식하고 이를 긍정적인 방향으로 전환하도록 도와준다. 예를 들어, 재난 피해자가 자신의 상태를 부정적으로 평가할 경우, 치료자는 “이 사건은 나만의 잘못이 아니다”라는 새로운 인식을 제공하여 환자가 감정을 조절할 수 있도록 돕는다. 이러한 인지적 재구성을 통해 환자는 극복할 수 있는 방법과 긍정적인 대처 전략을 익히게 된다.

결국, 인지행동치료는 재난 상황에서 사람들의 심리적 회복에 중요한 역할을 한다. 치료사는 환자가 자신의 감정과 사고 패턴을 이해하고, 이를 통해 보다 효과적인 대처 방법을 개발할 수 있도록 지원한다. 이러한 접근 방식은 재난의 심리적 영향을 이해하는 데 도움을 주며, 환자가 감정적 지지와 자원에 보다 효과적으로 접근할 수 있도록 돕는다. 이처럼 벡의 인지행동치료는 불안과 정신적 고통을 다루는 데 있어 필수적인 역할을 하며, 궁극적으로 사람들의 정신 건강을 유지하는 데 중요한 기초가 된다.

벡의 연구는 심리 치료 분야에서 환자의 인지 구조와 정서를 고찰하는 데 필요한 중요한 기초를 제공하며, 이는 치료자들이 환자의 심리적 문제에 접근하는 데 유용한 프레임워크를 제공한다. 그의 기여는 단순히 이론적 연구에 그치는 것이 아니라, 실질적으로 많은 환자들에게 긍정적인 변화를 가져다주는 실용적인 치료 기법으로 발전하였다.

그는 2006년 국제 인지행동치료 학회(Academy of Cognitive Therapy)의 창립자 중 한 명으로 활동하며, 인지행동치료의 전문성을 더욱 강화하였다. 그의 접근 방식은 개인이 자신의 사고 패턴을 이해하고 변경함으로써 감정을 조절할 수 있도록 돕는다.

벡의 이론은 사람들이 자신의 신념을 인식하고 부정적인 사고를 긍정적인 방향으로 전환하는 방법을 가르치며, 이는 궁극적으로 자아 정체성을 강화하고 감정적 안정성을 증진시키는 데 기여한다. 예를 들어, 우울증이나 불안증이 있는 환자는 자신의 부정적인 사고 패턴을 식별하고 이를 수정하는 과정을 통해 보다 건강한 감정 상태를 이끌어낼 수 있다.

그의 연구는 행동과 감정의 관계를 깊이 있게 탐구하며, 환자가 심리적 어려움을 이해하고 극복하는 데 필요한 도구와 전략을 제공한다. 이러한 치료적 접근은 환자에게 자기 이해를 높이는 동시에, 스스로 문제를 해결할 수 있는 능력을 부여한다.

아론 T. 벡은 심리학 분야에서 중요한 위치를 차지하고 있으며, 그의 이론은 정신 건강을 개선하기 위해 노력하는 심리 치료사와 연구자들에게 계속해서 영감을 주고 있다. 그의 기여는 인지적 접근 방식이 실질적으로 어떻게 개인의 삶을 변화시킬 수 있는지를 입증하며, 세계적으로 많은 사람들에게 도움을 주는 심리 치료 기법으로 자리 잡고 있다.

2. 재난에 대한 인지정서적 관점

인지행동요법(Cognitive Behavioral Therapy, CBT)은 개인의 생각, 감정, 행동 간의 상호작용을 탐구하고 조정하는 데 초점을 맞춘 심리 치료 기법이다. CBT의 핵심 목표는 부정적인 사고와 행동 패턴을 인식하고 이를 보다 적응적인 방식으로 전환하는 것이다. 특히, 불안, 우울증, 외상 후 스트레스 장애(PTSD) 등 정신 건강 문제를 효과적으로 다루는 데 있어 이 치료법은 강력한 도구로 작용한다.

CBT는 부정적인 사고 패턴이 감정과 행동에 직접적인 영향을 미친다는 기본 원칙을 기반으로 한다. 예를 들어, 한 개인이 자신에 대해 "나는 가치 없는 존재야"라는 부정적인 신념을 갖고 있다면, 이는 낮은 자존감으로 이어지고, 결국 회피적 행동을 유발할 가능성이 크다. 이러한 왜곡된 사고를 교정하지 않으면 우울증이나 불안장애가 더욱 심화될 수 있다. CBT에서는 환자가 자신의 자동적 사고(automatic thoughts)를 인식하고, 이를 보다 현실적이고 긍정적인 방식으로 수정하도록 돕는다. 예를 들어, "나는 아무것도 잘하지 못해"라는 사고를 "나는 노력하면 발전할 수 있다"로 재구성하는 과정을 통해 기분과 행동의 변화를 유도할 수 있다.

CBT는 단기적이고 목표 지향적인 치료로, 치료 기간 동안 환자가 부정적인 사고와 행동을 관리하는 전략을 학습하고 실생활에서 적용할 수 있도록 지도한다. 구체적인 치료 기법으로는 인지 재구조화(Cognitive Restructuring), 노출 치료(Exposure Therapy), 행동 활성화(Behavioral Activation) 등이 있으며, 이러한 기법들은 개인이 스트레스와 불안을 다루는 방법을 배우는 데 도움을 준다.

여러 임상 연구에 따르면 CBT는 불안장애, 우울증, PTSD, 강박성 장애(OCD) 등 다양한 정신 건강 문제를 치료하는 데 높은 효과를 보이는 것으로 입증되었다. 이러한 연구 결과들은 CBT가 증거 기반 치료(Evidence-Based Treatment)로 자리 잡게 된 배경이 되었다. 특히, CBT는 개인이 자신의 문제를 이해하고, 이를 해결할 수 있는 구체적인 방법을 찾도록 도와주는 실용적인 접근 방식으로 평가받고 있다.

재난과 같은 위기 상황에서는 개인이 외부 환경을 인지하고 해석하는 방식이 정서적 반응과 행동에 중대한 영향을 미친다. 자연재해, 전쟁, 대형사고 등과 같은 위기 상황에서 개인은 두려움과 불안을 경험하게 되며, 이러한 감정들은 대처 방식에 직접적인 영향을 미친다. 따라서, 재난 상황에서는 개인이 자신의 감정을 인식하고 조절하는 능력이 매우 중요하다.

예를 들어, 자연재해로 인해 삶의 터전을 잃은 사람이 "나는 이제 끝났어"라는 사고를 하게 되면 절망감이 커지고, 이는 무기력한 행동 패턴을 유발할 수 있다. 반면, 같은 상황에서 "이 상황은 힘들지만 극복할 수 있어"라는 사고를 하게 되면 보다 능동적으로 문제를 해결하고 대처할 가능성이 높아진다. 이러한 인지적 차이는 개인의 정서적 안정성뿐만 아니라, 위기 상황에서의 행동 방식에도 큰 영향을 미친다.

특히, 재난 상황에서는 사회적 지지망과 연대감이 중요한 요소로 작용한다. 타인과의 정서적 연결은 심리적 회복력(Resilience)을 높이며, 외상 경험을 보다 건강하게 극복할 수 있도록 돕는다. 따라서, CBT는 개인이 자신의 감정과 사고 패턴을 보다 효과적으로 조절할 수 있도록 돕는 동시에, 사회적 지지망을 활용하여 정서적 안정감을 유지하는 데 기여할 수 있다.

CBT의 한 가지 중요한 치료 기법으로 노출 치료(Exposure Therapy)가 있다. 이는 재난 후 PTSD와 같은 외상 반응을 다룰 때 효과적인 접근 방식으로 활용된다. 예를 들어, 홍수로 인해 심한 불안을 경험하는 사람이 다시 물과 관련된 상황을 피하는 경우, 그 회피 행동이 불안을 지속시키는 원인이 될 수 있다. CBT에서는 점진적으로 안전한 환경에서 물과 관련된 경험을 하도록 유도하여 두려움을 조절하는 방법을 배울 수 있도록 한다. 이를 통해 개인이 외상 경험을 보다 현실적인 시각에서 바라보고 극복할 수 있도록 돕는다.

또한, CBT는 심상 재구성(Imagery Rescripting)을 통해 외상적 기억을 보다 긍정적인 방식으로 재해석할 수 있도록 돕는다. 이는 재난 피해자가 자신의 경험을 객관적으로 재구성하고, 감정적 부담을 완화하는 데 기여할 수 있다. 예를 들어, 교통사고를 경험한 환자가 반복적으로 사고 장면을 떠올리며 극심한 불안을 경험하는 경우, 치료자는 환자가 사고 기억을 보다 안전한 관점에서 다시 체험하도록 유도할 수 있다. 이러한 기법은 외상적 경험이 현재의 삶에 미치는 부정적인 영향을 줄이는 데 도움을 준다.

CBT는 단순히 개인의 사고 패턴을 수정하는 것을 넘어, 보다 건강한 대처 전략을 학습하고 실생활에서 적용할 수 있도록 지원하는 데 초점을 맞춘다. 예를 들어, 문제 해결 기술(Problem-Solving Skills) 훈련을 통해 재난 상황에서 개인이 보다 효과적으로 문제를 해결할 수 있도록 돕고, 스트레스 관리 기법을 가르쳐 감정적 반응을 조절하는 능력을 향상시킨다.

CBT는 개인의 사고, 감정, 행동 간의 관계를 분석하고 조절하는 강력한 심리 치료 기법으로, 다양한 정신 건강 문제를 치료하는 데 효과적으로 활용된다. 특히, 재난 상황에서는 개인이 자신의 감정과 사고 패턴을 이해하고 조절할 수 있도록 돕는 데 중요한 역할을 한다.

CBT는 재난 후 심리적 회복 과정에서 개인이 외상적 경험을 보다 건강하게 처리하고, 스트레스에 효과적으로 대처할 수 있도록 돕는 핵심 치료법이다. 이를 통해 개인은 자신의 사고 패턴을 보다 현실적으로 조정하고, 부정적인 감정을 조절하는 능력을 키울 수 있으며, 궁극적으로 심리적 회복력을 향상시킬 수 있다.

이처럼 인지행동치료(CBT)는 단순한 심리 치료법을 넘어, 개인이 자신의 문제를 스스로 해결하고 보다 건강하고 의미 있는 삶을 살아갈 수 있도록 돕는 실용적인 도구로 자리 잡고 있다. 현대 사회에서 정신 건강 문제는 점점 더 큰 관심을 받고 있으며, 특히 스트레스, 불안, 우울증 등의 정서적 어려움을 경험하는 사람들이 증가하면서 CBT의 중요성은 더욱 부각되고 있다.

CBT는 심리 치료뿐만 아니라, 자기계발과 웰빙을 위한 전략으로도 활용될 수 있다. 이는 단순히 증상을 완화하는 것이 아니라, 개인이 자신의 감정과 사고를 이해하고 조절할 수 있도록 돕는 과정이기 때문이다. 예를 들어, 한 개인이 반복적으로 부정적인 사고 패턴에 빠지는 경향이 있다면, CBT를 통해 이를 인식하고 보다 현실적이고 균형 잡힌 사고로 교체할 수 있다. 이러한 접근 방식은 장기적으로 정서적 안정감을 높이고, 삶의 질을 개선하는 데 기여한다.

CBT의 효과는 다양한 연구를 통해 입증되었으며, 많은 심리학자와 치료사들이 이를 표준 치료법으로 채택하고 있다. 특히, CBT는 우울증, 불안장애, 외상 후 스트레스 장애(PTSD), 강박장애(OCD), 공황장애, 섭식장애 등 여러 정신 건강 문제를 치료하는 데 효과적임이 밝혀졌다. 이는 CBT가 단순한 심리 치료를 넘어, 보다 근본적인 인지적 변화를 유도할 수 있는 강력한 도구임을 의미한다.

또한, CBT는 정신 건강 치료뿐만 아니라, 일상생활에서도 활용될 수 있다. 예를 들어, 직장에서의 스트레스 관리, 대인관계에서의 갈등 해결, 시험 불안 감소, 자기 효능감 향상 등 다양한 영역에서 CBT의 원리를 적용할 수 있다. 이를 통해 개인은 보다 긍정적이고 능동적인 태도로 삶을 살아갈 수 있으며, 심리적 회복력(Resilience)을 키울 수 있다.

3. 인지정서적 치료 방법

인지정서적 치료는 인간의 생각, 감정, 행동이 서로 영향을 주며 상호작용하며 발생하는 문제를 해결하는데 초점을 맞춘 치료 방법이다. 이 치료는 인간의 인지, 정서, 행동을 다루며, 인지적 신념과 자동적인 생각과 감정 반응 패턴을 다시 조절함으로써 문제를 해결하고 재발을 예방한다.

인지정서적 치료는 대개 다음과 같은 과정을 거친다.

1) 문제 인식 및 목표 설정

환자는 자신이 해결하고 싶은 문제를 인식하고, 이를 해결하기 위한 목표를 설정한다. 문제 인식은 인지정서적 치료의 핵심 단계 중 하나로, 환자가 자신의 감정, 생각, 행동 및 문제 상황을 인식하고 이해하는 것을 의미가 있다. 이를 위해 환자와 상담자는 함께 문제의 원인을 파악하고, 문제 상황에서 환자가 느끼는 감정을 분석하며 해결 방법을 찾는 것은 인지정서적 치료의 핵심 과정 중 하나이다.

이는 환자가 문제 상황에서 느끼는 감정을 자세히 들여다보고, 이러한 감정이 어떻게 생겨났는지, 그리고 어떻게 유지되는지를 파악하는 것을 의미한다. 이를 통해 환자는 자신의 감정을 더 잘 이해할 수 있고, 그 감정을 극복하기 위한 해결 방법을 찾을 수 있다.

이 과정에서 상담사는 열린 질문, 반영, 요약 등의 기술을 사용하여 환자가 느끼는 감정을 이해하고, 그 감정이 어떻게 연결되어 있는지를 파악한다. 상담사는 환자가 느끼는 감정에 대한 이해를 토대로, 환자가 어떻게 행동하는지, 그리고 그 행동이 문제 상황의 해결에 어떤 영향을 미치는지 파악한다. 이를 바탕으로 상담사와 환자는 함께 해결 방법을 찾아내고, 목표를 설정하며, 그 목표를 달성하기 위한 계획을 세운다.

이러한 인지정서적 치료 과정을 통해, 환자는 자신의 감정과 행동을 더 잘 이해할 수 있으며, 그로 인해 더 나은 선택을 할 수 있다. 또한, 환자는 자신의 감정을 조절하고, 긍정적인 태도를 유지할 수 있는 방법을 배우며, 문제 상황에서 더 나은 대처 방법을 습득할 수 있다.

목표 설정은 환자와 상담자가 함께 문제를 해결하기 위한 목표를 설정하는 과정이다. 목표 설정을 위해 상담자는 환자와 대화하면서, 환자가 바라는 변화와 이를 달성하기 위한 계획을 수립한다. 이때 목표는 구체적이고 측정 가능한 목표여야 한다. 예를 들어, “더 이상 우울하지 않을 것”은 구체적이지 않으므로, “일주일에 3번은 친구와 약속을 잡아 만나기”와 같은 목표가 더 적절하다.

목표 설정 후에는, 이를 달성하기 위한 전략을 계획하고, 실행에 옮기는 것이 중요하다. 이 과정에서 상담자는 환자의 저항이나 어려움을 인지하고, 이를 함께 극복해 나가는 과정이 필요하다. 또한 목표가 달성되었는지를 확인하기 위한 평가도 중요하다.

2) 인지–행동–정서 관찰

환자가 자신의 인지, 행동, 감정의 상호작용을 관찰하고 이를 기록하는 과정은 인지–행동–정서 관찰이라고 불리며, 이는 자신이 겪고 있는 심리적 문제를 이해하는 데 매우 중요한 단계이다. 이 과정은 개인이 특정 상황에서 느끼는 감정과 생각이 행동에 어떤 영향을 미치는지를 분석하게 해준다. 다음은 사회적 불안장애가 있는 환자가 인지–행동–정서 관찰을 통해 겪을 수 있는 몇 가지 구체적인 예를 살펴보겠다.

첫 번째 예로, 한 환자는 친구들과의 저녁 모임에 초대받았을 때 불안감을 느낀다. 그는 이 상황을 떠올리며 “친구들이 나를 무시할 것이다”라는 부정적인 생각을 인식한다. 이 생각은 그에게 두려움과 불안감을 유발하며, 결국 그는 그 모임에 참석하지 않기로 결심하게 된다. 이를 통해 환자는 자신의 부정적인 사고가 직접적으로 그의 행동에 영향을 미친다는 것을 깨닫게 된다.

두 번째 예로, 환자가 직장에서 동료들과 회의 중에 발언을 할 때 불안을 경험한다고 하자. 환자는 “내가 말을 더듬으면 동료들이 나를 이상하게 볼 것이다”라는 생각을 한다. 이러한 부정적인 생각은 그를 더욱 긴장하게 만들고, 결국 회의 중에 말을 하지 않거나 조용히 앉아 있게 만든다. 이 경험을 통해 환자는 자신의 사고가 감정, 즉 불안감으로 변모하고, 이는 결국 행동으로 이어진다는 것을 인식할 수 있다.

세 번째 예로, 어떤 환자는 새로운 사람들과 만나는 것을 두려워하며, “이 사람들이 나를 싫어할 것이다”라는 생각을 자주 하게 된다. 이 부정적인 사고는 환자에게 강한 불안과 스트레스를 유발하고, 새로운 환경에 참여하는 것을 피하게 만든다. 이를 기록하는 과정에서 환자는 이러한 부정적인 믿음이 자신의 행동을 어떻게 제어하고 있는지 파악하게 된다.

마지막 예로, 한 환자가 공공장소에서 발작적인 불안감을 느끼는 상황을 살펴보자. 그는 "사람들이 나를 주목할 것이다"라는 생각을 하며 불안이 커지게 된다. 이 생각은 환자가 대중교통을 이용하거나 사람이 많은 장소에 가는 것을 두렵게 만든다. 환자는 이러한 연쇄 반응을 통해 무의식적으로 자신이 만들어낸 상황이 그에게 어떻게 영향을 미치는지 깨달으며, 이를 극복하기 위한 노력을 시작할 수 있다.

이와 같은 인지–행동–정서 관찰의 과정은 환자가 자신의 생각과 감정, 행동 간의 관계를 이해하기 위한 귀중한 도구가 된다. 이러한 점검을 통해 환자는 부정적인 사고 패턴을 인식하고 이를 교정함으로써, 보다 건강한 생활을 영위하는 데 필요한 자신감을 가질 수 있다. 이는 궁극적으로 정신 건강을 증진시키고, 재난 또는 스트레스 상황에서 효과적으로 대처하는 힘을 길러 줄 수 있다.

3) 인지 관찰

인지 관찰은 환자가 사회적 상황에서 어떤 인지적인 과정을 거치는지를 면밀히 살펴보는 중요한 작업이다. 이 과정에는 환자가 자신의 외모, 말투, 행동 등에 대해 어떻게 생각하는지, 그리고 이러한 생각이 다른 사람들이 자신을 어떻게 평가할 것이라는 인식에 영향을 미치는지를 파악하는 것이 포함된다. 이러한 부정적인 인지 과정은 환자의 감정과 행동에 직접적인 영향을 미치며, 이를 인식하고 이해하는 것이 치료의 중요한 초점이 된다.

예를 들어, 한 환자가 직장에서 어려움을 겪고 있다는 이야기를 한다고 가정해 보자. 상담자나 치료자는 환자가 어떤 식으로 어려움에 대해 생각하고 인지하고 있는지를 탐색한다. 이때 환자가 "내가 열심히 일해도 보상을 받지 못한다"라고 말한다면, 이 발언은 환자의 불만족감과 분노, 그리고 무가치감과 같은 부정적인 감정을 반영할 수 있다. 이러한 인지적 발언은 환자의 자아 존중감에 부정적인 영향을 미치며, 이는 향후 행동에도 영향을 줄 수 있다.

또 다른 예를 들어, 환자가 직장 동료와의 대화에서 "내가 말하면 다들 날 무시할 거야"라는 생각을 하게 된다면, 이는 환자의 불안과 두려움을 더욱 증대시킬 수 있다. 이러한 인지 관찰을 통해 상담자는 환자가 실제로 동료들로부터 어떤 비판을 받고 있다고 느끼는지, 그리고 그 느낌이 그의 행동에 어떤 식으로 반영되는지를 분석할 수 있다. 환자가 대화를 피하거나 소극적으로 행동하게 되는 이유를 이해하는데 이러한 인지 분석이 중요한 역할을 한다.

환자가 사회적 상황에서 "누구나 내 외모를 비웃을 거야"라는 부정적인 생각을 할 때, 이는 그의 자존감 및 대인관계에 치명적인 영향을 미칠 수 있다. 상담자는 이러한 외모에 대한 인식이 환자의 불안감과 대인기피 행동으로 이어질 수 있다는 점을 파악하고, 그에 대한 대처 방법과 자기 긍정적인 사고방식을 개발하는 방향으로 치료를 진행할 수 있다.

결국, 인지 관찰은 현재 상황에서 환자가 어떻게 인지하고 있는지, 그리고 그 생각이 어떤 감정과 행동으로 이어지는지를 파악하는 데 중요한 도구 역할을 한다. 상담자나 치료자가 환자의 발언과 행동을 지속적으로 관찰하고 분석함으로써, 환자는 자신의 무의식적인 사고 패턴을 인식하고 이러한 패턴이 자신의 감정과 행동에 어떻게 영향을 미치는지를 이해하게 된다. 이는 환자가 보다 나은 대처 전략을 발견하고, 심리적 문제를 극복하는 데 중요한 발판이 될 것이다.

4) 행동 관찰

인지적인 과정이 특정한 행동으로 나타나는지를 관찰하는 것은 정신 분석적 치료에서 중요한 단계이다. 이 과정에서는 환자가 자신의 감정이나 인지적 갈등이 어떤 행동으로 이어지는지를 명확하게 파악하는 데 중점을 두게 된다. 예를 들어, 만약 환자가 사람들과의 대화를 피하거나 소극적인 태도를 보인다면, 이러한 행동은 그들이 무의식적으로 느끼고 있는 불안이나 두려움을 나타내는 신호로 해석될 수 있다. 이러한 행동 관찰은 환자의 문제와 관련된 행동 패턴을 이해하고 기록하는 데 도움을 준다.

첫 번째 예로, 우울증을 앓고 있는 환자가 있다고 가정해 보자. 치료자는 환자가 어떤 활동을 즐겨 하는지를 탐색하고, 동시에 어떤 활동에 대한 흥미를 잃었는지를 관찰한다. 예를 들어, 환자가 과거에는 피아노 연주를 좋아했지만 최근에는 그 활동에 전혀 흥미를 보이지 않게 되었다면, 이러한 행동의 변화는 우울증의 심화와 관련이 있을 수 있다. 따라서 치료자는 환자와 함께 음악 활동에 대한 긍정적인 경험을 함께 하도록 유도하는 방법을 모색할 수 있다. 환자가 다시 피아노를 연주하게 함으로써, 즐거움을 느끼고 기분이 개선되도록 도와줄 수 있다.

두 번째 예로, 불안장애를 앓고 있는 환자의 경우를 살펴보자. 상담자는 환자가 특정 상황에서 어떻게 반응하는지를 면밀히 관찰한다. 예를 들어, 환자가 공공장소에서 말을 걸거나 참여하기를 두려워한다면, 이는 그들이 느끼는 불안감과 직결된다. 이러한 행동을 분석하면, 상담자는 환자가 특정한 상황에서 어떤 생각을 하고 있는지를 파악할 수 있으며, 이는 불안을 유발하는 인지적 요소와 연관될 수 있다. 이를 바탕으로 치료자는 환자와 함께 불안을 다루기 위한 효과적인 전략을 계획할 수 있다.

세 번째 예로, 어떤 환자가 직장에서 동료들과의 소통을 피하는 경향이 있다고 가정하자. 치료자는 이러한 회피 행동이 환자가 느끼는 불안의 결과일 수 있음을 파악하고, 이에 대한 깊은 탐색을 진행할 수 있다. 환자가 "내가 말을 잘 못할까봐 두렵다"라는 생각을 가지고 있을 경우, 치료자는 이러한 인지를 환자의 외부 행동에 어떻게 반영되는지를 이해하고, 환자가 점진적으로 대화에 참여하도록 유도하는 계획을 마련할 수 있다.

마지막 예로, 특정한 사회적 상황에서 과도하게 반응하는 환자를 고려해보자. 이 환자가 공공장소에 나가면 심한 불안과 함께 바닥이나 주위 사람들을 물끄러미 바라보며 머뭇거리는 경우, 이는 불안하면서도 자아를 방어하기 위한 행동으로 해석될 수 있다. 치료사는 이러한 행동이 어떤 생각에서 비롯되었는지를 이해하고, 환자가 그 생각을 수정할 수 있도록 지원하는 노력을 기울인다. 이를 통해 환자는 자신의 행동 패턴을 인지하고, 보다 건강하게 대처할 수 있는 방안을 모색하게 된다.

행동 관찰은 인지-행동-감정의 상호작용을 이해하는 데 매우 중요한 과정이다. 환자가 자신이 경험하는 감정이나 인지를 행동에서 어떻게 나타내는지를 파악함으로써, 상담자는 개인의 심리적 문제를 해결하고 긍정적인 변화를 이끌어내는 데 기여하게 된다. 이러한 과정은 환자의 자아 발견과 회복 과정에 중대한 영향을 미치며, 앞으로의 삶에서 더욱 건강한 인지와 행동을 형성하는 데 필수적인 요소가 된다.

5) 정서 관찰

행동이나 인지적인 과정으로부터 나타나는 감정을 관찰하는 것은 상담 및 치료 과정에서 매우 중요하다. 환자가 자신에 대해 부정적으로 생각하거나 스스로를 비판하는 태도를 보인다면, 이러한 감정을 파악하는 작업이 필수적이다. 이 과정은 정서관찰(Emotional Observation)이라고 하며, 이는 개인이나 집단의 감정, 기분, 태도, 그리고 감각 등을 면밀히 분석하는 것을 포함한다.

정서관찰은 환자의 언어, 행동, 신체 언어 등의 여러 요소를 통해 이루어진다. 예를 들어, 환자가 대화 중 표정을 일관되게 유지하지 못하거나 특정 행동을 반복하는 경우, 이는 그들이 내면에서 숨겨진 감정을 경험하고 있을 가능성을 시사한다. 이러한 비언어적 신호는 상담자에게 환자의 심리적 상태를 해석하는 데 중요한 단서가 된다. 만약 환자가 자신의 감정에 대해 회피적이거나 부정적일 때, 그들이 느끼는 감정의 깊이를 이해하는 것이 중요하다.

정서관찰은 단순히 환자가 어떤 감정을 느끼는지를 파악하는 것에 그치지 않고, 그 감정에 대한 이해와 공감 능력을 키우는 데에도 기여한다. 예를 들어, 환자가 두려움이나 슬픔과 같은 감정을 표현할 때, 상담자는 이를 자세히 살펴보고 환자가 느끼는 정서의 배경과 맥락을 파악해야 한다. 이 과정에서 환자는 자신의 감정이 어떻게 특정 상황이나 과거 경험과 연결되어 있는지를 깨닫고, 이를 통해 자기 인식을 증진시킬 수 있다.

또한, 정서관찰은 환자의 감정에 대한 인식을 높임으로써, 인간관계에서 상대방의 감정을 더 잘 이해하고, 다양한 상황에 적절히 대처하는 데 도움을 준다. 예를 들어, 환자가 친구와의 갈등에서 느끼는 감정을 탐구하는 과정에서, 상담자는 환자가 자신의 감정이 친구의 반응에 어떻게 영향을 미쳤는지 분석하도록 도와줄 수 있다. 이러한 인식은 환자가 대인관계에서 발생하는 감정적 어려움을 이해하고, 이를 해결하기 위한 전략을 마련하는 데 중요한 역할을 한다.

결국, 이러한 관찰 결과를 바탕으로 인지, 행동, 감정의 연결점을 파악하게 되며, 이는 환자가 문제 상황에서 어떻게 대처할 수 있는지를 찾아내는 데 기여한다. 예를 들어, 환자가 자신의 불안감을 인식하게 되면, 이를 관리하는 새로운 방법을 개발하거나 문제를 해결하기 위한 보다 효과적인 전략을 수립할 수 있다. 이러한 탐색적 과정은 환자가 자기 문제를 보다 깊이 이해하고, 개별적인 상황에 맞는 적절한 대처 방법을 습득할 수 있도록 돕는다. 이렇듯 정서관찰은 정신 건강 치료에 필수적인 요소로, 지속적인 개인적 성장과 심리적 회복을 위한 기반을 마련해 줄 수 있다.

6) 자동적 사고 패턴 탐색

환자와 상담사는 자동적인 사고와 불합리한 인지적 신념을 알아본다. 환자는 자신의 생각이 어떤 일을 일으키고, 그 결과 어떤 감정과 행동을 유발하는지에 대해 이해할 수 있다.

자동적 사고 패턴 탐색은 인지-행동-감정 모델을 기반으로 하는 인지/정서적 치료 방법 중 하나이다. 이 방법은 환자가 무의식적으로 가지고 있는 자신의 생각과 믿음, 그리고 이것이 어떤 감정과 행동을 일으키는지를 탐색하여 인지적인 오해나 부정적인 자동적 사고 패턴을 수정하고, 이로 인해 긍정적인 감정과 행동을 촉진하려는 것이다.

자동적 사고 패턴은 일상생활에서 무의식적으로 이루어지는 생각의 흐름을 말한다. 이러한 사고 패턴은 자주 반복되기 때문에 일종의 습관과도 같다 때로는 이러한 자동적인 사고 패턴이 부정적인 감정이나 행동을 유발할 수 있으며, 이를 개선하는 것이 중요하다.

자동적 사고 패턴 탐색은 환자가 자신이 가진 부정적인 자동적 사고 패턴을 인식하고, 그것이 어떤 감정과 행동을 유발하는지를 이해하도록 돕는다. 환자와 상담자는 이러한 자동적 사고 패턴을 자세히 탐색하면서, 이러한 사고를 유발하는 근본적인 원인을 찾아내기 위해 함께 노력한다.

그리고 부정적인 자동적 사고 패턴을 수정하고, 긍정적인 자동적 사고 패턴을 만들어 나가는 과정을 거쳐, 환자의 인지적, 감정적, 행동적 변화를 이루어 내도록 지원한다.

예를 들어, 환자가 "나는 어떤 일을 해도 실패할 것이다"라는 부정적인 생각을 가질 때, 이 생각이 어떤 감정과 행동을 유발하는지를 탐색한다. 이 생각으로 인해 불안감이 느껴지고, 그 결과 일을 하지 않거나, 일을 할 때도 불안한 마음으로 업무를 수행하게 된다. 이러한 상황에서 상담자는 이러한 생각이 부정적인 감정과 행동을 유발하므로, 이 생각을 수정하거나 대체할 수 있는 긍정적인 생각을 함께 찾아볼 수 있다.

또 다른 예를 들면, 어떤 환자가 회사에서 발표를 할 때 늘 긴장을 많이 한다는 문제가 있다고 가정해 볼 수 있다. 인지/정서적 치료에서는 이 문제에 대한 자동적 사고 패턴을 파악하기 위해, 회사에서 발표를 할 때 늘 불안하고, 실패할까봐 걱정한다는 생각을 발견할 수 있다.

이러한 자동적 사고 패턴이 불안과 긴장을 유발하고, 회사 발표에서의 성과를 제한하는 방식으로 작용할 수 있으며, 이러한 인식이 이루어지면, 인지/정서적 치료에서는 이러한 자동적 사고 패턴을 인지하고 대체할 수 있는 더 건강한 생각 패턴을 도입하여 긴장을 완화하고, 회사 발표에서의 성과를 개선할 수 있다.

7) 대안적 사고 전개

환자는 불합리한 인지적 신념을 대안적인 사고로 전환한다. 새로운, 현실적인 관점에서 문제를 바라보고, 적극적인 대처 방법을 개발하게 된다.

대안적 사고 전개는 부정적인 자동적 사고 패턴을 바꾸는 것을 목표로 한다. 이를 위해, 인지/정서적 치료에서는 환자와 함께 부정적인 자동적 사고 패턴을 탐색하고, 그것들을 대안적인 긍정적인 사고 패턴으로 대체하는 연습을 한다.

대안적 사고 전개는 다양한 방법으로 수행될 수 있다. 예를 들어, 간단한 전략은 부정적인 자동적 사고 패턴을 인식하고 이를 논리적으로 검토하는 것이다. 이후, 이 패턴이 왜 부정적인 결과를 초래했는지 이해하고, 대안적인 긍정적인 사고 패턴을 연습한다. 이런 전략을 통해 환자는 부정적인 사고 패턴이 긍정적인 결과와 연관되는 대안적인 사고 패턴으로 대체될 수 있음을 깨닫게 된다.

대안적 사고 전개는 자동적 사고 패턴에 대한 자각과 이해, 대안적인 사고 패턴의 발견 및 연습, 그리고 긍정적인 결과를 촉진하는 것을 목표로 한다. 이는 긍정적인 자기 평가와 자신감 증진에 이어, 대인관계 및 직업적 성과 개선 등 다양한 영역에서의 긍정적인 결과를 이끌어낸다.

예를 들어, "나는 항상 실패해"라는 부정적인 생각을 가지고 있다면, 대안적 사고는 이를 "내가 노력하면 성공할 수 있다"라는 긍정적인 생각으로 바꾸어 볼 수 있다. 이러한 대안적 사고를 적극적으로 적용하면, 개인은 자신의 인생에서 더 긍정적인 변화를 이끌어내는 데 도움을 줄 수 있다.

8) 문제 해결 및 재발 예방

문제 해결 및 재발 예방은 인지행동치료(CBT)의 핵심 과정으로, 단순히 현재의 문제를 해결하는 것뿐만 아니라, 동일한 문제가 반복되지 않도록 예방하는 것을 목표로 한다. 이 과정은 개인이 자신의 사고와 감정을 체계적으로 분석하고, 보다 현실적이고 효과적인 대처 방법을 학습하며, 장기적으로 안정적인 심리적 균형을 유지할 수 있도록 돕는다. CBT에서 강조하는 문제 해결 과정은 구조적이고 단계적으로 이루어지며, 이를 통해 개인은 자신의 사고 패턴을 점검하고, 적절한 전략을 개발하여 재발을 방지하는 능력을 키울 수 있다.

문제를 해결하기 위해서는 먼저 문제를 명확히 인식하고, 해결 목표를 설정하는 것이 중요하다. 많은 경우 사람들은 문제를 모호하게 인식하거나, 문제 자체를 회피하는 경향을 보인다. 그러나 문제를 정확하게 정의하고, 이를 해결하기 위한 구체적인 목표를 설정하는 과정은 치료의 핵심적인 첫 단계이다. 예를 들어, 불면증을 겪고 있는 사람은 단순히 "잠을 잘 자고 싶다"라고 생각할 수 있지만, 보다 구체적으로 "매일 밤 최소 6시간 이상 수면을 취할 수 있도록 수면 습관을 개선한다"라는 목표를 설정하는 것이 효과적이다.

문제 인식이 이루어진 후에는 개인이 문제 상황에서 경험하는 감정과 행동을 관찰하는 과정이 필요하다. CBT에서는 감정, 행동, 사고가 서로 연결되어 있으며, 특정한 사고 패턴이 문제를 지속시키는 역할을 할 수 있다고 본다. 따라서 문제 상황에서 발생하는 감정과 행동을 분석하고, 그러한 반응을 유발하는 자동적 사고 패턴을 탐색하는 것이 중요하다. 예를 들어, 불면증을 가진 사람이 "내일 중요한 일이 있는데 잠을 못 자면 큰일이 날 거야"라고 생각하는 경우, 이는 불안을 증가시키고 결국 수면의 질을 더욱 악화시키는 결과를 초래할 수 있다.

이러한 자동적 사고를 수정하기 위해 CBT에서는 대안적 사고 전개를 활용한다. 즉, 기존의 부정적 사고를 보다 현실적이고 균형 잡힌 사고로 대체하는 과정이다. 불면증을 겪는 사람이 "잠을 자지 못하면 내일 완전히 망칠 거야"라는 생각을 갖고 있다면, CBT에서는 "충분한 수면을 취하지 못해도 하루를 잘 보낼 수 있을 수도 있어. 그리고 긴장할수록 잠이 더 오지 않을 가능성이 크니, 지금은 몸을 편안하게 만들 필요가 있어"라는 방식으로 사고를 전환할 수 있도록 유도한다. 이를 통해 개인은 불필요한 불안을 줄이고, 보다 효과적인 대처 방식을 학습하게 된다.

문제 해결의 중요한 또 다른 단계는 대안적 행동 방식을 개발하고 실천하는 것이다. 사고를 변화시키는 것만으로는 충분하지 않으며, 이를 실제 행동으로 연결해야 한다. 예를 들어, 불면증 환자가 수면 습관을 개선하기 위해 다음과 같은 전략을 적용할 수 있다. 취침 전 스마트폰 사용을 줄이고, 일정한 시간에 잠자리에 들며, 긴장을 해소할 수 있는 이완 기법(예: 명상, 심호흡)을 활용하는 것이다. 이러한 실천적 접근을 통해 문제 해결의 효과를 극대화할 수 있으며, 장기적으로 건강한 습관을 형성할 수 있다.

문제 해결이 이루어진 후에는 반드시 재발 예방 전략을 수립하는 것이 필요하다. 정신 건강 문제는 단기간에 완전히 해결되는 것이 아니라, 동일한 스트레스 요인이 반복되거나 새로운 환경적 요인이 추가될 경우 다시 증상이 나타날 가능성이 있다. 따라서 CBT에서는 재발을 방지하기 위해 몇 가지 핵심적인 예방 전략을 강조한다.

첫 번째로, 자기 모니터링이 중요하다. 자기 모니터링이란 자신의 감정, 사고, 행동을 꾸준히 점검하고 기록하는 과정으로, 이를 통해 변화의 흐름을 인식하고 조기 경고 신호를 감지할 수 있다. 예를 들어, 불면증을 앓았던 사람이 다시 수면 패턴이 흐트러지는 신호를 감지하면, 초기 단계에서 즉시 개입하여 문제를 해결할 수 있다.

두 번째로, 효과적인 대처 기술을 미리 훈련하는 것이 필요하다. 이는 문제 발생 시 자동적으로 부정적인 반응을 보이는 것이 아니라, 보다 건강한 방식으로 문제를 해결할 수 있도록 준비하는 과정이다. 예를 들어, 스트레스를 받을 때 이를 효과적으로 해소할 수 있는 이완 기법을 미리 익히거나, 문제가 발생했을 때 혼자 해결하려 하기보다는 주변의 지원을 요청하는 연습을 할 수 있다.

세 번째로, 환경 조정과 습관 개선이 필수적이다. 특정한 환경적 요인이나 행동 패턴이 문제를 유발하는 경우, 이를 사전에 조정하여 재발 가능성을 줄이는 것이 중요하다. 예를 들어, 불면증을 예방하기 위해 수면 위생을 철저히 유지하는 것이 필요하며, 불안을 유발하는 특정한 요인을 줄이는 것이 도움이 될 수 있다.

네 번째로, 사회적 지지망을 활용하는 것이 중요하다. 가족, 친구, 치료사와 지속적으로 소통하며 정서적 지지를 받는 것은 재발을 예방하는 데 중요한 요소이다. 사회적 지지는 감정적 안정을 유지하는 데 도움이 될 뿐만 아니라, 어려운 상황에서도 긍정적인 대처 방식을 유지하는 데 기여할 수 있다.

다섯 번째로, 재발 신호를 조기에 인식하고 적극적으로 개입하는 것이 필요하다. 문제가 다시 발생할 가능성이 있을 때, 이를 미리 감지하고 빠르게 대응할 수 있다면 심각한 증상으로 발전하는 것을 막을 수 있다. 예를 들어, 불면증을 앓았던 사람이 다시 스트레스가 높아지고 수면 패턴이 무너질 조짐이 보인다면, 즉시 수면 습관을 조정하고 이완 기법을 적극적으로 활용하여 문제를 예방할 수 있다.

CBT는 문제 해결과 재발 예방에서 매우 효과적인 접근 방식을 제공하며, 단순한 증상 완화를 넘어서 환자가 자신의 문제를 주도적으로 해결할 수 있도록 돕는다. 연구에 따르면, CBT를 받은 환자들은 문제 해결 능력이 향상될 뿐만 아니라, 장기적으로 정신 건강을 유지하는 데 더 높은 성공률을 보인다. 이는 CBT가 단순한 치료가 아니라, 환자가 자신의 삶을 보다 주체적으로 이끌어갈 수 있도록 돕는 과정이기 때문이다.

결국, 문제 해결과 재발 예방은 개인이 자신의 사고와 행동을 보다 건강한 방식으로 조정하고, 장기적으로 안정적인 삶을 유지하는 데 핵심적인 역할을 한다. 이를 통해 환자는 일시적인 증상 완화를 넘어, 지속적으로 정신 건강을 관리하고 개선할 수 있는 능력을 갖추게 된다. 앞으로도 CBT는 다양한 심리적 문제에서 효과적인 해결책을 제공하며, 많은 사람들이 자신의 삶을 보다 긍정적으로 변화시킬 수 있도록 돕는 강력한 도구로 자리 잡을 것이다.

4. 인지정서행동 치료 순서

CBT (Cognitive Behavioral Therapy)는 인지행동치료라고도 불리며, 정서적 문제나 행동 문제, 인지적 문제 등을 해결하기 위한 대표적인 심리치료 방법 중 하나이다.

CBT는 개인의 생각, 감정, 행동 간 상호작용을 중요하게 보며, 부정적인 생각이나 믿음, 자동적으로 나타나는 심리적 반응 등이 문제를 야기할 수 있다는 가설을 바탕으로 한다. 이를 바탕으로, 치료자는 환자의 인지 및 행동 패턴을 평가하고, 문제점을 파악한다. 그 후, 긍정적인 생각, 적극적인 행동 등을 장려하고, 실제 상황에서 자신이 경험한 일들을 더 정확하게 인식하도록 지도할 수 있다.

CBT는 대개 일주일에 한 두 번씩, 12주 정도 지속되는 세션으로 이루어지며, 환자의 증상이나 문제에 따라 다양한 기술이 적용될 수 있다. 예를 들어, 환자가 스트레스와 불안을 느끼는 상황에서는 근육 이완 기술, 호흡 연습 등을 가르치는 것이 효과적일 수 있다.

CBT는 우울증, 불안장애, 심한 스트레스, PTSD 등 다양한 심리적 문제에 대해 적용될 수 있으며, 다양한 실험적 검증을 거쳐 효과가 입증되어 있는 치료 방법 중 하나이다.

인지정서행동치료(Cognitive Behavioral Therapy, CBT)의 일반적인 순서는 다음과 같다.

1) 문제 인식

먼저, 환자와 상담자는 환자가 직면한 문제를 명확하게 이해하고 문제가 어떻게 영향을 미치는지 이해한다.

문제 인식은 어떤 상황에서 문제가 발생했는지 인식하고, 그 문제가 어떤 영향을 미치는지 이해하는 것이다. 문제 인식은 문제 해결 과정에서 가장 중요한 단계 중 하나이다. 문제 인식이 잘못되거나 불완전하면 그 후의 단계에서 문제 해결이 실패할 가능성이 높아진다.

예를 들어, 직장에서 일을 하다가 어떤 프로젝트가 예산 초과로 인해 중단되었다는 것을 알게 되었다면, 이것이 문제라고 인식할 수 있다. 또한, 이 문제가 회사의 이익과 이미지에 어떤 영향을 미치는지 파악하고, 그 문제를 해결하려면 어떤 조치가 필요한지 고민해 볼 수 있다.

문제 인식은 새로운 문제를 발견하거나, 이미 발견된 문제를 더 깊이 파악하는 것과 같이 상황에 따라 다양한 형태로 나타납니다. 문제 인식은 항상 명확하고 정확하게 이루어져야 하며, 문제의 원인과 영향을 파악하는 것이 중요하다.

2) 목표 설정

다음으로, 환자와 상담자는 개별적이고 구체적인 목표를 설정한다. 목표는 문제에 대한 대처 방법을 개발하는 것일 수도 있다.

목표설정은 개인이 이루고자 하는 목표를 구체적이고 명확하게 정하는 과정이다. 목표설정의 과정은 크게 목표설정의 방향성 설정, 목표의 세부내용 설정, 목표의 달성 가능성 평가, 그리고 목표의 조정과 수정으로 나눌 수 있다.

예를 들어, 새해에 운동을 하기로 결심한 경우, 목표설정의 방향성은 "건강한 삶을 위해 꾸준히 운동하기"로 설정할 수 있다. 그리고 세부내용은 "주 3회 30분 이상의 유산소 운동 실시하기"로 설정할 수 있다. 이때, 목표의 달성 가능성을 평가하고자, 현재 건강 상태, 운동 습관, 일정 등을 고려하여 목표를 세우면 된다. 마지막으로 목표를 달성하기 위해 시간적으로나 기타 여러 측면에서 조정 및 수정이 필요한 경우, 목표를 조정하여 수정할 수 있다.

목표설정은 명확하고 구체적인 목표를 설정함으로써 개인의 목표달성에 대한 의지와 동기부여를 높이고, 목표달성에 필요한 계획을 세울 수 있도록 도와준다.

3) 계획 수립

목표를 세운 후, 상담자는 환자와 함께 목표를 달성하기 위한 계획을 수립하며, 이 단계에서는 환자가 목표를 달성하기 위한 단계적인 계획을 수립한다.

계획 수립은 목표를 이루기 위해 어떻게 행동할 것인지를 결정하는 단계이다. 계획 수립은 목표 달성에 필수적인 과정으로, 계획이 없이는 목표를 이루기 어려울 수 있다.

계획 수립 단계에서는 다음과 같은 내용들을 고려할 수 있다.

가) 구체적인 행동 계획 수립

목표를 달성하기 위해서는 무엇보다도 구체적인 행동 계획을 세우는 것이 중요하다. 이는 단순한 바람에서 벗어나, 목표를 좀 더 현실적으로 실현할 수 있는 청사진을 제시해준다. 예를 들어, '더 건강한 식습관을 만들기 위해'라는 목표를 설정해 보자. 이 목표를 달성하기 위해 우리는 체계적인 계획이 필요하다.

먼저, 규칙적인 운동은 건강한 식습관의 필수 요소이다. 일주일에 3번 이상 운동하기로 결심했을 때, 더 구체적으로 실천 계획을 세우는 것이 필요하다. 예를 들어, 매주 화요일, 목요일, 토요일의 아침 7시에 30분 동안 러닝머신을 이용하여 운동하는 일정을 정하면, 이를 자신의 일상에 자연스럽게 통합할 수 있다. 이렇게 고정된 시간에 운동을 하게 되면 규칙성이 생겨, 운동이 익숙해지고 꾸준하게 지속할 수 있는 힘을 얻게 된다.

다음으로, 식습관 개선은 다소 더 직관적일 수 있지만, 실천하기는 어려운 부분이 많다. 건강한 식습관을 유지하기 위해서는 과자와 음료수와 같은 간식의 소비를 줄이는 것이 필수적이다. 일주일에 3번 이하로 과자나 음료를 구매하고 먹는 것을 목표로 설정하면, 이를 통해 불필요한 칼로리 섭취를 줄일 수 있다. 간식을 자제하는 것은 초기에는 어려울 수 있지만, 조금씩 줄여나가다 보면 점차적이고 자연스러운 변화가 이루어질 것이다.

물론, 수분 섭취도 빼놓을 수 없는 요소이다. 매일 아침, 점심, 저녁 식사 전후로 물을 한 잔씩 마시는 습관은 건강 유지에 큰 도움이 된다. 물은 우리의 몸에 필수적인 요소로, 적절한 수분 섭취는 신진대사와 전반적인 건강 상태를 향상시킨다. 우리가 식사 전에 물을 마시는 습관을 들이면, 소화 과정에도 도움을 줄 뿐 아니라, 포만감을 느끼게 하여 과식을 예방할 수 있다.

이러한 구체적인 행동 계획을 세움으로써 우리는 목표를 한 걸음 더 가까이 이끌어 나갈 수 있다. 각 단계를 지나치지 않고 충실히 실행에 옮길 때, 우리의 목표인 '더 건강한 식습관'을 실제로 이루는 데 큰 기여를 할 수 있다. 이는 단순한 변화가 아닌, 우리 삶 전체에 긍정적인 영향을 미치는 중요한 과정이 될 것이다.

- 일주일에 3번 이상 운동하기
- 매주 화, 목, 토요일 오전 7시에 30분간 러닝머신을 이용해서 운동하기
- 과자와 음료수 간식 줄이기
- 일주일에 3번 이하로 과자나 음료수를 구매해서 먹기
- 물 매일 충분히 마시기
- 매일 아침, 점심, 저녁 식사 전후로 물 1잔 마시기

이처럼 구체적인 행동 계획을 수립하면 목표를 성공적으로 달성할 수 있는 가능성이 높아진다.

나) 시간적 제약 조건 설정

시간적 제약 조건은 목표를 달성하기 위해 특정한 시간 내에 해야 할 일을 정하는 데 중요한 역할을 한다. 이 조건은 계획을 세울 때 꼭 고려해야 하는 부분으로, 목표를 이루기 위해 어떤 작업을 얼마나 빠르게 수행해야 하는지를 이해하는 데 큰 도움이 된다.

예를 들어, 학기 중에 제출해야 할 과제가 있을 때, 그 과제를 마감일까지 완료해야 한다. 이 경우, 과제를 완료하는 데 필요한 시간을 계산하고 그에 맞춰 일정을 세워야 한다. 이렇게 하면 각 작업에 충분한 시간을 투자할 수 있어서, 마감일 전에 과제를 제출할 수 있게 된다.

또 다른 예로, 중요한 시험이 있다고 해보면, 시험일 이전에 준비를 완료해야 한다. 그래서 시험 일정에 맞춰 공부 계획을 세우고 필요한 자료를 미리 정리하는 것이 중요하다. 이렇게 하면 시험 준비가 늦어지지 않도록 효율적으로 시간을 사용할 수 있다.

시간적 제약 조건은 목표를 달성하기 위한 효과적인 계획을 세우는 데 꼭 필요한 요소다. 이러한 조건을 잘 이해하고 활용하면 더 체계적으로 일정을 조직하고, 각 작업에 충분한 시간을 배분하여 목표를 이룰 수 있다. 이는 삶의 효율성을 높여줄 수 있는 중요한 과정이다.

다) 자원 확보

자원 확보는 문제를 해결하는 데 필요한 자원을 모으는 과정을 의미한다. 이 자원들은 시간, 물질, 지식, 기술, 돈 등 다양하며, 각각의 문제 해결에 필수적인 역할을 한다. 자원을 잘 확보하는 것은 문제를 효과적으로 해결하는 데 있어 매우 중요한 첫 단계다.

예를 들어, 대학교를 졸업하고 취업을 원할 경우를 생각해보자. 자신의 경력과 능력을 잘 드러내기 위해 이력서와 자기소개서를 작성해야 하며, 이를 위해 직무에 대한 이해와 경험이 필요하다. 또한, 면접을 준비하는 과정에서도 충분한 연습이 필요하다. 이러한 과정에서 필요한 정보와 조언을 얻기 위해 친구나 선배와의 네트워킹도 중요한 자원이 된다. 특히 면접 장소까지 이동하기 위해 차량이나 대중교통에 대한 계획도 필요하다. 이처럼 취업 준비에는 다양한 자원이 요구되며, 이를 적극적으로 확보함으로써 성공적인 결과를 기대할 수 있다.

그러나 자원 확보는 단순히 취업 준비에만 국한되지 않는다. 때때로 예상치 못한 위기 상황이 발생할 수 있으며, 이러한 상황에서도 자원 확보의 중요성이 더욱 부각 된다. 예를 들어, 자연재해나 사회적 문제로 인해 집을 잃게 된 경우를 생각해보자. 이럴 때는 안정된 숙소와 식사, 의료 서비스와 같은 자원을 신속하게 확보해야 한다. 이를 위해서는 지역사회나 정부 기관에 연락해 지원을 요청하거나, 비상 대피소와 같은 신뢰할 수 있는 장소를 찾는 것이 필요하다. 이러한 상황에서 필요한 자원을 확보하기 위한 대처 전략을 미리 세워두면 위기 상황에서도 혼란을 줄일 수 있다.

결국, 자원 확보는 문제 해결에 있어 필수적이며, 그 과정에서 자원을 효율적으로 모으고 활용하는 능력이 중요하다. 다양한 상황에서 일어날 수 있는 문제에 대처하기 위해 필요한 자원을 미리 계획하고 확보함으로써, 우리는 더 나은 결과를 이끌어낼 수 있다. 이는 복잡한 문제를 해결하는 데 필요한 준비 과정을 갖추게 해주며, 위기 상황에서도 보다 효과적인 대처를 가능하게 만든다.

라) 계획 수정 및 조정

계획 수정 및 조정은 문제 해결 과정에서 매우 중요한 단계이다. 이 단계에서는 계획이나 목표가 제대로 이루어지지 않거나, 예기치 못한 상황이 발생했을 때, 그에 맞는 조치를 취하고 기존의 계획을 수정하여 목표 달성을 위한 새로운 전략을 세우는 과정이 이루어진다.

계획 수정 및 조정은 일반적으로 몇 가지 절차를 따른다. 먼저, 문제가 발생했거나 예상치 못한 상황이 생겼을 때, 이전에 세운 계획을 점검한다. 이 과정에서 현재 계획이 어떻게 실행되고 있는지, 예상과 다른 점은 무엇인지 파악해야 한다. 이후 수정이 필요한 부분을 도출하고, 그에 맞는 수정 계획을 수립한다.

이 과정에서 몇 가지 중요한 사항을 고려해야 한다. 먼저, 문제가 발생한 원인을 분석하여 그 원인을 해결하기 위한 방법을 찾아야 한다. 또한, 문제를 해결하는 과정에서 발생할 수 있는 부작용이나 예상치 못한 결과를 미리 예측하고 그에 대한 대처 방안을 마련하는 것이 중요하다. 수정한 계획을 실행하면서도 예측치 못한 결과가 나타나는지 지속적으로 모니터링하고, 필요할 경우 적절한 조치를 취해야 한다.

예를 들어, 자연재해가 발생했을 때의 상황을 살펴보자. 재난에 대처하기 위해 정부나 지역사회에서는 사전에 세운 계획이 있을 수 있다. 그러나 특정 상황에서 계획이 예상대로 실행되지 않을 수 있다. 예를 들어, 대규모 홍수가 발생했을 때, 초기 대피소가 물에 잠겨 버린 경우가 있다. 이럴 때에는 기존에 설정한 대피소 계획을 재검토하고, 다른 대피소를 확보하거나 추가적인 대피 경로를 마련해야 한다.

또한, 인명 구조 작업이 원활하게 진행되지 않는 상황도 발생할 수 있다. 예를 들어, 구조 인력이 현장에 도착했지만, 기상 여건이 악화되어 구조 활동이 지연되는 경우가 있다. 이럴 때는 기상 조건을 다시 분석하고, 구조 작업의 우선순위를 재조정하거나, 다른 지역에서 추가 인력을 동원하는 등의 새로운 전략을 세울 수 있다.

계획 수정 및 조정은 이러한 재난 상황에서도 중요한 역할을 하며, 이를 통해 발생한 문제를 신속하게 해결하고 목표를 달성하는 데 기여할 수 있다. 따라서 계획 수립은 목표 달성을 위한 첫 단계이며, 적절한 계획 수정과 조정을 통해 목표 달성의 가능성을 높일 수 있다는 점을 명심하는 것이 중요하다. 이러한 반복적인 과정은 재난관리의 효과성을 더욱 높이는 데 기여하게 된다.

4) 인식 및 대처 전략 개발

인식 및 대처 전략 개발은 문제 상황에서 자신의 생각과 감정을 인식하고, 이에 대한 적절한 대처 방안을 마련하는 과정을 의미한다. 이러한 과정을 통해 우리는 문제 상황에서 더 효과적으로 대처할 수 있다.

먼저, 인식 전략 개발을 위해서는 문제 상황에서 자신의 생각과 감정을 정확하게 인식하는 것이 중요하다. 자신이 어떤 감정을 느끼고 있는지, 그리고 그것이 어떻게 형성되었는지를 파악하는 과정이 필요하다. 예를 들어, 어떤 상황에서 불안감을 느낀다면, 이 불안감이 어디에서 비롯되었는지, 어떤 생각과 연결되어 있는지, 그리고 어떤 신체적 반응이 나타나는지를 세심하게 관찰해야 한다. 이처럼 자신의 내면을 잘 들여다보는 것은 문제를 이해하는 데 큰 도움이 된다.

그 다음으로, 대처 전략 개발 단계에서는 문제 상황에 어떻게 대처할지를 결정해야 한다. 인식 과정을 통해 얻은 자기 이해를 바탕으로, 적절한 대처 방법을 고민하고 계획하는 것이 중요하다. 예를 들어, 불안감을 느끼는 상황에서는 이 감정을 해소하기 위한 다양한 방법을 고려할 수 있다. 불안의 원인을 분석하고, 그에 맞는 대처 방법들을 모색하는 과정이 필요하다. 예를 들어, 상황을 더 잘 이해하기 위한 정보 검색이나, 심리적 안정을 위한 명상 또는 운동 등의 방법을 생각해볼 수 있다.

마지막으로, 개발한 대처 전략이 실제 효과적인지 평가하고, 필요시 수정하는 과정도 중요하다. 만약 시행한 전략이 효과가 없다면, 다른 방법을 시도해 보거나 기존 전략을 수정하여 개선할 수 있어야 한다. 이는 끊임없는 자기반성과 학습을 통해, 문제 상황에서의 대처 능력을 지속적으로 발전시키는 데 기여한다.

결국 인식 및 대처 전략 개발은 문제를 해결하는 데 있어 매우 중요한 과정이다. 이를 통해 자신의 내면을 이해하고, 더 나아가 문제 상황에 대한 효과적인 대처 방법을 체계적으로 마련하면서 개인의 성장과 문제 해결 능력을 함께 키워나갈 수 있다. 이러한 지속적인 발전은 다양한 문제 상황에서 자신감을 가지고 대처할 수 있는 기반이 된다.

5) 대처 전략 구현

대처 전략 구현은 특정 상황에서 효과적인 대처를 위해 계획된 전략을 실제 행동으로 옮기는 것을 말한다. 이를 위해서는 몇 가지 단계가 필요하다.

가) 대처 전략 계획

우선, 대처해야 할 상황을 정확하게 파악하는 것은 효과적인 대처의 첫 단계이다. 환자는 자신의 감정이나 문제를 직면한 상황을 명확히 이해하고, 그로 인해 발생하는 심리적 고통을 인식해야 한다. 이런 인식 없이 대처 전략을 수립하는 것은 효과가 떨어질 수 있다. 따라서, 환자는 특정한 상황에서 무엇이 문제인지, 그리고 자신이 어떤 감정을 느끼고 있는지를 세심하게 검토해야 한다.

상황을 파악한 후에는 그에 따른 다양한 대처 전략을 계획해야 한다. 각 상황에 맞는 대처 방법은 달라질 수 있으며, 여러 가지 대처 전략이 존재할 수 있다. 이때, 상담자는 환자와 함께 각각의 전략이 어떻게 상황에 적용될 수 있는지를 논의하고, 각 전략의 장단점을 고려하도록 유도해야 한다.

예를 들어, 만약 환자가 사회적 불안으로 인해 공개 발표에 대한 두려움을 느끼고 있다고 가정해 보자. 이 상황에서 환자는 몇 가지의 대처 전략을 고려할 수 있다:

① **사전 준비 및 연습**

발표 내용을 철저히 준비하고 친구나 가족을 앞에서 연습해 보는 전략이다.

- 장점 : 자신감을 높이고 실제 상황에서의 수행 능력을 향상시킬 수 있다.
- 단점 : 과도한 준비는 환자의 불안을 더욱 증폭시킬 수 있다.

② **심호흡 및 이완 기법 사용**

발표 전에 심호흡이나 이완 기법으로 마음을 진정시키는 방법이다.

- 장점 : 즉각적인 불안 완화에 효과적일 수 있다.
- 단점 : 불안이 극심한 경우에는 이완 기법이 효과를 보지 못할 수도 있다.

③ **불안을 받아들이기**

불안을 인식하고 받아들이는 대신에, 그 불안감을 무시하려고 하지 않는 방법이다.

- 장점 : 불안에 대한 저항을 줄이고 오히려 이를 자연스러운 감정으로 수용함으로써

심리적 부담을 경감할 수 있다.

- 단점 : 특정 상황에서는 불안이 완전히 해소되지 않을 수 있으며, 이를 극복하기 위해 더 많은 심리적 작업이 필요할 수 있다.

각 전략의 장단점을 비교하여 최종적으로 하나의 전략을 선택하는 과정은 부정적인 감정을 관리하며 문제 해결을 위해 필수적이다. 이 과정에서 상담자는 환자가 스스로 선택을 할 수 있도록 돕고, 이를 통해 자율성을 높일 수 있도록 지원해야 한다.

상황을 명확히 이해하고 적절한 대처 전략을 선택하는 것은 환자가 문제를 효과적으로 해결하는 데 중요한 역할을 하게 된다. 이러한 전략적인 접근은 심리적 회복을 촉진하고, 미래의 도전에 대한 대처 능력을 향상시키는 데 기여할 수 있다.

나) 전략 실행을 위한 준비

선택한 대처 전략을 효과적으로 실행하기 위해서는 필요한 자원과 도구, 그리고 기타 준비물을 체계적으로 준비하는 것이 필수적이다. 각 전략에 따라 요구되는 자원과 도구가 다를 수 있으므로, 이를 신중하게 고려하여 준비하는 과정이 필요하다.

예를 들어, 대처 전략이 재난과 같은 위기 상황에서의 대처라면, 사전에 비상용품과 의료용품을 준비해야 한다. 재난 발생 시에는 생존이 최우선이기 때문에, 적절한 비상 키트를 갖추는 것이 중요하다. 이 비상 키트에는 다음과 같은 기본적인 항목들이 포함될 수 있다.

- **비상용 수(水) 및 식품** : 적어도 72시간 동안 버틸 수 있는 물과 비상식량을 준비해야 한다. 물은 1인당 1일 약 2리터가 필요하며, 보존이 용이한 식품(통조림, 에너지 바 등)을 포함해야 한다.
- **응급처치 키트** : 상처를 치료하고 응급 상황에 대처할 수 있는 응급처치 용품(소독제, 반창고, 붕대 등)을 준비해야 한다. 이는 상황이 생겼을 때 즉시 사용할 수 있도록 가까운 곳에 두는 것이 좋다.
- **조명 및 통신 수단** : 손전등, 배터리, 휴대전화 충전기 등 기본적인 통신 및 조명 장비를 갖추어야 한다. 이들은 전력이 끊겼을 때 유용하며, 도움을 요청할 수 있는 방법이 된다.
- **다양한 기상 상황을 대비한 의류** : 날씨 변화에 대비한 방수 재킷, 보온복, 담요, 개인용 필수 품목(안경, 약물 등)을 포함하여 준비해 두는 것이 필요하다.

이러한 단계가 있듯, 만약 개인의 문제를 다루는 대처 전략을 선택했다면, 필요한 자원과 도구도 달라질 것이다. 예를 들어, 사회적 불안장애와 같은 감정적인 문제를 극복하기 위한 대처 전략을 선택했다면, 다음과 같은 준비를 해야 할 것이다.

- **자기 대화 기술 연습** : 긍정적인 자기 대화 대본을 작성하고, 이를 반복적으로 연습하는 것이 유용하다. 이를 통해 부정적인 생각을 긍정적인 방향으로 전환하는 방법을 익힐 수 있다.
- **상담 세션 예약** : 정기적으로 상담사나 치료자와 예약을 잡고, 진전을 평가할 수 있는 기회를 마련하는 것이 필수적이다.
- **지원 네트워크 구축** : 친구나 가족과 같은 신뢰할 수 있는 사람들에게 적극적으로 도움을 요청하고, 그들과의 소통을 강화하는 것이 중요하다. 이들은 어려운 시기에 사고를 공유하고 감정을 나누는 데 큰 힘이 될 수 있다.
- **심리적 도구** : 심호흡, 이완 기법, 마인드풀니스와 같은 감정 조절 기법을 배우고 연습하는 것도 좋은 장비가 된다. 이러한 도구들은 불안 상황을 마주할 때 효과적으로 대처하는 데 도움을 줄 수 있다.

선택한 전략을 실행하기 위해 필요한 자원, 도구 및 직접적 준비물이 무엇인지 명확히 이해하고 준비하는 것은 성공적인 대처의 핵심이다. 자신의 심리적 문제를 인식하고 이를 극복하는 데 필요한 기본적인 요소들을 갖추는 것은 궁극적으로 더욱 안정적이고 탄력적인 삶을 영위하는 데 필수적인 관건이 된다.

다) 전략 실행

전략 실행 단계는 전반적인 대처 과정에서 핵심적인 요소로, 이전 단계에서 준비한 대처 전략을 실제 상황에 적용하는 과정을 포함한다. 준비가 완료되면 이제 환자는 선택한 전략을 실행할 수 있으며, 이는 환자가 경험한 심리적 문제를 해결하기 위한 중요한 발걸음이다.

전략 실행을 시작할 때, 환자는 먼저 자신이 설정한 목표를 명확히 하고, 어떤 방식으로 진전을 확인할 것인지에 대한 계획을 세워야 한다. 예를 들어, 사회적 불안장애에 대한 대처 전략으로 '노출 치료'를 선택한 환자는 친구와의 소규모 모임에 참석하겠다고 설정할 수 있다. 이 모임에서 나타난 자신의 감정이나 반응을 경청하면서, 이를 통해 불안을 얼마나 느꼈는지를 스스로 평가할 수 있다.

전략의 성공 여부를 평가하는 과정도 매우 중요하다. 환자는 선택한 대처 방법이 효과적이었는지, 목표한 감정이나 행동에 변화가 있었는지를 검토해야 한다. 이를 통해 환자는 자신의 불안이 줄어들었는지, 대화에서의 참여도가 높아졌는지를 확인하고 그 결과에 따라 자신의 감정을 돌아볼 수 있다. 예를 들어, 환자가 모임에서 두려움을 느꼈지만, 대화를 시도한 경험이 있다면 이는 긍정적인 진전으로 평가할 수 있다.

필요한 경우 전략을 수정하거나 대체하는 것 또한 매우 중요하다. 만약 제안된 전략이 효과적이지 않거나 예기치 않은 반응이 나타난다면, 환자는 다른 접근 방법을 찾는 것이 필요하다. 예를 들어, 환자가 특정 사회적 상황에서 여전히 극심한 불안을 느낀다면, 치료자는 다른 대처 기법이나 추가적인 지원 자원을 제시할 수 있다. 이 경우, 환자는 심호흡과 같은 이완 기법을 사용하여 불안을 관리하거나, 긍정적인 자기대화 등을 연습하는 전략을 채택할 수 있다.

결국, 전략 실행은 개인의 심리적 회복력과 자아 성장을 위한 중요한 과정이다. 환자는 자신의 감정과 반응을 모니터링하고, 그 결과를 기반으로 지속적인 개선 사항을 반영하는 능력을 발전시킬 수 있다. 이러한 능력은 향후 유사한 상황에서 환자가 보다 효과적으로 대처하는 데 도움을 주며, 궁극적으로는 보다 안정적이고 만족스러운 삶을 운영하는 데 기반을 마련할 수 있다.

라) 전략 평가

전략 실행 후에는 그 효과를 철저히 평가하는 과정이 필수적이다. 이 평가는 선택한 전략이 실제로 효과적이었는지를 판단하는 기준이 되며, 환자가 앞으로 유사한 상황에 직면했을 때 어떻게 대처해야 할지에 대한 중요한 교훈을 제공한다. 전략 평가 과정은 환자가 경험한 결과와 감정을 정리하여, 성공적인 요소와 개선이 필요한 부분을 구분할 수 있도록 돕는다.

이때, 전략 평가는 주기적으로 수행하는 것이 이상적이다. 상황이 달라지거나 새로운 도전에 직면할 때마다 환자는 자신의 대처 전략을 재점검하고 필요한 변화를 적용할 수 있다. 이렇게 함으로써, 환자는 자신이 처한 상황에 더욱 적합한 대처 방법을 개발해 나갈 수 있으며 이는 지속적인 성장과 개선으로 이어진다.

대처 전략 구현은 다음과 같은 네 가지 단계를 순서대로 따라가는 구조로 진행된다:

- **계획** : 전략을 수립하는 첫 단계로, 환자는 무엇을 목표로 하고 어떤 방식으로 접근할지를 결정한다. 이 과정에서는 어떤 상황이 문제인지 명확히 하고, 그 상황을 극복하기 위한 다양한 전략을 탐색한다.

- **준비** : 환자는 실행할 전략을 효과적으로 이행하기 위해 필요한 자원과 도구를 준비한다. 이는 해당 상황에 맞는 정보 수집이나 필요한 지원을 확보하는 단계로, 몸과 마음의 준비가 포함될 수 있다.
- **실행** : 환자가 선택한 전략을 실제 상황에 적용하는 단계이다. 이 과정에서 환자는 자신이 계획한 대처 방법을 사용하여 문제를 해결하려고 노력한다.
- **평가** : 전략이 실제로 효과적이었는지를 판단하는 과정으로, 환자는 자신이 경험한 결과와 감정을 반성하고 기록한다. 또한, 이 평가를 통해 환자는 앞으로 비슷한 상황에서 취해야 할 적절한 대처 방법을 서서히 익혀가게 된다.

이러한 구조적 접근은 특정 상황에서 효과적인 대처를 할 수 있도록 도와주며, 환자는 경험을 통해 더 나은 판단력을 기르고, 자신의 대처 전략을 지속적으로 개선해 나갈 수 있다. 각 단계를 체계적으로 진행함으로써 환자는 문제 해결 능력을 높이고, 심리적 회복력을 강화할 수 있는 기회를 제공받게 된다.

결국, 이러한 과정은 단순히 현재의 문제를 해결하는 데 그치지 않고, 환자가 앞으로의 여러 도전에 보다 자신감 있고 효과적으로 대처할 수 있도록 하는 데 중대한 기여를 하게 된다. 이러한 점에서, 전략 실행 후에는 해당 전략의 효과를 꾸준히 평가하고 조정하는 것이 건강한 심리적 발달을 위한 핵심이라고 할 수 있다.

6) 결과 평가

상담자는 치료 과정이 끝난 후 그 결과를 평가하고, 상담 대상자가 설정한 목표를 얼마나 성공적으로 달성했는지를 측정하는 작업을 수행한다. 이러한 평가는 상담의 효과성을 판단하고, 다음 단계로 나아가기 위한 중요한 정보를 제공하는 과정으로 필수적이다. 상담자가 결과를 평가하는 목적은 상담 대상자가 상담을 통해 개인적 문제를 극복하고, 자신이 세운 목표를 성공적으로 달성했는지 확인하는 데 있다.

예를 들어, 상담 대상자가 "주 1회 운동하기"라는 구체적인 목표를 설정했다고 가정해 보자. 이 목표는 신체적 건강을 증진시키고 불안감을 줄이기 위한 실질적인 방법으로, 상담자는 처음 상담 시 이 목표를 세우는 과정에서 신중하게 접근해야 한다. 상담자는 이 목표를 설정할 때, 상담 대상자가 수용할 수 있는 구체적이고 현실적인 계획을 수립하도록 도와주고, 해당 계획을 어떻게 추적할 것인지에 대한 방법도 제시해야 한다.

상담이 진행된 후에, 상담자는 환자와 함께 계획한 대로 행동을 취했는지를 확인한다. 상담자는 운동을 실제로 수행했는지, 주 1회 달성할 수 있었는지 등을 직접적으로 질문하고, 환자가 경험한 어려움이나 성공을 논의하게 된다. 이는 단순히 목표에 다가가는 것이 아니라, 대처 과정에서의 감정적 반응이나 상황 변화를 반영하는 중요한 대화의 기회를 제공한다.

평가는 상담 대상자와 함께 이루어지며, 이는 환자가 목표를 달성하는 과정에서 느꼈던 감정과 생각을 나누는 포괄적인 대화로 진행된다. 목표를 달성한 환자는 자신감과 성취감을 느낄 수 있으며, 어려움을 겪었던 환자는 상담자가 적극적으로 그들을 지지하고 문제를 해결하는 데 도움을 줄 것을 기대할 수 있다.

이러한 과정을 통해 상담 대상자는 자신의 능력을 재발견하고, 설정한 목표를 지속할 수 있는 자신감을 키우게 된다. 또한 긍정적인 경험과 실패를 통해 학습한 교훈은 향후 도전과제에 대해서도 능동적으로 대처할 수 있는 태도를 기르는 데 도움을 준다.

결국 상담자는 목표 달성 여부를 평가하는 것을 넘어, 환자가 자신의 삶을 스스로 관리하고, 자신의 문제를 해결하는 능력을 배양하도록 지원하는 역할을 수행한다. 이를 통해 상담자는 환자의 자아 성장을 촉진하고, 궁극적으로는 개인이 자율적으로 생활할 수 있는 기반을 마련하는 데 기여하게 된다.

Disaster Psychology

재난에 대한 심리치료적 접근

11 장

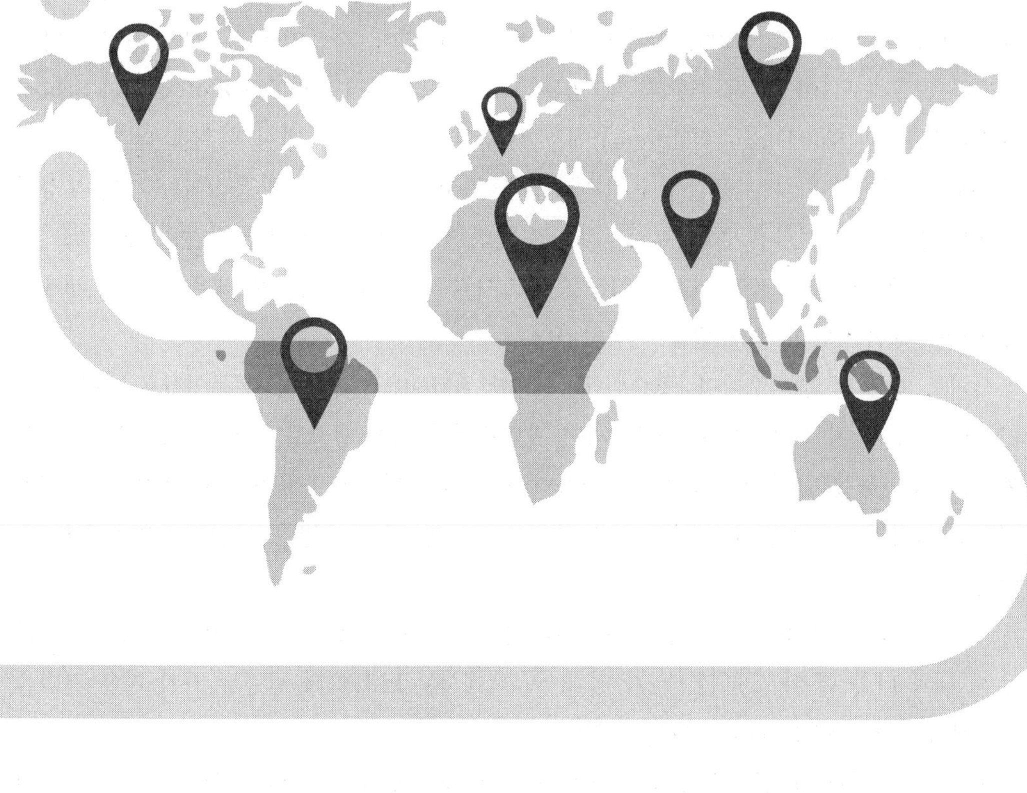

1. 안면운동자극재활(EMDR)

1) EMDR 정의

프랜신 샤피로(Francine Shapiro, 1948~2019)는 미국의 심리학자로, 안구 운동 둔감화 및 재처리 요법(Eye Movement Desensitization and Reprocessing, EMDR)의 창시자로 알려져 있다.

샤피로는 1948년 뉴욕 브루클린에서 태어났다. 1968년 영문학 학사 학위를 취득한 후, 1974년 뉴욕 시립대학교 브루클린 칼리지에서 영문학 석사 학위를 받았다. 1979년 유방암 진단을 받은 그녀는 치료 경험을 통해 스트레스가 면역 체계에 미치는 영향에 관심을 가지게 되었고, 이를 계기로 심리학 분야에 깊이 몰두하게 되어, 자신의 학사, 석사 전공과 다른 심리학을 캘리포니아 주 새크라멘토에 있는 프로페셔널 심리학교(The Professional School of Psychology, San Diego, California)에서 1988년 임상심리학 박사 학위를 받게 되었다.

1987년, 샤피로 박사는 공원에서 산책하던 중 좌우로 눈을 빠르게 움직이는 것이 부정적인 생각에 대한 불편함을 줄여준다는 것을 우연히 발견하였다. 이러한 발견을 바탕으로 그녀는 안구 운동이 부정적인 생각의 강도를 감소시킬 수 있다는 가설을 세우고, 이를 체계적으로 연구하여 EMDR 치료법을 개발하였다.

샤피로 박사는 캘리포니아 왓슨빌에 위치한 EMDR 연구소의 전무이사로 재직하며, EMDR 인도적 지원 프로그램을 창립하여 자연재해나 전쟁 등으로 심리적 외상을 겪은 지역 사회 주민들을 위한 프로그램을 보급하였다. 그녀의 연구와 노력으로 EMDR은 전 세계적으로 인정받는 치료법이 되었으며, 트라우마로 고통 받는 수많은 사람들에게 희망을 주었다.

그녀는 심리학 분야에 대한 공헌으로 여러 상을 수상하였으며, 대표적인 저서로는 「트라우마, 내가 나를 더 아프게 할 때」가 있다. 이 책에서는 EMDR과 관련된 자가 치유 기법을 소개하여 많은 사람들에게 도움이 되었다.

말년에 두 번째 암 진단을 받은 샤피로 박사는 2019년 6월 16일, 샌프란시스코 북부의 의료 시설에서 호흡기 문제로 별세했다.

샤피로 박사의 안면운동자극재활(Eye Movement Desensitization and Reprocessing, EMDR)은 불안, 우울증 및 외상 후 스트레스 장애(PTSD)를 포함한 다양한 정신 건강 상태를 치료하는 데 효과적인 심리 치료 방법이다. EMDR은 환자가 외상적인 기억이나 감정에 접근하면서 발생하는 고통을 완화하고, 건강한 방식으로 이러한 감정을 재처리할 수 있도록 돕는다.

EMDR의 작동 원리는, 외상적인 사건을 경험하면 뇌가 그 경험을 적절히 처리하지 못하게 되어, 해당 사건에 대한 기억이 부정적인 감정과 함께 고착되게 된다. 이는 불안, 우울증, 그리고 현실 세계와의 단절감을 유발할 수 있다. EMDR 치료는 이 고착된 기억을 안전하고 효과적으로 재처리하여 환자가 과거의 트라우마에서 벗어나 긍정적인 방향으로 나아갈 수 있도록 돕는 데 초점을 맞춘다.

이 치료의 중요한 점은 양측 자극의 사용이다. EMDR 세션에서는 치료사와 환자가 눈의 깜빡임, 탭, 소리 등 다양한 양측 자극을 활용하며, 이를 통해 감정의 처리 및 재구성을 촉진한다. 이러한 자극은 뇌의 정보를 통합하는 데 도움을 주며, 환자가 외상적인 기억에 연관된 감정을 건강한 방식으로 처리할 수 있도록 지원한다.

EMDR 세션 동안 치료사는 환자가 겪고 있는 감정과 기억을 안전하고 구조화된 방식으로 처리할 수 있도록 다양한 시각화 기법과 연습을 안내한다. 예를 들어, 환자가 특정 외상 경험을 회상할 때, 치료사는 환자가 그 감정을 인식하고 처음에는 불안감을 느끼던 감정의 크기를 줄이고 긍정적인 이미지를 떠올리도록 도와준다. 시간이 지남에 따라 환자는 두려움이나 불안의 정도가 감소하고, 일상생활의 도전에 마주하는 능력이 향상되며 긍정적인 정서를 자아낼 수 있게 된다.

EMDR은 외상 또는 다양한 감정 문제로 고통 받는 사람들에게 매우 강력한 치료 도구가 될 수 있다. 특히 외상 경험에 대한 깊은 정서적 흔적을 지니고 있는 환자들에게는 그 효과가 더욱 두드러질 수 있다. 물론 EMDR이 모든 사람에게 적합한 선택은 아니지만, 안전하고 비침습적인 심리 치료를 찾는 이들에게는 고려해 볼 만한 치료 방법으로 자리 잡았다. 치료의 효과와 안전성을 충분히 검증받은 EMDR은 많은 연구와 임상 사례에서 긍정적인 결과를 보여주고 있으며, 심리 치료 분야에서 활발하게 활용되고 있다.

종합적으로, EMDR은 불안과 외상적 경험에서 오는 심리적 고통을 효과적으로 치료함으로써, 환자들이 더욱 건강한 심리적 상태를 유지할 수 있도록 돕는 유용한 방법이라고 할 수 있다. 이 치료는 환자가 자신의 감정과 기억을 관리하고, 재난 같은 힘든 상황에서의 심리적 회복을 이끌어낼 수 있는 중요한 수단으로 작용한다.

2) EMDR 역사

EMDR (Eye Movement Desensitization and Reprocessing)은 심리학자이자 연구자인 프

랜신 샤피로(Francine Shapiro)에 의해 1980년대 후반 처음으로 소개된 혁신적인 치료 기법이다. 이 기술의 개발 배경은 샤피로 자신의 스트레스와 불안 경험에서 비롯되며, 그녀는 눈을 왼쪽과 오른쪽으로 움직일 때 부정적인 감정과 생각이 감소하는 효과를 직접적으로 느꼈다. 이를 바탕으로, 샤피로는 이러한 안구 운동을 활용하여 다른 사람들이 외상적 기억을 처리하고 심리적 고통을 줄일 수 있는 방법을 개발할 결심을 하게 되었다.

EMDR의 치료 과정에서는 치료사가 환자에게 이동하는 손가락이나 빛과 같은 시각적 자극을 제공하며, 환자가 외상적 기억에 집중할 수 있도록 안내한다. 이러한 자극은 환자가 말할 수 없는 고통스러운 기억을 재처리하는 데 도움을 주며, 감정의 심각도를 줄이는 데 효과적이라는 연구 결과가 수많은 임상 실험을 통해 밝혀졌다. 외상적 사건에 대한 기억을 떠올리는 동안 이와 함께 주어지는 시각적 자극이 환자의 뇌가 스트레스를 덜 받도록 하여, 감정적 응답을 완화하는 데 도움을 준다.

EMDR은 전 세계적으로 인기를 얻으며 외상 치료로 널리 인정받고 있으며, 세계 보건기구(WHO)와 많은 기관들이 PTSD와 기타 정신 건강 장애 치료의 효과성으로 인해 이 기술을 지지하고 있다. 단순한 상상의 기법을 뛰어넘어, EMDR은 고객의 내면적인 치유를 가속화하며 그들의 일상 회복력을 높이도록 돕는 주요한 도구로 자리 매김하였다.

EMDR 치료는 일반적으로 8~12회 이상의 세션으로 진행되며, 각 세션에서 환자는 외상적 경험을 떠올리고, 그와 동시에 안구 운동 자극이나 손가락 소리 등의 외부 자극을 받으며 집중한다. 이러한 자극은 기존에 강한 감정을 불러일으키는 외상과 관련된 기억이나 이미지를 다시 활성화하고, 이를 건강한 방식으로 처리하도록 돕는다. 치료 세션이 진행됨에 따라, 환자는 점차적으로 자신의 고통을 줄이고 일상생활에서의 기능을 회복할 수 있는 기회를 가지게 된다.

또한 EMDR은 우울증, 불안증, 중독 및 신체적 질병 등 다양한 정신적 및 신체적 증상에도 효과적으로 적용될 수 있다. 그 결과 수많은 환자들이 EMDR을 통해 외상 후 스트레스 장애의 증상을 극복하고, 더 나아가 정신적 안녕을 되찾을 수 있도록 지원받고 있다. 전반적으로 EMDR은 심리학 분야에서 가치 있는 치료 기법으로 승인받고 있으며, 그것은 고통을 겪고 있는 많은 사람들에게 희망과 치유를 제공하는 중요한 역할을 하고 있다.

3) 치료 방법

EMDR (안구 운동 감각화 및 재처리)은 대개 8~12회의 세션으로 구성되며, 각 세션은 약 50분에서 90분 정도 소요된다. 이 치료의 각 단계는 체계적으로 진행되며, 곧바로 치료 효과를 얻기 위한 철저한 준비와 평가가 이루어진다.

가) 심리상담 및 평가

EMDR 치료 과정의 첫 단계는 심리상담 및 평가로 시작된다. 치료 전, 상담자는 환자의 성격, 문제점, 그리고 대처 방법 등을 파악하기 위한 심리 상담을 진행한다. 이 단계에서 클라이언트의 상담 목적과 과거 경험, 현재의 증상, 그리고 개인 정보를 수집하며, 이러한 정보를 토대로 상담자는 환자의 무의식적 갈등이나 고통의 원인을 이해하고, 이를 해결하기 위한 목표를 설정한다.

예를 들어, 환자가 PTSD를 앓고 있다면, 상담자는 환자가 겪은 외상 사건의 경과와 현재 느끼는 감정을 깊이 탐색할 수 있다. 이를 통해 특정 외상 사건과 관련된 감정이나 신념이 어떤 것인지, 그리고 환자가 원하는 변화가 무엇인지 명확하게 정의할 수 있게 된다. 이를 바탕으로 EMDR 세션에서 사용할 자극(안면운동 자극, 오디오 자극, 진동기 등)을 결정하게 된다.

EMDR 세션이 시작되면, 상담자는 치료를 위해 환자가 처리하고자 하는 대상을 정확하게 파악하고 이를 바탕으로 양측 자극을 적용한다. 환자는 이러한 자극을 받는 동안 불안감, 슬픔, 분노와 같은 감정을 경험하게 되며, 그 과정에서 해당 감정을 안전한 환경에서 처리할 수 있는 기회를 갖게 된다.

상담자는 이 모든 경험을 면밀하게 기록하며, 클라이언트의 지각적 경험과 함께 과거의 감정이 어떻게 재현되고 있는지를 분석한다. 가령, 환자가 특정 장면을 떠올리며 불안감을 느낀다면, 상담자는 그 장면과 그로 인해 생성된 감정을 깊이 탐색하여, 환자가 자신의 감정과 경험을 구체적으로 인식하고 이해할 수 있도록 지원하게 된다.

각 세션의 길이와 빈도는 클라이언트의 개별적인 요구사항에 따라 달라질 수 있으며, 상담자는 환자의 진행 상황과 대처 능력을 지속적으로 평가하여 어떤 주제를 다룰 것인지 결정하게 된다. 예를 들어, 어떤 환자가 특정 외상 사건에 대한 높은 불안을 여전히 경험하고 있다면, 상담자는 그 사건의 재처리를 계속 진행할 수 있도록 전략을 조정할 것이다.

결국, EMDR의 첫 단계인 심리상담 및 평가는 환자와 치료자 간의 신뢰를 형성하고, 치료의 방향성을 정하는 데 중요한 역할을 하게 된다. 이 과정을 통해 환자는 자신의 감정을 탐색하고 문제의 본질을 이해하게 되며, 향후 긍정적인 변화로 이어질 수 있는 기초를 마련하게 된다.

나) 대상 이벤트 선택

EMDR 치료에서 첫 번째 단계 중 하나는 치료의 대상으로 삼을 과거의 트라우마나 부정적 경험을 선택하는 것이다. 이 단계는 치료할 이벤트를 결정하는 중요한 과정으로, 환자가 겪었던 심리적 고통을 함께 다룰 수 있는 기초가 된다. 보통 치료의 대상은 환자가 지금까지 경험한 가장 괴로웠던 사건이나, 현재 문제가 되고 있는 경험과 직접적인 관련이 있는 사건이다.

치료가 시작되기 전에 상담자는 환자와 면밀한 대화를 통해 적절한 대상 이벤트를 선택하도록 돕는다. 이때 선정될 사건은 명확하고 구체적이어야 하며, 사건이 일어난 시기와 장소, 그리고 그것으로 인해 유발된 감정, 생각, 유사한 상황에서 느꼈던 감정 등을 모두 포함해야 한다. 예를 들어, 환자가 어린 시절 겪었던 심각한 괴롭힘(bullying) 경험이 있다면, 상담자는 그 사건의 특정 상황(어디서, 누구와 있었는지)과 그로 인해 발생한 감정을 함께 탐색하게 된다.

환자가 대상 이벤트를 상기하게 되면, 상담자는 이를 평가하고 EMDR 프로토콜에 따라 적절한 처리 방법을 결정한다. 환자가 고통스러운 기억을 다시 떠올리는 것은 어려운 작업일 수 있지만, EMDR 과정에서 이러한 고통스러운 경험을 안전하게 다룰 수 있도록 돕는 것이 상담자의 역할이다. 환자가 스스로 선택한 과거 경험에 대해 더 깊은 통찰을 갖게 된다면, 치료의 효과는 더욱 커지게 된다.

이후 치료 세션에서는 선택된 대상 이벤트에 대해 다양한 양측 자극을 이용하여 처리가 진행된다. 예를 들어, 환자가 특정 트라우마 사건에 대한 감정을 회상할 때, 상담자는 환자에게 안구 운동 자극이나 소리 및 촉각 자극을 통해 감정과 관련된 기억을 재처리하도록 안내한다. 이 과정은 환자가 과거의 아픈 기억을 더욱 온전하게 이해하고, 그로 인해 발생하는 심리적 고통을 덜어내는 데 중요한 역할을 한다.

결국, 대상 이벤트 선택은 EMDR 치료 프로세스의 핵심적인 부분으로, 이 단계가 성공적으로 진행되어야 환자는 자신의 과거 경험과 감정을 안전하게 탐색하고, 그 경험을 통해 치유의 길을 찾을 수 있다. 이러한 과정은 치료의 방향성을 설정하고, 환자가 내면의 갈등을 극복하는 데 기여하며, 지속적인 심리적 안정과 건강을 추구하는 데 필수적이다.

다) 안면운동자극 및 시각 자극

EMDR (안구 운동 감각화 및 재처리) 치료에서는 안면운동자극을 비롯한 다양한 자극 기법을 이용하여 환자의 뇌에 자극을 가하는 중요한 방식이 적용된다. 안면운동자극은 주로 빠른 속도로 좌우 눈을 번갈아 가며 움직이는 방법으로, 이를 통해 뇌의 정보 처리 과정을 재구성하고 조정하는 데 도움을 준다. 이러한 기법은 환자가 과거의 외상적 기억에 접근할 때 그 기억을 보다 건강하게 처리하도록 돕는 역할을 한다.

EMDR 치료에서 사용되는 안면운동자극은 치료 대상자가 상담자의 손가락을 따라 좌우로 보는 형태로 이루어진다. 이는 정신적으로 어려운 경험을 다루는 데 있어서 중요한 도구로 작용하며, 환자가 특정 상처나 외상에 연결된 감정을 그리워하고 이를 안전한 환경에서 작업하도록 하여 그 감정의 민감도를 줄이게 된다. 예를 들어, 환자가 과거에 겪었던 충격적인 사건을 회상할 때, 빠른 안구 운동은 뇌에서 해당 기억을 재처리하도록 유도하며, 이로 인해 환자는 불안이나 두려움을 덜 느끼게 된다.

또한, EMDR에서는 안면운동자극 외에도 시각 자극이 사용된다. 시각 자극은 예를 들어 불빛이 수평으로 이동하는 방식으로 제공될 수 있으며, 이거나 소리와 함께 사용할 수 있다. 이 시각적 자극 또한 환자가 지난 경험과의 감정적 연결을 재구성하는 데 도움을 줄 수 있으며, 정서적인 방어기제를 해소하는 데 기여한다. 이런 방식으로, 환자는 보다 안전하게 감정을 탐색하고 해당 정서를 다루는 데 필요한 도구를 발전시킬 수 있다.

EMDR의 치료 과정 동안, 안면운동자극과 시각 자극은 주로 환자가 마주하는 정서적 경험이 재처리될 때 사용된다. 이러한 자극은 단순히 신체적 반응을 유도하는 것이 아니라, 환자가 자신의 과거 경험을 적극적으로 대처하고 이해할 수 있도록 돕는 중요한 요소로 작용한다. 치료자가 제공하는 구조화된 자극은 환자가 불안이나 고통의 감정을 더 효과적으로 처리할 수 있도록 지원하며, 이는 궁극적으로 환자의 회복과 심리적 안정에 기여하게 된다.

EMDR 치료에서 안면운동자극과 시각 자극의 활용은 환자가 과거의 외상적 경험을 새롭게 처리하는 데 핵심적인 역할을 한다. 이러한 자극 기법은 환자가 자신의 내면에 있는 감정을 탐구하고, 고통 받는 경험을 건강한 방식으로 통합할 수 있도록 도우며, 이는 환자의 정서적 안정과 전반적인 정신 건강 향상에 기여하는 소중한 도구로 기능한다.

라) 다각각인적 자극

EMDR (안구 운동 감각화 및 재처리) 치료에서는 시각, 청각, 촉각 등 다양한 자극을 활용하여 치료를 진행하는 것이 특징이다. 이러한 다양한 자극은 환자가 과거의 외상적 경험과 관련된 감정과 기억을 처리하고 완화하는 데 도움을 준다. 감각적인 자극을 통해 환자는 치료 중에 더욱 깊고 구체적으로 감정을 탐색할 수 있으며, 이는 EMDR의 효과성을 높이는 데 기여하게 된다.

예를 들어, 치료사는 환자가 이전에 경험한 상황과 연결된 특정 이미지, 소리, 냄새 등을 떠올리도록 유도할 수 있다. 이러한 다각각적 자극은 환자가 과거의 트라우마와 감정적 연결을 다시 일으키게 함으로써, 그 기억을 안전한 환경에서 재처리할 수 있도록 도와준다. 이를 통해 환자는 불쾌한 감정과 기억을 밖으로 이끌어내어, 그에 대한 새로운 통찰을 얻을 수 있다.

특히 EMDR 치료에서 사용되는 다양한 감각적 자극 중 하나는 촉각 자극인데, 이는 예를 들어 진동기 또는 구체적인 터치와 같은 방식으로 이루어질 수 있다. 환자가 특정한 진동을 느끼며 과거의 트라우마를 회상할 때, 이러한 촉각 자극은 해당 기억의 정서적 강도를 감소시키는 데 기여할 수 있다. 치료사는 이러한 자극을 적절히 조합하여 환자가 소화할 수 있는 방식으로 기억을 되살리는 데 도움을 준다.

청각적 자극 또한 EMDR에서 자주 사용된다. 예를 들어, 치료사는 환자에게 특정 소리나 음악을 들려주며, 그 소리와 연관된 감정을 떠올리게 할 수 있다. 환자가 과거의 트라우마와 관련된 특정 소리에 대한 기억을 회상할 때, 그 소리는 감정을 활성화하고, 치료 과정에서 새로운 통찰을 제공할 수 있는 요소로 작용하게 된다.

후각 자극도 EMDR에서 중요한 역할을 할 수 있다. 예를 들어, 환자가 과거에 강하게 인상 깊었던 냄새를 기억하는 경우, 치료사는 그와 유사한 냄새를 사용하여 어떤 감정이 유발되는지를 관찰하게 할 수 있다. 이는 환자가 해당 감정을 처리하고, 무의식적으로 억압했던 느낌을 드러낼 수 있도록 돕는 방식이다.

결국, EMDR에서는 시각, 청각, 촉각, 후각 등 다양한 감각적 자극을 통해 환자가 감정과 기억을 효과적으로 재처리할 수 있도록 하고, 이는 결국 심리적 치유와 회복의 과정을 촉진하는데 기여한다. 이러한 다각각적 자극의 활용은 환자가 과거의 불쾌한 경험을 보다 긍정적으로 다루고 전반적인 정신적 역량을 향상하는 데 큰 도움이 된다.

마) 감정 및 생각 조절

치료 과정에서는 불안, 고통, 분노와 같은 다양한 감정이 나타날 수 있다. 이러한 감정들을 적절하게 인지하고 다루는 방법을 찾는 것은 치료의 주요 목표 중 하나이며, 이는 전반적인 심리적 안정을 유지하는 데 매우 중요하다. 인간은 일상생활 속에서 수많은 감정을 경험하게 되지만, 때로는 이러한 감정이 부정적인 방향으로 개인의 삶을 이끌기도 한다. 따라서 감정을 조절할 수 있는 능력은 정신적인 회복뿐만 아니라 개인의 삶의 질을 향상시키는 데 필수적이다.

감정 및 생각 조절을 위해 사용할 수 있는 몇 가지 방법이 있다.

첫째, 정서적 지각을 개선하는 것이 중요하다. 자신의 감정을 정확히 인식하고 파악하는 것은 적절한 대처를 위한 첫 걸음이기 때문이다. 감정을 제대로 인식하지 못한다면, 그에 따른 행동을 조절하기가 어려워지며, 이는 더욱 부정적인 결과를 초래할 수 있다. 예를 들어, 환자가 자신의 감정을 무시하고 버리면, 이는 나중에 더 큰 불안이나 우울로 돌아올 수 있다. 그러므로 감정을 인지하는 연습을 통해 스스로를 이해하는 것이 필수적이다.

둘째, 감정을 조절하는 방법을 배우는 것도 중요하다. 이는 감정을 단순히 억압하는 것이 아니라, 감정을 인식하고 받아들이며 조절하는 과정이다. 예를 들어, 감정을 표현하는 것이 한 방법이 될 수 있다. 그래서 환자는 생각과 감정을 글로 쓰거나, 친구와 이야기하는 등의 방식을 통해 자신의 감정을 표출할 수 있다. 또한 명상이나 심호흡 운동과 같은 이완 기법을 통해 교감하며 신체적, 정서적 긴장을 풀어주는 것이 좋다. 규칙적인 운동도 정신적 여유를 찾고 부정적인 정서를 해소하는 데 도움이 된다.

셋째, 사회적 상황에서의 감정 조절은 개인의 대인관계에 큰 영향을 준다. 감정을 적절히 조절하지 못하면, 과도하게 표현되거나 반대로 억압하는 상황이 발생할 수 있다. 이는 상대방과의 대인관계에 부정적인 영향을 미칠 수 있으며, 결과적으로 사회적 고립을 초래할 수 있다. 예를 들어, 누군가가 감정을 강하게 표현하면 그로 인해 상대방이 불편함을 느낄 수 있으며, 이는 관계의 단절을 가져올 수 있다. 따라서 사회적 상황에서 적절한 감정 조절은 건강한 대인관계를 유지하는 데 핵심적인 요소가 된다.

감정 및 생각 조절은 우리 삶에서 매우 중요한 역할을 한다. 우리는 다양한 감정을 경험하지만, 이를 인식하고 이해하며 적절한 대처 방법을 통해 조절하는 것이 필요하다. 이러한 능력은 심리적 회복의 기초가 되며, 개인이 일상에서 겪는 다양한 문제들을 효과적으로 해결하는 데 도움을 줄 수 있다. 결국, 감정을 잘 다룰 줄 아는 능력은 건강한 삶을 영위하는 데 있어 중요한 열쇠가 될 것이다.

바) 세션 평가

각 EMDR 세션 이후, 환자와 상담자는 함께 치료 결과를 평가하고 필요한 경우 치료 방법을 조정하는 과정은 치료의 중요한 한 축을 이룬다. EMDR 세션 평가는 환자가 겪고 있는 외상적 경험과 이에 따른 증상 개선 정도를 확인하는 데 필수적이며, 이는 환자의 심리적 회복 과정을 모니터링하고 지원하는 데 중요한 역할을 한다.

EMDR 세션 평가는 대개 EMDR 치료 세션의 끝부분에서 이루어진다. 이 시점에서 치료자는 환자의 변화와 해당 치료의 효과를 평가하기 위해 다양한 도구들을 활용할 수 있다. 예를 들어, SUDS (주관적 불편도 척도, Subjective Units of Disturbance Scale)와 VOC (생각의 타당성 척도, Validity of Cognition)와 같은 척도가 일반적으로 사용된다. SUDS는 환자가 느끼는 불안의 정도를 0에서 10까지의 범위로 평가하도록 하여, 감정적 상태의 변화를 체크하는 도구로 활용된다. VOC는 환자가 특정한 사고나 믿음의 정확성을 어떻게 느끼는지를 점검하는 척도로, 이 또한 환자의 인지적 변화를 추적하는 데 유용하다.

일부 치료자는 EMDR 세션 동안의 경험을 기록하기 위해 다이어리를 작성하기도 한다. 이러한 다이어리는 세션 동안 환자가 회상한 사건, 그에 대한 감정, 발생한 반응 등을 문서화하여 추후 분석하거나 피드백을 제공하는 데 중요한 자료가 된다. 이러한 기록은 상담자가 환자의 치료 과정을 세밀하게 검토하고, 어떤 부분에서 진전을 이루었는지를 평가하는 데 도움을 준다.

EMDR 세션 평가는 환자의 증상이 완전히 사라질 때까지 계속될 수 있다. 만약 환자의 증상이 감소하지 않거나 변화가 적다고 판단되는 경우, 상담자는 다음 세션에서 추가적인 처리가 필요한 사건을 새롭게 선택하거나, 다른 치료 방법을 고려해야 할 수 있다. 이러한 접근은 환자가 직면한 문제를 해결하는 데 필요한 치료의 방향성을 조정하고, 최적의 결과를 향해 나아가도록 돕는 데 중점을 둔다.

EMDR 치료 과정에서의 평가와 조정은 치료의 효율성을 높이는 중요한 요소이며, 이를 통해 치료자와 환자는 서로 협력하여 지속적인 회복과 성장을 도모할 수 있다. 이러한 과정에서 환자는 자신의 감정적 성장과 자아 회복력 강화를 경험할 수 있으며, 치료자는 환자와의 신뢰 관계를 더욱 깊이 있게 만들 수 있는 기회를 갖는다.

사) 홈 워크

세션이 끝난 후, EMDR 치료에서는 환자가 집에서 자극을 받을 수 있는 방법을 배우고 주어진 과제를 수행하는 중요한 단계가 포함된다. 이러한 과정을 홈 워크(Home Work)라고 하며, 이는 치료 세션 외부에서 환자가 진행할 수 있는 추가적인 치료 과제나 자기 조절 방법을 의미한다. 홈 워크는 환자가 EMDR 세션 동안 다루었던 경험에 대한 자기 간호를 유지하고 치료에 적극적으로 참여하는 데 도움이 된다.

홈 워크는 다양한 형태로 제공되며, 환자 각자의 필요에 맞춰 조정될 수 있다. 일반적으로는 심호흡, 근육 이완, 안정화 기술과 같은 기본적인 자기 조절 방법이 포함된다. 예를 들어, 심호흡 기술을 연습하면서 환자는 불안한 감정을 조절하고, 긴장을 완화하는 방법을 익힐 수 있다. 이러한 방법은 환자가 일상생활에서 초조하거나 불안할 때 즉시 활용할 수 있는 도구가 된다.

또한, 다른 형태의 홈 워크로는 명상과 같은 심리적 기법이 있다. 환자는 정서적 균형을 유지하기 위해 매일 몇 분 동안 명상하는 시간을 가질 수 있다. 이를 통해 마음의 평화를 찾고, 외부 자극에 대해 보다 긍정적으로 대처할 수 있는 능력을 키운다. 또 다른 예시는 환자가 자극에 노출되는 환경에 적극적으로 참여하는 과제이다. 예를 들어, 사회적 불안을 겪고 있는 환자가 일부러 소규모 모임에 참석하여 자신의 감정을 관찰하고, 이를 토대로 대처 기술을 연습할 수 있다.

홈 워크는 단순히 세션 후 각자의 감정을 다루는 것에 그치지 않고, 치료의 진행에 대한 검토와 피드백 제공에도 중요한 역할을 한다. 치료 세션 동안 클라이언트가 집에서 수행한 자극 작업을 리뷰하고, 어떤 전략이 효과적이었는지 평가하는 과정은 다음 치료 세션에서 다룰 주제나 기술을 결정하는 데 도움이 된다. 예를 들어, 만약 환자가 근육 이완 기술을 잘 활용하여 불안을 줄이는 데 성공했다면, 다음 세션에서는 이 기술을 더 발전시키거나 다른 자기 조절 기법을 함께 실습할 수 있다.

홈 워크는 EMDR 치료의 연장선상에서 환자가 치료 과정에 능동적으로 참여하도록 하고, 자신의 심리적 문제를 지속적으로 다룰 수 있는 기회를 제공하는 중요한 수단이다. 이를 통해 환자는 치료적 성장을 이루고, 자율성을 확대하며, 심리적 안정성과 회복을 향상할 수 있는 발판을 마련하게 된다. 이는 결국 환자가 지속적인 치유와 개인적 성장을 이루는 데 큰 도움이 된다.

아) 치료 종료 및 평가

예정된 EMDR 세션을 모두 마친 후, 환자와 상담자는 치료 결과를 면밀히 평가하고 이에 따른 추가적인 대처 전략을 제시하는 중요한 단계에 들어간다. EMDR 치료가 종료되면 상담자는 환자와 함께 그동안의 치료 과정을 다각도로 살펴보고, 설정한 목표를 달성하였는지에 대한 판단을 내리게 된다. 이는 치료의 효과를 객관적으로 평가하는 과정이며, 환자가 경험한 변화와 성장을 확인하는 기회가 된다.

예를 들어, 치료를 통해 환자가 느끼는 불안이 현저히 줄어들고, 일상적인 상황에서의 반응이 개선되었다면, 상담자는 이러한 성과를 정리하여 환자에게 명확히 전달할 것이다. 이 과정에서 환자는 치료 전후의 상태 변화를 스스로 인식하게 되고, 자신이 달성한 성과에 대한 자부심을 느낄 수 있다. 이러한 인식은 환자가 앞으로의 생활 속에서 겪을 수 있는 도전들을 극복하는 데 큰 힘이 된다.

반대로, 만약 치료 목표가 완전히 달성되지 않았다면, 상담자는 추가적인 세션이 필요할 수 있음을 설명하고, 향후 계획을 세우는 것이 중요하다. 예를 들어, 환자가 여전히 불안감을 느끼거나 특정 트라우마에 대한 기억이 완전히 해소되지 않은 경우, 치료자는 환자와 함께 어떤 부분에서 추가적인 지원이 필요한지를 논의하고, 필요한 경우 후속 치료를 위한 구체적인 전략과 일정을 제안할 수 있다.

상담자는 이러한 평가 과정이 종합적이고 비판적으로 이루어져야 하며, 환자가 가장 편안하게 느끼고 성장할 수 있는 방향으로 진행될 수 있도록 지원해야 한다. 최종적으로, 상담자는 환자에게 치료가 종료되었지만 필요하다면 언제든지 다시 상담을 받을 수 있다는 점을 명확히 알려준다. 이는 환자가 필요할 때마다 심리적 지원을 받을 수 있는 안전한 환경을 제공하는 중요한 메시지이다.

마지막으로 상담자는 환자와 함께 자신의 감정을 조절하는 방법을 학습하며, 미래에 대한 계획을 세우는 시간도 가질 수 있다. 예를 들어, 치료를 통해 얻게 된 자기 인식과 기술을 바탕으로, 환자는 앞으로의 삶에서 어떻게 긍정적인 방향으로 나아갈지를 구체적으로 계획할 수 있다. 이러한 과정은 환자가 자신의 인생에서 새로운 시작을 할 수 있도록 하는 중요한 발판이 될 것이다.

이러한 구조적이고 포괄적인 치료 종료 과정은 환자가 자신의 심리적 회복을 되돌아보고, 앞으로 어떤 도전을 맞이하더라도 더 잘 대처할 수 있는 자신감을 확립하는 데 매우 중요한 역할을 한다.

2. 문제해결치료 (PST)

1) PST이란

PST (Problem-Solving Therapy)는 1971년 토마스 드주릴라(Thomas D'Zurilla)와 마빈 골드프리드(Marvin Goldfried)에 의해 처음 개발되었다. 당시 심리학자들은 스트레스와 부정적인 감정이 효과적으로 관리되지 않으면 우울증이나 불안 같은 심리적 문제가 발생할 가능성이 높다고 보았다. 이에 따라, 문제를 체계적으로 해결하는 기술을 학습하는 것이 심리적 고통을 줄이는 데 효과적일 것이라는 이론을 바탕으로 PST가 제안되었다. 1970년대 후반부터 1980년대 초반까지 D'Zurilla와 그의 연구진은 PST의 이론적 기틀을 강화했다. 문제를 정의하고, 가능한 대안을 탐색하며, 실행 가능한 해결책을 적용하는 구조적인 접근 방식을 통해 개인의 심리적 안정을 도모하는 방법론을 제시했다. 특히, 이 시기 PST는 초기 단계의 인지 행동 치료(CBT)와 밀접한 연관성을 가지며 심리치료의 한 분야로 자리 잡기 시작했다. 1990년대 들어 PST는 다양한 임상 및 실생활 문제에 적용되며 그 활용 범위가 크게 확대되었다. 우울증, 불안 장애, 만성 스트레스 같은 심리적 문제뿐만 아니라 만성 질환으로 인한 신체적 고통 관리에도 유용한 도구로 자리매김했다. 1991년 D'Zurilla와 아서 M. 네즈(Arthur M. Nezu)는 공동으로 Problem-Solving Therapy : A Social Competence Approach to Clinical Intervention을 출간하며 PST의 체계적 접근 방식을 구체화했다. 이 책은 심리치료 분야에서 PST를 주요한 치료법으로 자리 잡게 한 중요한 기여로 평가받는다. 2000년대 이후 PST는 다양한 심리적 장애와 환경적 스트레스 요인에 대응하기 위한 도구로 발전을 거듭했다. 특히 정신건강, 의료 및 만성 질환 관리, 노인 심리학, 직장 스트레스와 같은 분야에서 두각을 나타냈다. 디지털 기술의 발전으로 PST는 온라인 프로그램 및 원격 치료 환경에서도 적용되기 시작했다. 이는 접근성을 높이고, 더 많은 사람들이 PST의 혜택을 누릴 수 있도록 만들었다. PST는 문제 해결 과정에서 문제 정의, 목표 설정, 대안 탐색, 최선의 대안 선택, 계획 실행, 결과 피드백의 단계를 통해 문제를 체계적으로 해결한다. 이러한 접근 방식은 실질적이고 구조적인 문제 해결 방법을 제공하며, 개인의 자기효능감을 강화하는 데 효과적이다. 그러나 복잡하거나 다차원적인 심리 문제에는 적용이 제한적일 수 있으며, 문제를 명확히 규정하지 못하면 효과가 감소할 가능성이 있다. PST는 단순한 문제 해결 기술에서 시작하여 현대 심리치료의 핵심적인 도구로 자리 잡았다. 특히, 실생활의 문제를 체계적으로 다루는 데 탁월한 효과를 보이며, 정신 건강 및 스트레스 관리의 중요한 도구로 인정받고 있다. 앞으로도 PST는 심리치료와 행동 과학의 발전에 있어 중요한 역할을 지속할 것이다.

PST (Problem-Solving Therapy)를 좀 더 자세히 설명하면 개인이 일상에서 겪는 다양한 문제를 효과적으로 해결할 수 있도록 돕는 것을 목표로 한다. PST는 특히 우울증, 불안, 대인기피증, 스트레스, 신체적 질환 또는 만성 통증과 같은 다양한 문제를 다루는 데 효과적이다.

토마스 드주릴라(Thomas D'Zurilla)는 1960년대 후반부터 1970년대 초반에 행동치료와 인지치료의 기초를 다지는 데 중요한 기여를 하였으며, 우울증과 불안 같은 문제를 해결하기 위한 문제 해결적 접근법을 적극적으로 이용하였다. 또한 아서 M. 네즈(Arthur M. Nezu)는 행동치료 및 인지치료 분야에서의 연구와 환자 치료 경험을 바탕으로 PST를 개발하게 되었다. 그는 과거에 집단치료 방식을 통해 우울증 환자를 치료했으나, 이 방식이 모든 환자에게 효과적이지 않다는 사실을 깨닫고 개인 맞춤형 치료 방법을 찾기 위해 PST를 개발한 것이다.

PST는 매우 구체적이며 체계화된 방식으로, 환자가 자신의 문제 상황을 정의하고, 이를 해결하기 위한 실제적인 방법을 배우도록 돕는다. 치료 과정에서 PST는 환자가 문제를 인식하고 분석하는 능력을 기르도록 유도하며, 가능한 대안을 고려한 후, 가장 적절한 해결책을 선택하고 실행하는 방법을 가르친다. 이런 구조적인 접근은 개인의 문제 해결 능력을 향상시켜 주고, 대인관계에서의 갈등, 직장 내 문제, 그리고 건강 문제와 같은 다양한 상황에서도 적용 가능하다.

PST의 목표는 기본적으로 개인의 문제 해결 능력을 제고하고, 이를 통해 긍정적인 변화를 유도하여 삶의 질을 향상시키는 것이다. 치료 세션은 일반적으로 8회에서 20회 정도 진행되며, 각 세션에서는 실제로 겪고 있는 문제 상황을 다루고, 그것에 대해 실제 적용 가능한 해결책을 모색하는 시간으로 구성된다. 예를 들어, 환자가 직장에서의 스트레스로 어려움을 겪고 있다면, 상담자는 그 상황을 명확히 하고, 문제 해결을 위한 전략을 함께 고민하며, 환자가 자신만의 해결책을 찾도록 돕는다.

이와 같은 PST의 구조적 접근은 환자가 자신의 어려움을 이해하고, 스스로 문제를 해결할 수 있는 능력을 기를 수 있도록 지원한다. 상담자는 환자가 문제를 직면하고 해결하는 과정에서 안전하고 지지적인 환경을 제공함으로써, 환자가 자신의 감정과 행동을 비판 없이 탐색하도록 돕는 역할을 한다. 이러한 치료는 단순히 문제를 해결하는 것을 넘어, 환자가 자신의 삶에 대한 주도권을 되찾고, 더 나아가 지속적인 자기 개선을 이루는 데 중요한 기반이 된다.

2) 치료 방법

문제해결치료(Problem-Solving Therapy, PST)는 개인의 문제 해결 능력을 향상시키기 위한 인지-행동 치료의 일종으로, 일상적인 스트레스 및 정신 건강 문제와 관련된 다양한 상황에서 적용될 수 있다. PST의 치료 과정은 일반적으로 8주에서 20주까지 진행되며, 특정한 단계를 따라 구성된다. 이 중 첫 번째 단계인 평가는 환자의 문제와 문제 해결 능력을 평가하는 과정으로, 치료의 효과성 및 향후 전략을 결정하는 데 중요한 역할을 한다.

가) 평가

PST에서 평가는 환자의 문제 해결 능력과 관련된 다양한 측면을 살펴보는 중요한 단계이다. 이 단계에서 상담자는 환자의 현재 심리적 상태와 그들이 직면한 문제를 심층적으로 이해하고, 치료 목표를 설정하기 위한 기초 자료로 삼는다. 다음은 PST에서 사용하는 몇 가지 주요 평가 도구에 대해 설명한다.

- **증상 평가** : PST의 궁극적인 목표는 문제 해결 능력을 강화하고, 이로 인해 증상을 개선하는 것이다. 따라서 치료 시작 전후에 환자의 감정적 증상을 평가하는 것은 필수적이다. 이를 위해 일반적으로 자기보고 척도를 사용하여 우울증, 불안, 스트레스, 분노 등의 감정적 상태를 평가한다. 예를 들어, 우울증 척도를 통해 환자는 자신의 감정 상태를 수치화하고, 상담자는 치료 성과를 비교하여 환자의 감정적 변화를 꼼꼼히 살펴보게 된다.
- **해결 능력 평가** : PST는 환자의 문제 해결 능력을 중심으로 구축된 치료법이기 때문에 초기 단계에서 이를 평가하는 것이 중요하다. 환자의 문제 해결 인지력, 일상생활에서의 문제 해결 경험 등을 측정하기 위해 다양한 도구가 사용된다. 예를 들어, 특정 상황에서의 문제 해결 접근 방식을 평가함으로써, 상담자는 환자가 어떤 방식으로 문제를 인식하고 처리하는지를 분석할 수 있다.
- **부조화 평가** : PST는 인지적 부조화를 해결하는 데 초점을 맞추고 있다. 따라서 치료가 시작되기 전에 환자가 겪고 있는 인지적 불일치나 갈등을 평가하는 것이 필수적이다. 이를 통해 상담자는 환자가 현재 어떤 신념이나 감정으로 인해 어려움을 겪고 있는지를 파악하고, 향후 치료에서 이를 다루기 위한 기반을 마련할 수 있다.
- **전략 평가** : PST는 대처 전략의 개선을 통해 문제 해결 능력을 강화하는 것이 목표이다. 치료 초기에 환자의 현재 대처 전략을 평가하여 어떤 방법이 효과적이지 않은지를

파악하고, 그에 따른 대체 전략을 마련하는 과정이 필요하다. 예를 들어, 환자가 문제 발생 시 회피적인 행동을 취한다면, 이는 개선이 필요한 부분으로 돌아보며, 더 효과적인 대처 방법을 모색할 수 있게 한다.

PST의 평가는 치료 효과를 측정하고 필요에 따라 보조적인 치료 전략을 결정하는 데 중요한 역할을 한다. 치료 중에는 환자의 진행 상황을 모니터링 하여 필요한 변화를 즉각적으로 반영할 수 있으며, 치료 종료 후에는 장기적인 효과를 평가하여 환자의 전반적인 심리적 안정성을 확인하는 데 사용된다.

PST의 평가 과정은 치료의 기본적인 기초를 제공하며, 환자가 자기 이해를 심화하고 문제 해결 능력을 향상시킬 수 있도록 돕는다. 상담자는 이러한 평가를 통해 환자의 감정과 행동 패턴을 균형 있게 이해하고, 맞춤형 치료 계획을 세울 수 있는 기회를 제공받는다. 이는 심리적 회복뿐만 아니라 환자의 전반적인 삶의 질 향상으로 이어질 수 있다.

나) 문제 식별

문제를 식별하는 과정은 PST (문제 해결 치료)에서 매우 중요한 초기 단계 중 하나이다. 이 단계에서는 환자와 상담자가 협력하여 환자가 경험하는 특정 문제를 파악하고 정의하는 작업을 수행한다. 문제를 명확히 이해하고 그 발생 원인을 탐색함으로써, 이후에 문제 해결을 위한 목표를 설정하고 계획을 수립하는 데 기반이 마련된다.

문제 식별 과정은 먼저 환자의 구체적인 어려움에 대한 심도 있는 대화로 시작된다. 예를 들어, 한 환자가 직장에서 강한 업무 스트레스를 느낀다고 고백했다면, 상담자는 이 문제를 더욱 철저히 탐구하게 된다. 상담자는 환자에게 "어떤 일이 가장 스트레스를 유발하고 있는가?" 또는 "어떤 상황에서 스트레스가 가장 심해지는가?"라는 질문을 던지며, 문제의 세부적인 내용을 탐색할 것이다.

이어서 상담자와 환자는 업무 스트레스의 구체적인 발생 원인을 함께 파악한다. 예를 들어, 업무량이 지나치게 많거나, 직장 내 인간관계에서의 갈등 때문일 수 있다. 이 과정에서 환자가 느끼는 스트레스의 감정적인 원인과 신체적 반응, 즉 불안한 마음이나 빠른 심장 박동 등을 함께 논의하며, 환자가 이 문제를 어떻게 인식하고 대처하고 있는지에 대한 통찰을 얻는다.

조금 더 진행하여, 환자와 상담자는 이 문제가 환자에게 미치는 영향을 분석한다. 이때 환자는 자신의 자아존중감이 영향을 받거나, 대인관계에서의 불화, 또는 집중력 저하와 같은 문제를 겪고 있다는 사실을 깨닫게 될 수 있다. 이러한 논의는 환자가 자신의 감정과 행동 패턴을 더욱 명확히 이해하는 데 도움을 주며, 문제를 해결하기 위한 구체적인 목표를 효과적으로 설정할 수 있는 기초가 된다.

문제 식별 과정은 환자와 상담자가 서로의 생각과 경험을 나누며 이해를 깊이 하는 중요한 단계이다. 이를 통해 환자는 자신의 문제를 명확히 인식하고, 이에 대한 대처 방법을 찾기 위한 목표 설정 및 계획 수립으로 이어지는 다음 단계로 자연스럽게 나아갈 수 있다. 이러한 체계적인 접근은 환자가 문제를 깊이 이해하고, 효과적인 해결책을 모색하는 데 필수적인 기초를 제공한다.

다) 문제해결계획

문제 해결 계획은 문제 해결 치료(Problem-Solving Therapy, PST)의 핵심 단계로, 환자가 직면한 문제를 효과적으로 해결하기 위해 구체적인 전략을 개발하고 실행하는 과정이다. 이 단계에서는 상담자와 환자가 협력하여 문제를 명확히 정의하고, 다양한 해결책을 탐색하며, 실행 가능한 계획을 수립하는 것이 중요하다. 문제 해결 과정은 환자가 자신의 문제를 보다 체계적으로 이해하고, 자율적으로 해결책을 개발하는 능력을 키울 수 있도록 돕는 데 중점을 둔다.

문제 해결 계획을 수립하는 첫 번째 단계는 문제의 정의 및 분석이다. 많은 경우, 환자는 자신의 문제를 모호하게 인식하거나, 문제를 단순히 감정적인 관점에서 바라보는 경향이 있다. 그러나 효과적인 문제 해결을 위해서는 문제가 발생하는 구체적인 원인을 파악하고, 이를 명확한 언어로 정리하는 과정이 필요하다. 예를 들어, 직장에서 스트레스를 느끼는 환자가 있다고 가정해 보자. 이 환자는 단순히 "나는 직장 생활이 힘들다"라고 느낄 수 있지만, PST에서는 보다 구체적으로 문제를 분석하도록 유도한다. 스트레스의 원인이 과도한 업무량인지, 동료와의 관계 문제인지, 혹은 직무에 대한 불안감 때문인지 분석하는 과정이 필수적이다. 이를 통해 환자는 자신의 감정과 문제의 본질을 보다 명확하게 이해할 수 있게 된다.

문제의 본질을 이해한 후, 다음 단계는 해결책 탐색 및 대안 개발이다. 이 과정에서는 환자가 기존에 사용했던 해결 전략을 검토하고, 새로운 대안을 탐색할 수 있도록 돕는다. 상담자는 환자와 함께 다양한 접근법을 논의하며, 현실적으로 실행 가능한 해결책을 마련하는 데 집중한다. 예를 들어, 직장에서 스트레스를 경험하는 환자의 경우, "업무량 조정을 요청하기", "시간 관리 기술을 습득하기", "동료와의 관계를 개선하기"와 같은 다각적인 해결책을 고려할 수 있다. 중요한 점은 환자가 스스로 해결책을 제안하고 선택하는 과정에서 자율성을 갖도록 하는 것이다. 이는 환자가 문제 해결 능력을 키우는 데 중요한 역할을 한다.

해결책이 마련되면, 구체적인 실행 계획을 수립하고 적용하는 단계로 넘어간다. 이 단계에서는 환자가 선택한 전략을 실천하기 위해 구체적인 행동 계획을 세우고 이를 실생활에 적용하는 과정을 거친다. 계획이 효과적으로 실행되기 위해서는 목표가 구체적이고 실현 가능한 형태로 설정되어야 한다. 예를 들어, "스트레스를 줄이기 위해 더 긍정적인 태도를 가진다"와 같은 막연한 목표보다는 "매일 업무 시작 전 5분간 심호흡을 한다", "매주 한 번 동료와 점심을 함께 먹으며 관계를 개선한다"와 같이 구체적인 행동 목표를 설정하는 것이 효과적이다. 또한, 환자가 실행 과정에서 겪을 수 있는 어려움을 사전에 고려하고, 대체 전략을 마련하는 것도 중요하다.

문제 해결 과정이 진행된 후에는 결과를 평가하고 피드백을 제공하는 과정이 필요하다. 상담자는 환자와 함께 계획이 얼마나 효과적으로 실행되었는지 평가하고, 예상하지 못했던 어려움이 있었는지를 점검한다. 만약 환자가 계획을 실행하는 과정에서 실패를 경험했다면, 그 원인을 분석하고 보다 현실적인 해결책을 모색할 수 있도록 돕는다. 예를 들어, 직장에서 동료와 점심을 함께 하기로 한 환자가 불안을 느껴 약속을 취소했다면, 상담자는 그 불안의 원인을 분석하고, 다음번에는 어떻게 대처할 수 있을지 함께 논의하는 과정을 거친다. 이를 통해 환자는 문제 해결 과정에서 발생하는 감정적인 어려움을 보다 효과적으로 조절할 수 있게 된다.

마지막으로, 환자가 문제 해결 전략을 지속적으로 유지하고 재발을 예방하는 과정이 필요하다. 상담자는 환자가 습득한 해결책과 대처 전략을 장기적으로 활용할 수 있도록 지원하며, 새로운 문제 상황에서도 유사한 접근법을 적용할 수 있도록 지도한다. PST는 단기적인 문제 해결에만 초점을 맞추는 것이 아니라, 환자가 스스로 문제를 해결할 수 있는 능력을 강화하고, 장기적으로 심리적 안정을 유지할 수 있도록 돕는 데 목적이 있다. 이를 위해 환자가 치료 과정에서 학습한 기술을 일상생활에 자연스럽게 통합할 수 있도록 도와주고, 지속적인 자기 모니터링을 통해 자신의 변화를 인식할 수 있도록 지원하는 것이 중요하다.

3. 자기관찰치료 (Self-observation therapy)

1) 자기관찰치료 정의

자기관찰(Self-Observation)은 개인이 자신의 내적 경험(생각, 감정, 행동)을 주의 깊게 관찰하여 자신을 더 깊이 이해하려는 의식적인 과정이다. 이는 단순히 자신의 행동을 들여다보는 것 이상의 의미를 지니며, 무의식적으로 반복되는 행동 패턴을 자각하고, 이를 바탕으로 긍정적인 변화를 이끌어내는 데 중점을 둔다. 자기관찰은 심리학, 철학, 그리고 영적 훈련에서 널리 활용되는 핵심 개념으로, 개인의 자기 이해와 자기 성장의 중요한 기초가 된다.

심리학에서 자기관찰은 인간의 심리적 과정을 이해하고 변화시키기 위한 중요한 방법론으로 자리 잡았다. 심리학자 아론 T. 벡(Aaron T. Beck)은 인지 행동 치료(CBT)의 초기 단계에서 자기관찰을 강조했으며, 자신의 왜곡된 사고를 발견하고 수정하기 위해 개인이 자신의 사고 패턴을 기록하고 분석하는 것을 권장했다(Beck, 1976). 또한, 존 카밧진(Jon Kabat-Zinn)의 마음챙김 기반 스트레스 감소(MBSR) 프로그램에서는 현재 순간에 대한 비판 없는 자기관찰을 통해 스트레스와 감정을 관리하는 방법을 제시하고 있다(Kabat-Zinn, 1990).

자기관찰은 단지 심리적 변화뿐 아니라, 철학적이고 영적인 맥락에서도 중요한 역할을 한다. 구르지예프(George Gurdjieff)는 그의 가르침인 "제4의 길(The Fourth Way)"에서 자기관찰을 인간의 의식적 성장의 필수 요소로 보았다. 그는 인간의 대부분의 행동이 무의식적으로 이루어지며, 이를 깨닫기 위해서는 자신의 행동과 생각을 끊임없이 관찰해야 한다고 주장했다(Gurdjieff, 1949). 그의 철학에 따르면, 자기관찰은 자신을 더 높은 의식 상태로 이끌기 위한 도구로, 이는 영적 성장의 기초가 된다.

또한, 자기관찰은 고대 철학에서도 중요한 역할을 해왔다. 소크라테스(Socrates)의 "너 자신을 알라(Know Thyself)"라는 격언은 인간이 자신을 이해하고 자각하는 과정을 강조하며, 자기관찰의 철학적 뿌리를 보여준다. 불교에서는 마음챙김(mindfulness)을 통해 개인이 자신의 감정과 생각을 비판 없이 관찰하고, 이를 통해 내적 평화를 얻을 수 있다고 주장한다. 이러한 전통은 현대 심리학적 실천에 큰 영향을 미쳤다.

자기관찰은 심리적, 철학적, 영적 맥락에서 인간이 자신을 이해하고 변화시키는 핵심적인 도구로 자리 잡고 있다. 현대 심리학에서는 스트레스 관리와 행동 변화에, 철학적 전통에서는 자기 이해와 성찰에, 영적 훈련에서는 의식적 성장에 기여하는 실천으로, 자기관찰은 개인의 성장과 변화의 토대가 된다.

2) 치료순서

가) 문제 인식

문제 인식은 개인이 특정 문제가 존재한다는 사실을 인지하고 이를 자각하는 과정을 의미한다. 이는 문제 해결을 위한 첫 번째 단계로, 문제가 존재하지 않는다면 해결할 필요가 없기 때문이다. 따라서, 문제 인식은 모든 문제 해결 과정의 기초가 되는 매우 중요한 요소로 자리 잡고 있다.

이 과정은 개인의 인지 능력에 따라 크게 달라질 수 있다. 어떤 사람들은 문제가 발생했을 때 즉각적으로 그 상황을 인식하고 분석할 수 있는 반면, 다른 사람들은 문제가 심각해지기 전까지 이를 인지하지 못할 수 있다. 예를 들어, 갑작스러운 스트레스가 누적되어 우울증에 이른 환자는 초기의 미세한 불편함이나 불안감을 간과할 수 있으며, 이러한 자각 부족은 나중에 훨씬 더 큰 문제로 이어질 수 있다.

문제 인식은 또한 개인의 경험, 지식, 가치관, 태도 등에 영향을 받을 수 있다. 예를 들어, 과거에 유사한 문제를 경험한 적이 있는 사람은 그 문제에 대해 더 민감하게 반응하고 빠르게 인지할 수 있지만, 처음 겪는 사람은 이를 인식하는 데 시간이 더 걸릴 수 있다. 또한, 개인의 가치관이나 태도도 문제 해결에 대한 인식을 형성하는 데 중요한 역할을 한다. 예를 들어, 문제를 회피하거나 무시하는 태도를 가진 사람은 문제 인식이 느릴 수 있으며, 이는 심리적 고통이나 해결 지연으로 이어질 수 있다.

문제 인식이 중요한 이유는 문제를 효과적으로 해결하기 위해서는 우선 문제의 존재를 인정해야 한다는 기본 원칙 때문이다. 적절한 문제 인식이 이루어지지 않으면, 문제 해결을 위한 전략을 수립하고 실행하는 과정에서 심각한 어려움이 발생할 수 있다. 예를 들어, 불안 증상을 간과하고 문제의 극복을 시도하는 과정에서 환자는 오히려 자신의 불안을 증폭시키는 결과를 초래할 수 있다.

따라서, 문제 인식을 적극적으로 수행하고 이를 바탕으로 문제 해결 전략을 수립하는 것이 매우 중요하다. 환자는 자신의 감정과 상황을 정직하게 바라보고, 필요한 경우 전문적인 지원을 요청해야 한다. 이 과정을 통해 환자는 자신의 문제를 명확히 이해하고, 건강한 대처 방법을 개발할 수 있는 기초가 마련된다. 문제 해결의 첫 걸음이 문제 인식임을 인식함으로써, 환자는 보다 나은 삶의 질을 찾는 데 중요한 발판을 마련하게 된다.

나) 자기관찰

자기관찰은 개인이 자신의 생각, 감정, 행동을 주의 깊게 관찰하고 분석하여 이해하고 개선하는 과정으로, 이는 내적인 성장과 변화를 이루기 위한 핵심적인 방법 중 하나이다. 이러한 자기관찰은 개인의 자신의 심리적 상태를 명확히 이해하고, 문제 해결 및 대인 관계 개선을 위해 필수적인 단계로 인식된다.

자기관찰은 여러 방법으로 수행될 수 있으며, 그 중 하나가 일기 쓰기이다. 환자가 일기를 통해 자신의 생각과 감정을 기록하면서, 그날의 사건이나 감정의 흐름을 정리할 수 있다. 예를 들어, 어떤 환자가 하루 동안 느낀 불안이나 스트레스를 일기에 남긴다면, 이를 통해 무엇이 불안을 유발했는지를 분석하는 기회를 얻게 된다. 또한, 이러한 기록은 시간이 지나면서 자신의 감정 패턴을 이해하는 데 큰 도움이 될 수 있다. 일기 쓰기는 자신의 감정을 명확히 드러내고, 이를 객관적으로 바라보는 데 중요한 역할을 한다.

명상 또한 자기관찰의 또 다른 효과적인 방법이다. 명상은 마음을 가라앉히고 내면의 소리에 집중할 수 있는 시간을 제공한다. 이 과정에서 환자는 자신의 감정을 수용하고, 불안이나 스트레스와 같은 감정이 어떤 원인으로 인해 발생하는지를 깊이 있게 탐색할 수 있다. 예를 들어, 명상 중에 환자가 자신에게 불안을 느끼게 하는 특정한 사고를 떠올리게 되면, 이를 평온하게 바라보며 인식하는 연습을 통해 감정 조절 능력을 향상시킬 수 있다.

자기관찰은 문제 해결 과정에서도 중요한 역할을 한다. 문제를 인식하고 해결하기 위해서는 먼저 자신의 감정과 생각을 정확히 인지하고 이해하는 것이 필수적이다. 예를 들어, 환자가 대인 관계에서의 갈등을 해결하고자 할 때, 자신의 감정이 어떻게 작용하는지를 관찰하고 이에 대한 대처 방법을 모색할 수 있다. 이를 통해 문제의 근본적인 원인을 파악하고 해결 방안을 도출할 수 있는 기회를 제공받게 된다.

또한, 자기관찰은 개인의 자아 개발과 성장의 핵심 과정으로 작용한다. 자신의 행동과 생각을 주의 깊게 관찰하고 이를 바탕으로 자신을 개선하는 과정을 거치면서, 사람과의 관계 및 상황 처리 능력이 향상될 수 있다. 예를 들어, 환자가 자기관찰을 통해 자신이 자주 불안감을 느끼거나 회피하는 행동을 인지하게 되면, 이러한 패턴을 바꾸고 싶다는 동기를 갖게 될 수 있다. 이는 자기 존중감과 성취감을 높이고, 궁극적으로 삶의 질을 향상시키는 데 기여하게 된다.

결론적으로, 자기관찰은 감정과 사고를 명확히 이해하고, 문제를 해결하는 데 도움이 되는 중요한 기법이다. 또한 이는 내면 성장과 자아 발전을 도모하는 중요한 도구가 되며, 개인이 자신의 삶에서 더 큰 만족감을 느끼고 성취감을 얻는 데 필수적인 역할을 한다. 이러한 과정을 통해 환자는 자신에 대한 이해를 심화시키고, 보다 긍정적인 방향으로 나아갈 힘을 얻게 된다.

다) 분석

분석은 정신분석학에서 사용되는 심리치료 방법 중 하나로, 주로 지그문트 프로이트(Sigmund Freud)를 비롯한 여러 정신분석학자들이 개발하였다. 이 치료의 핵심 목표는 무의식적인 마음의 움직임과 감정을 파악하고 해결하는 데 있다. 환자가 무의식적으로 억압해온 감정이나 갈등을 탐색함으로써, 심리적 문제를 이해하고 극복할 수 있는 기회를 제공한다.

분석 과정은 일반적으로 환자와 상담자가 마주 앉아 대화를 나누는 형태로 진행된다. 상담자는 환자가 표현하는 모든 것을 경청하고, 이를 기반으로 무의식적인 과정이나 감정이 어떻게 작용하는지를 이해하려고 노력한다. 예를 들어, 환자가 특정한 상황에 대해 이야기할 때, 상담자는 그 발언 뒤에 숨겨진 감정이나 의미를 느끼고, 이를 환자에게 질문하여 심층적인 탐구를 촉진할 수 있다. 이러한 대화는 환자가 내면의 갈등이나 문제를 인식하게 도와주고, 그에 대한 좀 더 적극적인 대처 방법을 찾도록 유도한다.

분석은 일반적으로 시간이 많이 소요되는 치료 방법으로, 치료 과정은 수개월에서 수년까지 이어질 수 있다. 이는 환자가 자신의 내면에 있는 복잡한 갈등이나 문제를 인식하고 해결하는 데 시간이 필요하기 때문이다. 치료의 효과를 높이기 위해서는 환자와 상담자 사이에 깊은 신뢰 관계를 형성하는 것이 필수적이다. 신뢰가 구축됨으로써 환자는 자신의 내면세계를 개방하고 솔직하게 이야기할 수 있는 환경이 마련된다.

이러한 분석적 접근은 다양한 정신적 문제에 적용될 수 있으며, 특히 불안, 우울증, 자존감 문제 및 인간관계의 갈등을 다루는 데 효과적이다. 예를 들어, 우울증을 앓고 있는 환자가 자신의 감정에 대한 이해를 얻기 위해 과거의 경험을 탐색하는 과정에서 상담자는 그들이 겪던 갈등의 원인을 찾아내어 자아 인식을 높이고 보다 나은 대처 방법을 모색하도록 도움을 줄 수 있다.

분석은 환자가 무의식적으로 억압된 감정을 탐구하고 이를 통해 내면의 갈등을 해결하는 치료 방식이다. 이 과정은 개인의 정신적 안정성을 회복하고 자기 이해를 심화시키는 데 기여하며, 치료의 성공적인 진행을 위한 기반을 마련해 준다. 분석은 단순히 문제를 해결하는 과정을 넘어, 환자가 자신의 삶에서 보다 건강한 방식으로 나아갈 수 있도록 돕는 중요한 심리치료 방법으로 자리 잡고 있다.

라) 계획 수립

계획 수립은 목표를 달성하기 위한 방법과 순서를 정하는 중요한 과정으로, 이는 성공적인 결과를 위해 필수적이다. 계획 수립에서는 시간, 비용, 자원 등의 요소를 종합적으로 고려하여 현실적이고 실현 가능한 목표를 설정하고, 그에 따른 일정과 실행 방법을 세우는 것이 매우 중요하다.

① 목표 설정

계획 수립의 첫 단계는 명확하고 구체적인 목표를 설정하는 것이다. 목표가 분명하고 구체적일수록 그에 맞는 실행 계획을 수립하는 것이 용이해진다. 예를 들어, 환자가 "정서적 회복"이라는 광범위한 목표 대신 "매주 3회 운동하기"와 같이 구체적인 목표를 설정한다면, 더욱 실질적이고 실행 가능한 계획을 세울 수 있다. 목표가 불분명한 경우, 환자는 계획을 수립하는 데 어려움을 겪고, 치료 과정에서도 일관성을 잃을 수 있다.

목표 설정은 SMART 원칙에 따라 이루어질 수 있다. SMART란 Specific (구체적), Measurable (측정 가능), Achievable (달성 가능), Relevant (관련성 있는), Time-bound (시간이 한정된) 목표를 의미한다. 구체적인 목표에 따르면, 목표를 명확히 하고, 성과를 측정하며, 현실성이 있는 범위 내에서 설정하고, 현재의 상황과 연관이 있는지를 고려해야 한다. 예를 들어, 환자가 "정서적 회복"이라는 목표를 SMART 기준에 맞춰 "6주 안에 매주 3번 30분씩 걷기 운동을 하여 체중을 2 kg 줄이겠다"로 수정하면, 목표는 훨씬 더 실행 가능해진다.

계획 수립 과정에서는 이러한 목표를 달성하기 위한 방법과 단계를 설정하는 것이 뒤따른다. 환자는 어떻게 목표에 도달할 것인지, 어떤 자원을 사용할 것인지에 대한 구체적인 계획을 세운다. 이러한 계획은 현실적인 시간과 비용을 고려해야 하며, 예상되는 장애물과 그에 대한 대처 방법을 함께 설정하는 것이 도움이 된다.

목표 설정 및 계획 수립의 과정은 개인이 목표를 향해 나아갈 수 있는 명확한 로드맵을 제공하는 역할을 한다. 이 과정에서 환자는 목표 달성을 위해 필요한 조치를 취할 수 있는 동기부여를 얻고, 그로 인해 지속적인 자기 발전과 문제 해결 능력을 강화할 수 있다. 이러한 계획 수립 과정은 심리적 회복과 성장을 위한 중요한 근간이 되며, 궁극적으로는 개인의 삶의 질 향상으로 이어지게 된다.

② 현황 파악

목표를 달성하기 위해서는 현재 상황을 정확히 파악하는 것이 필수적이다. 이는 개인이 직면하고 있는 제약 요인, 즉 자원, 인력, 기술, 시간 등의 다양한 요소를 이해하고 이를 계획에 반영하기 위함이다. 현재 상황의 파악은 효과적인 계획 수립의 기초가 되며, 무리한 목표 설정을 피하고 실현 가능한 경로를 모색하는 데 도움을 준다.

첫째, 자원을 평가하는 것이 중요하다. 이는 물리적 자원, 경제적 자원, 정서적 자원 등을 포함한다. 예를 들어, 환자가 "주 1회 운동하기"라는 목표를 설정한 경우, 자신의 신체적 능력이나 운동에 대한 접근성을 고려해야 한다. 자신이 사용할 수 있는 운동 기구나 시설, 해당 지역의 운동 환경을 고민하며 어떤 자원을 활용할 수 있을지를 파악해야 한다.

둘째, 인력을 고려해야 한다. 주변에 도움을 줄 수 있는 사람들은 누구인지, 그리고 그들이 어떤 방식으로 의지하거나 협력할 수 있는지를 파악하는 것이 필요하다. 예를 들어, 환자가 운동 계획을 세우기 위해 친구들이나 가족과 함께할 수 있는 그룹 운동을 계획한다면, 이러한 지지 체계는 목표 달성에 큰 동기부여가 될 수 있다. 또한, 전문가의 도움을 받을 수 있는 경우, 상담자나 트레이너와의 소통도 고려해야 한다.

셋째, 기술적 요소를 평가해야 한다. 특정 목표를 달성하기 위해 필요한 기술이나 지식은 무엇인지 확인하는 것이 중요하다. 예를 들어, 운동 계획을 세우기 위해 개인의 체력 수준을 고려하고, 적절한 운동법이나 기술을 습득할 필요가 있을 수 있다. 이를 통해 환자는 필요한 교육이나 훈련을 받는 방향으로 나아갈 수 있다.

마지막으로, 시간 제약 요소를 파악해야 한다. 환자는 목표를 달성하기 위해 투자할 수 있는 시간을 현실적으로 평가해야 하며, 그에 따라 계획을 세워야 한다. 예를 들어, 바쁜 일상 속에서도 시간을 확보하기 위해 일주일에 얼마나 자주 운동을 할 수 있을지를 정리하는 것이 중요하다. 이러한 시간을 세심하게 계획함으로써, 환자는 목표를 설정한 후에도 실제로 이를 이행할 수 있는 여건과 환경을 조성할 수 있다.

목표를 세우고 이를 성공적으로 달성하기 위해선 현재 상황을 면밀히 파악하고 해당 사항들을 계획에 반영하는 과정이 필요하다. 개인의 자원, 인력, 기술 및 시간 제약을 이해하고 고려함으로써 목표에 대한 보다 명확하고 실현 가능한 계획을 세울 수 있으며, 이는 궁극적으로 성공적인 결과로 이어질 것이다. 이러한 철저한 준비 과정은 환자가 목표에 도달하는 데 있어 중요한 밑바탕이 된다.

③ 대안 모색

현황 파악을 마친 후, 목표를 달성하기 위한 적절한 대안을 모색하는 과정은 매우 중요하다. 이 단계에서는 가능한 다양한 대안을 고려하고, 각 대안의 장단점을 면밀히 분석함으로써 최선의 선택을 할 수 있도록 돕는다.

우선, 대안 모색의 과정에서 환자는 자신의 목표를 달성하기 위해 어떤 방법이 있는지를 스트럭처화 된 방식으로 생각해봐야 한다. 예를 들어, 만약 환자가 "직장에서의 스트레스 감소"라는 목표를 설정했다면, 상담자는 다음과 같은 여러 대안을 생각할 수 있다.

첫째, 효과적인 시간 관리는 업무 효율성을 높이고 스트레스를 줄이는 데 기여할 수 있다. 일정을 명확히 함으로써 보다 현실적인 목표를 설정할 수 있다. 반면 시간 관리 기술을 개선하기 위해서는 추가적인 노력이 필요할 수 있으며, 일시적인 대처방식만으로는 근본적인 스트레스 문제를 해결하지 못할 수도 있다.

둘째, 명상 및 이완 기법 연습중 명상은 정서적 안정을 제공하며 스트레스 및 불안을 완화하는 데 효과적이다. 간단한 이완 기법을 통해 언제 어디서나 스트레스를 관리할 수 있는 자원을 제공한다. 단점으로는 초기에는 효과를 체감하기 어려울 수 있으며, 지속적인 연습이 필요하다. 또한, 모든 개인에게 적합하지 않을 수 있다.

셋째, 사회적 지원 네트워크 확장을 통해 친구, 가족 또는 동료와의 긍정적인 관계를 속에 감정적인 지지와 동기부여를 받을 수 있으며, 스트레스 상황을 좀 더 효과적으로 대처할 수 있다. 반면 사회적 네트워크가 충분하지 않거나 관계 형성이 어려운 경우, 효과를 보기 힘들 수 있다. 또한, 신뢰를 구축하는 데 시간이 필요할 수 있다.

넷째, 심리상담 또는 치료 참여 속에 전문적인 도움으로 심리적 어려움을 극복할 수 있으며, 맞춤형 전략을 제공받을 수 있다. 상담 과정은 환자가 자신의 감정을 더욱 깊이 이해하는 데 도움을 준다.

반면, 치료는 시간과 비용이 소모될 수 있으며, 치료 관계를 구축하는 데 어렵게 느껴질 수도 있다.

각 대안을 비교 분석하면서, 환자는 각 방법이 자신의 상황과 어떻게 맞아떨어지는지를 고려해야 한다. 이 과정은 무엇이 더 적합하고 실현 가능한지 판단할 수 있는 기회를 제공하며, 환자는 자신의 강점과 약점을 반영하여 그에 맞는 대안을 선택할 수 있게 된다.

현황 파악에 기반한 목표 달성을 위한 대안 모색은 대처 전략을 수립하는 데 중요한 단계로, 이는 환자가 보다 체계적으로 자신의 문제를 해결하는 데 도움을 줄 수 있다. 다양한 대안을 고려하고 그 장단점을 분석하는 과정은 궁극적으로 환자가 자율적으로 문제를 해결하는 능력을 향상시키고, 심리적 회복력을 높이는 중요한 기반이 될 것이다.

④ 우선순위 결정

대안을 선정한 후, 다음 단계는 각 대안의 우선순위를 결정하는 것이다. 각 대안은 중요한 문제 해결 방법이 될 수 있지만, 그 필요성과 효과에 따라 우선순위를 매기는 것이 중요하다. 우선순위를 정할 때는 '중요도'와 '긴급성' 두 가지 주요 기준을 세심하게 고려해야 한다.

먼저, 중요도는 각 대안이 목표 달성에 미치는 영향과 그 중요성을 평가하는 척도이다. 예를 들어, 환자가 직장에서의 스트레스를 줄이기 위한 여러 대안을 고려하고 있다고 가정해 보자. 이때 "시간 관리 개선"이 다른 대안에 비해 더욱 중요한 대안으로 판단된다면, 이는 환자가 직무 스트레스에 효과적으로 대응하는 데에 있어 핵심적인 요소가 될 수 있기 때문이다.

다음으로, 긴급성은 각 대안이 얼마나 즉시 실행되어야 하는지를 판단하는 기준이다. 어떤 대안은 상황에 따라 조속히 실행하는 것이 필수적일 수 있다. 예를 들어, 환자가 직장에서의 스트레스로 인한 심리적 위축을 겪고 있다면, "명상 및 이완 기법 연습"이 즉시 필요한 대안으로 간주될 수 있다. 이는 환자가 빠르게 심리적 안정을 찾는 데 기여할 수 있기 때문이다.

이 두 기준을 종합적으로 고려하여 각 대안의 우선순위를 다음과 같이 결정할 수 있다.

㉠ 시간 관리 개선

이 대안은 직장에서의 스트레스를 근본적으로 해결하는 데 큰 기여를 하므로 가장 높은 중요도를 가진다. 효과적인 시간 관리는 업무 부담을 줄이고, 결과적으로 스트레스 수준을 낮출 수 있다. 따라서 우선적으로 실행해야 할 대안으로 평가된다.

ⓛ **명상 및 이완 기법 연습**

이 대안은 즉각적인 실행이 가능하고 긴급성이 높다. 심리적 안정이 즉각적으로 필요한 상황에서, 명상이나 이완 기법을 연습하면 스트레스를 완화하는 데 효과적이다. 따라서 두 번째 우선순위로 설정할 수 있다.

ⓒ **사회적 지원 네트워크 확장**

이 대안은 장기적으로 매우 중요한 영향을 미칠 수 있지만, 즉각적인 실행이 필요하지는 않다. 사회적 지원은 지속적인 스트레스 관리와 긴급 상황에서의 대처에 도움이 되는 자원으로 작용할 수 있다. 그러므로 이 대안은 세 번째 우선순위로 고려된다. 하지만 이는 여전히 중요한 지원 자원이므로, 장기적인 관점에서 반드시 추진해야 할 사항이다.

ⓡ **심리 상담 또는 치료 참여**

심리 상담은 매우 중요하지만, 상대적으로 긴급성 측면에서는 시간이 필요하기 때문에 최종 우선순위로 설정될 수 있다. 이는 환자의 장기적인 복지를 위해 필요하나, 다른 대안들에 비해 즉시 실행하지 않아도 되는 경우가 많다.

이처럼 각 대안의 중요도와 긴급성을 평가하여 우선순위를 정하는 과정은 환자가 효과적으로 목표를 달성하는 데 필요한 집중과 방향성을 제공한다. 이를 통해 환자는 어떤 대안에 우선적으로 주의를 기울여야 할지를 명확히 인식하고, 그에 따른 행동 계획을 세울 수 있게 된다. 결과적으로, 이러한 구조적 접근은 환자가 심리적 문제를 효과적으로 해결하는 데 중요한 기초가 된다.

⑤ 일정 수립

대안과 우선순위를 결정한 후, 다음 단계는 목표 달성을 위한 구체적인 일정을 수립하는 것이다. 일정 수립은 문제 해결 과정에서 핵심적인 요소로, 이는 목표를 실행 가능한 형태로 변환하고 체계적으로 접근할 수 있도록 도와준다. 효과적인 일정은 환자가 스스로의 진행 상황을 모니터링하고 조정할 수 있는 기회를 제공함으로써, 치료 과정에서의 의지를 유지하는 데에도 큰 역할을 한다.

일정 수립 과정에서는 각 대안이 필요한 시간을 충분히 반영하여 계획하는 것이 중요하다. 예를 들어, 환자가 "주 1회 운동하기"라는 목표를 설정했다면, 매주 수요일 저녁 6시에 운동을 실시하기로 일정에 명시할 수 있다. 이러한 명확한 시간 배정은 환자가 일관성을 지키며 목표를 향해 나아갈 수 있도록 돕는다.

또한, 환자가 명상이나 이완 기법을 매일 연습하기로 결정한 경우, 매일 아침 8시에

10분간 명상을 하기로 설정할 수 있다. 이러한 규칙적인 행동은 환자가 심리적 안정성을 지속적으로 증진시키는 데 기여할 것이다.

사회적 지원 네트워크를 확장하기 위해 환자가 친구와의 점심 약속을 월 2회로 설정할 수도 있다. 예를 들어, 매달 첫째 주와 셋째 주 금요일에 친구들과 만나는 일정을 잡음으로써, 환자는 정서적인 지지를 확보하고 긍정적인 사회적 상호작용을 경험하게 된다.

마지막으로, 치료의 연속성을 확보하기 위해 환자는 상담 세션을 정기적으로 예약하는 것이 필요하다. 예를 들어, 매주 화요일 오후 4시에 상담이 이루어지는 것으로 설정하면, 환자는 치료의 진행을 지속적으로 조정하고 평가할 수 있는 기회를 가지게 된다.

이처럼 구체적인 일정을 수립하고 이를 실천에 옮기는 과정은 목표 달성을 위한 필수적인 구조로 작용한다. 이러한 계획은 환자가 각 대안을 우선적으로 실행하며 성공적인 변화로 이어질 수 있도록 돕는 중요한 지침을 제공한다. 궁극적으로, 이러한 일정 수립 과정은 환자가 목표를 향해 체계적으로 나아가고, 그 과정에서 느끼는 성취감을 통해 지속적인 성장과 변화를 이루는 데 기여할 것이다. 이는 환자가 자신의 삶에서 보다 긍정적이고 안정적인 방향으로 나아갈 수 있는 든든한 기반이 되어 줄 것이다.

⑥ 실행 계획 수립

일정 수립 후, 다음 단계는 각 단계별로 실행 계획을 수립하는 것이다. 이 과정에서는 구체적이고 실행 가능한 세부 계획을 작성하는 것이 중요하며, 각 단계별로 어떤 활동을 해야 하는지를 분명히 정의해야 한다. 실행 계획은 각 대안에 대한 구체적인 행동을 포함하여, 환자가 목표를 실제로 달성할 수 있도록 도와주는 중요한 청사진 역할을 한다.

세부 계획을 세울 때는, 각 단계마다 명확한 목표를 설정하고 이를 달성하기 위한 방법을 구체화해야 한다. 예를 들어, 만약 환자가 "주 1회 운동하기"라는 목표를 정했다면, 실행 계획에는 운동할 날짜와 시간, 운동 종류, 그리고 운동을 위해 필요한 준비물 리스트가 포함될 수 있다. 이렇게 세부적으로 작성된 계획은 환자가 목표를 향해 나아가는 데 필요한 방향성을 제공한다.

또한, 각 단계의 성과를 평가하는 작업도 필수적이다. 환자는 매번 세션이 끝난 후, 자신이 계획한 대안을 얼마나 잘 실행했는지를 점검해야 하며, 이때 상담자는 환자의 진행 상황에 대한 피드백을 제공하고, 긍정적 변화와 개선이 필요한 부분을 함께 논의할 수 있다. 이러한 평가는 환자가 자신의 발전을 인식하고, 향후 계획을 조정하는 데 도움을 주는 중요한 기회를 제공한다.

만약 환자가 특정한 단계에서 목표 달성에 어려움을 느낀다면, 상담자는 그에 맞는 수정이나 대체 전략을 함께 모색해야 한다. 예를 들어, 운동 계획을 실행하는 데 어려움이 있다면, 다른 종류의 신체 활동을 제안하거나, 동기부여를 높이기 위한 새로운 접근 방식을 논의할 수 있다. 이러한 유연한 접근이 중요하며, 환자의 상황에 맞게 계획이 지속적으로 수정되고 발전해 나가야 한다.

각 단계별 실행 계획을 수립하고 이를 지속적으로 평가하고 수정하는 과정은 환자가 목표를 성공적으로 달성하는 데 매우 중요한 요소가 된다. 이 과정은 환자가 자신의 문제를 해결하는 능력을 키우고, 심리적 안정과 성장을 위한 긍정적인 변화를 이끌어 내는 데 결정적인 역할을 한다. 이러한 준비와 실행의 반복은 환자가 자신에게 가장 적합한 대처 전략을 찾도록 하는 데 큰 도움이 된다.

⑦ 검토 및 수정

계획 수립 이후, 실행 과정에서 다양한 문제가 발생할 수 있으며, 이를 해결하고 계획을 수정하는 것이 매우 중요하다. 이러한 검토 및 수정 과정은 현재의 상황을 명확히 파악하고 문제를 해결하기 위한 대안을 모색하는 데 초점을 둔다. 실제로, 흔히 예상치 못한 장애물이나 도전이 등장하게 마련이므로, 이러한 상황에 적절히 대응하는 유연성이 필수적이다.

계획 수립은 목표를 달성하는 데 있어 핵심적인 과정으로, 이 단계에서 제약 요소를 미리 파악하고, 목표를 이루기 위해 필요한 일들을 명확히 정의해야 한다. 이는 문제 해결에 있어 중요한 기초가 된다. 예를 들어, 특정 목표를 달성하는 데 필요한 단계가 여러 개 존재한다고 한다면, 각 단계를 어떻게 처리할 것인가에 대한 구체적인 계획을 세우는 것이 중요하다. 구체적이고 명확한 계획이 수립되면, 실행 과정에서 실수할 확률을 줄이고 방향성을 잃지 않도록 도와준다.

또한 계획 수립 시에는 시간, 비용, 인력 등의 자원에 대한 고려도 필수적이다. 예를 들어, 어떤 목표를 달성하기 위해 1년의 시간이 필요하고, 이를 위해 100만 원의 예산과 3명의 인력이 필요하다고 가정할 때, 이러한 자원들을 확보하는 것은 실현 가능한 계획을 세우는 데 있어 중요한 부분이 된다. 자원의 확보는 목표 달성의 가능성을 높이는 핵심 요소로 작용하며, 사전에 계획에 반영하여 언제, 어떻게 자원을 사용할지를 미리 결정해야 한다.

계획 수립 이후에는 상황을 지속적으로 모니터링하고 필요에 따라 조정해야 한다. 예기치 않은 상황이나 변화가 발생할 수 있기 때문에, 환자는 초기 계획에 유연하게 접근할 수 있는 준비가 필요하다. 예를 들어, 특정한 방법으로 접근했으나 원하는 결과를 얻지 못할 경우, 대체 방법을 모색하거나 일정 조정을 고려해야 한다. 이러한 유연한 접근은 환자가 변화하는 상황에 적절히 대응할 수 있도록 돕는다.

계획 수립은 단순한 목표 설정을 넘어, 환자가 성공적인 문제 해결을 위해 필요한 전략적인 과정이다. 효과적인 계획 수립을 위해서는 전문적인 지식과 경험이 뒷받침되어야 하며, 이를 통해 환자는 자신의 목표를 보다 실질적으로 달성할 수 있도록 준비하게 된다. 이러한 과정을 통해 환자는 심리적 성장과 회복을 이룰 수 있으며, 나아가 생활의 질을 향상시키는 데 중요한 기반을 마련하게 된다.

마) 실행

계획에 맞게 실행되는지를 효과적으로 관찰하기 위해서는 여러 과정을 체계적으로 진행하는 것이 중요하다. 다음은 이러한 과정을 통해 자신의 일상적인 패턴과 행동 동기를 이해하고 분석하는 방법에 대한 설명이다.

첫째, 환자는 자신의 일상적인 생각, 감정, 행동을 주의 깊게 관찰해야 한다. 이 과정에서는 어떤 상황에서 어떻게 반응하는지를 세심하게 살펴보며, 자신의 패턴을 인식할 수 있는 기회를 제공한다. 예를 들어, 특정 상황에 직면했을 때 즉각적으로 느끼는 감정과 그에 따른 행동을 관찰하는 것이 중요하다. 이 관찰을 통해 스스로의 행동 동기를 파악할 수 있으며, 이는 앞으로의 대처 방법을 결정하는 데 유용하다.

둘째, 환자는 자신의 감정, 생각, 행동에 대한 일일 기록을 작성하는 것을 추천한다. 이러한 기록은 환자가 경험하는 감정의 흐름과 변화, 그리고 특정 행동의 동기를 명확히 하는 데 도움을 준다. 예를 들어, 하루 동안 느낀 감정이나 스트레스 요인을 일기 형식으로 정리함으로써, 환자는 반복적으로 나타나는 패턴을 인식할 수 있게 된다. 이러한 기록은 시간과 함께 변화하는 자신의 심리적 상태를 비교하는 데 중요한 데이터를 제공한다.

셋째, 일일 기록을 바탕으로 환자는 자신의 생각과 감정을 알아차리고, 이를 통해 자신의 문제나 어려움을 파악할 수 있다. 예를 들어, 특정한 날에 반복적으로 느낀 불안이나 스트레스의 근본 원인을 탐색할 수 있는 기회를 가지게 된다. 환자는 이러한 패턴이 자신에게 어떠한 영향을 미치는지를 스스로 반성하고, 문제 해결을 위한 방안을 모색하는 과정으로 나아갈 수 있다.

넷째, 자신의 개선을 위해 실질적인 목표를 설정해야 한다. 이 목표는 구체적이고 현실적이며, 달성 가능한 것이어야 한다. 예를 들어, 환자가 "매일 10분씩 운동하기"와 같은 명확한 목표를 세운다면, 이는 실행 가능성을 높이고 동기 부여를 증가시키는 데 기여할 수 있다. 이러한 구체적인 목표는 환자가 자신의 행동을 적극적으로 조절할 수 있는 기초를 마련한다.

다섯째, 목표를 달성하기 위해 환자는 자신의 행동을 조절하고 개선해야 한다. 이 과정은 지속적인 자기 관찰을 통해 이루어지며, 환자는 자신이 세운 목표로 나아가기 위해 어떤 행동이 필요할지를 인식하고 실천해 나갈 수 있다. 예를 들어, 환자가 운동 목표를 세웠다면, 일정에 맞추어 운동을 실천하면서 보고할 수 있는 시간을 마련하게 된다. 이는 자신의 생각과 행동을 더욱 효과적으로 관리하고 조절할 수 있도록 도움을 준다.

마지막으로, 일정 기간마다 자기관찰치료의 진행 상황을 평가하고 필요에 따라 수정하는 것이 중요하다. 이 평가는 환자가 자신의 성장과 개선을 지속적으로 이루어 나갈 수 있도록 하며, 치료 효과를 극대화하는 데 기여한다. 예를 들어, 상담자와의 정기적인 체크인을 통해 환자는 자신의 감정과 행동에 대한 인식을 다시 점검하고 조정을 거칠 수 있다.

자기관찰치료는 스스로 자신을 관찰하고 치료하는 데 초점을 맞추지만, 전문가의 지도와 지원을 받는 것이 치료 효과를 높이는 데 크게 기여할 수 있다. 지속적인 노력과 연습이 필요하며, 전문가의 지원을 통해 보다 효과적인 자기 관찰과 감정 관리를 할 수 있게 된다. 이러한 통합적 접근은 환자가 스스로의 내면을 탐구하고, 궁극적으로 보다 긍정적이고 건강한 심리적 상태를 추구하는 데 중요한 역할을 한다.

바) 평가

자기관찰치료에 대한 평가는 개인이 자신의 감정과 행동을 스스로 평가하는 과정으로 시작된다. 이 단계에서 자신이 내린 평가가 올바르게 이루어졌는지를 전문가를 통해 확인하는 것이 매우 중요하다. 이러한 접근은 비전문가 평가로 인해 심리적 문제가 심화되는 것을 방지하며, 적절한 치료 방법과 과정을 확인하는 데 도움을 줄 수 있다.

예를 들어, 한 환자가 자기관찰 치료를 진행하면서 하루 동안 느낀 불안감을 일기 형식으로 기록했다고 가정해 보자. 이 환자는 자신이 경험한 불안의 정황에 대해 평가하며, 그 내용을 상담자에게 공유하게 된다. 상담자는 환자의 인식을 분석하고 피드백을 제공하며, 필요한 경우 추가적인 조치를 논의하게 된다. 만약 환자가 특정 상황에서 불안감이 강화된 이유를 잘 모르겠다고 한다면, 전문가의 조언을 통해 그 상황을 보다 명확히 이해하도록 도와줄 수 있다.

문제가 발견되면, 환자는 전문가와 상의하여 추가적으로 어떤 조치가 필요한지를 판단하게 된다. 예를 들어, 환자가 자신의 불안감을 효과적으로 관리하기 위한 새로운 방법을 필요로 한다면, 전문가와 함께 이를 탐색하고 적절한 대처 전략을 개발할 수 있다. 상담자는 다양한 기법을 통해 환자가 감정을 조절하고 더 나은 대처 능력을 갖출 수 있도록 안내할 수 있다.

이러한 평가와 조정의 과정은 자기관찰 심리치료가 개인에게 중요한 지침을 제공하는 데 기여하며, 환자가 자신의 감정과 행동을 깊이 이해하도록 돕는다. 자신이 겪고 있는 문제를 인식하고 해결하기 위한 방법을 찾는 과정은 환자의 자기 인식과 성장에 큰 역할을 하게 된다. 또한, 이 과정에서 치료자는 환자를 지지하고, 치료의 방향을 조정하여 환자가 건강한 정신 상태를 유지할 수 있도록 돕는다.

자기관찰치료는 환자가 자신의 행동과 감정을 이해하는 데 필요한 구조적인 방법을 제공하며, 그것을 통해 삶의 질을 향상시키기 위한 선택을 할 수 있도록 한다. 전문가의 도움을 통해 자가 평가를 보완하고 지속적인 자기 탐구와 개선을 이루는 과정은 환자의 심리적 회복과 성장을 위한 중요한 기초가 된다. 이러한 통합적 접근은 환자가 자신의 삶에서 더 나은 방향으로 나아갈 수 있도록 중요한 역할을 할 것이다.

3) 요약

자기관찰 요법은 재해의 심리적 영향에 대처하는 데 중요한 도구로써 입증되어왔다. 이 치료법은 신체적 또는 성적 학대와 같은 여러 다른 외상적 사건을 경험한 개인에게도 사용될 수 있다. 자기관찰 요법은 이러한 사건들로 인해 발생하는 심리적 문제를 인식하고 해결하기 위한 방법으로, 감정과 행동을 관리하는 대처 전략을 개발하는 데 도움을 준다. 이러한 대처 방법으로는 숨쉬기 운동, 명상, 시각화 기술 등이 있다.

자기 관찰 요법은 또한 개인이 자신의 경험을 처리하고, 그로 인해 발생하는 생각과 감정을 이해하는 데 큰 도움이 된다. 예를 들어, 어떤 학생이 시험을 준비하면서 느끼는 불안감이나 긴장을 자주 느끼는 경우, 자기 관찰 요법을 통해 이런 감정의 근원을 찾아내고 그것을 평화롭게 받아들이는 방법을 배우게 된다. 이런 과정을 거치면, 자신에 대한 이해를 깊이 있게 할 수 있고, 외상적 사건에 대한 자신의 반응도 인식할 수 있다.

이러한 자기 관찰의 과정은 개인이 자신의 감정과 행동을 관리하는 능력을 향상시키는 데 기여한다. 자신이 느끼는 감정을 직접적으로 분석하고, 그것에 대해 반성하는 과정을 통해 스스로를 더 잘 이해하게 된다. 또한, 자기 관찰 요법은 개인이 자신의 삶과 경험에 대한 반응을 보다 잘 통제할 수 있는 능력을 개발하도록 돕는다. 즉, 자신의 문제 해결 과정에서 능동적인 역할을 수행함으로써, 개인은 치유의 힘과 권한감을 회복할 수 있게 된다.

전반적으로, 자기관찰 요법은 외상적 사건으로 인한 어려움을 극복하고자 하는 개인에게 아주 유용한 도구가 될 수 있으며, 개인의 대처 능력과 자기 인식을 증진시키고, 개인적 성장도 촉진할 수 있다. 재해로 인한 심리적 문제는 개인이나 가족, 나아가 지역사회에도 장기적인 영향을 미칠 수 있다. 이러한 문제에 대처하는 것은 도전적일 수 있지만, 다양한 도구와 지원 시스템을 활용하면 보다 나은 해결을 모색할 수 있다.

또한, 가족, 친구, 지역사회와 같은 사회적 지원 체계도 개인의 감정과 행동을 긍정적인 방향으로 관리하는 데 중요한 역할을 할 수 있다. 이런 지지 체계는 소속감과 공감을 제공하며, 개인이 어려운 상황을 보다 효과적으로 대처하는 데 필요한 힘을 주기도 한다. 따라서 자기 관찰과 더불어 주변의 지지망을 활용하는 것은 외상 경험과 관련된 문제를 극복하는 데 큰 도움이 된다.

재난심리에서 고려할 사항

12 장

1. 재난관리 부서 종사자의 정신건강

재난업무 종사자 정신건강이란 재난 상황에서 업무를 수행하는 사람들의 심리적 안녕을 의미한다. 재난업무 종사자는 재난 피해자뿐만 아니라 자신도 위험에 노출되고 스트레스를 받을 수 있기 때문에 정신건강 문제가 발생할 가능성이 높다.

재난업무 종사자는 재난 상황에서 희생자들을 구조하거나 지원하는 역할을 하는 사람들로, 소방관, 의료진, 경찰관 등이 포함된다. 재난업무 종사자는 재난으로 인한 신체적인 위험뿐만 아니라 정신적인 스트레스와 부담도 많이 겪는다. 이러한 스트레스는 정신건강 문제를 유발할 수 있다.

재난업무 종사자는 재난현장에서 희생자와 가족들의 고통과 슬픔을 직접 목격하거나 청각적으로 듣게 되어 정신적 충격을 받을 수 있다. 또한, 재난 대응과 복구 과정에서 과도한 업무량과 책임감, 갈등과 감정조절 등의 스트레스를 겪을 수 있다. 이러한 요인들이 장기간 지속되면 정신건강 문제를 유발할 수 있다. 특히 재난 피해자들은 평생 한 번 이상 정신건강 문제를 경험할 확률이 40%로 일반인보다 1.5배 높다.

재난업무 종사자의 정신건강 문제 중 가장 흔한 것은 PTSD (Post-Traumatic Stress Disorder)로, 재난과 관련된 공포나 불안, 죄책감 등의 감정을 오랫동안 겪는다. 재난업무 종사자의 PTSD 유병률은 약 10%로 일반인보다 높다.

2015년 한국트라우마스트레스학회가 실시한 조사에 따르면, 세월호 침몰 사고 당시 구조 활동에 참여한 소방관 중 21.7%가 중증 우울증을 경험했고, 15.8%가 중증 불안장애를 경험했다.

2021년 보건복지부가 실시한 조사에 따르면, 코로나19로 인해 과중한 업무와 감염 위험에 직면한 의료진 중 18.4%가 우울증 증상을 보였고, 16.9%가 불안장애 증상을 보였다.

또한 2021년 정신건강실태조사에 따르면 재난업무 종사자의 정신장애 유병률은 11.8%로 전체 성인의 9.6%보다 높았다. 재난업무 종사자 중 30.5%는 재난으로 인한 정신건강 문제를 경험했으나, 전문가의 도움을 받은 사람은 10.7%에 불과했다. 재난업무 종사자의 정신건강은 다른 직종보다 더욱 중요하고 취약하다.

재난업무 종사자에 대해서 정신건강에 영향을 미치는 요인은 직업의 특성에 따라 달라진다. 맡은 업무 및 외상 노출 빈도에 따라 PTSD 유병률의 차이가 있다. 소방공무원 중 구급대원이 화재 진압대원과 경찰관보다 높은 것으로 나타났다.

이는 소방공무원 중 구급대원은 현장 출동에 제일 먼저 출동하고, 사고현장에 가장 가까이 접촉하며, 동시에 위급한 상황을 정리하는 일이 직접적으로 한다. 현장에서 사망사고 등을 접하게 되면 자신의 능력이 부족해서 살리지 못했다는 죄책감이 증가할 가능성이 높기 때문에 타 직무보다 정신건강에 많은 영향을 미친다.

구급대원 및 기타 재난 업무 종사자들은 일반인 보다 외상 노출이 높기 때문에 정신건강의 피해자인 동시에 위험한 상황을 정리해야 하는 특성을 가지고 있다.

또한, 구급대원 등이 외상에 직접 노출된 경우가 간접 노출되는 경우보다 PTSD가 증가하고, 특히 자신이나 동료가 심각한 외상을 경험하게 되면 더욱 심리적 불안감을 경험하게 된다.

더욱이 재난 업무 종사자들은 재난현장에서 만나는 사망자나 부상자를 자신과 동일시하는 경우가 있다. 이로 인해 정신적인 위험이 증가한다.

이러한 이유로 재난업무 종사자들의 정신건강 취약성을 사전에 선별하고, 최근 스트레스에 대한 사전 조사가 필요하다.

재난 관련 부서 종사자는 일상적으로 위기 상황에 직면할 수 있다. 재난 상황에서 일하는 것은 매우 불안정하고 예측 불가능하고 정신건강에 부정적인 영향을 미칠 수 있다.

따라서, 재난 관련 부서 종사자는 자신의 정신건강에 대해 주의해야 한다. 이를 위해, 다음과 같은 것들을 고려해 볼 수 있다.

가) 자신의 감정에 대해 인식하기

일상적인 생활에서의 스트레스와 마찬가지로, 재난 관련 부서 종사자들도 자신의 감정에 대해 인식할 필요가 있다. 이들은 종종 높은 스트레스 상황에서 일하며, 이러한 감정을 즉시 인식하고 적절하게 대처할 수 있어야 한다. 이를 위해서는 일상 스케줄 속에서 스트레스를 관리하기 위한 시간을 확보하고, 규칙적으로 명상이나 요가와 같은 활동을 계획하는 것이 효과적이다. 또한, 친구나 가족과의 대화는 감정을 해소하는 데 많은 도움이 될 수 있다.

예를 들어, 한 지역 소방관이 응급 상황을 처리한 후 평소의 긴장감을 느끼며 힘들어하는 경우를 생각해 보자. 이 소방관은 매일 저녁 운동과 명상을 포함한 스트레스 관리 프로그램을 설정해 놓으면, 자신의 마음을 다스리는 데 큰 도움이 될 것이다. 교대 근무 후 집에 돌아갈 때, 그는 30분 동안 조용한 공간에서 명상하며 하루 동안의 경험과 감정을 곱씹어 볼 수 있다. 이렇게 매일 자신을 한 번 들여다보는 시간을 건설적으로 활용함으로써, 그는 자신이 겪은 불안과 긴장을 해소할 수 있는 기회를 가지게 된다.

재난 관련 부서 종사자들은 자신들이 맡고 있는 역할과 그 일이 사회적으로 얼마나 중요한지를 인식하는 것이 필요하다. 그들은 다른 사람들의 안전을 보장하기 위해 많은 노력을 기울이고 있는 사람들이다. 예를 들어, 의료진은 재난 현장에서 즉각적으로 필요한 응급 치료를 제공하며, 경찰관은 상황을 안정시키기 위해 최선을 다한다. 이들이 느끼는 자부심은 스스로의 직무에 대한 긍정적인 인식과 태도를 유지하는 데 중요한 요소로 작용한다.

이처럼 재난 관련 부서 종사자들이 자신의 정신건강을 잘 관리하면, 어려운 상황 속에서도 효과적으로 업무를 수행할 수 있게 된다. 예를 들어, 심리적 안정이 보장된 상태에서 소방관이 사고 현장에서 신속한 판단을 내리고, 응급 처치를 제공할 수 있는 능력이 커진다. 그들이 감정적으로 안정돼 있을 때, 더 나은 결정을 내리고, 서비스를 더욱 효과적으로 제공할 수 있기 때문이다.

재난 관련 부서 종사자들은 스트레스를 관리하고 감정을 인식하는 방법을 일상생활에 통합해야 한다. 이를 위해 다양한 활동을 계획하고, 대화와 소통을 강화하며, 자신의 역할에 대한 자부심을 유지함으로써 정신적 안녕을 증진시킬 수 있다. 이러한 노력은 재난 상황에서 그들이 더욱 효과적이고 안전하게 임무를 수행할 수 있도록 지원하는 중요한 토대가 될 것이다.

나) 적극적인 자기 돌봄

재난 관련 부서 종사자는 자신의 정신건강을 위해 적극적인 자기 돌봄을 실천할 필요가 있다. 이들은 종종 힘든 상황에 직면하게 되므로, 자신을 잘 돌보는 것이 매우 중요하다. 이를 위해 일상생활 속에서 스트레스 관리를 하는 방법이 우선적으로 고려되어야 한다. 종사자가 평온한 마음 상태를 유지하는 데 도움을 줄 수 있는 다양한 취미생활이나 동호회 활동에 참여하면서 여가를 즐기는 것도 좋은 방법이다. 예를 들어, 소방관이 자전거 동호회에 가입하여 정기적으로 운동을 함으로써, 스트레스를 효과적으로 해소하고 동료들과의 유대감을 형성할 수 있다.

가족과의 교류 역시 정신적 안정을 기하는 데 큰 도움이 된다. 가족과 함께 시간을 보내며 치유의 공간을 마련하는 것은 그들의 감정적 지지 역할을 강화할 수 있다. 또한, 종교 활동이나 사회적 모임은 개인이 신념을 지키고, 상호 이해를 통해 정서적 지지를 받을 수 있는 기회를 제공한다.

더욱이, 재난 관련 부서 종사자는 지속적인 교육과 자기 개발을 통해 업무 역량을 향상시키는 것도 중요하다. 전문적인 지식을 쌓고 새로운 기술을 배우는 과정은 자신감을 높이고,

일에 대한 불안감을 줄이는 데 긍정적인 영향을 미친다. 예를 들어, 의료진이 최신 응급처치 기법에 대한 교육을 받는다면, 이는 실제 위기 상황에서 자신감을 갖고 임무를 수행하는 데 도움을 줄 수 있다.

충분한 휴식과 건강한 식사, 규칙적인 운동은 자기 돌봄의 기본이며, 이는 몸과 마음의 에너지를 회복하는 데 필수적이다. 이와 함께, 충분한 휴가를 사용하는 것도 중요하다. 예를 들어, 재난 현장에서 고요한 시간을 계획하고 휴가를 실제로 사용하여 스트레스를 해소하는 것은 재충전의 기회를 제공하고, 정신적 회복을 도와준다.

또한, 위기관리부서에서는 위기 상황에서 조직 운영이 무엇보다도 중요하다. 이를 위해 직원들은 위기관리 훈련을 통해 다양한 상황을 대비해야 한다. 교육을 통해 필요한 지식과 기술을 습득함으로써, 직원들은 실제 위기 상황에서도 효과적으로 대처할 수 있는 능력을 갖추게 된다. 이러한 훈련은 조직이 부정적인 영향을 최소화하고, 귀착될 수 있는 후유증을 방지하는 데 실질적인 도움이 된다.

재난 관련 부서 종사자는 자신의 정신적, 정서적 안녕을 위해 다양한 자기 돌봄 방안과 전문적인 교육을 활용해야 한다. 이를 통해 그들은 스트레스와 감정적 부담을 효과적으로 관리하며, 위기 상황에서도 더욱 자신감 있고 능숙하게 임무를 수행할 수 있을 것이다. 자기 돌봄은 단순한 개인의 선택이 아니라, 조직의 전반적인 효율성과 안정성에도 긍정적인 영향을 미치는 중요한 요소임을 인식해야 한다.

다) 지원체계 활용

지원 체계를 활용하는 것은 재난 관련 부서 종사자들이 극심한 스트레스와 불안을 관리하고, 정신적 건강을 유지하는 데 필수적인 요소이다. 재난 대응을 담당하는 전문가들은 신체적 피로뿐만 아니라 정신적으로도 과중한 부담을 겪을 가능성이 높다. 지속적인 스트레스는 업무 수행 능력을 저하시킬 뿐만 아니라, 개인의 정서적 안정을 해칠 수 있으며, 심한 경우 외상 후 스트레스 장애(PTSD)와 같은 심각한 정신 건강 문제로 이어질 수도 있다. 따라서 효과적인 지원 체계를 적극적으로 활용하는 것은 이들의 정신적, 정서적 복지를 보호하고, 궁극적으로 보다 효과적인 재난 대응을 가능하게 한다.

재난 관련 부서 종사자들이 직면하는 가장 큰 도전 중 하나는 지속적인 심리적 압박이다. 이들은 긴급 상황에서 신속하고 적절한 결정을 내려야 하며, 생명을 다루는 극한의 환경에서 활동하는 경우가 많다. 예를 들어, 소방관, 의료진, 경찰관, 재난 구조대원 등은 모두 고위험 상황에서 일하며, 신체적 위험뿐만 아니라 정신적 부담에도 끊임없이 노출된다. 이러한 스트레스가 누적되면 감정 조절이 어려워지고, 결국 업무 수행에 부정적인 영향을 미칠 수 있다.

이를 해결하기 위해 전문가들은 심리적 지원체계를 활용하여 스트레스를 조절하고, 정신적 회복을 촉진하는 다양한 방법을 제공한다. 정신건강 전문가들은 종사자들이 자신이 겪고 있는 감정을 보다 명확히 이해하고, 효과적으로 조절할 수 있도록 돕는다. 예를 들어, 상담가는 재난 대응 과정에서 발생하는 감정적 충격을 완화하고, 스트레스 관리 기법을 제공하여 종사자들이 보다 건강한 정신 상태를 유지할 수 있도록 지원한다.

특히, 심리적 지원체계를 활용하는 것은 예방적 차원에서도 중요한 역할을 한다. 정신 건강 문제는 조기 개입이 이루어질수록 치료 효과가 높아지며, 사전 예방이 가능할 경우 장기적인 부정적 영향을 줄일 수 있다. 예를 들어, 정기적인 심리 상담을 받는 재난 대응 인력은 스트레스가 누적되기 전에 이를 효과적으로 관리할 수 있는 기술을 배우게 되며, 극심한 심리적 부담을 겪기 전에 예방 조치를 취할 수 있다.

지원 체계를 활용하는 과정에서 중요한 요소 중 하나는 자기 인식(self-awareness)이다. 종사자들은 자신의 감정 상태를 객관적으로 평가하고, 필요할 경우 전문가의 도움을 요청하는 것이 중요하다. 자신이 극심한 스트레스를 경험하고 있음을 인식하는 것은 적절한 개입을 받는 첫걸음이며, 이를 통해 정신적 회복이 가능해진다. 예를 들어, 반복적인 불면증, 집중력 저하, 감정적 둔감함, 강한 불안감 등의 증상이 나타나는 경우, 이는 정신적 건강이 위험 신호를 보내고 있다는 것을 의미할 수 있다. 이러한 신호를 인식하고 조기에 대처하는 것이 필수적이다.

심리적 지원체계는 다양한 형태로 제공될 수 있다. 가장 대표적인 방법 중 하나는 전문 상담 및 치료 프로그램이다. 재난 관련 부서에서는 직원들의 정신 건강을 보호하기 위해 정기적인 상담 프로그램을 운영하는 경우가 많으며, 이를 통해 종사자들은 자신의 감정을 안전한 환경에서 표현하고, 효과적인 대처 방법을 배울 수 있다.

또한, 동료 지원(peer support) 시스템을 활용하는 것도 중요한 전략이다. 동료들은 서로 비슷한 경험을 공유하며, 공감과 지지를 제공할 수 있다. 이는 종사자들이 혼자가 아니라는 것을 깨닫고, 심리적 부담을 완화하는 데 큰 도움이 된다. 예를 들어, 소방관들은 종종 같은 팀원들과 어려운 상황을 공유하고, 서로의 감정을 지지하는 문화가 형성되어 있다. 이는 단순한 정보 교환을 넘어, 정서적 유대감을 형성하고 스트레스 감소에 기여할 수 있다.

또한, 마음챙김(mindfulness) 및 이완 기법(relaxation techniques) 훈련은 스트레스를 효과적으로 관리하는 데 유용한 도구가 될 수 있다. 명상, 심호흡, 요가 등의 기법은 신체적 긴장을 완화하고, 감정을 보다 효과적으로 조절할 수 있도록 돕는다. 연구에 따르면, 정기적으로 마음챙김 훈련을 받은 응급 구조대원들은 보다 침착하게 위기 상황을 대처할 수 있으며, 업무 후의 스트레스 반응도 감소하는 것으로 나타났다.

재난 대응 업무에서의 심리적 부담을 줄이기 위해 조직적 차원의 지원도 필수적이다. 관리자와 조직은 직원들의 정신 건강을 보호하기 위한 체계적인 정책을 마련해야 하며, 직원들이 필요할 때 자유롭게 지원을 요청할 수 있는 환경을 조성해야 한다. 예를 들어, 직원들이 정신 건강 상담을 받을 수 있도록 유급 휴가를 제공하거나, 상담 프로그램에 대한 접근성을 높이는 등의 정책이 필요하다. 또한, 정신 건강 문제를 낙인(stigma) 없이 개방적으로 논의할 수 있는 문화가 정착되어야 한다.

지원 체계를 효과적으로 활용하면, 재난 대응 인력은 정신적 안정성을 유지하고, 보다 건강한 방식으로 감정을 조절할 수 있다. 이는 결국 업무 수행 능력의 향상으로 이어진다. 예를 들어, 정신적 안정을 유지한 의료진은 환자들을 보다 효과적으로 돌볼 수 있으며, 불안 요소가 줄어든 소방관은 현장에서 더욱 침착하게 임무를 수행할 수 있다.

재난 관련 부서 종사자들이 적극적으로 지원 체계를 활용하는 것은 개인의 정신 건강뿐만 아니라, 전체적인 재난 대응 시스템의 효율성을 높이는 데에도 기여한다. 재난 대응은 단순한 기술적 문제만이 아니라, 심리적, 정서적 요소가 밀접하게 연관된 분야이다. 따라서, 종사자들이 정신적 부담을 관리하고, 장기적으로 건강한 심리 상태를 유지하는 것은 궁극적으로 사회 전체의 안전과 복지에도 긍정적인 영향을 미친다.

재난 대응 전문가들은 강인한 정신력을 요구받는 직업군이지만, 그들도 인간이며 감정적인 영향을 받는다. 따라서, 이들이 지속적으로 자신의 역할을 수행할 수 있도록 심리적 지원체계를 활용하는 것은 필수적이다. 이를 통해 재난 관련 부서 종사자들은 심리적 부담을 건강하게 관리하고, 보다 지속 가능하게 자신의 업무를 수행할 수 있다. 결국, 심리적 건강은 개인의 행복뿐만 아니라, 보다 효과적인 재난 대응과 사회적 안전망 강화를 위한 중요한 요소임을 인식하는 것이 중요하다.

2. 이차적 심리적 문제

이차적 외상 스트레스(Secondary Trauma Stress)는 개인이 다른 사람의 외상 경험에 노출될 때 발생할 수 있는 심리적 장애로, 다양한 형태로 나타난다. 주로 침습적인 생각, 악몽, 그리고 감정적 고통을 포함하는 이 스트레스는 외상 사건을 직접 경험한 것이 아니더라도, 관련된 특징적인 증상들을 환기시킨다.

이차적 외상 스트레스는 주로 재난 관련 업무에 종사하는 사람들, 예를 들어 소방관, 의료진, 경찰관 등에서 자주 발생한다. 이들은 비극적인 사건의 피해자와 그 가족들의 고통을 직접 목격하며, 그들의 심리적 고통이 자신에게도 영향을 미치는 경우가 많다. 따라서 이차적 외상 스트레스를 예방하거나 적절히 대처하기 위해서는 이 장애의 증상과 징후를 인식하는 것이 첫 번째 단계가 된다.

대표적인 증상으로는 유죄감, 무력감, 불안감, 두려움 등이 있다. 환자가 다른 사람의 외상 사건에 대한 이야기를 듣거나 그 상황을 목격할 때, 이런 감정을 경험할 수 있다. 예를 들어, 한 의료진이 사고 현장에서 부상자를 치료하는 과정에서 느끼는 심리적인 압박이 자신에게 부정적인 영향을 미치게 되면, 그는 무의식적으로 그 상황에서 느낀 두려움을 자신의 내부 세계로 가져올 수 있다.

또한, 이차적 외상 스트레스는 심리적 문제뿐만 아니라 신체적 반응으로도 나타날 수 있다. 예를 들어, 불안한 감정이 지속되면서 수면 장애가 발생하거나, 지속적인 피로감, 두통 등의 신체적 증상이 나타날 수 있다. 이는 환자가 자신의 감정 상태를 제대로 인식하지 못하고, 그로 인해 일상적인 기능에까지 지장을 받는 상황으로 이어질 수 있다.

따라서, 재난 관련 업무에 종사하는 사람들은 자신이 다른 사람의 외상 경험에 노출될 때 발생할 수 있는 이차적 심리적 문제의 가능성을 인식하는 것이 중요하다. 이러한 인식은 자신의 감정이나 힘든 심리적 상태를 조기에 발견하는 데 도움이 될 수 있으며, 적절한 심리적 지원과 대처 방법을 찾는 데 필수적이다.

이차적 외상 스트레스는 주변의 외상적 경험이 개인에게 미치는 영향을 간과할 수 없는 심리적 현상이다. 이를 예방하고 효과적으로 관리하기 위해서는 관련 증상과 징후를 인식하고, 필요할 경우 전문적인 도움을 요청하는 것이 중요하다. 개인이 자신의 감정적 반응을 이해하고, 적절한 지지망에 접근할 수 있도록 돕는 것은 이차적 외상 스트레스를 관리하는 데 중요한 접근법이 될 것이다.

가) 이차적 외상스트레스

2차 외상 스트레스(Secondary Traumatic Stress, STS)는 개인이 직접적이거나 간접적으로 외상적인 사건을 경험하거나 목격할 때 발생하는 심리적 장애로, 주로 재난현장에 출동하여 활동하는 소방공무원, 경찰공무원, 군인, 자원봉사자, 그리고 상담사와 같은 직업군에서 자주 나타난다. 그러나 STS는 특정 직업과 관계없이 누구에게나 발생할 수 있는 문제로, 그로 인해 사회적, 정서적 고통을 느끼는 대상이 많다.

STS는 외상적인 사건을 목격하거나 듣는 일이 개인에게 심리적 영향을 주는 것을 의미하며, 이는 다양한 감정적 증상으로 나타날 수 있다. 예를 들어, 환자는 자책감이나 책임감을 느끼게 되며, 이러한 감정은 그들이 직접적인 개입을 하지 않았더라도 발생할 수 있다. 때로는 타인에게 느끼는 감정적 거리감이 생겨나, 사회적 관계에서 고립감을 경험하게 될 수 있다. 이러한 특성은 PTSD (외상 후 스트레스 장애)와 유사한 반응을 야기하며, 결국 환자의 정서적 안정성을 해칠 수 있다.

STS가 개인의 생활에 미치는 영향은 때로 매우 크다. 적절한 치료나 지원 없이 무시되면 직원의 소진, 직무 성과 감소, 심지어 직장을 떠나는 결정까지 이어질 수 있다. 예를 들어, 재난 대응 현장에서 지속적으로 심리적 압박을 느끼는 소방관은 시간이 지남에 따라 스트레스 누적으로 인해 정신적 피로가 쌓여 더 이상 효율적으로 임무를 수행하기 어려워질 수 있다.

따라서 고위험 스트레스 환경에서 일하는 사람들은 자기 관리를 우선시하는 것이 필수적이다. 이들은 STS를 예방하고 대처할 수 있는 자원을 찾아야 한다. 각국의 정부와 기관에서는 이러한 부분을 지원하기 위해 적극적인 심리 프로그램을 운영하고, 행정적 및 물적 지원을 아끼지 않아야 한다.

개인적으로는 친구, 가족, 동료 등의 사회적 지원 체계를 찾는 것이 중요하다. 이러한 지지체계는 개인이 고립감을 덜 느끼고, 자신의 경험과 감정에 대해 이야기할 수 있는 안전한 공간을 제공한다. 이러한 소통의 과정은 심리적 치유에 크게 기여할 수 있다.

또한, 다양한 자기 관리 방법도 중요하다. 운동, 마인드풀니스 명상, 자연 속에서의 시간 보내기, 기쁨과 휴식을 통한 취미나 활동은 스트레스를 해소하고 정서적 평온을 찾는 데 도움을 준다. 예를 들어, 하루 종일 정신적으로 힘든 일을 겪은 이후에 조용한 공원에서 산책을 하는 것은 신체적 치유뿐만 아니라 정서적 재충전에도 효과적이다.

STS의 영향력을 인식하고 이를 예방하며 대처하는 것이 매우 중요하다. 자기 관리를 우선시하고 전문적 지원 및 자원을 찾음으로써 개인들은 STS의 영향을 효과적으로 관리할 수 있으며, 이는 개인의 직업과 개인적인 삶에서 긍정적인 영향을 지속적으로 감소시킬 수 있는 길을 열어 줄 것이다.

나) 이차적 외상 스트레스의 원인

이차적 외상 스트레스(Secondary Traumatic Stress, STS)는 개인이 타인의 외상 경험에 노출될 때 발생하는 심리적 외상의 일종으로, 대리 외상화(vicarious traumatization) 또는 동정 피로(compassion fatigue)와 같은 용어로도 불린다. STS는 외상 사건을 직접 목격하거나 듣는 것뿐만 아니라, 외상을 경험한 사람들과 함께 일하거나, 관련된 미디어의 보도를 접하는 여러 가지 상황에서 발생할 수 있다.

STS는 개인의 정신 건강에 심각한 영향을 미칠 수 있으며, 그 증상으로는 침투적 사고, 악몽, 우울증, 불안, 집중력 문제 등이 있다. 이러한 증상은 환자가 겪는 심리적 고통을 나타낼 뿐만 아니라, 신체적으로도 두통, 피로 및 수면 장애와 같은 형태로 나타날 수 있어 일상생활에 큰 지장을 초래할 수 있다.

STS의 주요 원인은 크게 세 가지 범주로 나눌 수 있다.

첫째, 직접적 노출은 천재지변, 전쟁, 테러 공격 등과 같은 외상 사건에 개인이 직접적으로 영향을 받을 때 발생한다. 예를 들어, 자연재해 현장에서 구조 작업을 하는 동안 실제 피해를 목격하게 되면 강한 트라우마를 느낄 수 있다.

둘째, 간접적 노출은 미디어 보도나 그 사건을 경험한 사람들과의 대화를 통해 외상 사건의 정보에 노출될 때 발생한다. 예를 들어, 뉴스에서 심각한 범죄 사건을 보거나 이러한 사건에 대한 이야기를 들으면, 사건과 직접 연관이 없는 사람도 감정적으로 영향을 받아 STS를 경험할 수 있다.

셋째, 대리 노출은 심리 건강 전문가가 외상을 경험한 클라이언트와 함께 일을 할 때 발생하는 경우로, 이들은 회복 중인 클라이언트의 이야기를 듣고 그들의 고통을 공유함으로써 자신도 심리적 영향을 받을 수 있다. 예를 들어, 상담사가 PTSD를 앓고 있는 환자의 이야기에서 강한 고통을 느끼게 되면, 이는 상담사의 정신건강에 영향을 미칠 수 있다.

STS의 증상을 인식하고 필요한 경우 전문적인 도움을 찾는 것이 매우 중요하다. STS 치료는 일반적으로 인지행동치료(CBT), 이완 기법, 그리고 가족과 친구의 지지를 포함하는 다양한 접근 방식으로 이루어진다. 인지행동치료는 환자가 자신의 부정적인 사고 패턴을 인식하고 건설적인 방향으로 재구성하는 데 중점을 두며, 이완 기법은 스트레스와 긴장을 관리하는 데 도움을 준다.

결국, STS는 심리적 안녕에 중대한 영향을 미치는 문제로, 이를 효율적으로 인식하고 대응하는 것이 중요하다. 재난이나 외상적 사건에 자주 노출되는 환경에서 일하는 사람들은 이러한 심리적 스트레스에 대한 인식을 높이고, 지원 시스템을 활용하며, 치료 방법을 통해 자신의 정신 건강을 유지하는 것이 필요하다.

3. 예방전략

1) 교육 및 훈련

재난으로 인한 심리적 문제 예방에서 교육과 훈련은 중요한 구성 요소이다. 재난이 개인의 심리에 심각한 영향을 미칠 수 있다는 점을 고려했을 때, 이를 예방하기 위한 준비가 필요하다. 적절한 교육과 훈련을 통해 종사자는 심리적 고통의 경고 신호를 인식하고, 이에 효과적으로 대처하는 방법을 배울 수 있다. 이 과정은 재난 상황에서 종사자들이 자신의 정신적 부담을 관리하고, 회복력을 높일 수 있는 기회를 마련해 준다.

교육은 재난의 잠재적인 심리적 영향과 그에 대한 준비방법에 대한 인식을 높이는 역할을 한다. 훈련을 통해 대처 기술과 전략을 개발할 수 있으며, 이는 개인이 경험하는 심리적 고통을 효과적으로 관리하는 데 도움이 된다. 예를 들어, 재난업무 종사자들이 특정 스트레스 관리 기법을 배우면, 그들은 실제 상황에서 이러한 기술을 활용하여 불안감을 줄이고 심리적 안정을 유지할 수 있게 된다. 이러한 교육과 훈련은 재난의 영향을 받은 사람들이 회복하고 나아갈 수 있도록 지원하는 중요한 역할을 한다.

첫째, 이상적인 대처 방법이 필요하다. 재난업무 종사자들은 정신적으로 매우 힘든 상황에 빈번하게 직면하므로, 이를 극복하고 정신건강을 유지하기 위한 심리적 치료 교육 및 훈련이 반드시 요구된다. 효과적인 대처 방법은 상황에 따라 다를 수 있으므로, 상담자들과의 협력 아래 각자의 상황에 적합한 방법을 찾아내는 과정이 필요하다.

둘째, 심리적 지원 프로그램이 필수적이다. 재난업무 종사자들은 지속적인 심리적 지원이 필요하며, 이를 위해 조직에서는 전문가의 지도 아래 정기적인 상담을 제공해야 한다. 이러한 프로그램을 통해 직원들은 문제를 해결하고 필요한 치료를 받을 수 있는 기회를 제공받는다. 예를 들어, 상담 세션에서 스트레스와 감정을 구체적으로 논의하고, 이를 극복하기 위한 전략을 논의하게 된다.

셋째, 스트레스 관리교육이 중요하다. 재난 대응 시 종사자들은 자주 스트레스와 불안을 경험하게 된다. 이를 예방하고 극복하기 위해서는 스트레스 관리 교육이 필요하다. 교육을 통해 직원들은 스트레스를 감소시키는 기술과 자기 조절 능력을 배울 수 있으며, 이는 재난 상황에서 보다 건강한 대처를 가능하게 만든다.

넷째, 팀워크 및 커뮤니케이션 훈련이 필요하다. 재난 대응에서는 팀워크와 원활한 의사소통이 매우 중요하다. 이를 강화하기 위한 팀워크 및 커뮤니케이션 훈련을 통해 팀 구성원들 사이의 신뢰와 협력을 증진할 수 있으며, 갈등이나 문제가 발생했을 때 서로 효과적으로 소통할 수 있는 능력을 갖출 수 있다.

다섯째, 지속적인 평가 및 개선이 필요하다. 심리적 치료 교육 및 훈련은 주기적으로 평가되어, 문제를 발견할 경우 적절하게 대처할 수 있는 기회를 제공해야 한다. 이러한 평가를 통해 향후 치료 및 훈련 프로그램을 개선하는 데 기여할 수 있다.

마지막으로, 자기 돌봄은 재난 상황에서 매우 중요하다. 재난업무 종사자들은 종종 자신의 신체적, 정신적, 감정적 요구를 간과하게 된다. 따라서 이들은 자신을 돌보는 기술을 배우고 실천해야 하며, 이를 통해 건강한 마음과 몸을 유지할 수 있도록 해야 한다. 예를 들어, 충분한 휴식과 정기적인 운동, 건강한 식습관을 유지하는 것은 자기 돌봄의 필수 요소이다.

종합적으로, 이러한 여러 대처 방법을 통해 재난업무 종사자들은 자신의 정신건강을 유지하고, 재난 대응 시 최선의 역할을 수행할 수 있게 된다. 교육과 훈련, 자기 돌봄은 이들이 어려운 상황에 잘 대처하고 심리적 안정을 찾는 데 기여하며, 궁극적으로는 이들의 전반적인 정신건강과 삶의 질을 향상시키는 데 중요한 역할을 한다.

재난업무 종사자들은 자신의 건강과 심리적 안녕을 유지하기 위해 자기 돌봄이 매우 중요하다. 이러한 자기 돌봄은 스트레스를 관리하고, 심리적 회복력을 높이는 데 필수적인 요소로, 다음과 같은 여러 구체적인 방법을 통해 이루어질 수 있다.

첫째, 충분한 휴식을 중요시해야 한다. 재난 대응은 종종 긴 시간 동안 진행되며, 종사자들은 이러한 상황에서 무리하게 일하게 되는 경우가 많다. 따라서, 충분한 휴식을 취하고 일과 쉬는 시간을 명확하게 분리하는 것이 필요하다. 예를 들어, 소방공무원이 24시간 근무 후에는 반드시 적절한 수면을 취하여 몸과 마음의 회복을 도와야 한다. 이는 지속적인 업무 수행 능력을 유지하는 데 기여하는 필수적인 과정이다.

둘째, 적극적인 운동을 통해 건강을 유지하는 것이 중요하다. 운동은 신체의 스트레스를 줄이고 정신적으로도 건강한 상태를 유지하는 데 매우 효과적이다. 재난업무 종사자들은 규칙적인 운동을 통해 체력과 지구력을 향상시키고, 또한 자연스럽게 좋은 기분을 유도하는 엔도르핀을 분비할 수 있도록 해야 한다. 예를 들어, 헬스장에 주 3회 가거나, 매일 간단한 스트레칭이나 조깅을 하는 것도 큰 도움이 된다.

셋째, 규칙적인 식사를 하는 것도 필수적이다. 불규칙한 식습관은 신체 건강을 해칠 뿐만 아니라 심리 안정감 또한 저해할 수 있다. 재난업무 종사자들은 규칙적인 식사를 통해 필요한 영양을 공급받고, 정신적 에너지를 유지해야 한다. 예를 들어, 매일 일정한 시간에 건강한 식사를 하여 필요한 비타민과 미네랄을 충분히 섭취하는 것이 중요하다. 간편하게 영양가 있는 스낵을 준비해 두는 것도 도움이 될 수 있다.

넷째, 취미생활을 통해 감정적 풍요를 더하는 것이 필요하다. 재난 대응의 긴 시간 동안 반복적인 업무는 쉽게 지루해질 수 있으므로, 취미활동을 통해 스트레스를 줄이고 긍정적인 마인드를 유지하는 것이 중요하다. 예를 들어, 독서, 그림 그리기, 음악 감상 등 다양한 활동이 환자의 감정적 안정을 높이는 데 기여할 수 있다. 이러한 즐거움은 환자에게 소속감을 더해주고, 일상생활에서의 만족도를 높일 수 있다.

마지막으로, 정기적인 치료를 받는 것이 매우 중요하다. 재난업무 종사자들은 종종 심리적으로 힘든 상황에 직면하게 되므로, 정기적인 심리치료나 상담을 통해 자신의 감정 상태를 점검받는 것이 필요하다. 예를 들어, 전문 상담사와의 정기적인 심리 상담을 통해 스트레스 관리 및 감정 상태를 지속적으로 점검하게 되면, 이는 심리적 안정과 회복을 도와주는 중요한 기제로 작용할 수 있다.

이와 같은 자기 돌봄 방법들을 통해 재난업무 종사자들은 건강한 심리적 상태를 유지하고, 재난 대응 시 최선의 역할을 수행할 수 있다. 자기 돌봄은 단순한 개인의 선택이 아니라, 향후 업무에서의 성공과 전반적인 삶의 질을 높이는 데 있어 필수적인 요소로 작용하게 된다.

재난 상황에서는 많은 사람들이 불안, 고통, 분노 등의 감정을 경험하게 된다. 특히 재난업무 종사자들은 일상적인 업무와 달리 긴장감과 위험 요소가 높은 환경에서 일하므로, 감정 관리는 더더욱 중요하다. 이들은 극심한 스트레스와 압박감을 겪으며, 그러한 감정을 효과적으로 관리하기 위한 구체적인 방법들이 필요하다.

첫 번째로, 자신의 감정을 인식하기는 감정 관리의 첫 단계이다. 재난 상황에서 종사자들은 대개 긴장과 스트레스가 높은 상황에 직면하게 된다. 이때 자신의 감정을 제대로 인식하고 어떤 감정을 느끼고 있는지 파악하는 것은 스트레스를 감소시키고, 이를 건강하게 다루는 데 결정적인 역할을 한다. 예를 들어, 불안한 기분이 든다면 그 감정을 무시하지 않고, "나는 지금 불안감을 느끼고 있다"는 것을 받아들이면서 자신의 감정을 인식하도록 한다.

두 번째로, 감정에 대한 표현은 스트레스와 긴장을 줄이는 데 큰 도움이 된다. 재난업무 종사자들은 동료나 상담가와 자신의 감정에 대해 이야기하는 방법을 활용할 수 있다. 이러한 대화는 그들이 겪고 있는 감정을 외부로 표현함으로써, 정서적 부담을 경감하게 해준다. 또는 일기를 쓰는 방식으로 자신이 느끼는 감정을 기록하면서 내면의 소리를 표현할 수도 있다. 이러한 표현은 감정의 억압을 줄이고, 스트레스 해소에 기여하는 방법으로 알려져 있다.

세 번째로, 긍정적인 생각 유지는 감정 조절에 큰 영향을 미친다. 긍정적인 태도를 유지하는 것은 스트레스를 줄이는 데 크게 기여하며, 종사자들은 긍정적인 상황을 떠올리거나 동료와 함께 작업하는 것의 긍정적인 면을 강조하는 방법을 활용할 수 있다. 이는 긴장된 상황에서도 자신이 고유의 가치를 느끼고, 에너지를 회복하는 데 도움이 된다.

네 번째로, 규칙적인 휴식과 관심사에 대한 활동은 감정을 안정시키는 데 필수적이다. 재난업무 종사자들은 제대로 된 수면과 충분한 휴식이 필요하다. 일정한 휴식 시간을 가지며, 취미 생활이나 운동 등을 통해 일상에서 얻는 즐거움도 소중히 여겨야 한다. 예를 들어, 정기적으로 운동을 하거나, 좋아하는 취미인 그림 그리기 등을 통해 정신적 부담을 덜어낼 수 있다. 이러한 활동은 스트레스를 줄이고, 긍정적인 감정을 증진시키는 데 기여한다.

마지막으로, 전문가의 도움은 감정 관리에서 중요한 역할을 할 수 있다. 상담가나 심리치료사와의 대화를 통해 감정 상태를 안정시키고, 스트레스를 줄이는 방법을 모색하는 것이 필요하다. 전문가의 지원을 받는 것은 이들이 겪는 심리적 부담을 해소하고, 효과적인 대처 방안을 찾는 데에 중요한 지침이 된다.

이러한 감정 관리 방법들을 통해 재난업무 종사자들은 자신의 감정을 안정시키고, 최상의 업무 성과를 이룰 수 있는 능력을 강화하게 된다. 결국, 자신의 감정에 대한 이해와 관리 능력을 토대로 그들은 더욱 효과적으로 재난 상황에 대처할 수 있으며, 이는 그들의 정신적 웰빙과 직업적 성과에 긍정적인 영향을 미칠 것이다.

재난 상황에서는 대인관계의 중요성이 매우 커진다. 재난업무 종사자들은 업무를 수행하면서 다른 종사자 또는 피해자와의 대인관계에서 심리적 스트레스를 경험할 수 있다. 이러한 어려움을 극복하기 위해 대인관계에 대한 심리적 치료 방법을 적용하는 것은 매우 유용하다.

첫 번째로, 대인관계에서의 갈등 해결이 중요하다. 재난 상황에서는 종사자들이 대상자나 다른 동료와 예기치 못한 갈등 상황을 마주하게 될 수 있다. 이러한 갈등을 효과적으로 해결하고 소통하는 방법을 배우는 것은 필수적이다. 예를 들어, 사고 현장 정리를 두고 다른 의견을 제시된다면, 상급자는 그들이 각자의 입장을 분석하고, 갈등을 해결하기 위해 어떻게 효과적으로 대처할 수 있을지를 함께 고민하도록 돕는다. 이를 통해 갈등 상황에서도 원활하게 소통하며 일관성 있는 팀조직을 유지하는 방법을 익힐 수 있게 된다.

두 번째로, 소극적 대처 방식에서 적극적 대처 방식으로의 전환이 필요하다. 대인관계에서 자신의 의견을 자주 표현하지 않고 소극적인 태도를 취하는 경우가 많다. 이때 적극적으로 의견을 표현하고, 동료와 협력하는 방법을 배우는 것이 중요하다. 예를 들어, 회사에서 자신의 생각을 주저하며 말하지 못하는 것이 고민으로 상담을 받을 경우 상담자는 그가 자신의 의견을 명확하게 표현하는 방법을 연습하도록 유도할 수 있다. 이렇게 자신의 목소리를 내는 연습은 대인관계에서의 스트레스를 줄이고, 팀워크와 협력을 증진시키는 데 기여한다.

세 번째로, 대인관계에서의 자기 통제도 중요한 요소가 된다. 종사자들은 다른 사람의 행동에 따라 자신의 감정이 쉽게 좌우되는 경우가 많다. 따라서 자신의 감정을 통제하는 방법을 배우는 것은 매우 필요한 과정이다. 예를 들어, 어떤 재난업무 종사자가 동료의 비협조적인 행동으로 인해 불안감을 느낀다면서 상담을 의뢰한 경우 상담자는 그에게 해당 불안을 인식하고, 이를 과도하게 반응하지 않는 방법을 가르칠 수 있다. 감정 조절 기술을 배우는 과정은 스트레스 관리를 위한 귀중한 자원이 된다.

마지막으로, 대인관계에서의 상호 지원이 중요하다. 재난업무 종사자들은 서로를 지지하고 도움을 주는 관계가 무엇보다 필요하다. 이들은 함께 일하기 때문에, 서로의 경험을 공유하고 지원함으로써 스트레스를 경감시킬 수 있다. 예를 들어, 한 팀원이 스트레스를 느끼고 있을 때 동료가 곁에서 격려하며 말하는 것은 큰 힘이 될 수 있다. 이들이 상호 지원하는 방법에 대해 배우고, 소통의 필요성과 효과를 강조하여 모든 팀원이 안정감을 느끼도록 돕는 상담도 필요하다.

이와 같은 대인관계에서의 심리적 치료 방법을 통해 재난업무 종사자들은 감정적 스트레스를 감축하고 최상의 업무 성과를 이루는 데 기여할 수 있다. 이러한 교육과 훈련은 개인이 재난 상황에서 자신과 타인을 돕는 데 필요한 지식과 기술을 습득할 수 있도록 지원하며, 결과적으로 보다 효과적으로 대처할 수 있는 능력을 기르게 만든다. 이런 접근을 통해 재난업무 종사자들은 스트레스를 효과적으로 관리하고, 보다 건강한 심리 상태를 유지하며,

사회와 조직 내에서 필요한 지원을 받는 데 중요한 역할을 할 수 있다.

2) 자기관리

자기관리는 재난으로 인한 심리적 문제 예방의 중요한 구성 요소이다. 재난 상황에서 개인의 건강을 우선으로 하는 것이 중요하다. 이는 충분한 수면, 균형 잡힌 식습관, 정기적인 운동뿐만 아니라 기쁨과 휴식을 가져다주는 활동을 포함된다. 예를 들어, 책을 읽거나 영화를 보거나 좋아하는 음악을 듣는 것이 있다.

또한, 자기－자비심을 실천하는 것이 좋은 정신건강을 유지하는 데 중요하다. 자신을 친절하게 대하고 이해하며 용서하는 것으로 시작할 수 있다. 재난 상황에서는 자신에게 '힘들어도 괜찮다'라고 말하고, 스스로에게 온화하게 대하고 필요할 때 사회적 지원을 찾는 것이 중요하다. 이는 친구와 대화하거나 지원 그룹에 가입하거나 정신건강 서비스 제공자로부터 전문적인 도움을 찾는 등 다양한 형태로 나타날 수 있다.

재난으로 인한 심리적 문제 예방을 위해 잠재적인 위험과 경고 신호에 대해 인식하는 것도 중요하다. 교육과 훈련은 인식을 높이고 개인이 심리적 고통을 식별하고 효과적으로 대처하는 데 필요한 기술을 제공하는 데 무궁무진한 가치를 지닌다. 이는 우울증이나 불안증상을 인식하는 방법, 스트레스 관리 방법 및 다른 사람에게 지원을 제공하는 방법 등을 배우는 것을 포함할 수 있다.

또한, 지원적 개입은 재난으로 인한 심리적 문제 예방 및 해결에 도움이 되는 요소이다. 이러한 개입은 감정적 지원, 정신건강 서비스 접근 및 이용 가능한 자원 및 정보를 제공할 수 있다. 개인이 자신의 경험을 처리할 수 있는 안전한 공간을 만들고 상담 및 기타 심리적 지원에 대한 접근을 할 수 있도록 하는 것이 중요하다.

전반적으로, 스스로 돌보기와 지원을 찾기는 재난으로 인한 심리적 문제 예방에 중요한 구성 요소이다. 자기관리를 우선적으로 하고 잠재적인 위험과 경고 신호를 인식하며, 지원적 개입이 필요한 경우에는 전문가를 찾는 것이 좋다.

3) 지원적 개입

재난은 개인에게 깊은 영향을 끼칠 수 있으며, 그들이 감정적 및 심리적 후유증을 극복할 수 있도록 지원적 개입을 제공하는 것이 중요하다. 이러한 개입은 감정적 지원, 정신건강 서비스 접근 및 이용 가능한 자원 및 정보에 초점을 맞추는 것이 필요하다.

이러한 개입 외에도, 개인이 자신의 경험을 처리하고 상담 및 기타 심리적 지원을 받을 수 있는 안전한 공간을 만드는 것이 중요하다. 이러한 안전한 공간을 제공함으로써 개인은 재난 이벤트와 관련된 어려운 감정을 처리할 때 더욱 편안하고 지원받을 수 있다.

또한, 지원적 개입의 중요한 측면 중 하나는 재난 업무에 종사하는 사람을 적절한 자원 및 서비스와 연결하는 것이다. 이는 정신건강 서비스의 이용 가능성에 대한 정보를 제공하거나 다른 관련 기관이나 프로그램에 대한 추천을 제공할 수 있다. 이러한 정신건강 서비스를 받을 수 있도록 도움을 줌으로써 재난 업무 종사자가 스스로 회복을 주도하고 긍정적인 방향으로 나아갈 수 있다.

재난으로 인한 심리적 문제에 대처하는데 지원적 개입과 전문적인 정신건강 치료가 더하면 더욱 좋은 효과를 나타낼 수 있다. 재난 업무 종사자의 정신건강이 심각하거나 장기간 지속되는 심리적 고통을 경험하는 경우라면 더욱이 전문적인 정신건강 전문가의 도움이 필수적이다.

지원적 개입을 제공할 때 고려해야 할 또 다른 중요한 사항은 재난으로 영향을 받은 재난 업무 종사자들의 문화적 맥락이다. 문화적 차이는 재난 관련 스트레스와 외상을 다루는 다른 방식을 가질 수 있으며, 이러한 차이를 인식하고 개입을 조정하는 것이 중요하다. 예를 들어, 일부 문화는 공동 지원을 중요하게 생각하며 그룹 개입에서 이점을 얻을 수 있지만, 다른 문화는 개인별 접근 방식을 선호할 수 있다.

전반적으로, 감정적 지원, 정신건강 서비스 접근 및 이용 가능한 자원 및 정보에 초점을 맞춘 지원적 개입을 제공하는 것은 재난으로 인한 심리적 문제에 대처하는 효과적인 방법이다. 안전한 공간을 만들고 개인을 적절한 자원과 서비스와 연결함으로써 개인은 회복을 주도하고 긍정적인 방향으로 나아갈 수 있다.

Disaster Psychology

재난에 대비한 교육 및 훈련 고려 사항

13 장

1. 재난 대비한 교육 및 훈련

1) 재난 대비 정의

재난에 대한 효과적인 대비는 개인, 지역사회, 지방자치단체 및 국가 차원에서 필수적인 과정으로, 이는 재해 발생 이전에 철저하게 계획하고 실행해야 한다. Ann, Keum, & Choi (2011)의 연구에 따르면, 재난 대비란 재난이 발생하기 전의 활동으로, 효과적인 대응 체계를 구축하기 위한 사전행동 계획과 노력의 모든 행위를 포함한다. 이러한 정의는 재난을 예방하고 피해를 최소화하는 데 있어 준비가 얼마나 중요한지를 잘 보여준다.

Ejeta, Ardalan & Paton (2015)은 개인의 재난 대비 노력이 위험에 대한 인식에서부터 직·간접적인 과거의 재난 경험에 이르기까지 다양한 요소에 의해 결정된다고 주장하였다. 이러한 관점은 재난 대비가 단순한 계획 수립을 넘어서, 개인의 인지와 행동을 포함한 전반적인 프로세스임을 강조한다. 효과적인 대비를 위해서는 먼저 잠재적인 위험을 식별하고, 그 위험에 대한 준비를 해야 한다. 예를 들어, 특정 지역에서 지진, 허리케인, 혹은 홍수와 같은 재난이 발생할 가능성을 평가하여 이들 위험을 명확히 인식하는 것이 첫 단계가 된다.

위험이 식별되면, 다음 단계는 이를 완화하기 위한 구체적인 계획을 개발하는 것이다. 이는 자연재해에 대비해 튼튼한 인프라를 구축하거나 고위험 지역에 대한 대피 계획을 세우는 것을 포함한다. 이렇게 체계적인 준비는 재난 발생 시 피해를 최소화하기 위한 중요한 기반이 된다.

재난 대비는 단순한 계획 수립을 넘어, 실제로 인력을 훈련시키는 것을 포함한다. 이는 경찰, 소방관 및 의료진과 같은 최초 대응자들 뿐만 아니라, 일반 지역 주민들도 포함된다. 이러한 사람들은 긴급 상황에서 빠르고 효과적으로 대응할 수 있도록 훈련되어야 하며, 이는 생명을 구조하고 피해를 줄이는 데 큰 기여를 한다.

또한 비상 대응 계획을 개발하는 과정은 재난 대응에 있어 매우 중요하다. 비상 대응 계획은 재난이 발생했을 때 신속하게 대처할 수 있는 체계를 마련하는 것이며, 이에 따라 효과적인 대처가 가능해진다. 비상 대응 계획을 수립하기 위해서는 몇 가지 중요한 절차를 거쳐야 한다.

첫째, 위험성 분석을 실시해야 한다. 이는 지역의 특성과 자연재해 발생 가능성을 고려하여 어떤 위험이 있는지를 파악하는 단계이다. 이 분석을 통해 재난 발생 시 어떤 대응이 필요한지를 명확히 할 수 있다.

둘째, 비상 대응 조직을 구성해야 한다. 재난 발생 시 신속하게 대처할 수 있는 대응 조직은 효율적인 의사소통과 업무 분담이 가능하도록 설정해야 한다. 이를 통해 각 구성원이 자신의 역할을 명확히 인식하고 협력할 수 있는 환경을 조성하게 된다.

셋째, 대응 계획 수립이 뒤따라야 한다. 대응 조직이 말할 수 있는 계획을 마련함으로써 재난 발생 시 신속하게 대처할 수 있게 된다. 계획을 세울 때는 각 개인의 역할과 책임을 명확히 하고, 실행 가능성을 항상 고려해야 한다.

넷째, 대응 시스템 구축이 필요하다. 대응 조직이 수립한 계획을 실제로 구축하여, 재난 발생 시 즉각적으로 대응할 수 있는 시스템을 마련해야 한다. 이러한 시스템은 종합적인 대처 능력을 높이는 데 기여한다.

마지막으로, 대응 계획 시험이 중요하다. 수립한 계획을 시뮬레이션 등의 방법으로 시험해보면서 계획의 취약점을 파악하고, 필요한 개선 방안을 모색해야 한다.

재난 대비는 재난 상황에 효과적으로 대응하기 위한 포괄적인 준비 과정으로, 이를 통해 피해를 최소화할 수 있도록 돕는 핵심적인 방법이다. 각종 이해관계자들의 참여가 무엇보다 중요하며, 잠재적인 위험을 사전에 식별하고 이를 완화하기 위한 체계적인 계획을 개발함으로써, 지역사회는 더 안전하고 회복 가능한 환경을 구축할 수 있다. 이러한 준비는 단기적인 안정성을 넘어 장기적인 안전망을 형성하는 데 기여하게 된다.

2) 재난 대비 교육과 훈련 개요

재난 대비 교육과 훈련은 개인 및 기관이 재난 상황에 효과적으로 대응할 수 있도록 갖추어야 할 필수적인 요소이다. 이러한 교육과 훈련은 발생 가능한 재난의 종류, 잠재적 위험성 및 그에 따른 대응 방법에 대한 중요한 지식을 제공한다.

예를 들어, 개인과 기관은 비상 대응 장비의 사용 방법을 배우고, 비상 대응계획을 개발하는 방법, 실제 응급 상황에서의 비상 대응 훈련 등을 체계적으로 익힐 수 있다. 이러한 과정은 재난이 발생했을 때 인명과 재산을 보호하기 위해 필요한 기본적인 능력을 갖추는 데 도움을 준다. 특히, 심리적 지원의 필요성도 강조되며, 재난 대비 교육은 재해로 영향을 받은 개인들에게 심리적 지원을 제공할 수 있는 구조의 필요성을 제시한다.

재난 대비 교육과 훈련은 개인이나 기관뿐만 아니라 지역사회에도 매우 중요하다. 지역사회가 효율적으로 대비하는 것은 재난의 영향을 줄이고, 심지어 많은 생명을 구할 수 있는 기회를 제공한다. 지역사회 대비는 지역사회 구성원 사이의 교육과 훈련을 통해 이루어지며, 이들은 재난 발생 시 상호 간에 지원할 수 있는 네트워크를 구축하고 강화하는 것이 필수적이다. 예를 들어, 이웃 간의 지원체계를 마련함으로써 위기 상황에서 신속하게 도움을 제공하고 받을 수 있는 환경이 조성된다.

또한, 재난 대비 교육과 훈련은 재난에 대응하는 것뿐만 아니라 예방적인 조치를 마련하는 데에도 중요하다. 이 과정에서 지역사회 내의 잠재적 위험성과 취약성을 식별하고, 이러한 문제를 완화하기 위한 조치를 취하는 것이 필요하다. 예를 들어, 자연재해 위험이 높은 지역에서의 개발을 제한하거나, 기존 건물 및 인프라를 보강함으로써 재난에 대한 저항력을 높이는 방법이 있을 수 있다. 이러한 예방적 접근을 통해 지역사회는 인명 손실과 재산 피해를 최소화하고, 시민들의 안전과 복지를 보장할 수 있게 된다.

재난 대비 교육과 훈련은 여러 차원에서 중요한 역할을 하며, 효과적인 대비 체계를 마련하는 데 필수적이다. 교육과 훈련을 통해 개인과 집단은 자원과 정보에 접근하고, 불확실한 상황에 대비할 수 있는 능력을 발달시킬 수 있다. 이를 통해 지역사회 구성원들은 개인의 안전뿐만 아니라 공동체의 회복력과 안전성을 높일 수 있다는 점에서, 재난 대비가 얼마나 중요한지를 더욱 확고히 이해할 수 있을 것이다.

2. 재난 대비 교육 및 훈련 유형

1) 지역사회 기반 교육 및 훈련

지역사회 기반 교육 및 훈련은 재난 대비의 중요한 측면으로 자리 잡고 있다. 이러한 교육과 훈련은 개인과 지역사회에 재난 대비의 중요성을 알리고, 위기 상황에 효과적으로 대처할 수 있는 기술과 자원을 제공하는 데 중점을 둔다. 지역사회를 대상으로 한 교육을 통해 사람들은 재난에 대한 준비가 더욱 향상되며, 이는 궁극적으로 생명과 재산 피해를 최소화하는 데 큰 도움이 된다.

이러한 지역사회 기반 교육 및 훈련은 해당 지역에서 발생할 수 있는 다양한 유형의 재해에 대한 정보가 포함된다. 예를 들어, 허리케인, 홍수, 지진과 같은 자연재해뿐만 아니라 화재, 테러 공격 등과 같은 인위적 재해에 대한 정보도 함께 제공된다. 각 유형의 재해에 대한 자세한 대비 방법을 안내하는 과정은 주민들이 자신과 가족의 안전을 지키기 위한 준비를 할 수 있도록 하는 데 크게 기여한다. 이러한 교육에서는 긴급 대비 키트를 만드는 방법, 대피 계획을 개발하는 방법, 그리고 자택이나 지역에서 안전한 지역을 찾아보는 등의 실질적인 지침을 제공할 수 있다.

그뿐만 아니라, 지역사회 기반 교육과 훈련에는 긴급 자급자책 필요 물품 목록이나 대피 계획, 비상 연락처 등이 포함되어 있어 주민들이 위기 상황에 대비하는 데 중요한 자원으로 작용한다. 예를 들어, 음식, 물, 구급 키트와 같은 긴급 자급자책 필요 물품들은 재해가 발생했을 때 접근성이 제한되는 경우에 필수적이다. 이러한 물품의 준비는 주민들이 위기 상황에서 생존할 수 있는 기반을 마련해준다. 또한, 정교하게 준비된 대피 계획은 비상 상황에서 주민들이 자신의 집이나 직장을 빠르고 안전하게 떠날 수 있도록 도와주는 지침이 된다.

지역사회 기반 교육 및 훈련은 재난 대비의 핵심 요소로, 개인과 지역사회가 재해에 능동적으로 대처할 수 있도록 필요한 지식과 자원을 제공한다. 이러한 교육을 통해 지역주민들은 재난 상황에서 더욱 안전하고 견고해질 수 있는 기반을 확립하게 된다. 또한, 이러한 과정은 지역사회의 단결과 협력 의식을 더욱 강하게 만들며, 위기 상황에서도 서로를 지지하는 지역사회를 실현하는 데 중요한 역할을 한다.

2) 학교 기반 교육 및 훈련

학교 기반 교육 및 훈련은 학생과 교사에게 학교 및 지역사회에서 재해에 대비하고 대처하기 위해 필요한 지식과 기술을 제공하는 중요한 활동이다. 이러한 교육은 학생들이 안전한 환경에서 성장하도록 돕고, 재난 상황에서의 피해를 최소화하는 데 기여한다.

이를 위해 학교에서는 대피 및 비상 대응 절차를 연습하는 시뮬레이션을 진행하게 된다. 이러한 훈련은 학생들이 실제 재난 상황에서 즉각적으로 대처할 수 있는 능력을 배양하는 데 큰 도움이 된다. 예를 들어, 화재 경고가 발생했을 때 학생들이 신속하게 대피 경로를 따라 안전한 장소로 이동하는 방법을 배울 수 있다. 이를 통해 위기 상황에서의 행동 패턴을 자연스럽게 익히고, 비상시에 취해야 할 조치를 체득하는 경험이 이루어진다.

또한, 학교는 학생들에게 음식, 물 및 기타 필수 물품을 포함한 긴급 자급 자책 키트를 만드는 방법에 대한 안내를 제공할 수 있다. 이 과정에서 학생들은 재난이 발생했을 때 필요한 물품이 무엇인지, 그리고 이러한 물품을 어떻게 준비해야 하는지를 배운다. 예를 들어, 학생들이 학교에서 간단한 응급 키트를 만들며 친구들과 함께 협력하는 경험은 문제 해결 능력을 향상시키고, 위기 대처에 대한 실질적인 준비를 가능하게 한다.

더 나아가, 학교는 해당 지역에서 발생할 수 있는 다양한 재해 유형과 관련된 위험 요소에 대한 교육을 학생들에게 제공해야 한다. 예를 들어, 학교가 연안 지역에 위치할 경우, 허리케인, 홍수 또는 쓰나미의 위험에 노출될 수 있다. 이 경우, 학교는 지역 당국과 협력하여 대피 계획을 개발하고 안전 지역을 식별하는 과정을 학생들과 지역주민들에게 교육함으로써, 전반적인 재난 대비 능력을 강화할 수 있다.

학교 기반 교육과 훈련은 단순히 물리적 위험에 대한 대비뿐만 아니라, 학생들이 재난으로 인해 발생할 수 있는 육체적, 심리적 및 정서적 영향에 대처할 수 있는 내구성을 갖추도록 도와야 한다. 이는 재난 피해를 입은 지역주민들에게 안전한 공간을 제공하는 것과 더불어, 심리적 지원과 상담 서비스, 정신건강 자원 등을 적절히 제공하는 것을 포함할 수 있다.

전반적으로, 학교 기반 교육 및 훈련은 재난 대비와 대응의 필수적인 측면으로, 학생과 교사 및 지역주민이 위기 상황에서 안전하고 효과적인 대처 방법을 습득할 수 있도록 필요한 기술과 지식을 제공하는 데 큰 기여를 한다. 이러한 과정은 위기 상황에서 각 개인이 보다 잘 준비되고, 지역사회 전체의 안전성을 증진시키는 데 중요한 역할을 하게 된다.

3) 온라인 교육 및 훈련

온라인 교육 및 훈련은 개인과 지역사회가 재해에 효과적으로 대처할 수 있도록 돕는 데 매우 중요한 역할을 한다. 이러한 접근 방식은 장소에 구애받지 않고 언제든지 교육을 받을 수 있는 장점을 제공하며, 다양한 방법과 활동을 통해 재난에 대한 정보와 자원을 전달할 수 있다.

정보 전달은 온라인 교육 및 훈련의 가장 중요한 측면 중 하나로 자리 잡고 있다. 이는 해당 지역에서 발생할 수 있는 다양한 자연재해, 예를 들어 지진, 허리케인, 홍수 등과 더불어 인위적 재해인 테러 공격에 대한 정보를 제공하는 데 중점을 둔다. 예를 들어, 온라인 강의에서는 각 유형의 재해가 어떤 영향을 미치고 이에 대한 사전 대비 방법에 대해 상세히 설명할 수 있다. 이러한 교육 자료는 긴급 대비 키트를 구성하거나 대피 계획을 만드는 방법에 대한 세부 지침을 포함할 수 있어, 지역주민들이 실제 상황에서 효과적으로 대처할 수 있도록 준비시키는 데 효과적이다.

또한, 자원 제공 측면에서도 온라인 교육은 유용하다. 주민들은 음식, 물, 구급 키트를 포함한 긴급 자급자책 필요 물품의 중요성을 배우고, 이러한 물품을 준비하는 방법과 사용법에 대한 정보를 알 수 있다. 예를 들어, 강의 중에 비상 연락처 목록이나 대피 계획의 예시를 제공함으로써, 지역 주민들은 실제적인 대응 방안을 스스로 준비할 수 있게 된다.

더 나아가, 온라인 교육 및 훈련은 재난 대비뿐만 아니라 심리적 문제에 대한 정보도 제공한다. 예를 들어, 스트레스와 불안을 관리하는 방법에 대해 강의하는 온라인 코스는 재해가 개인의 정신건강에 미치는 심리적 영향을 탐구하는 데 중요한 자원이 된다. 이러한 강좌는 특히 재난 상황에서 생길 수 있는 감정적 고통을 미리 인지하고, 그에 대한 대처 전략을 마련하는 데 유용하다.

현재 온라인 교육 및 훈련은 재난 대비의 필수적인 도구로 자리 잡고 있으며, 정보와 자원, 그리고 관련 강좌에 대한 접근성을 제공함으로써 개인과 지역사회가 재해에 더 잘 준비되고 응답할 수 있도록 돕는다. 이를 통해 지역사회는 자주 발생할 수 있는 위험에 대한 인식을 높이고, 실제로 고통 받는 순간에도 효과적으로 대처할 수 있는 능력을 키울 수 있게 된다. 이러한 과정은 장기적으로 개인과 지역사회의 안전성을 높이며, 재난 발생 시 피해를 최소화하는 데 기여하게 된다.

4) 시뮬레이션 교육 및 훈련

그림 13.1 시뮬레이션 교육

시뮬레이션 교육과 훈련은 현실적인 재난 상황을 최대한 모방하여 종사자들이 실제 상황에서 효과적으로 대처할 수 있는 능력을 향상시키기 위한 중요한 교육 과정이다. 이러한 훈련을 통해 종사자들은 특정 상황에서의 적절한 대처 방법을 학습하고 연습할 수 있으며, 이는 그들이 실제 재난 상황에서 높은 수준의 대처 능력을 발휘할 수 있도록 돕는다.

시뮬레이션 교육의 구체적인 예로는 다양한 시나리오가 제시될 수 있다. 예를 들어, 특정 재난 상황을 인공적으로 재현하기 위해 시뮬레이션 장비 및 재난 대응 장비를 활용하는 방식이다. 이렇게 준비된 환경에서 종사자들은 실제 상황에서 수행해야 할 역할을 연습하게 되며, 실전 경험을 쌓는 데 큰 도움이 된다. 예를 들어, 화재 상황을 모사한 훈련에서는 소방관들이 신속하게 대피 경로를 계획하고, 신고 및 구조 작업을 수행하는 과정을 연습할 수 있다. 이를 통해 그들은 급박한 상황에서도 침착함을 유지하고 효과적으로 대응하는 능력을 기를 수 있다.

또한, 종사자들은 시뮬레이션 교육과 훈련을 통해 다양한 예기치 못한 상황에 대응하는 능력도 향상시킬 수 있다. 환자가 실제 상황에서는 어떤 문제가 발생할 수 있는지를 시뮬레이션 하여 연습하게 되며, 이에 따라 종사자들은 창의력과 문제 해결 능력을 기르게 된다.

한 예로, 지진 발생 시 대처 방법을 학습하는 과정에서는 종사자들이 구조 작업을 어떻게 수행해야 하는지를 연습하면서, 예상치 못한 상황에서의 대처 기술도 마스터하게 된다.

또 다른 예로, 통제실에서의 시뮬레이션 교육과 훈련 또한 중요하다. 이 과정에서는 재난 상황에서 통제실에 있는 종사자들이 어떤 정보를 수집하고, 어떤 조치를 취해야 하는지를 배울 수 있다. 예를 들어, 재난 발생 시 각 팀이 어떤 정보를 빠르게 공유해야 하는지, 그리고 이 과정에서 발생할 수 있는 커뮤니케이션 문제를 어떻게 해결할 수 있는지를 모의 훈련을 통해 연습하게 된다. 이를 통해 통제실의 종사자들은 즉각적인 상황 판단과 의사결정 능력을 향상시킬 수 있다.

시뮬레이션 교육과 훈련은 재난 발생 시 효율적인 대처 능력을 갖출 수 있도록 도와주며, 이를 통해 생명과 재산을 보호하는 데 큰 도움이 된다. 이러한 과정은 단순히 이론적인 지식을 넘어 실제 상황에서의 경험과 대응 능력을 강화하는 데 중점을 두고 있다. 직무 능력을 향상시키고 위험 관리에 대한 자신감을 불어넣으며, 종사자들이 유능하게 재난에 대처할 수 있도록 하는 중요한 기반이 된다.

3. 재난 대비 교육 및 훈련의 이점

1) 위험 인식 증대

재난 대비 교육 및 훈련은 사람들이 긴급 상황에 효과적으로 대비할 수 있도록 하는 중요한 단계로, 자연재해, 기술적 재해, 인위적 재해 등 다양한 유형의 재해에 대한 교육을 포함한다. 이러한 교육은 재난이 가져올 수 있는 잠재적인 영향, 즉 신체적 손상, 재산 파괴, 그리고 정신적 외상 등의 심각성을 강조하는 데 중점을 두고 있다.

재난 대비 교육에서는 비상 키트를 작성하는 방법, 대피 계획을 개발하는 방법, 그리고 지역 당국과의 효과적인 의사소통 채널을 설정하는 방법 등 실용적인 지침을 제공한다. 예를 들어, 교육 세션에서 참여자들은 자급자족 키트를 어떻게 구성해야 하는지, 필요한 물품은 무엇인지에 대한 구체적인 정보를 배우게 된다. 이런 정보를 제공받음으로써 개인들은 재난 발생 시 더욱 자신감을 가지고 대응 및 회복에 임할 수 있게 된다.

결국, 재난 대비 교육은 재해로 인한 잠재적인 피해를 최소화하고, 예기치 않은 사건에 보다 효과적으로 대응할 수 있는 능력을 갖춘 개인들을 만들어내는 데 기여한다. 여기서 더 나아가, 재난 대비 교육 및 훈련은 대규모 재난 상황에서 지역사회의 안전을 보호하는 중요한 측면으로 작용한다. 사람들이 재난 상황에 대한 지식과 인식을 높이면, 재해 발생 시 신속하고 효율적으로 대처할 수 있는 가능성이 높아지기 때문이다.

교육 프로그램은 자연재해의 다양한 유형과 그 잠재적인 영향, 그리고 취약한 인구군을 식별하는 방법, 대피 절차를 이해하는 등 여러 주제를 포괄한다. 예를 들어, 특정 지역사회에서 홍수 위험이 높은 경우, 해당 프로그램은 주민들이 안전하게 대피할 수 있는 경로와 절차를 배우고, 반복적인 훈련을 통해 이를 체계적으로 실천하도록 유도한다.

또한, 교육은 이용 가능한 자원에 대한 정보를 제공하고, 이러한 자원에 접근할 수 있는 방법도 안내하여, 위기 상황에서 필요한 지원을 받을 수 있도록 돕는다. 예를 들어, 자원봉사 기구나 정부 기관에 대한 정보가 제공되어, 주민들이 비상 상황에서 도움을 청할 수 있는 경로를 확립할 수 있도록 한다.

재난과 관련된 위험을 평가하고, 이를 완화하는 방안을 가르치는 것은 지역사회의 회복력을 극대화하는 데 중요한 역할을 한다. 종합적인 재난 대비 교육 및 훈련을 통해 지역사회는 재해를 효과적으로 처리할 수 있는 능력을 갖추게 되며, 이는 궁극적으로 피해를 최소화하고 생명을 구하는 데 기여하게 된다. 이러한 준비 과정은 지역사회의 안전과 지속 가능한 발전을 보장하는 데 필수적이다.

2) 회복 능력 증대

재난 대비 교육 및 훈련은 허리케인, 홍수, 산불과 같은 자연재해로 인한 개인과 지역사회의 회복 능력에 결정적인 영향을 미칠 수 있다. 이러한 교육 프로그램은 재난의 심리적 및 신체적 영향을 다루며, 외상과 부상에 대한 대처 방법을 포함하는 정보와 기술을 제공한다. 예를 들어, 재난 대비 교육은 개인에게 비상 대피소의 위치 및 이용 방법, 식량 지원 프로그램의 접근 방법, 그리고 정신건강 서비스에 대한 정보를 안내함으로써, 필요할 때 적절한 지원을 받을 수 있도록 돕는다.

또한, 재난 대비 교육은 지역사회가 재난 이후 재건하는 데 필요한 자원과 도구를 제공하는 역할을 한다. 예를 들어, 교육 과정에서는 건물 및 인프라의 구조적 손상을 식별하고 이를 처리하는 방법에 대한 교육을 제공하며, 이는 기본적인 안전을 확보하는 데 중요하다. 더 나아가, 지방 및 주 당국과 협력하여 자금 및 자원을 얻는 방법에 관해서도 논의된다. 이러한 내용은 지역사회가 스스로 재해로 인한 피해를 극복할 수 있는 능력을 배양하게 만들며, 실질적인 지원을 받을 기회를 증대시킨다.

재난 대비 교육 및 훈련은 재해 후 상호 지원과 협력을 촉진하기 위해 지역사회 구성원 간의 협력 방법에 대한 교육도 포함한다. 지역사회가 재난에 효과적으로 대처하기 위해서는 주민들이 서로를 지원하고, 자원을 공유하는 것이 매우 중요하다. 이 과정에서 주민들은 공동체 의식을 느끼게 되어, 서로의 어려움을 이해하고 함께 극복할 수 있는 기반을 마련하게 된다.

재난 대비 교육 및 훈련을 통해 개인과 지역사회의 회복 능력을 높이는 것은 재해의 영향을 다루고, 보다 빠르고 효과적으로 회복할 수 있도록 하는 데 기여한다. 이러한 대비는 특히 자연재해로 인해 불리한 상황에 처한 취약한 지역 및 사회에서 더욱 중요하다. 교육을 통해 생명을 구하고 불필요한 고통을 예방할 수 있는 방법을 마련함으로써, 지역사회는 재난 상황에서 더욱 회복력 있고(resilient) 안전한 환경을 구축할 수 있다. 이러한 과정은 단순한 대비를 넘어, 사람들 간의 연대감을 확립하고, 보다 안정적인 공동체를 만들어 가는 길로 이어질 것이다.

4. 재난 대비 교육 및 훈련의 어려움

1) 제한된 자원 및 접근 어려움

재난 대비 교육 및 훈련 프로그램은 지역사회가 비상시 효과적으로 대처할 수 있도록 필수적인 요소로 자리 잡고 있다. 하지만 이러한 프로그램은 종종 제한된 자원으로 인해 포괄적이고 효과적인 교육과 지원을 제공하는 데 중요한 어려움을 겪는다. 여기에서 가장 일반적인 자원 제약은 자금 부족이다. 자금이 부족하면 프로그램 설계와 시행에 필요한 인력 고용, 자료 구매, 그리고 시설 유지 보수 모두에 영향을 미치게 된다. 예를 들어, 특정 지역에서 재난 대비 교육을 위한 충분한 재정 지원이 없으면, 필요한 교육 자료나 훈련 장비를 갖추는 것이 어려워질 수 있다.

자금 외에도, 인력 부족 문제도 자주 발생한다. 이미 훈련된 전문가가 부족한 지역에서는 이러한 제한이 더욱 심각해질 수 있다. 재난 대응에 필요한 전문 지식을 갖춘 인력이 부족한 경우, 훈련의 효과성과 접근성에 부정적인 영향을 미치게 된다. 또한, 기술이나 자원에 대한 제한된 접근성도 문제를 더욱 복잡하게 만들 수 있다. 예를 들어, 정보 통신 인프라가 부족한 지역에서는 온라인 교육 자료나 훈련 프로그램에 접근하기 어려우며, 이는 결국 교육의 비효율성을 초래할 수 있다.

이런 어려움은 재난 대비 프로그램이 지역사회에 필요한 교육과 지원을 효과적으로 제공하는 데 큰 장애가 될 수 있다. 심리적 지원이 필요하거나 정보가 절실한 주민들에게는 필수적인 자원이 닫혀 버리기 때문일 수 있다. 따라서 자원이 이용 가능하더라도, 필요한 사람들에게는 접근하기 어려운 상황이 종종 발생한다. 이러한 접근의 어려움은 교통수단의 불편, 언어 장벽과 같은 물리적 장애물뿐만 아니라, 사회적 편견이나 문화적 관습과 같은 사회적 장애물로도 이어질 수 있다.

이러한 사회적 장애물은 이미 소외된 취약 계층의 복지에 심각한 영향을 미칠 수 있다. 예를 들어, 장애가 있는 사람들은 건강관리나 기타 서비스에 접근하는 데 심각한 어려움을 겪을 수 있다. 실제로, 재난 대비 교육이 제공되는 상황에서도 장애인이나 노인과 같은 취약한 계층은 접근성 문제로 인해 교육을 받지 못하거나 다른 이들보다 정보가 부족할 수 있다. 마찬가지로, 언어 장벽은 정보나 자원에 대한 접근을 어렵게 만들어, 이들의 건강과 안전에 부정적인 영향을 미칠 가능성이 있다.

결국, 이러한 이유로 우리는 재난 대비의 필요성을 인식할 뿐만 아니라, 자원의 이용 가능성이 확보되더라도 그 접근성을 보장하는 것이 매우 중요하다. 모든 개인이 필요한 교육과 지원을 누릴 수 있도록, 다양한 장벽을 해소하고 포괄적인 접근 방식을 발전시키는 것이 필수적이다. 이를 통해 지역사회를 더욱 안전하고 회복력 높은 곳으로 만들고, 재난 상황에서의 피해를 최소화하는 데 기여할 수 있다.

2) 제한된 참여

재난 대비 교육 및 훈련에 참여하려는 동기가 개인마다 상이할 수 있으며, 자원이 이용 가능하고 접근 가능하더라도 참여가 부진할 수 있는 여러 이유가 존재한다. 이러한 이유는 다양한 형태로 나타나며, 이를 이해하는 것은 효과적인 재난 대비를 위한 필수적인 과정으로 여겨진다.

첫째, 재난과 관련된 위험에 대한 지식 부족은 개인들이 재난 대비 교육과 훈련을 찾는 데 중요한 장벽이 될 수 있다. 많은 사람들은 자신이 거주하는 지역에서 발생할 수 있는 재난의 유형이나 그에 대한 적절한 대응 방법을 잘 모르고 있다. 예를 들어, 어떤 사람은 자신의 지역에서 가장 가능성이 높은 재해가 홍수인지, 태풍인지에 대한 인식이 부족할 수 있으며, 이에 따라 필요한 교육이나 훈련을 찾지 않게 된다. 이러한 지식의 결여는 교육 프로그램의 중요성을 각인시키지 못하게 하여 참여의욕을 떨어뜨릴 수 있다.

둘째, 훈련의 필요성을 느끼지 못하는 것도 또 다른 요인이다. 일부 개인들은 재난이 발생할 가능성이 적다고 믿거나, 별다른 훈련 없이도 자신이 상황을 처리할 수 있다고 판단하는 경향이 있다. 예를 들어, 한 주민이 "우리 지역에서는 큰 재난이 없을 것"이라는 생각을 하고 있다면, 그들은 재난 대비 교육과 훈련의 중요성을 느끼지 못할 가능성이 크다. 이러한 태도는 위험을 과소평가하게 하여 준비 부족으로 이어질 수 있다.

셋째, 제공되는 자원에 대한 불신은 개인들이 재난 대비 교육과 훈련에 참석하는 데 방해가 될 수 있다. 많은 사람들은 정보의 신뢰성에 의문을 풀 수 있으며, 제공된 자료가 자신에게 적절치 않거나 불확실하다고 느낄 수 있다. 예를 들어, 어떤 사람은 "이 교육은 내 상황과 관련이 없다"라고 생각하며 아예 프로그램에 참여하지 않으려 할 수 있다. 이러한 불신은 교육 프로그램의 효과를 감소시키고, 필요한 정보를 얻지 못하게 만드는 결과로 이어진다.

또한, 일과 가족 의무와 같은 다른 요구사항 때문에 훈련에 참여하기 어려운 상황도 존재한다. 예를 들어, 부모가 직장일로 바쁘거나 자녀 양육 및 기타 가사 업무로 인해 시간적 여유가 없는 경우, 재난 대비 교육에 참석하는 것이 어려워질 수 있다. 이러한 상황은 개인들이 제공되는 자원을 활용하지 못하게 만들며, 이로 인해 자신과 가족의 안전을 위해 필요한 교육과 훈련의 기회를 놓치게 된다.

개인들이 재난 대비 교육 및 훈련에 참여하도록 동기를 부여하기 위해서는 이러한 장벽을 극복하는 노력이 필요하다. 교육의 중요성을 알리고 해당 프로그램이 실제로 환자에게 도움이 될 것이라는 확신을 제공하는 것은 참여를 촉진하는 중요한 접근 방식이다. 교육과 훈련에 대한 접근성을 증진시키고, 유연한 시간 배치를 통해 많은 사람들이 필요로 하는 정보를 효과적으로 전달하는 것이 지역사회의 안전성을 강화하는 데 기여할 수 있다.

감염병과 재난 위기 14 장

1. 감염병 역사와 유행 현황

감염병에 대한 역사와 유행 현황을 파악하기 위한 연구 결과를 종합해보면, 삼국시대와 통일신라시대부터 시작된 감염병에 대한 기록은 주로 '삼국사기'를 통해 전해져 왔다. 김부식(1997)의 연구에 따르면, 이 기간 동안에는 폐의 염증을 일으키는 급성 감염병이 유행하고 있었던 것을 알 수 있다.

고려 시대에 주로 나타났던 감염병은 주로 발진성 감염병으로서 홍역과 천연두와 같은 질병들이 그 예시로 들 수 있다. 또한, 단역 및 온역과 같은 열성 감염병도 빈번하게 나타나고 있었다(김영미 외, 2010).

이 시기에는 중국 송나라의 의학적 접근을 감염병 대응책으로 도입하여 적극적으로 활용했다. 특히, 태조 때에는 의학을 설치하고, 현종 때에는 동서대비원을 운영하여 감염병 대응에 노력했었다. 그러나 이들의 노력의 주안점은 치료보다는 격리에 중점을 두고 있었다(Kim Young-mi 등, 2010).

유사한 시기에 중국과 유럽에서는 페스트가 대유행했다. 이로 인해 유럽 전역에서는 열 명 중 세 명이 페스트로 인해 목숨을 잃었으며, 전체적으로는 총 2,400만 명이 사망한 비운의 시기였다(Watts, 2009). 1347년에는 페스트 환자를 나병 환자와 동일하게 40일 동안 격리하는 정책이 시행되었다. 또한, 1465년에는 유고슬라비아에서 최초로 페스트가 의심되는 항구에 도착한 모든 배가 정해진 거리에 닻을 내리고 40일 동안 육지와의 교섭을 금지하는 법이 제정되었다(McNill, 2019).

조선 시대에는 약 320년 동안 감염병이 유행했으며, 그 중에서도 천연두와 홍역이 국민들에게 가장 큰 피해를 입혔다. 1612년(광해군 4년) 12월에 함경도에서 감염병이 발생하여 전국으로 확산되었고, 함경도에서만 2,900여 명이 사망했다. 광해군은 이에 대응하여 허준에게 감염병 매뉴얼을 편찬하도록 지시하고, 그 결과로 '신찬벽온방(新纂辟瘟方)'이라는 자료를 전국에 배포하였다. 이 시기에는 아메리카 대륙이 발견되면서 1524년부터 1525년에 걸쳐 잉카제국으로 들어간 천연두로 인해 그 지역에서도 다양한 감염병이 전파되었고, 수천 명의 사망자가 발생했다(McNill, 2019).

18세기에 들어서면서 세종은 감염병이 확산될 경우 국민을 분산시키고, 감염자와 정상인을 분리하여 살도록 하는 방안을 도입했다. 이를 위해 분산 수용소를 설립하고 엄격한 관리 체계를 마련했다(조선왕조실록, 2021). 조선 후기인 정약용(1762~1836)은 천연두 예방을 위해 종두법을 시행하는 것을 주장했다. 또한, 환자와 거리를 일정하게 유지해야 한다고 강조하며, 이는 현재의 '사회적 거리 두기'와 유사한 예방법을 시사하고 있다. 이러한 조치들은 감염병 예방 및 확산 방지에 대한 선구적이고 현명한 대응책으로 기록되어 있다.

1821년, 콜레라가 대유행하여 8월 동안에만 여러 시·도에 확산되어 수십만 명의 사망자를 낸 사건이 기록되어 있다(조선왕조실록, 2021). 이에 따라 인천에서는 검역소를 설치하여 해양 검역을 시행하며, 1886년에는 육상검역과 소독 활동도 진행되었다.

서양식 국립병원인 '제중원'에서는 콜레라 방역 활동을 전개하며, 현대의 감염병 매뉴얼에 해당하는 '호열자병 예방 주의서'를 배포했다(한국민족문화대백과, 2021). 19세기에는 영국이 다섯 차례의 유행성 콜레라로 약 13만 명의 사망자를 기록했으나, 이후에는 사망자가 감소하였다. 그러나 19세기 인도는 콜레라로 인해 2,500만 명이 사망한 비극적인 기록을 갖고 있다. 한국은 1876년에 보낸 수신사를 통해 1885년에 종두법이 보급되기 시작했다(한국민족문화대백과사전, 2021).

1899년에는 의학교육이 시작되고 감염병 관리법이 시행되면서 법적으로 감염병이 지정되었다. 1900년대 초·중반에는 감염병 관리가 국민의 개도와 협조보다는 경찰 단속 위주로 이루어졌다. 그러나 1945년 이후 감염병은 감소하는 추세를 보였지만, 1950년 6.25 전쟁 발발로 인해 감염병이 다시 급증하였다.

1951년 1월, 강원도와 충청북도 등 지역에서 발진티푸스가 발생하여 3만 명을 넘는 사망자가 발생했다. 이어 4월부터 5월에는 장티푸스가 크게 유행하였고, 특히 철원 등의 일부 지역에서는 유행성 출혈열이 발생하여 이를 새로운 감염병으로 분류하고 관리하는 데 주목이 쏠렸다.

1959년에는 천연두가 더 이상 발생하지 않았고, 다른 감염병들도 점차 줄어들기 시작했다. 이와 함께 호흡기 감염병의 경우, 1918년 미국에서 독감 바이러스에 의해 발병한 스페인 독감(1918~1919)이 기록되어 있다. 이 전염병은 1차 세계대전 당시 전 세계 17억 인구 중 감염자가 2~5억 명에 달했다. 특히, 홍콩 독감은 1968년 홍콩에서 처음 발생한 독감으로, 호흡기 증상과 오한, 발열, 근육통, 무기력증 등을 동반한 감염병으로 알려져 있다.

이 독감이 유행한 6개월 동안, 홍콩뿐만 아니라 베트남, 인도, 필리핀 등 주변 아시아 국가를 넘어 호주, 아프리카, 남미, 유럽으로까지 확산하면서 전 세계적으로 100만 명 이상의 사망자가 발생했다. 이 독감은 1968년 홍콩 독감으로 알려져 있으며, 그 기간 동안 광범위한 지역에서 발생한 대유행으로 기억되고 있다. 또한, 중국 광둥성에서 시작된 중증급성호흡기증후군(SARS)은 2002년 11월에 처음 발생하여 홍콩을 거쳐 전 세계로 확산되었다.

8개월 동안 30개국에서 8,000명 이상의 SARS 감염자가 발생하였으며, 그 중 774명이 사망하며 치사율이 15%에 이르렀다. 이 사건은 국제적으로 큰 충격을 주며, 감염병 대응의 중요성을 강조하였다. 그리고 신종 인플루엔자 A는 2009년 멕시코에서 시작되었고, 4월이 되면서 미국을 넘어 전 세계로 확산되었다. 이 사건은 세계적인 대유행으로 이어졌으며, 감염자와 사망자 수가 증가함에 따라 국제 사회는 긴장하게 되었다.

신종 인플루엔자 A는 초기에 돼지에서 유래된 바이러스로 인해 돼지독감으로 알려져 있다. 이 신종 인플루엔자 A는 214개국에서 발병하여 전 세계적으로 1만 8,500명 이상이 사망한 대유행을 일으켰다. 우리나라에서도 약 75만 명이 감염되고 250여 명이 사망한 사례가 발생했다.

메르스(MERS, 중동호흡기증후군)는 2012년 9월에 이집트의 바이러스 학자에 의해 발견된 신종 감염병으로, 박쥐에서 낙타를 통해 사람에게 전염되는 바이러스에 의해 발생했다. 전 세계적으로 2,949명이 감염되고, 858명이 사망한 이 감염병은 2015년 5월 20일 국내에서 첫 환자가 발생하여 전국으로 확산되었다. 총 186명의 환자와 38명의 사망자가 발생하며, 치사율은 19%에 이르렀다.

그림 14.1 코로나 마스크

COVID-19는 2019년 12월 중국 후베이성 우한시에서 처음 발생한 호흡기 감염질환이며, 초기에는 원인을 알 수 없는 호흡기 감염병으로 알려져 있었다. 그러나 이후 국제 바이러스 분류 위원회에서는 이 감염병이 새로운 유형의 코로나바이러스(SARS-CoV-2, 2021년 2월 11일 명명)에 의한 것임이 확인되었다(질병관리청, 2021).

COVID-19의 확산세가 전 세계로 이어지자, 세계보건기구(WHO)는 2020년 1월 30일 국제적 공중보건 비상사태(PHEIC)를 선포하였다. 이어서 3월 11일에는 WHO가 이 현상을 사상 세 번째로 기록된 팬데믹으로 선포하였다(WHO, 2020). 이 팬데믹 선언은 COVID-19의 글로벌 영향과 위험성을 강조하며 국제적인 대응과 협력의 필요성을 강조한 중요한 결정이었다.

2. 재난 상황에서의 심리적 영향

선행 연구들에 따르면 재난을 겪은 피해자들은 급성 스트레스 장애와 외상 후 스트레스 장애를 경험하는 경우가 많으며, 또한 우울증, 자살 등과 같은 심리적 문제가 유의하게 증가하는 것으로 나타났다(이지현, 김유숙, 최영아, 2004; Carty, O'Donnell, & Creamer, 2006). 뿐만 아니라 피해자들은 재난 이후에도 여전히 정서적 어려움을 겪는 경향이 있으며(배정이 등, 2010; 조용래, 양상식, 2013), 변화된 환경, 재정 손실, 가족관계 변화 등이 장기적인 생활 스트레스로 작용하여 2차 외상을 경험할 수 있다는 결과가 나타났다(Bland 등, 1996).

이전 연구결과들은 재난으로 인한 심리적 영향이 명백하게 나타나며, 이 영향이 발생한 시점을 넘어서도 장기적으로 지속될 수 있다는 점을 강조하고 있다. 이에 대응하기 위해서는 적절한 심리적 개입이 요구됨을 시사하고 있다.

많은 선행연구에서는 다양한 재난 상황에서 감염병으로 인한 심리적 영향을 조사한 연구들이 있다. 특히 2002년에 발생한 중증급성호흡기증후군과 관련된 연구에서는 격리 기간과 외상 후 스트레스 장애 간의 유의미한 상관관계가 확인되었다. 또한, 전염병 발생 후 30개월 동안 90명의 생존자를 대상으로 한 연구에서는 참여자의 33.3%가 정신장애 증상을 나타냈으며, 그 중 25.6%가 외상 후 스트레스를 경험하고 15.6%가 우울증을 겪었다(Hawryluck 등, 2004; Mak, Chu, Pan, Yiu & Chan, 2009). 또한, 이들 생존자는 신체 회복 이후에도 높은 수준의 고통, 불안, 및 우울 증상을 경험했으며, 지역사회나 정상적인 표본과 비교하여 낮은 삶의 질을 보고한 연구 결과가 있다(Cheng 등, 2004).

또한, 많은 생존자와 간병인들은 재난 상황에서 이웃이나 고용주로부터 차별을 받았다. 이들은 다양한 상황에서 소외되고 기피당하며, 직장, 학교, 서비스 이용, 그리고 사회적 관계 등에서 어려움을 겪었다. 생존자들은 종종 병력을 숨기고 도움을 구하지 않는 경향이 있었다(Bradsher, 2003; Person, Sy, Holton, Govert, & Liang, 2004).

2009년 미국과 멕시코에서 발생한 신종인플루엔자에 대한 연구에서는 치료 중에 체외식 폐 보조기구를 사용한 생존자와 그렇지 않은 생존자 간에 불안(50%, 56%), 우울증 (28%, 28%)의 증상이 나타났다. 또한, 외상 후 스트레스 장애의 위험도가 있는 것으로 조사되었다(41% 및 44%)(Luyt 등, 2012).

또한, 신종인플루엔자에 대한 대중의 반응은 전염병과 관련된 미디어 및 홍보에 노출되었을 때 다양한 특징들을 나타내고 있다. 이러한 상황에서는 소독 젤의 구매 증가와 대중교통 수단에 대한 우려 및 회피 반응이 증가하는 경향이 있다. 특히, 대인관계 범위가 작은 사람들은 더 불안함을 느끼고, 감염에 대한 불안이 높은 사람들은 대인관계 접촉을 줄이는 경향이 나타났다(Rubin, Potts, H., & Michie, 2010). 이러한 행동 패턴은 대중이 전염병에 대한 경각심을 높이고 안전을 증진시키기 위해 취한 조치로 해석될 수 있다.

2013년 발생한 중동호흡기증후군에 대한 연구에서는 환자와의 접촉으로 격리되었던 1,692명의 생존자를 대상으로 불안과 분노 증상을 조사한 결과, 격리 기간 동안 7.6%가 불안을 나타내고 16.6%가 분노를 경험한 것으로 나타났다(Jeong 외, 2016). 이러한 결과는 중동호흡기증후군으로 인한 만성피로가 생존자의 지속적인 우울을 통해 PTSD에 간접적인 영향을 미치는 것을 시사하고 있습니다. 이 연구 결과는 재난 상황에서 격리 및 질병 경험과 관련하여 정서적인 어려움이 나타날 수 있으며, 이로 인해 정신건강에 부정적인 영향을 미칠 수 있음을 나타내고 있다.

또한, 중동호흡기증후군 생존자나 사망자의 가족들은 질병에 대한 소문으로 인해 사회적으로 심리적 외상을 경험하는 것으로 나타났다(Sim, 2016). 그리고 2020년 중국에서 발생한 코로나바이러스 감염증-19 생존자에 관한 연구는 아직 많이 보고되지 않았다. 그런데 중국에서 한 Wang 등의 연구에서는 응답자들 중 53.8%가 발병으로 인한 심리적 영향을 중간이나 심각으로 평가했고, 16.5%가 중증 우울증 증상을 보고했다. 또한, 응답자 중 28.8%는 중등도나 중증의 불안 증상을 보고했다.

3. 국내 재난 심리지원 서비스

현재 국내의 주요 재난 심리지원 기관으로는 국립서울병원 심리위기지원단을 기반으로 하여 2018년에 설립된 국립정신건강센터 소속 국가트라우마센터(National Center for Trauma), 국립정신건강센터 심리위기지원단, 그리고 국민안전처의 지원을 받아 운영 중인 재난심리회복지원센터 등이 있다(유성은 외, 2018).

재난심리회복지원센터는 전국 17개 센터를 중심으로 2007년부터 다양한 재난 상황에 대한 심리상담 지원뿐만 아니라 사회적 재난에도 심리지원 서비스를 제공하고 있다. 서귀포 태풍, 봉화 폭우, 부산 집중호우, 태풍 '볼라벤', '덴빈', 울주군 산불피해, 태안 유류유출사고, 해운대 화재피해, 연평도 포격 사건, 구제역 발생, 구미 불산 유출, 아시아나 추락사고, 경주 마우나오션리조트 붕괴사고, 세월호 침몰사고, 메르스 등 다양한 사회재난에 대한 심리지원 서비스를 제공하고 있다.

뿐만 아니라, 코로나 19와 관련하여 심리지원 서비스로는 국가트라우마센터, 국립정신의료기관, 정신건강복지센터로 구성된 신종 코로나바이러스 통합심리지원단과 지자체, 관련 학회(한국심리학회, 한국상담심리학회, 한국상담학회) 등에서도 다양한 서비스를 제공하고 있다. 특히 국가트라우마센터는 2019년에 재난 정신건강 실무자를 위한 표준매뉴얼을 제시하였으며, 2020년 2월에는 코로나 19와 관련하여 심리적 응급처치를 포함한 구체적인 심리지원 가이드라인을 발표하고 있다(국가트라우마센터, 2020).

재난을 대비하기 위해서 정부는 2005년부터는 해마다 '재난대응 안전한국'훈련을 실시하고 있다. '재난대응 안전한국'훈련에 참여 하는 대상은 정부기관과 지방자치단체, 유관기관으로 재난대응을 효과적으로 하기 위해서 민관군이 합심해서 대비하는 것이다. 그러나 재난대응에 대한 훈련을 하지만 재난 피해자들에 심리적 지원과 관련된 훈련은 포함되지 않았다.

'안전한국 훈련'의 주무 부처는 행정안전부로 행정안전부가 기본계획을 세우고 주무 부처가 1회차, 2회차 3회차로 나눠 실시한다. 그러나 실제 재난이 발생하면 가장 중추적인 일을 하는 부서가 소방청이다. 소방청에서 재난 발생에 따른 인명구조·구급활동을 주로 하지만 중추적인 부서가 아닌 지원업무 부서라는 사실이다. 행정안전부에 2023년 8월 17일 재난안전본부를 신설하여 재난복구와 수습을 초점을 맞추었다.

그림 14.2 화재진압

그러나 재난안전본부에는 심리지원을 하는 부서는 존재하지 않는다. 국민재난포털에 재난심리지원이 포함되어 있을 뿐이다. 재난복구와 수습은 건축물과 같은 시설물이 중요한 것이 아니라 재난으로 정신적 충격과 피해를 입은 국민의 심리적 안전이 무엇보다 중요하다. 심리지원은 적극적으로 시행되어야 한다. 재난으로 정신적 피해를 입은 사람은 자신이 심리적 문제가 있다는 사실을 알지 못하고 지내는 경우가 종종 발생한다. 이러한 이유로 자발적으로 심리지원을 받고자 하는 경우가 적다. 재난이 발생하면 재난 지역의 시민들을 상대로 심리지원을 실시하는 것이 장기적인 심리문제를 극복할 수 있는 방법이다.

그러기 위해서는 재난피해자에 대한 사회・심리적 지원이 장기적인 관점에서도 이루어질 수 있도록 해야 하며, 재난 직후부터 사회・심리적 스트레스가 재난 이후 몇 개월 혹은 몇 년 후에도 나타날 수 있다는 사실 때문에 재난피해자에게 심리지원 서비스를 제공하는 주체를 명확하게 하는 부서가 신설되어야 한다.

4. 해외 재난 심리 지원서비스

해외 재난 심리 지원 서비스는 국제적인 차원에서 재난 피해자들에게 제공되는 중요한 도구로 자리 잡고 있다. 지구상의 다양한 지역에서 자연재해나 인간의 영향으로 발생하는 재난으로 인해 희생자들은 물론이고, 그 가족 및 지역사회 전체가 심리적인 충격을 경험하게 된다.

이에 대응하여, 해외 재난 심리 지원 서비스는 단순히 물질적인 지원뿐만 아니라 정신적인 측면에서의 도움을 제공하여 피해자들이 재난 후에도 정상적인 삶으로 회복할 수 있도록 돕는 중요한 역할을 하고 있다. 이에 대한 이해와 지원은 국제사회가 통합적이고 지속적인 인도주의적 노력을 통해 구축되고 있으며, 이를 통해 다양한 국가 간 협력이 강화되고 있다.

각국은 나라를 바나 재난 심리지원을 자신의 나라의 실정에 맞게 실시하고 있다. 이러한 심리지원은 재난피해자들이 심리적인 어려움을 극복하고 회복하는 데에 중요한 역할을 한다.

대규모 자연재난이나 인적재난에 대한 피해자의 지각, 정서, 그리고 행동은 사회적 맥락의 영향을 강하게 받는다. 이러한 영향은 사회·경제적 역량, 문화적 가치, 관습, 전통 등의 상황적 특성에 크게 의존하며, 따라서 피해자에 대한 접근 방법과 사회·심리적 지원 활동은 해당 맥락에서의 유연성을 필요로 한다. 재난 상황에서의 대비, 대응, 그리고 복구는 물질적 지원과 사회·심리적 지원의 구별로 인해 더욱 복잡한 과제로 비쳐진다.

사회적 맥락에서의 영향은 피해자의 상황에 따라 달라지기 때문에, 재난에 대한 효과적인 대응은 개별적인 상황을 고려한 맞춤형 접근이 필수적이다. 사회·심리적 지원은 단순히 물질적인 지원만큼이나 중요하며, 이는 피해자들이 상황에 적응하고 회복하는 데에 큰 영향을 미친다.

또한, 피해자의 문화적인 배경, 가치관, 관습, 전통 등을 고려하지 않는 지원은 효과적이지 못할 수 있다. 각 개인 및 지역사회의 특성에 따라 다르게 작용하는 이러한 요소들을 고려하지 않으면, 지원이 효과적이지 못하고 피해자들의 신뢰를 얻기 어려울 수 있다.

이에 따라, 재난 대응 및 복구의 성공은 물질적 지원과 더불어 사회·심리적 지원의 조화로운 결합에 의존하게 된다. 상황의 복잡성과 다양성을 고려한 통합적이고 유연한 전략을 통해 피해자들이 심리적으로 안정되고 사회적으로 회복할 수 있도록 지원하는 것이 필요한다.

냉전시대의 종식과 함께 1980년대에 들어오면서, 미국과 유럽연합은 지진, 태풍, 홍수 등의 천재지변과 화재, 산불, 전쟁, 정전사태, 비행기, 기차사고, 핵공격 등 다양한 위험요인을 종합적으로 다루는 통합재난관리체계를 구축하기 시작했다.

이 통합재난관리 체계는 2001년 9.11 테러를 계기로, 미국과 일본, 그리고 유럽에서 각기 다른 방향으로 유관기관들의 참가 범위를 대폭적으로 확대하면서 개편되고 있다. 이러한 변화는 다양한 재난 상황에 대비하고 대응하기 위한 종합적이고 효과적인 접근을 모색하는 결과로 나타났다.

미국과 유럽연합은 이 통합재난관리 체계를 통해 재난 발생 시 예측, 대응, 복구를 위한 체계적인 방안을 수립하고 있다. 특히 2001년 9.11 테러 이후에는 테러 공격에 대한 대비가 강화되면서 국가 및 지역 간 협력이 강조되고 있다.

미국과 일본은 신자유주의 정책의 영향을 받아 PTSD의 조기 파악을 목적으로 한 개별적인 서비스 제공의 효율성에 주력하고 있다. 이들 국가는 개인주의적인 접근을 강조하며, 정책의 핵심에는 개별 개인의 요구를 기반으로 한 조기 진단 및 서비스 제공이 내재돼 있다.

한편, 유럽연합은 사회민주주의 정책에 더 큰 영향을 받고 있다. 유럽 국가들은 사회적 공평성과 균형을 중시하며, 정책 수립 시 사회 전체의 이익을 고려하는 경향이 있다. 이러한 사회민주주의적인 접근은 정신건강 서비스에서도 집단적이고 사회적 차원을 강조하며, PTSD 예방과 치료에 있어서도 커뮤니티 지향적인 방식을 선호하고 있다.

따라서 미국과 일본은 주로 개별적이고 효율적인 서비스를 중시하는 반면, 유럽연합은 사회적인 차원에서의 균형과 지속 가능성을 강조하는 정책적 접근을 취하고 있다. 이러한 차이는 국가 및 지역 간 정신건강 서비스의 운영 방식에서 다양성을 불러오고 있다.

1) 미국

미국은 1989년부터 재난 피해자와 지역사회의 정신적인 건강 회복을 위해 별도로 제공되는 “재난정신보건사업”에 대한 본격적인 관심을 기울이고 있다. 이는 재난 지역의 주민과 피해자들에게 개별적인 심리 지원을 법적으로 규정한 것으로, 이를 담은 법률이 「스태포드 재난구호 및 비상지원법(Stafford Disaster Relief and Emergency Assistance Act #416)」이다.

미국의 재난심리지원 체계인 스태포드법은 지방정부의 활용 가능한 자원 및 다양한 지원에 대한 사항을 규정하고 있다. 이 법률은 특히 재난심리지원에 관한 내용을 구체적으로 다루며, 재난 피해자들과 지역사회의 정신적인 위기를 해소하고 회복하기 위한 효과적인 방안을 마련하고 있다. 이를 통해 정신적인 지원이 재난 대응 체계에서 중요한 부분을 차지하고 있음을 확인할 수 있다.

미국의 재난정신보건사업은 전문적인 상담이나 심리치료를 제공하는 것은 아니지만, 문제 해결의 효율성을 강조하며 정신의학적 진료로 원활하게 전환하기 위해 노력하고 있다. 주된 목적은 대형 재난이 발생했을 때 주정부 차원에서 위기상담프로그램(Crisis Counseling Assistance and Training Program, CCP)을 통해 개별적인 지원을 제공하여 정신적·정신적 충격을 입은 피해자들에게 도움을 주는 것이다. 이 프로그램은 FEMA (Federal Emergency Management Agency)의 지원을 받아 운영되며, 지방 위기관리국, 방재담당부서, 그리고 지역 정신건강부서 등이 협력하여 실행된다.

CCP는 대형 재난 발생 시에 재난 지역 내에서 피해를 입은 개별 시민들에게 심리 지원 서비스를 제공한다. 이 프로그램은 단기적으로 개별적인 심리지원을 통해 피해자들이 정상적인 상태로 회복할 수 있도록 도움을 주는 것을 목표로 하고 있다. 그러나 CCP는 미국 내의 특정 영토와 미국인에게만 적용되며, 일반적으로 1년간 유효한다. 이는 대부분의 재난 상황에서 발생하는 심리적인 어려움을 조기에 파악하고 지원함으로써 피해자들이 빠르게 회복할 수 있도록 하는데 초점이 맞춰져 있다.

다만 연방 차원에서 이루어지는 FEMA의 위기상담프로그램은 대통령이 국가적 재난을 선포한 후 FEMA 지역사무소로부터의 지원 요청에 따라, 긴급지원(ISP, 60일 이내)과 상시지원(RSP, 9개월 이내)의 두 가지 형태로 운영된다. 이 위기상담프로그램은 재난 현장에서의 정신적인 응급 처치뿐만 아니라, 전문가진료 의뢰서비스, 재난피해자에 대한 외상 후 스트레스장애 프로그램, 직업재활훈련 및 교육 등 다양한 지원을 제공한다.

특히, 2004년도부터 작동하는 국가대응계획(NRP)의 15개 분야 비상 지원기능(ESF) 중에서 공식적으로 정신보건 서비스, 보건 및 의료서비스 분야(ESF#8)에는 보건복지부가 정신보건서비스와 위기상담서비스를 제공하고 있다. 이는 국가적 재난 상황에서 발생할 수 있는 정신적 어려움에 대응하여 피해자들에게 신속하고 효과적인 서비스를 제공하는 데에 중점을 두고 있다.

즉, 국가에 의한 재난심리지원활동은 법적으로 보장되어 있다. 재난정신보건관리시스템의 핵심적인 조직 축에는 연방정부의 공적 재난구호조직인 연방 재난관리청과 주 정부 및 지방정부 소속의 위기관리국, 그리고 미보건복지부 산하기관으로 속하는 '정신보건센터(Center for Mental Health Services, CMHS)'가 위치하고 있다.

이러한 정부기관들은 최대 민간 조직인 미적십자사와 긴밀한 협력을 통해 재난심리지원

활동을 전개하고 있다(이선자 외, 2006). 이는 국가 차원에서 재난 상황에서의 정신적 어려움을 대비하고 대응하기 위한 체계적이고 조직적인 구조를 구축하고 있다는 것을 의미한다.

미국의 재난심리지원 프로그램은 연방재난관리청의 CCP를 중심으로 미보건복지부의 '정신건강 재난 지원(Mental Health Disaster Assistance)', 그리고 미적십자사의 '재난 정신건강 서비스(Disaster Mental Health Services, DMHS)'가 협력하여 구성되어 있다.

미보건복지부는 CCP 서비스 제공뿐만 아니라, 비상지원기능 중 하나인 비상지원기능(Emergency Support Function, ESF)에 따라 상설로 정신보건서비스를 제공하고 있다. 또한, 재난이 발생할 때 가장 활발하게 활동하는 비영리 단체인 미적십자사는 미국 내에서 자원봉사에 의해 이루어지는 가장 규모가 큰 재난심리지원 프로그램을 제공하고 있다.

한편, CCP는 재난 발생 후 개입 시기에 따라 즉각적 서비스 프로그램(Immediate Services Program, ISP)과 정규 서비스 프로그램(Regular Services Program, RSP)으로 구분된다. 즉각적 서비스 프로그램(ISP)은 재난 발생 선포 후 60일까지의 기간 동안 제공되며, 정규 서비스 프로그램(RSP)은 최대 9개월까지 제공된다.

CCP는 총 1년간 유효하며, 이 기간 동안 지역 내 공동체, 자원봉사단체, 미 적십자사 등의 관련 기관이 유기적인 협조를 통해 CCP 적용이 끝나더라도 계속해서 관련 지원을 이어나가도록 조치하고 있다(이동훈, 2014). 이로써 재난 이후에도 계속된 지원을 통해 피해자들이 정상적인 상태로 회복할 수 있도록 지속적인 노력이 기울여지고 있다.

2) 일본

일본의 경우 재난심리지원은 미국과 마찬가지로 지방자치단체 차원에서 재난피해자의 스트레스를 처리하는 것을 원칙으로 하고 있다. 특히 1995년 한신 대지진을 계기로, 중앙 정부 차원에서 재난 지역의 주민 및 피해자를 위한 다양한 지원 프로그램을 시행하고 있다. 이에는 지역자조프로그램, 장기적인 트라우마 치유프로그램, 그리고 직업재활프로그램 등이 포함되어 있다.

일본 정부는 자조(自助, 주민과 기업의 자기지킴이), 공조(共助, 지역사회의 상호협력), 공조(公租, 중앙과 지방의 행정 시책)의 원칙에 기반하여 재난피해자에 대한 지원을 추진하고 있다. 이는 주민, 기업, 지역사회, 비정부기구(NPO, NGO) 및 행정부문이 각자 책임지고 상호 협력하여 효과적으로 재난피해자에게 도움을 주는 방식을 의미한다. 이러한 원칙을 바탕으로 지역사회와 협력하여 신속하고 효과적인 재난심리지원을 제공하는 것이 목표로

되어 있다.

2003년 1월 후생노동성은 「재해대책기본법」과 "정신보건 및 정신피해자복지에 관한 법령"을 기반으로 하여 '재난 시 지역정신보건의료 활동가이드라인'을 마련했다. 이 가이드라인은 재난 발생 시 지역 정신보건의료 활동의 필요성, 심리적인 장애, 재난 직후 체크리스트 등으로 구성되어 있다. 구체적인 운영 사항은 각 지방자치단체에 위임되어 지역에서의 실무 매뉴얼을 작성하고 재난 시에 수행하도록 규정하고 있다(Hong, 2007). 이를 통해 지역사회에서 신속하고 효과적인 재난심리지원의 구현을 목표로 하고 있다.

현재 일본의 재난심리지원체계는 재해 발생 시 마음의 정보지원센터를 중앙 컨트롤타워로 설정하고 있다. 초동 대응 단계에서는 중앙에서 파견된 재난심리지원 인력인 재해파견정신의료팀(Disaster Psychiatric Assistance Team, DPAT)에 의한 정신의료적 지원과 함께 적십자사에 의한 심리사회적 지원이 이루어지고 있다. 재난 발생 이후 중장기적인 개입에 있어서는 마음케어센터를 중심으로 한 지원이 구축되어 있다. 이를 통해 다양한 단계에서의 심리지원이 체계적으로 제공되고 있다.

재난 발생 시 마음의정보지원센터는 2011년 동일본 대지진 발생 이후 각 재난대응 주체 간의 업무혼선을 방지하기 위해 신설되었다. 재난 시 컨트롤 타워 역할을 하는 이 센터는 재해시마음의정보지원센터는 재난 정신건강정보지원시스템(Disaster Mental Health Information Support System, DMHISS)을 통해 전국적인 재난 관련 데이터를 수집, 분석, 관리하여 전국적 수준에서 재난 상황을 파악하고, 정보의 취합을 통해 중앙에서의 재난심리지원 활동을 관리한다. 이를 통해 다양한 지역의 상황을 효과적으로 파악하고 조직적인 재난심리지원 활동을 지원하고 있다.

또한 재해파견정신의료팀(DPAT)은 동일본 대지진 이후 기존에 운영되던 '재해파견의료지원팀(Disaster Medical Assistance Team, DMAT)'을 모델로 새롭게 설립되었다. DPAT는 대규모 재난 이후 피해지역의 행정기능이 일시적으로 저하될 경우에 대비하여, 초동 대응 시 중앙에서 재난심리지원인력을 광역으로 파견하기 위해 만들어졌다. 이 팀은 재난 발생 시 피해지역의 정신보건의료 요구를 파악하고, 다양한 기관과의 협력, 정신과 치료 의뢰 등의 활동을 수행한다. DPAT는 지역의 심리적인 어려움에 신속하게 대응하여 지역사회의 정신적 회복을 돕는 역할을 수행하고 있다.

더불어 재난 발생 지역에 설치된 '마음케어센터'는 정신과 의사들이 재난 발생 지역에 파견되어 상담과 진료를 실시하고 재난 피해를 입은 피해자들의 정신적 심리적인 고통이 해소되기까지 활동을 한다. 이들은 현지 재난 지역 보건진료소와 연계하여 재난피해자의 심리적 회복과 PTSD 치료를 효율적으로 치료하는 것을 중요하게 생각한다. 마음케어센터는 재해로 인한 정신적 어려움을 겪는 이들에게 전문적인 지원을 제공하여 지역사회의 정신적 회복을 촉진하는 역할을 수행하고 있다.

'마음케어센터'는 현(縣)별로 설치되어 지역 주민들의 정신적 장애의 예방 및 치료기관이며, 재난이 발생할 때 재난피해자들의 장기적인 사회적 복귀를 지원한다. 또한, 재난 발생 시에는 피해자의 인원수에 따라 충분한 개수의 상담소를 추가로 설치하고 운영하도록 조치하고 있다. 이를 통해 재난 피해자들이 정신적인 어려움을 극복하고 사회에 원활하게 복귀할 수 있도록 지속적으로 돕고 있다.

현에서는 재난 피해 이재민에 대한 마음 케어 사업으로 팸플릿과 뉴스레터를 자체 제작하여 피난소와 보건소 등에 배포하여 심리적 지원을 제공한다. 또한, 재난에 따른 심리적 피해의 극복 방법, PTSD에 대한 기본적인 정보 제공 및 상담방법 등을 강연회와 좌담회 등으로 안내하고 있다.

시에서는 재난이 발생하면 '마음의 전화 상담'을 임시로 개설하고, 평생학습센터에서 운영한다. '마음의 전화 상담'은 문부성 파견의 정신과 의사 및 효고현 카운슬링 협회 소속의 카운슬러가 상담을 담당하고 있다. 뿐만 아니라, 학교 순회상담을 통해 어린이 및 교직원에 대한 심리 상담을 진행하여 이재민들에게 다양한 형태의 지원을 제공하고 있다.

마지막으로 2005년 4월에 설립된 '효고현 마음케어센터'가 대표적인 장기적 트라우마 치유프로그램을 실행하는 조직이 있다. 이 센터는 심리상담 요원을 양성하여 재난피해자를 추적하고 상담하는 역할을 수행하는 동시에 '재난지역 정신보건의료 활동지침' 등 재난 관련 실무 매뉴얼을 제작하고 홍보하는 역할도 수행하고 있다.

심리상담요원들은 방재・보건, 범죄 피해, 학교, 아동학대 등 각 분야에서 활동하는 심리상담 종사자들을 대상으로 재난피해자 대처법 등을 배우는 전문연수 과정과 심리상담에 관한 지식과 이해의 폭을 넓히는 기초연수 과정을 통해 양성한다. 또한, 이 센터에서는 PTSD 연구도 활발하게 진행되고 있다. 이 연구는 주로 재난 생존자 집단의 PTSD 연구, 일회적 및 반복적인 외상사건 생존자에 대한 PTSD 연구, 스트레스 유발 정신장애 예방 연구 등의 주제에 중점을 두고 진행되고 있다.

3) 유럽

유럽은 미국과 일본과 다른 재난피해자들을 위한 사회・심리지원 모델을 가지고 있다. 이는 재난피해자들이 자신이 처한 현재 상황과 그에 따른 반응을 이해하고 심리적 충격을 스스로 치유하도록 돕도록 하며 정신 질환 및 외상 후 스트레스장애를 사전에 예방하기 위해 지원하는 프로그램이다. 따라서 유럽연합형 모델은 피해자와 소통을 중요시 하는 매뉴얼을 구축하는 반면에 전문적인 상담과 정신의학적 진단은 배제하는 것이다.

유럽연합형 재난피해자지원센터는 처음부터 재난피해자를 정신적으로 이상이 있는 환자로 생각하지 않고 정상인으로 간주하여 질환별로 분류하지 않는 등 진단 자체를 금기시한다. 이러한 재난피해자지원센터는 1990년대 중반부터 시작하였다. 현재는 대규모 재해와 재난 직후에 사회·심리적 지원프로그램을 생존자와 희생자·실종자 가족을 넘어서 소방대원, 안전요원, 경찰, 담당 공무원 대상으로 확대하여 실시하고 있다(Seynaeve, 2001). 그러나 사회·심리적 지원프로그램이 재난 직후부터 재난대응체계 및 응급의료체계와 통합되어 제공된다는 사실은 적잖은 혼란을 초래하기도 한다.

이러한 혼란은 통합재난관리체계에서 사회·심리적 지원이 전체 응급의료서비스와 병행하여 추진되면서 재난피해자지원센터와 응급의료센터가 단계별 연동, 병원 및 다른 기관과의 협력 과정에서 정신보건의료와의 팽팽한 긴장을 피할 수 없게 되었다. 유럽연합형은 사회·심리적 지원은 재난피해자들을 기본적으로 정상인으로 간주하고 비정상적인 재난 상황에서 겪는 정신적 혼란을 해소하는 것을 주된 목적으로 한다.

재난 상황에서 피해자들이 자신의 생명과 재산의 잃어버리는 사건으로 인해 일시적으로 정상적인 문제해결 능력을 소실되어 사회(재난피해자지원센터 등)의 도움 없이는 극복하기 어려운 고통을 겪고 있다고 보고, 이러한 이유 때문에 정부는 피해자들이 자신의 정신적 질환의 문제와 요구 사항을 말할 때까지 기다려서는 안 된다.

다시 말해, 대형 재앙이나 재난 상황에서 동시다발적으로 많은 피해자들이 일시적으로 자신의 사회·심리적 요구를 하게 되어 이를 대처하는 부서의 자원 부족과 피해자들의 집단 역동성의 특성, 그리고 사건들의 복잡성이 높아짐에 따라 대처능력이 저하된다. 이러한 이유는 피해자들은 대규모 재난으로 자신 삶의 생활환경을 변화를 맞이하고, 그들의 일상적인 삶에 대한 신념을 흔들이기 때문이다.

유럽형 사회·심리적 지원은 재난의 초등 단계에서 재난 피해자의 신체 및 재산 손해와 정신적인 문제가 발생한다고 보고, 이러한 재난의 초등 단계에 대처하는 것이 재난피해자지원센터의 주된 임무라고 말한다.

또한 유럽형 사회·심리적 지원은 재난 현장에서 기술적 지원과 유관기관 및 민간·종교단체 등과 유기적으로 조직화를 이루어지도록 하고 이러한 조직을 통해 비일상적인 자원을 활성화하는 능력을 중시한다(이경옥, 2023).

가) 영국

2000년대에 영국은 구제역, Y2K 위기, 홍수, 연료 위기와 같은 국가적 재난위기를 경험하며 위기관리체계를 '시민보호(Civil Protection)'라는 대명제 하에 변화시켰다. 이 변화는 민방위뿐만 아니라 재난, 재해, 테러, 사회기반시설 마비 등을 포괄적인 안보개념으로 포함하게 된 것이다. 이 과정에서 2001년에는 국무조정실 내에 위기관리사무처(Civil Contingencies Secretariat, CCS)를 새로 설립하였다(이경옥, 2023).

CCS는 주도로 '위기관리법(Civil Contingencies Act 2004)'을 제정하여 민방위 위주의 전통적인 위기 범주를 넘어 인적재난 등 비군사적인 부분까지 포괄적으로 다루게 되었다. 국가는 이를 통해 다양한 위협에 대응할 수 있는 시스템을 구축하게 되었다. 특히 주목할 만한 변화 중 하나는 기관통합형 교육기관인 '위기관리학교(Emergency Planning College, EPC)'를 CCS 소속으로 두고 운영하고 있다는 점이다(이경옥, 2023).

위기관리학교에서는 재난을 직접 담당하는 부서인 소방, 구급업무 담당부서, 경찰과 더불어 지방자치단체와 공기업 및 사기업의 안전담당자가 교육에 참여할 수 있는 교육프로그램을 가지고 있다. 더불어 EPC에서는 재난발생에 따른 위기상황에 대한 예방, 대응 및 복구 방법에 대한 사전 관리에 대한 계획수립을 종합적으로 연구 및 교육하고 있다.

영국의 재난 위기관리는 중앙 정부가 주도적으로 관리하는 시스템이 아닌 지방자치단체와 더불어 위기관리를 하는 지역단위 위기대비 및 대응을 강조하고 있다. 이는 지방자치제도의 오랜 역사가 밑바탕이 되기 때문이다.

지역단위 위기대비는 법률적으로 국가위기관리법 및 재난대비 지침서가 지방정부가 지역 내 위기관리체계를 우선 담당하고 다음은 좀 더 확장된 지방단위를 주앙정부는 마지막을 담당하는 형태로 이루어진다. 이는 지방정부가 주도적으로 위기관리를 하며 중앙 정부는 직접적인 개입을 하지 않고 지역 내 1차 핵심대응기관 및 2차 협력대응 기관에 원조와 지원하는 간접적인 역할 수행한다(Kim, 2009).

이러한 지역단위 위기관리는 종합적인 위기관리계획은 중앙 정부가 시행은 지방정부가 하며 민간단체인 언론, 기업, 시민단체 등이 참가한 민관합동 조직인 지역별 위기관리포럼을 운영하여 정보를 교환하고 역할분담을 명확히 하고 있다(이경옥, 2023).

나) 독일

최근 국제사회의 테러위협과 대규모 국가재난관리에 대응하기 위한 독일의 위기관리 모델로 발전되고 있다. 원래 독일의 국가재난관리는 영국의 자치단체가 우선 책임을 지는 것과 상반되게 각 주정부에게 모든 권한과 책임을 주고 있으며, 또한 국가재난에 대한 정책이나 관리도 각 주정부에 의해서 자율적으로 운영될 수 있도록 하고 있다. 국가주도의 재난 대응으로 인해 재난관리에 다양한 분야에서 많은 문제가 발생하게 되었다.

독일은 국가 위기관리에 대한 새로운 패러다임이 필요하다는 인식 아래, 2004년부터 연방정부를 중심으로 16개 주정부가 참여하는 재난예방훈련을 실시하고 있다. 이 훈련은 미국의 9.11 테러와 2002년 엘베강 대홍수를 계기로 국가 차원의 재난 관리의 중요성이 강조되면서 시작되었다. 이에 따라 독일은 2004년 5월 내무부 산하에 '연방국민보호재난지원청(BBK)'을 신설하였으며, 이는 기존 시민보호연방업무부(1957년)와 연방시민보호청(1974년)을 통합한 기관이다.

BBK는 재난예방훈련을 총괄하며, 2년마다 재난 유형을 변경해 전 부서가 참여하는 전략적 위기관리훈련(LÜKEX)을 실시한다. 이 훈련에는 연방정부, 주정부, 소방본부, 공기업, 민간단체 등이 참여하며, 주요 내용은 각 기관이 맡은 역할을 숙지하고 실전과 같은 환경에서 위기 대응 능력을 강화하는 것이다.

BBK는 총 4개국(Abteilung)으로 이루어져 있다.

제1국은 위기관리에 관한 핵심적인 업무를 수행하고 있으며 세부 업무로는 위기관리 기본업무, 공동상황센터(GMLZ) 운영, 대국민 경보, 비상대비 정보체제, 사회심리 응급치료 등이 있다.

제2국은 비상대비, 주요기반시설, 국제관련 업무를 담당하며 세부업무로는 대국민 정보, 언론 홍보활동, 위험 지역 대장, 위험 인프라구조 보호계획 등이 있다.

제3국은 연구 및 기술, 보건관련 시민보호업무를 담당하며 세부적으로 건강관련 국민보호, 재해 의학, 자기구제 의료, 전염병위생관리 등을 담당한다.

제4국은 위기관리교육원(AKNZ)으로 교육·훈련 업무를 맡고 있으며 세부업무로는 재난예방에 종사하는 지도자의 시민보호교육, 국민보호 전문 과목, 전략적 관리교육 등이 있다(이경옥, 2023).

독일의 재난 관리 체계는 대규모 재난, 특히 전쟁과 테러 대응은 연방정부가 주도하고, 자연재난은 16개 주정부가 담당하는 구조로 운영된다. 재난 발생 시 중앙정부와 지방정부는 긴밀한 협력을 통해 신속한 정보 교환과 자원 배분을 진행한다. 현장 대응 인력으로는 약 1만 5,000명의 자원봉사자와 7만 8,000명의 명예직 구조원이 있으며, 이들은 전기, 수도, 통신 등 필수적인 기반 시설 복구에 중요한 역할을 한다.

독일의 경우 연방정부는 재난 발생 시 주로 전국 차원에서 물적·인적 자원을 지원하는 역할에 치중하는데, BBK가 바로 재난이 발생한 지방자치단체의 요구를 기반으로 연방정부와 다른 지자체의 지원을 조율하고 결정하는 역할을 한다. 동일한 맥락에서 독일정부는 2001년 긴급조난정보시스템(deNIS)을 마련한 바 있다. deNIS는 재난발생시 홈페이지 등을 통해 연방정부와 주정부 산하 각 기관의 상황실과 언론사, 의료기관, 적십자, 인명구조협회, 민간구호단체, 기업체 등에 즉각 관련 정보를 제공하는 중추적 역할을 한다. 연방정부와 주정부 산하의 소방본부, 민간구호단체 등의 재난관련 기관들이 재난 현장의 정보를 지체 없이 교환해야 신속한 대응이 가능하다고 보기 때문이다(이경옥 2023).

결과적으로 미국형이든 유럽연합형이든 사회・심리적 지원 핵심은 재난피해자들이 재난 이전의 심리상태 및 일상생활로 복귀할 수 있도록 돕는 데 있다. 따라서 재난 피해자는 재난 이후에도 인간으로서의 권리와 존엄성 보장받아야 된다. 피해자의 신체적・정신적 건강을 지키기 위해서는 재난업무 담당부서 뿐만 아니라 모든 행정력 및 민관단체가 협력하여 피해자 회복에 지원을 해야 하는 필요성이 있다.

재난피해자는 일상적인 삶을 살기 위해서는 단기간 치유가 아닌 오랜 치유 기간이 필요하게 된다. 재난피해자가 직장 및 사회에 복귀할 수 있는 충분한 시간과 치료 프로그램을 통해 치유 및 복귀에 대한 교육을 충분히 받을 수 있도록 하는 사회적인 분위기를 조성해야 하며 피해자가 직업 전환을 원하는 경우에는 직업전환에 필요한 직업교육을 받을 수 있도록 중앙 정부나 지방정부에서는 도움을 줄 수 있어야 한다.

재난은 언제 어디서 누구에게나 발생할 수 있는 사건이다. 나만은 피해 발생하는 것은 결코 아니다. 우리들은 재난이 문 앞에 있다는 사실을 망각하지 말고 항상 재난을 대비하는 마음가짐과 준비를 갖추어야 한다. 정부는 재난에 대비하는 선제적인 자세와 적극적인 행정을 통해 재난을 당한 모든 피해자들이 적절한 치유를 받을 수 있도록 계획하고 실천하는 모습을 보여야 한다. 재난을 막을 수 있다면 좋겠지만 재난을 막는다는 것은 그리 쉽지만 않는 일이라는 사실에서 재난을 대비하는 것이 중요하고 피해를 최소화하는 것이 무엇보다 필요하다고 하겠다.

Disaster Psychology

15 장 이태원 참사

1. 개요

이태원 참사는 2022년 10월 29일 22시 15분경 서울특별시 용산구 이태원로에 세계 음식거리의 해밀턴 호텔 서편 좁은 내리막길에 할로윈 축제에 참석한 많은 사람들이 한꺼번에 몰리면서 발생한 압사 사고이다. 사고 발생 장소인 골목길에 많은 사람이 몰려 사고가 발생했다. 이 사고로 인한 인명피해로는 196명이 부상을 당하고, 159명이 사망했다.

운집한 수만 명의 인파가 공권력의 통제 없이 각 개인 간 안전거리도 지켜지지 않는 상태로 몰린 상태에서 그저 앞으로만 향하는 밀집 행렬이 되었다. 이때 사상자가 집중 발생한 병목 지역인 좁은 골목에 밀집 행렬의 일단이 비좁은 내리막길을 접한 상황에서, 전방의 지형과 상황을 파악하지 못한 후방의 과밀 인파가 전진하려는 힘을 가함으로써 행렬이 순식간에 무너지듯 쓰러진 것이다. 만일 통제와 질서가 유지되는 상태였다면 간격이 확보되었을 것이므로 병목 현상으로 인해 속도는 느려지더라도 안전하게 통행할 수 있었을 것이다. 그러나 통제를 받지 못한 과밀한 군중이 질서를 잃고 병목에서 파열이 일어나 다수의 사상자가 발생했다.

그림 15.1 이태원 참사

많은 인파가 좁은 장소에 한꺼번에 모이게 되면 군중 밀집도가 높아지는데 통상 6명/m^2이 넘어가면서 위험이 발생하기 시작하며, 10명/m^2가 되면 압사 등 인파사고가 발생할 가능성이 높아진다(경찰청, 2022). 압사 사고가 발생한 이태원 골목은 최대 인원보다 약 7배 많은 군중밀집도 12명/m^2로 추정되고 있다 인원 과밀 상황에서 여러 요인들이 설상가상으로 겹쳐 이 참사의 피해가 커졌다(서울경제, 2023.11.03, 재인용 염경웅, 2023).

특히 사상자가 집중적으로 발생한 해밀톤 호텔 옆 이태원로 173 인근 골목은 폭 4 m, 길이 40 m에 불과한 양쪽 끝에 턱이 있는 좁은 내리막길이다. 이 골목길은 번화가인 이태원 세계음식거리에서 시작해 대로변인 이태원역 1번 출입구로 내려가는 통로였던 데다 이태원역 북부의 동선상 해밀톤호텔과 그 옆 골목, 이태원역 1번 출입구와 2번 출입구 등지에서 드나드는 사람들이 대거 몰릴 수밖에 없는 구조였다. 게다가 해밀톤호텔 옆 골목 길 한쪽으로는 편의점, 술집, 옷가게, 힙합클럽 등 가게들이 있었으나 일부 영업이 끝나 문이 닫혀 있었으며, 다른 한쪽 벽은 해밀톤호텔의 외벽이었기에 피해가 더 커졌다. 또 해당 골목 바닥 자재가 반들반들한 석재여서 원래부터 미끄러운데다가 전단지나 술 등의 액체류가 여기저기 흩뿌려져 더욱 미끄러웠다고 한다. 더불어 높은 구두를 신은 여성들이 인파에 밀려 더욱 중심을 잡지 못했을 거라는 목격자의 증언도 나왔다. 이태원은 남산 자락에 있는 지형적 특성상 구배가 있는 경사로가 많았으며, 심지어 그 길은 위에서 내려다보면 중간에 해밀톤 호텔의 외벽이 나타나며 좁아지는 형태였다.

2. 재난심리학 관점에서 바라본 이태원 참사

1) 인명피해

이태원 참사는 인재라고 규정할 수 있다. 이는 재난 대응 시스템이 붕괴가 대형 참사를 불러왔다. 이태원 축제는 매년 계획된 축제이다. 시간과 장소가 특정되어 있는 축제이기에 대형 사고에 대해 사전에 준비를 할 수 있는 행사였다. 그러나 정부 및 지자체는 이러한 역할을 하지 않아 많은 인명피해가 발생하였다.

서울특별시 용산구는 대통령실과 국방부 등 정부 주요부서가 있으며, 세계 각국의 대사관과 대사관저가 제일 많이 밀집되어 있는 지역이다. 용산구에서는 지구촌 축제, 핼러윈 축제 등 많은 인파가 몰리는 축제가 전국 어느 곳보다 많은 지역이다.

2021년 핼러윈 축제는 경우, 코로나19에도 불구하고 17만 명의 인파가 몰렸으나 사건·사고 없이 무난히 끝마쳤다. 2022년 핼러윈 축제에는 2021년보다 적은 10만 명이 운집했던 것으로 전해지고 있다.

2021년보다 인파가 적었으나 많은 희생자가 발생한 이유는 다음과 같다.

축제에 대한 안전 대책을 세우고 관리·감독을 해야 하는 용산구청과 용산경찰서 등이 축제에 대해 부실 준비와 안일한 대처 탓에 참사가 발생했다. 이번 사태의 원인은 용산구와 용산서 등 관내 유관 기관의 관리·감독 부실에서 기인됐다는 것이다.

원래 핼러윈 축제는 용산구청 등 관계기관이나 특정 민간이 행사를 주관하거나 주최하지는 않고 있다. 그저 서양 풍습이나 관습에 따라 우리 젊은 층들이 자발적으로 참여하고 있을 뿐이다.

특히 용산구는 구청장을 중심으로 이 축제를 철저하게 지도하고 관리했어야 했다는 지적이 일고 있다. 2021년에는 축제에 대한 준비를 했으나 2022년에는 축제 대응에 미숙한 부분으로 많은 인명피해가 발생하게 되었다. 용산구가 왜 이런 행사를 중요하게 생각하지 않았는지는 경찰, 검찰에서 철저하게 수사해야 할 것이다.

이태원 참사 이후에 많은 문제점을 드러나고 그와 관련된 정부부처장들의 책임소재가 명확하게 처리되어야 함에도 어느 누구하나 제대로 된 처벌을 받지 않는 것으로 인해 피해자 유가족 등은 많은 반발을 하고 있다. 또한 이태원 참사에 대해 많은 유언비어와 가짜뉴스가 난무하였다.

대표적인 가짜뉴스로는 이태원 참사와 관련한 온라인 게시물들 중에 피해자들에 대한 인격모독, 조롱이나 혐오표현 그리고 사고 현장에서 누군가 뒤에서 밀었다 등과 같은 확인되지 않는 정보 및 특정한 사람들을이 고의적으로 사고를 냈다라고 책임을 묻고 비난하는 확인되지 않은 주장들이다.

이태원 참사 이후 검증되지 않는 정보를 무분별하게 전달하는 일간베스트 등 일부 커뮤니티 사이트에는 피해자에 대한 인격모독, 조롱 및 혐오하는 게시물이 올라왔고, 경찰이 해당 사이트에 해당 게시물 삭제를 요청하는 일이 있었다. 이러한 가짜뉴스에 대한 정부의 대처가 미온적이다 보니 더욱 많은 가짜뉴스가 난무한다.

문제가 된 게시물은 경찰이 삭제 요청해서 바로 삭제되기는 했지만 여전히 트위터, 유튜브, 개인 SNS 등에서 문제가 된 게시물들이 전파되고 있다.

한편 이태원 사고 이후 '누가 책임을 져야 하는가'의 문제가 제기되면서 온라인상에서는 사고 원인에 대한 다양한 의견이 제시되고 있다.

특히 사고 현장에 있던 목격자나 생존자들 사이에서 누군가 고의로 밀었다는 증언이 나오고 온라인을 통해 확산됐고, 이 과정에서 '토끼머리띠를 한 남성을 잡아야 한다'며 특정인을 겨냥한 글이 퍼지기도 했다.

결국 지목된 남성이 직접 나서 인스타그램에 해명글을 올렸다. 이 남성은 사고 발생 전 이태원역에서 다른 곳으로 이동한 교통카드 사용 내역 갈무리를 공개하면서 "오해는 하실 수 있겠지만 마녀사냥은 그만 멈춰주시길 바란다"고 강조했다(BBC News 코리아. 2022. 11.1).

이러한 가짜 뉴스가 확산되어 가는 것을 심리학에서 "확증편향(確證偏向, Confirmantion bias)"이라고 한다. 제5장에서 확증편향에서 대해 간략하게 언급했으나 여기에서 확증편향에 대해 알아보자.

확증편향은 개인이 자신의 가치관, 기존의 신념, 또는 판단과 일치하는 정보에만 주목하고, 그와 반대되는 다른 정보는 무시하는 사고방식과 태도를 가리킨다. 쉽게 말해, 사람들은 보고 싶은 것만 보고, 듣고 싶은 것만 듣는 경향이 있으며, 이는 자신이 갖고 있는 생각이나 신념을 확인하려는 심리적 경향성으로 설명될 수 있다. 이 개념은 인지심리학에서 정보 처리 과정에서 발생하는 인지 편향의 하나로 자리 잡고 있다.

확증편향은 흔히 개인의 감정, 소망 또는 그들의 신념을 지키고자 하는 열망에 의해 촉발된다. 예를 들어, 어떤 사람이 특정 정치적 입장을 강하게 지지하고 있다면, 그들은 자신의 믿음에 맞는 정보를 찾고, 그 반대되는 의견이나 사실은 귀 기울이지 않으려는 경향이 있다. 이런 성향은 그들이 동료나 친구와 비슷한 의견을 가진 사람들끼리 모이는 것을 선호하게 하며, 자신과 다른 생각은 쉽게 받아들이지 않으려 하게 만든다.

1960년대에 행해진 실험심리학의 연구들은 사람들이 원하는 결과가 있을 때 소망적 사고에 의해 자신이 경험한 정보나 관찰을 편향적으로 재해석하는 경향을 보인 바가 있다. 참가자들은 다양한 사실들을 접하면서 어떤 정보는 주목하고, 다른 정보는 무시하거나 반박하는 식으로 자신의 신념을 강화하는 결론을 도출했다. 이러한 연구 결과는 인지 편향이 정보의 처리 과정에서 일어나며, 과학적 방법을 따르지 않았거나 주어진 정보를 자의적으로 해석하는 등의 오류가 발생할 수 있음을 시사한다.

흥미롭게도, 이러한 확증편향은 과학자나 법조인과 같은 합리적 사고를 훈련받은 전문가들 사이에서도 종종 나타난다. 예를 들어, 과학적 연구에서 확증편향이 발생할 수 있는데, 연구자가 자신의 가설에 유리한 데이터만을 선택적으로 수집하거나 해석할 경우, 잘못된 결론에 이르게 된다. 이로 인해 과학적 탐구의 핵심인 객관성과 신뢰성이 손상될 수 있다.

또한, 확증편향에 사로잡히게 되면 많은 객관적인 자료들이 제시되더라도 자신의 신념의 오류를 인정하지 않으려는 경향이 강해진다. 이렇게 될 경우, 개인은 자신의 믿음에 대해 비합리적인 과신을 가지게 되고, 자신이 지지하지 않는 주장이나 정보에 대해 불신을 품게 된다. 이러한 경향은 정치적 견해차이나 과학적 사실에 대해 더욱 두드러지게 나타날 수 있으며, 객관적인 사실보다 자신의 주관적 신념에 더 큰 비중을 두게 되는 결과를 낳기도 한다.

확증편향은 개인의 판단력과 의사결정에 중대한 영향을 미치는 심리적 요소이다. 따라서, 자신의 생각과는 다른 일이 일어났을 때, 그 일이 아무리 사소한 것이라 할지라도 결코 무시하지 말고, 자신의 신념이 틀릴 수도 있다는 열린 마음가짐을 유지하는 것이 중요하다. 이렇게 함으로써 우리는 보다 객관적으로 상황을 판단하고, 더 나은 결정을 내릴 수 있는 기회를 스스로에게 제공할 수 있을 것이다.

확증편향에 대한 역사적 사례는 다음과 같다.

심리학이 정립되기 이전부터 확증 편향의 역사적 사례들이 기록되어 있다. 투키디데스(Thucydides)는 「펠로폰네소스 전쟁사」에서 “부주의한 갈망으로 바라지 않는 것을 밀어젖히려고 주권을 휘두르는 것은 인간의 오랜 습성이다.”라고 서술하였다. 이탈리아의 시인 단테(Dante)는 「신곡」에서 천국에 토머스 아퀴나스를 등장시켜 “성급히 내린 결론은 잘못된 것이기 쉽고 그러한 결론에 매이게 되면 마음이 꽉 막힌 사람이 된다.” 말한다. 이븐 할둔 역시 「무깟디마」에서 같은 일을 언급하고 있다.

진실이 아닌 것이 역사 서술을 괴롭힌다. 여러 가지 이유로 피할 수 없는데, 그 중 하나는 견해가 다른 학파들이 당파성을 보이기 때문이다. 당파성에 휩싸이면 진실을 밝히려는 조사를 가로막는다. 그 결과 서술과 번역에 오류가 생기게 된다.

가) 진주만 공습

1941년 12월 7일, 일본의 진주만 공습 사건은 미국 역사에서 중요한 분기점을 나타내며, 그로 인해 많은 인명피해와 군사적 손실이 발생했다. 이 사건의 발생 원인은 여러 가지가 있지만, 특히 미 태평양 함대의 총사령관 키멀 제독의 확증 편향이 결정적인 역할을 했다. 그는 수차례 걸쳐 전달된 침공 정보에도 불구하고, 일본이 아시아에서 다른 전투로 바쁘기 때문에 진주만을 공격할 가능성이 낮다고 확신했다.

사건 발생 2주 전에 워싱턴에서 일본의 급습 가능성에 대한 경고를 받았던 키멀 제독은 이를 경시하고 무시했다. 이후에도 11월 27일과 12월 3일에 추가로 경고를 받았음에도 불구하고, 그는 감청한 암호문을 자신에게 유리하게 해석하여 다시 한 번 경고를 간과했다. 이러한 사고방식은 당시의 군사적 긴장 상황과 일본의 군사적 움직임에 대한 전반적인 경각심을 떨어뜨리는 결과를 가져왔다.

12월 6일, 진주만 공격 하루 전날, "일본 항공모함의 위치가 파악되지 않는다"라는 보고를 받았지만, 그는 그 정보 역시 무시해버렸다. 확증 편향에 사로잡힌 키멀 제독은 자신의 신념과 반대되는 증거를 모두 외면하며, 이것이 재난의 원인이 되었다. 결국, 일본의 공습이 발생했을 때, 미국의 군사적 대응 능력이 크게 부실하여 참담한 피해를 입게 되었다.

이 사건은 확증 편향이 얼마나 위험한 판단을 초래할 수 있는지를 잘 보여주는 예이다. 자신의 신념이 잘못되었음을 인정하기를 주저함으로써 발생할 수 있는 재앙적 결과를 상기시켜 준다. 역사적으로 진주만의 공습은 단순히 군사적 실패를 넘어, 정보의 중요성과 경계심을 늦추지 말아야 한다는 교훈을 함축하고 있다. 이 사건은 이후 미국의 군사 전략과 외부 공격에 대한 경계 자세에 깊은 변화를 이끌어내었으며, 오늘날에도 여전히 많은 이들이 경계해야 할 심리적 함정을 잘 보여준다.

나) 신탁통치 반대운동과 테네리페 공항 참사

대한민국의 신탁 통치 반대 운동은 좌우 양측의 치열한 갈등을 낳았다. 이 운동이 그렇게 격렬하게 진행된 이유 중 하나는 동아일보의 오보가 큰 영향을 미쳤지만, 그보다 더 근본적인 원인은 당시 사람들의 신념과 이념에 따라 정보를 선택적으로 수집하고 해석하는 경향이었다. 각 진영은 서로의 입장을 지지하는 정보만을 강조하며, 상대방의 주장을 무시하거나 왜곡하는 방식으로 논란이 더욱 극심해지게 되었다.

또한, 동아일보의 오보가 없었더라도, 빠르게 정착되고 있던 냉전 구도는 좌우 이념 간의 대립을 더욱 강화시켰을 가능성이 높다. 특히 이념적인 갈등이 심화되는 사회적 분위기 속에서, 사람들은 더욱 극단적인 입장을 고수하며 서로 간의 소통이 단절되곤 했다. 이런 상황에서는 정보를 서로 다른 관점으로 해석하면서, 다수의 시민들이 선호하는 이념에 귀속되는 정보를 더욱 강화하는 경향을 보였다.

한편, 테네리페 공항 참사에서도 확증 편향이 사고의 주요 원인 중 하나로 지적된다. 1977년 터크 항공과 KLM의 비행기가 서로 충돌한 이 참사는 조종사들이 자신의 판단과 신념에만 의존하여 상황을 과도하게 평가하거나 잘못 해석한 결과였다. 예를 들어, KLM의 조종사는 자신의 비행기가 이륙 승인을 받았다고 믿으며 이륙을 시도했고, 이 과정에서 주변 상황을 소홀히 했던 것이다. 이는 조종사들이 자신의 신념이 사실이라고 과신하여 다른 중요한 정보를 무시한 결과였다.

이처럼 신탁 통치 반대 운동에서의 정보 해석과 테네리페 공항 참사의 조종사들 간의 판단 오류는 모두 확증 편향의 영향을 증명(demonstrate)하며, 이로 인해 실질적인 문제 해결이 무산되거나 심각한 재앙이 발생할 수 있음을 보여준다. 우리의 사고방식이 얼마나 편향적일 수 있는지를 이해하고, 정보에 대한 비판적인 접근이 필요함을 강조하는 것은 사회 전반에서 더욱 중요한 과제가 될 것이다.

다) 다미선교회 휴거 소동

한국의 이장림 목사 등이 주도하여 설립한 다미선교회는 1992년 10월 28일에 휴거(携擧, rapture)가 일어날 것이라는 시한부 종말론을 주장하면서 사회적으로 큰 파란을 일으킨 사건으로 주목받았다. 이장림 목사는 예수의 재림과 함께 성도들이 하늘로 들려 올라간다는 믿음을 바탕으로, 이 날짜에 종말이 온다고 주장했다. 이 믿음에 영향을 받은 신자들은 일상생활에서 이탈하여 종말을 대비하기 위해 최선을 다하는 등 광범위한 맹신을 보였다.

그러나 10월 28일이 되고 아무런 일이 일어나지 않았을 때, 이 사건은 큰 실망과 혼란을 초래하게 되었다. 신도들은 그동안 신뢰했던 이장림 목사의 예언이 빗나간 것을 목격하게 되었고, 이러한 현실에 직면하면서 내적 갈등을 겪게 되었다. 그러나 다수의 시한부 종말론자들은 휴거일이 연기되었을 뿐이라며 다시 다가오는 종말을 예비하자고 변명하기 시작했다. 그들은 자신의 믿음이 틀렸음을 인정하는 대신, 기존 신념을 고수하는 방향으로 나아갔다.

특히, 신자들 사이에서는 종교적 신념에 기반한 확증편향이 두드러지게 나타났다. 많은 신도는 "예수님이 나의 생명의 주인이고, 오실 예수님을 기다렸는데, 만약 이번에 일이 잘못되었다면 또 다른 예수님을 기다리면 되는 것 아니겠어요?"라는 식으로 자신의 믿음을 지속적으로 지지하고 방어하는 발언을 하곤 했다. 이는 개인이 직면한 현실과 자신의 신념 사이의 간극을 메우기 위한 무의식적인 시도로 해석할 수 있다.

이러한 상황은 확증편향이 어떻게 사람들을 그들의 신념을 지키게 만들고, 새로운 정보나 현실을 받아들이지 못하게 하는지를 잘 보여준다. 신도들은 자신들의 믿음에 맞는 정보만을 찾고, 비판적인 사고를 거부하게 되며, 결과적으로 자신의 신념에 더욱 고착되기 쉽다.

다미선교회 사건은 특정 종교적 신념이 개인의 사고방식에 미치는 영향을 여실히 보여주는 사례이다. 확증편향이 심각하게 작용할 때, 사람들은 명백한 현실을 인식하지 않고, 그들의 신념에 대한 고집을 지속하게 된다. 이러한 현상은 종교적 맹신을 넘어 사회 전반에서 다양한 분야에서 발생할 수 있으며, 열린 사고방식을 유지하고 비판적으로 세상을 바라보는 중요성을 다시금 일깨워준다.

라) 학력 위조 의혹

2009년 11월, 한국의 인기 음악 그룹 에픽하이의 리더인 타블로에 대한 학력 위조 의혹이 논란을 일으켰다. 스탠퍼드 대학교 졸업에 대해 진위 여부가 무성의하게 주목받자, 타블로는 온라인상에서 확산되는 의혹에 대응하기 위해 자신의 재학 시절 성적표와 학교의 공식 확인서를 공개했다. 그러나 이러한 행위에도 불구하고 일부 누리꾼들은 타블로의 주장에 대해 “조작된 것”이라거나 “동명이인의 문서”라고 반박하며 신뢰를 부정했다.

타블로는 캐나다 시민증을 제시하며 자신의 주장을 강화하려 했고, 심지어 스탠퍼드 대학교 측에서도 그의 졸업 사실을 재차 확인해 주었다. 그러나 이러한 수많은 증거에도 불구하고 누리꾼들은 방어적인 태도를 계속 보이며 “시민증이 위조됐다” 또는 “스탠퍼드 대학교의 입학 허가서를 공개하라”는 등의 요구를 이어갔다. 타블로가 학력 인증서, 성적 증명서, 교수의 확인서, 기숙사 동영상, 졸업장 등 다양한 증거 자료를 제시할수록 확증편향에 사로잡힌 많은 누리꾼들은 계속해서 그의 주장을 인정하지 않았다.

이 사건은 확증편향의 심각성을 드러내는 사례로 여겨진다. 사람들이 먼저 가진 믿음이나 의심이 그들의 정보 수용 방식에 영향을 미칠 때, 심지어 명백한 증거가 제공되더라도 그 신념을 고수하려는 경향이 강해진다. 타블로의 경우, 그를 지지하지 않던 사람들은 그가 제공하는 모든 자료를 의심의 시선으로 바라보며, 자신의 고정관념을 전혀 수정하지 않으려 했다.

결과적으로, 이러한 확증편향은 사람들 간의 갈등을 초래하고, 진실의 정확한 재구성을 방해하는 요인이 될 수 있음을 잘 보여준다. 사회적 논의에서의 열린 마음과 비판적 사고의 필요성을 다시 한 번 강조하는 중요한 사건으로, 우리는 편향된 생각에서 벗어나 객관적인 사실을 받아들이려고 노력해야 한다는 교훈을 얻을 수 있다.

확증편향은 우리가 일상에서 쉽게 경험하는 심리적 함정이다. 예를 들어, 특정 정치인을 좋아하는 사람은 그 정치인의 긍정적인 뉴스만 소비하고, 부정적인 뉴스를 무시하려는 경향이 있다. 반대로 그 정치인을 싫어하는 사람은 부정적인 정보에만 주목한다. 이런 상황에서 확증편향은 개인의 판단을 왜곡하고, 더 나아가 사회적 분열을 초래하기도 한다. 이를 극복하기 위한 구체적인 방법과 실천 예시는 다음과 같다.

① 다양한 관점 받아들이기

가. 반대 의견을 찾아보기

자신의 생각과 반대되는 의견을 의도적으로 찾아보는 노력이 필요하다. 예를 들어, 특정 경제 정책에 찬성한다면 반대하는 전문가의 칼럼이나 논문을 읽어본다. 이 과정에서 반대 의견을 단순히 비난하거나 무시하지 않고, 왜 그런 결론에 이르렀는지 이해하려고 노력한다.

나. 토론을 통해 사고 확장하기

친구나 동료와 논쟁적인 주제를 두고 토론해 본다. 예를 들어, “원격 근무가 생산성을 높인다”는 주제에 대해 다른 관점을 가진 사람과 이야기하면서 서로의 논리를 교환한다. 이 과정에서 자신의 논리적 허점을 발견하거나, 새로운 관점을 배울 수 있다.

② 비판적 사고 훈련하기

가. 근거의 신뢰성 평가하기

인터넷에서 접하는 정보가 얼마나 신뢰할 만한지를 평가하는 습관을 들인다. 예를 들어, 특정 건강 보조제가 효과가 있다는 광고를 본다면, 해당 주장에 대한 과학적 근거(논문, 연구 결과 등)를 검토한다. “카더라” 식의 정보는 배제하고, 객관적인 데이터를 확인한다.

나. 가설을 반박하려고 노력하기

자신의 믿음이 틀렸다는 것을 증명하려는 연습을 해본다. 예를 들어, “일찍 일어나는 사람은 더 성공한다”는 믿음이 있다면, 성공한 밤형 인간의 사례를 찾아본다. 이런 방식은 자신의 신념을 강화하기보다 균형 잡힌 시각을 갖게 한다.

③ 인지적 편향 인식하기

가. 자신의 편향을 인정하기

특정 주제에서 내가 느끼는 감정이 어떤 편향에 기반하는지 자문해 본다. 예를 들어, "나는 이 회사의 제품만 믿는다"는 생각이 있다면, 이 믿음이 광고, 브랜드 이미지 등에서 온 것인지, 제품의 객관적 성능에서 온 것인지를 분석한다.

나. 편향에 빠진 과거 사례를 복기하기

과거에 잘못된 판단을 내린 경험을 되돌아보며, 확증편향이 그 판단에 어떤 영향을 미쳤는지 살펴본다. 예를 들어, 특정 투자 결정을 내릴 때 긍정적인 정보만 보고 판단했다가 손실을 본 경험이 있다면 이를 교훈 삼아야 한다.

④ 객관적인 정보 탐색하기

가. 다양한 출처에서 정보를 얻기

하나의 뉴스 매체나 SNS에 의존하지 말고, 여러 출처에서 정보를 비교한다. 예를 들어, 새로운 기술 트렌드에 대해 알아보려면 국내 매체뿐만 아니라 해외의 권위 있는 기술 관련 매체나 전문가의 의견도 함께 살펴본다.

나. 숫자와 데이터 활용하기

감정적인 판단보다 데이터를 중심으로 생각한다. 예를 들어, "전기차가 환경에 더 좋다"는 주장을 검토할 때, 전기차 생산 과정의 탄소 배출량과 내연기관 자동차의 생애주기 배출량을 비교한 통계를 참고한다.

⑤ 시간을 두고 판단하기

가. 즉각적인 결론 내리기 피하기

충동적으로 판단하지 않고, 시간을 두고 검토하는 습관을 기른다. 예를 들어, 부동산이나 주식 투자와 같은 중요한 결정을 내릴 때, 관련 정보를 며칠 간격으로 여러 차례 검토한 후에 결정을 내린다.

나. 감정적 반응을 가라앉히기

부정적인 뉴스나 자극적인 정보를 접했을 때 즉각적으로 반응하기보다는 한 발 물러선다. 예를 들어, 소셜 미디어에서 논란이 되는 주제를 보고 화가 날 경우, 바로 댓글을 달기보다 관련 자료를 찾아보고 차분히 생각한 뒤 입장을 정리한다.

⑥ 메타인지 훈련하기

가. 사고를 점검하는 질문하기

"내가 지금 이 결론을 내린 이유는 무엇일까?"와 같은 질문을 통해 자신의 사고를 점검한다. 예를 들어, 특정 음식을 건강에 좋다고 생각할 때, 그 믿음이 어디에서 비롯되었는지 스스로에게 물어본다. 광고 때문인지, 과학적 연구 때문인지 구분해야 한다.

나. 타인의 피드백 받아들이기

주변 사람들에게 자신의 생각이나 결정을 공유하고 피드백을 받아본다. 예를 들어, 새 비즈니스 아이디어를 생각했을 때, 이를 비평적으로 바라볼 수 있는 사람들에게 의견을 구한다.

⑦ 심리적 유연성 키우기

가. 자신의 틀림을 받아들이기

"나는 틀릴 수도 있다"는 태도를 유지하며 새로운 정보를 받아들인다. 예를 들어, 오랫동안 믿어온 전통적인 다이어트 방법이 최신 연구에서 비효율적이라는 사실을 알게 되었다면, 이를 수용하고 새로운 방법을 탐색한다

나. 배움의 자세로 임하기

어떤 주제에 대해 항상 배울 점이 있다고 생각한다. 예를 들어, AI 기술에 대해 잘 모른다면, 자신이 부족한 점을 인정하고 입문서나 강의를 찾아본다.

2) 경제적 영향

이태원 참사가 경제에 미치는 영향은 어떠한 것이 있을까? 이태원 참사 이후 경제적 버팀목이 됐던 소비가 위축되면서 경기 침체가 커졌다.

서울시에 따르면 사고 발생 지역인 이태원 1동 지역의 올해 2023년 2월 4주 차 카드 매출액은 사고 발생 직전인 2022년 10월 4주차 대비 57.1%, 유동 인구는 29%가량 줄었다는 통계치를 발표 했다(한국경제 인터넷판, 2023.5.13). 이는 젊은 사람들의 만남의 장소인 이태원 상권이 붕괴된 것이다.

이에 대해 지방자치단체에서는 이태원 지역 활성화를 위해 2022년 61억 원 규모(205건)의 이태원 상권회복 자금 저리(2%) 지원 및 이태원상권회복 상품권 발행을 위한 특별교부금 70억 원을 지원했다. 지방자치단체에서 이태원 상권을 회복시키기 위해서 각종 행사를 주체하고 유가족과 함께하는 프로그램을 신설하여 희생자에 대한 추모와 위로의 문화행사를 추진했다.

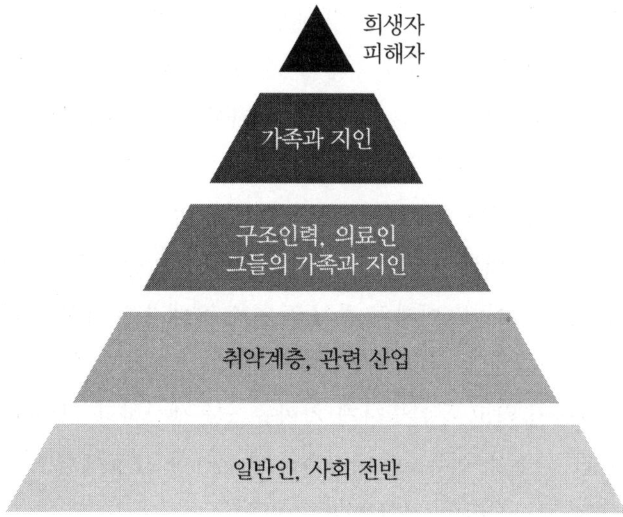

그림 15.2 재난 충격 피라미드(출저 : 한국트라우마스트레스학회)

이러한 노력에도 이태원의 상권이 회복되지 않고 있어 많은 소상공인들이 어려움을 호소하고 있다. 또한 이태원의 상권뿐만 아니라 다른 지역의 경제에도 많은 영향을 미쳤다. 이는 많은 사람들이 모이는 장소로 가는 것에 대한 두려움과 불안감이 있기 때문이다.

한국트라우마스트레스학회의 연구를 따르면 충격적인 사고가 미치는 영향의 정도는 '재난 충격의 피라미드'에 따라 나뉜다. 재난으로 가장 큰 영향을 받는 것은 사고를 직접 경험한 당사자들이다. 다음으로는 사고로 목숨을 잃은 사람들의 가족과 지인, 사고 현장에 투입된 인력 순으로 강도 높은 충격을 받게 된다. 이태원참사의 사고 현장 및 비슷한 장소 등에 사람들이 가기를 꺼려하고 피치 못해 가야 하는 상황에서는 심한 심리적 어려움과 정신건강이 불안정하게 느낀다. 사고 현장과 밀접한 연관이 있는 사람들 다음으로는 평소 정신건강이 불안정하거나 또는 사망자들과 유사한 환경에 있는 사람들 및 일반인과 사회 전반도 영향권에 있다.

이러한 이유 등으로 지역축제 등 많은 사람들이 모이는 장소에 대한 두려움으로 인해 경제적침체가 지속될 수 있다.

3) 사회적 분열

재난으로 인해 사회적 분열은 사회 집단 내부에서 심한 갈등과 갈라짐이 발생하여 생기는 현상이라고 말한다.

이태원 참사는 정확한 사고처리 과정과 책임자 처벌 등이 제대로 이루어지지 않는 상황에서 가짜뉴스 및 유언비어가 난무했다. '희생자들이 마약하러 갔다 참변' 젠더 갈등을 부추기는 내용으로 '여성 사망자가 많은 이유' 등의 가짜뉴스가 SNS를 통해 전달되었고, 조롱, 비아냥거림 및 근거 없는 내용과 피해자들에 대한 모욕적인 댓글이 상당했다.

이러한 이유로 국민은 분열되어 갔다. 국민의 분열을 방지하고 해결해야 하는 정치권에서 조차 진영논리 등으로 국민의 분열을 부추기는 현상을 만들어 가는 등 정치적으로 이용하고 있는 것이 지금의 현실이다. 이태원 참사로 인해 생때같은 자식을 잃은 부모들은 가짜뉴스와 스스로 싸우고 이겨내야 하는 아픔이 현재에도 진행되고 있다.

타인의 아픔을 공감하지 않고 무분별하게 가짜뉴스를 생산하고 전파하는 심리에 대해 임명호 단국대 심리학과 교수가 이뉴스투데이에서 인터뷰한 내용에서 장기화한 코로나19의 영향이 발현된 극단적 투사심리로 진단했다.

그는 또 3년간 이어진 코로나19로 사람들의 눌려왔던 감정들이 이태원 참사 관련 게시물 댓글 등에서 극단적으로 표현됐을 수 있으며, 개인이 가진 불안 감정을 남에게 투사하는 심리가 작용한 것이라고 말했다.

여기에서 투사심리에 대해 알아보자.

심리투영(心理投影, psychological projection) 혹은 심리투사(心理投射)는 자기를 타인에게 자기의 측면을 타인에게 투사하는 것을 말한다. 방어기제는 안나 프로이트(Anna Freud)가 아버지인 지그문트 프로이트의 업적을 정리하고 구체화하여 제시한 자아적응이론과 그것의 발전형이다.

방어기제(防禦機制, defence mechanism)는 심리학적 메커니즘으로 사람이 인정할 수 없는 잠재적 불안이나 위협을 통제하려거나 회피하여 자신을 보호하기 위해 무의식적으로 조절하거나 왜곡하면서 마음의 평정을 찾기 위해 사용하는 것이다. 불안은 자아에 닥친 위험을 알리는 신호이다. 불안은 세 가지 자아 간의 갈등으로 끊임없이 야기된다. 자아는 충동적으로 쾌락을 추구하는 원초아와 완벽성을 추구하는 초자아와의 갈등을 감소시키려고 노력한다. 즉, 불안을 피하려고 노력한다. 프로이트는 모든 행동이 본능에 의해 동기화되는 것처럼 역시 불안을 피하려고 한다는 점에서 방어적이라고 보았다. 인간은 기본적으로 불안을 원치 않으며 그것을 벗어나기를 원한다. 따라서 인간은 갈등에서 비롯된 불안으로부터 자신을 보호하기 위해 다양한 방어기제를 사용한다.

융(C. G. Jung) 심리학에서는, 원형의 하나인 그림자(Schatten)와도 관련해, 부정하는 것이 아니라 그것을 자신의 일면으로서 인식해 수용하는 것으로, 더 큰 '커다란 자기' · 자기실현으로 성장하는 계기로서 보람 있게 쓸 수 있다고 한다.

이태원 참사 진상규명을 위한 국정조사 및 특별법을 두고 여야가 첨예한 정치적 갈등을 빚으면서 정쟁으로 비화되었다. 여야모두 유가족 및 국민을 생각한다고 하면서도 자신의 이익을 추구하는데 모든 역량을 발휘하는 과정에서 더욱 사회적 분열을 가속시킨다(출처 : 이뉴스투데이 http://www.enewstoday.co.kr)

4) 정치적 영향

2014년 세월호 참사와 같은 대형재난에 대해 국민은 정부와 정치에 대한 신뢰가 긍정적인 평가를 받지 않는다고 했다(박원호, 신화용, 2014). 그러나 메르스, 코로나19 펜데믹과 같은 전염병에 대한 정부의 방역 정책을 국민이 긍정적으로 평가하고, 특히 외국에서 한국정부의 대응을 우수하다고 평가하는 등 정부와 정치에 대한 평가가 긍정적으로 나타났다(박선경 2020). 그러나 이태원 참사로 국민은 정부를 신뢰하지 않고 정치에는 환멸을 느끼는 현상이 나타나고 있다. 이는 재난에 대한 인지적 평가가 정부 신뢰, 정당 선호, 투표 선택에 영향을 미치며, 정부가 재난의 발생 자체를 막을 수는 없었다고 하더라도 이에 대해 대응을 효과적으로 하고, 책임자에게 엄중한 처벌과 희생자 및 유가족에게 적절한 보상과 치료가 병행되었다면 국민은 정부를 지지하고 집권당을 표로써 보상할 것이다(정민석, 이수진, 이현우, 2023).

그러나 이태원 참사에 대한 정부의 대처가 미흡하고 많은 국민이 이해하지 못하는 책임자 처벌 그리고 희생자 유가족들의 요구 사항을 정치적 선동으로 치부하는 일련의 일로 대통령 직무 수행 긍정률이 20%대로 떨어졌다는 여론 결과가 나왔다(한국갤럽, 2022).

여당이든 야당이든 이태원 참사에 대한 철저한 수사와 책임자를 처벌해야 한다는 목소리를 내야 함에도 여당은 정부를 일반적으로 엄호하고 야당은 정부의 무능과 책임자 처벌을 주장하는 등 여야의 공방이 격화되어 갔다. 급기야 야당의 주도로 이태원 참사 특별법이 국회를 통과 하였으나 대통령이 거부권을 행사해 더욱 정치적 갈등을 격화되어 가고 있다.

재난이 발생하면 정부, 정치권, 시민단체 및 국민들이 하나로 뭉쳐 재난을 극복해도 어려운 상황에서 정치적 계산 등으로 분란을 조장해 자신만의 이득을 챙기려는 사람들을 경계해야 한다. 그렇다고 국민이 정치에 무관심 하는 순간 많은 위정자들이 득세하고 잘못된 방향으로 나라를 이끌 수 있음을 명심해 더욱 정치에 관심을 가지고 바라봐야 한다.

5) 개인에게 미치는 영향

이태원 참사로 인해 많은 생명이 목숨을 잃었다. 희생자 중 20대가 66.7%, 평균 연령은 27.1세로 아직 삶에 대한 꽃을 피워보지도 못한 젊은이들이 대부분 이였다. 이들 중에는 외국인 희생자도 26명으로 상당수가 포함됐다.

재난이 개인에게 미치는 영향은 한 사람의 목숨이 잃는 것과 남은 자들은 고통이 시작된다는 것이다. 이태원 참사 희생자 154명의 유가족, 부상자 149명은 참사의 날에서 벗어나지 못하고 매일 참사의 날을 경험하고 살아가고 있다. 가장 화려하고, 아름다운 삶을 살아가야 하는 자녀가 한순간에 싸늘한 주검으로 가족 품으로 돌아올 때 슬픔은 말로 표현할 수 없는 고통이 일 것이다. 누군가는 시간이 지나면 잊는다고 말하지만 자녀를 떠나보내는 부모의 마음속 고통은 시간의 치료도 소용이 없다.

심리학에서 상실에 대한 슬픔을 다루는 것을 애도심리하고 한다. 애도 심리는 누군가의 죽음에 의한 이별을 경험한 사람들은 다양한 방법으로 자신의 고통과 슬픔 그리고 외로움을 표현한다. 정신과 의사인 린데만(Lindemann)은 상실을 경험한 사람은 6가지 반응을 보인다고 한다.

첫 번째는 강렬한 신체적 불편감이다. 이는 전환장애로 심리적 고통이 신체를 통해 나타나는 것이다. 두통, 어지럼증 소화불량, 심장이 두근거림 등의 증상이 매우 흔하게 나타난다.

두 번째는 떠난 사람을 떠나보내지 못하는 행동을 한다. 고인의 유품이나 사진 그리고 양상을 자주 보면서 자꾸 보고 싶다는 말을 자주 한다.

세 번째는 자신의 잘못으로 인해 사랑하는 가족이 세상을 떠났다는 죄책감을 가지는 것이다. 이태원 참사의 경우, 자신이 사고 장소에 가지 못하도록 해야 했는데 하지 못했다는 좌절감으로 자기 자신을 비난을 한다.

네 번째는 고인에 대한 분노의 감정을 가진다. 자신을 두고 떠난 고인에 대해 죄책감뿐만 아니라 분노를 일으킨다. “나를 혼자 두고 갔어”라고 표현하는 일종의 퇴행적 경험도 분노의 표현이다. 이는 상실과 이별에 대한 분노, 보고 싶은 사람을 볼 수 없다는 좌절 때문에 분노를 표현한다.

다섯 번째는 무기력함과 인생의 허무로 인한 일상의 어려움이다. 대개 일시적인 현상으로 나타나지만 오래도록 지속되는 경우가 있다. 갑작스러운 사고로 인해 자신을 잃었을 경우 많은 시간이 흘러도 일상으로 돌아오기가 힘들 수 있다.

마지막으로 고인의 행동, 질병 등에 대해 동일시 반응이다. 고인의 말과 행동 및 표정을 따라 하고, 고인이 느꼈던 증상을 경험하기도 한다. 일시적인 경우에는 전문가의 도움이 필요 없으나 문제의 행동이 지속되면 전문가의 도움을 받아야 한다.

재난은 경제적, 사회적, 정치적 등에 많은 영향을 미치지만 더욱 영향을 미치는 곳은 개인이다. 재난으로 삶을 잃은 희생자 그리고 희생자를 떠나보내야 하는 유가족 등은 재난을 극복하는 삶을 살아가기 너무 힘들고 어렵다. 이러한 유가족들의 마음을 헤아리고 상처를 치유하고 정상적인 삶을 살아가도록 도와 주워야 하는 것은 심리전문가뿐만 아니라 정부, 지역이웃, 시민단체 등이 함께 노력해야 한다. 재난은 특별한 사람에게 영향을 주는 것이 아니라 바로 나에게도 재난이 찾아올 수 있음 명심하고 행동해야 한다.

6) 유가족에 대한 지원

사랑하는 가족을 재난으로 떠나보내고 제정신으로 살아가는 사람을 별로 없을 것이다. 상실에 대한 아픔과 고통 그리고 그리움으로 하루하루가 지옥과 같은 시간을 보낸다. 시간이 지나도 마음에 상처는 쉽게 치유되지 않는 것이다. 재난 희생자, 유가족이라는 단어가 남의 일처럼 느껴지는 것도 사실이다. 그러나 재난은 언제 어디에서 나를 덮치고 내 가족에게 찾아올지 모른다. 사람은 타인의 아픔을 공감하는 마음이 있다. 공감의 정도의 차이가 있을 뿐 누구나 공감을 하고 살아간다.

공감(共感, Empathy)은 미국의 심리학자 에드워드 티지너(Edward B. Titchener)가 1909년 도입한 용어로, 감정이입을 뜻하는 독일어 'Einfühlung'의 번역하면서 공감이라는 용어가 생기게 되었다.

공감은 단순한 감정 상태를 뜻하는 Sympathy, Empathy는 때때로 같은 의미로 사용되기도 하지만, 'Empathy'는 'Sympathy'와 달리 기술적인 지식과는 다른 역량으로, '감정지능'으로 일컬어지는 '감정적 능력'과 관련이 있는 감정적 기술을 뜻하는 단어이다. 이 두 단어는 그리스어 'páthos'에서 유래되었다. 'páthos'의 의미는 고통, 감정을 의미한다.

Sympathy와 Empathy의 차이는 영어 사전에서는 다음과 같이 말한다.

- Sympathy is feeling compassion, sorrow, or pity for the hardships that another person encounters. (다른 사람이 직면한 어려움에 대한 불쌍함, 슬픔, 동정 등을 느끼는 것)
- Empathy is putting yourself in the shoes of another, which is why actors often talk about it. (다른 사람의 입장에 자신을 대입시키는 것)

즉, 공감 능력은 본인의 감정 이해도와 감수성이 높아야 한다. 가족을 잃은 유가족에 대한 공감은 재난이라는 사고 상황을 정확히 인지하고 유가족의 사고 과정을 이해하는 것이다. 바로 이것이 연민과 구별되는 부분이다.

공감 능력이 부족한 사람들은 이태원 참사를 경험이 있는, 부상자를 보면 일반적인 사람들은 자신의 관점으로 "왜 그런 곳에 간 거야, 마약하러 간 거 아니야, 자기들이 놀러가서 죽거나 다쳐놓고 왜 남의 탓을 하는 거야"라고 쉽사리 판단한다.

그러나 공감 능력이 뛰어난 사람들은 "왜 이러한 사고가 발생하게 된 것일까? 가족을 잃은 유가족은 얼마나 상심이 클까? 사고 원인은 무엇이며, 누가 책임을 져야 하는가? 앞으로 이런 일은 다시는 일어나지 않도록 철저하게 대비해야 한다"라고 재난 대응에 꼭 맞는 답을 찾아낸다.

그러나 이태원 참사를 공감하지 못하는 사람들이 너무나 많이 있다. 자기 일이 아니기에 내 주변에서 발생한 사건이 아니라는 사고로 이태원 참사에 대해 막말 수준의 말을 하거나 각종 유언비어에 동조하는 경우가 많이 생겨나 이태원 참사의 부상자 및 유가족들에게 많은 상처를 주고 있다.

이태원 참사로 인해 부상자와 유가족들이 겪고 있는 심리적 고통을 덜어주고, 다시 우리 사회의 일원으로 당당히 살아갈 수 있도록 하기 위해서는 몇 가지 대책이 필요하다.

첫째, 사고에 대한 철저한 조사가 이루어져야 한다. 유가족들은 사랑하는 자식이 왜 대도시 한복판에서 압사라는 참혹한 사고를 당해야 했는지에 대한 구체적인 설명을 원하고 있다. 이러한 사건의 진실을 밝히기 위해 정치적 이해관계를 배제하고 사실관계를 철저히 추적하는 것이 중요하다. 사고의 원인을 규명하고 책임자를 명확히 처벌함으로써, 유가족과 부상자들의 마음의 상처가 조금이라도 치유될 수 있을 것이다. 투명한 조사가 진행될수록, 피해자들은 자신이 겪은 고통에 대한 이해를 얻게 되고, 그들의 목소리가 진지하게 수렴되고 있다는 느낌을 받을 수 있다.

둘째, 피해자 모임을 정부가 주도하여 조직해야 한다. 같은 사고로 아픔을 겪는 이들이 함께 모여 치유 받는 경험은 매우 귀중하다. 정부는 피해자들이 서로의 경험을 공유하고, 집단 심리치료를 통해 슬픔과 불안을 나눌 수 있는 안전한 공간을 제공해야 한다. 이러한 모임은 환자들이 자신만의 고통이 아닌, 공동체의 고통으로 인식하게 하며, 이를 통해 아픔을 나누는 과정이 신체적, 정서적 회복을 이루는 데 큰 도움을 줄 수 있다. 예를 들어, 이러한 그룹 치료 세션에서는 각자가 자신의 이야기를 나누고 서로를 지지하는 경험을 통해 치유의 길로 나아갈 수 있을 것이다.

셋째, 재난에 대한 국가와 국민의 마음가짐을 변화시켜야 한다. 재난은 언제 어디에서나 발생할 수 있으며, 그러한 상황에서 어떻게 대처하느냐에 따라 결과는 크게 달라질 수 있다. 뜻하지 않은 사고로 사랑하는 가족을 잃은 사람들은 자신의 자녀와 가족들이 잊히는 것에 대한 두려움을 느낀다. 따라서 정부와 관계기관, 시민단체 등은 추모 행사와 재발 방지를 위한 문화축제를 열어, 사고에 대한 기억을 공유하고 깊은 연대감을 형성할 수 있는 기회를 마련해야 한다. 이러한 노력은 사람들을 하나로 묶고, 다시는 이런 비극이 발생하지 않도록 다짐하는 중요한 시간이 될 수 있다.

이와 같은 대책들을 통해 이태원 참사의 부상자와 유가족들이 정신적, 정서적 회복을 이루고, 다시 사회의 일원으로 자리 잡을 수 있도록 돕는 것이 사회 전체의 중대한 책임임을 인식해야 한다. 이들은 비극적 경험을 통해 상처받은 영혼으로서, 향후 보다 안전하고 통합적인 사회를 만드는 데 중요한 기여를 할 수 있다. 결국, 이러한 방안들은 피해자 개인의 치유뿐만 아니라 사회 전체의 건강성과 연대감을 회복하는 데에도 기여할 것이다.

참고문헌

▌논문

- Britton, N. R. (1986). Developing an understanding of disaster. The Australian and New Zealand Journal of Sociology, 22(2), 254-271.
- Brooks, S. K., Dunn, R., Amlôt, R., Greenberg, N., & Rubin, G. J. (2018). Training and post-disaster interventions for the psychological impacts on disaster-exposed employees: a systematic review. Journal of mental health.
- Comfort, L. K. (2005). Risk, security, and disaster management. Annu. Rev. Polit. Sci., 8, 335-356.
- Djalante, R. (2014). Thesis title: Building resilience to disasters and climate change: pathways for adaptive and integrated disaster resilience in Indonesia. International Journal of Disaster Resilience in the Built Environment.
- Fritz, C. E. (1996). Disasters and mental health: Therapeutic principles drawn from disaster studies.
- Hamblen, J. L., Norris, F. H., Pietruszkiewicz, S., Gibson, L. E., Naturale, A., & Louis, C. (2009). Cognitive behavioral therapy for postdisaster distress: A community based treatment program for survivors of Hurricane Katrina. Administration and Policy in Mental Health and Mental Health Services Research, 36, 206-214.
- Hoffman, L. (2021). Existential–Humanistic therapy and disaster response: lessons from the COVID-19 pandemic. Journal of Humanistic Psychology, 61(1), 33-54.
- Kathleen Geale, S. (2012). The ethics of disaster management. Disaster Prevention and Management: an international journal, 21(4), 445-462.
- Gilbert, C. (2005). Studying disaster: changes in the main conceptual tools. In What is a Disaster? (pp. 3-11). Routledge.
- Leiva-Bianchi, M., Cornejo, F., Fresno, A., Rojas, C., & Serrano, C. (2018). Effectiveness of cognitive-behavioural therapy for post-disaster distress in post-traumatic stress symptoms after Chilean earthquake and tsunami. Gaceta Sanitaria, 32, 291-296.
- Lettieri, E., Masella, C., & Radaelli, G. (2009). Disaster management: findings from a systematic review. Disaster Prevention and Management: An International Journal.
- Lopes, A. P., Macedo, T. F., Coutinho, E. S. F., Figueira, I., & Ventura, P. R. (2014). Systematic review of the efficacy of cognitive-behavior therapy related treatments for victims of natural disasters: A worldwide problem. PLoS One, 9(10), e109013.
- Nakagawa, Y., & Shaw, R. (2004). Social capital: A missing link to disaster recovery.

International Journal of Mass Emergencies & Disasters, 22(1), 5-34.

- Nigg, J. M. (1995). Disaster recovery as a social process. Wellington after the quake: The challenge of rebuilding, 81-92.
- O'Brien, G., O'keefe, P., Rose, J., & Wisner, B. (2006). Climate change and disaster management. Disasters, 30(1), 64-80.
- Parente, M., Tofani, M., De Santis, R., Esposito, G., Santilli, V., & Galeoto, G. (2017). The role of the occupational therapist in disaster areas: systematic review. Occupational Therapy International, 2017.
- Quarantelli, E. L. (1999). The disaster recovery process: What we know and do not know from research.
- Rouhanizadeh, B., Kermanshachi, S., & Nipa, T. J. (2020). Exploratory analysis of barriers to effective post-disaster recovery. International Journal of Disaster Risk Reduction, 50, 101735.
- Scaffa, M. E., Gerardi, S., Herzberg, G., & McColl, M. A. (2006). The role of occupational therapy in disaster preparedness, response, and recovery. AJOT: American Journal of Occupational Therapy, 60(6), 642-650.
- Shaluf, I. M., Ahmadun, F. L. R., & Mat Said, A. (2003). A review of disaster and crisis. Disaster Prevention and Management: An International Journal, 12(1), 24-32.
- Shooshtary, M. H., Panaghi, L., & Moghadam, J. A. (2008). Outcome of cognitive behavioral therapy in adolescents after natural disaster. Journal of Adolescent Health, 42(5), 466-472.
- Tierney, K., & Oliver-Smith, A. (2012). Social dimensions of disaster recovery. International Journal of Mass Emergencies & Disasters, 30(2), 123-146.
- Yang, J. C. (2004). 재난의 심리적 의미와 역동정신치료. 대한불안의학회: 학술대회논문집, 281-303.
- Vettenranta, S. (1998). Making sense of Chernobyl nine years after: TV news reception study of the environmental disaster.
- 김민혁, & 민성호. (2011). 재난과 정신건강: 정신의학적 개입. 정신건강정책포럼, 5, 3-21.
- 김은미. (2017). 재난상담에서 재난 심리활동가의 성장에 대한 질적 연구. 교정상담학연구, 2, 51-73.
- 김주원, 임지온, 변성준, 박지성, & 이용헌. (2017). 국내외 대규모 복합재난 복구사례분석을 통한 피해자 심리치료지원 개선 연구. Crisisonomy, 13(3), 177-189.
- 노진철, 이동훈, & 김세경. (2016). 재난 대응시 심리지원 체계의 국내, 외 현황. 놀이치료연구, 20(1), 117-133.
- 배정이, 최남희, 김윤정, & 유정. (2010). 국내외 재난심리지원의 현황 분석 및 방안 모색. 국가위기관리학회보, 2, 52-65.
- 이강준, & 권오영. (2005). 안전시스템 구축과 심리학의 적용. 한국심리학회지: 인지 및 생물, 17(3), 299-310.
- 이동훈, & 강현숙. (2015). 미국의 재난심리지원 체계 및 재난위기상담의 실제와 시사점. 상담학연구, 16(3), 513-536.
- 이동훈, 김지윤, 강현숙, & 이혜림. (2016). 일본의 재난관리체계 및 재난심리지원체계 고찰과 시사점. 한국콘텐츠학회논문지, 16(7), 73-90.

- 이송은, 이나빈, 유선영, 박도원, 전경선, 황태연, & 이정현. (2021). 재난심리 지원에 대한 국민 인식도 조사. Journal of Korean Neuropsychiatric Association, 60(1), 53-60.
- 이윤주. (2005). 심리학에서의 재난위기관리 연구. Crisisonomy, 1(1), 85-99.
- 양기근. (2008). 재난심리지원 서비스 전달체계에 관한 연구. Crisisonomy, 4(1), 50-62.
- 오승훈, 손동훈, 유홍연, 전은경, 윤심권, 양지원, & 임권섭. (2022). 재난심리회복지원플랫폼 기술 연구. [ETRI] 전자통신동향분석, 37(5).
- 조용래, & 양상식. (2013). 자연재난 생존자들의 장기적인 심리적 증상들에 대한 예측요인으로서 외상 당시의 해리, 외상 후 부정적 신념 및 사회적 지지 부족. Korean Journal of Clinical Psychology, 32(4), 955-979.
- 차재호. (1995). 재난의 심리학. 심리과학, 4, 17-32.
- 최남희. (2011). 재난 트라우마 해소를 위한 다학제적 접근의 의미. 한국정신건강사회복지학회 학술발표논문집, 31-40.
- 최형윤. (2018). 재난피해자 심리회복지원제도 개선방안에 대한 전문가들의 상대적 중요도 분석. 위기관리연구논총, 2, 57-78.
- 최태산, 김정한, & 이동훈. (2014). 문화적 관점에서 바라본 PTSD 예방을 위한 재난심리지원 프로그램에 대한 체계적 접근. 문화예술교육연구, 9, 99-118.

▌책

- Collins, A. E. (2009). Disaster and development. Routledge.
- Coppola, D. P. (2006). Introduction to international disaster management. Elsevier.
- Etkin, D. (2014). Disaster theory: an interdisciplinary approach to concepts and causes. Butterworth-Heinemann.
- Schulz, S. F. (2009). Disaster relief logistics: benefits of and impediments to cooperation between humanitarian organizations (Vol. 15). Haupt Verlag AG.
- Phillips, B. D. (2015). Disaster recovery. CRC press.
- Quarantelli, E. L. (Ed.). (1998). What is a disaster?: perspectives on the question. Psychology Press.
- Toigo, J. (2002). Disaster recovery planning: Preparing for the unthinkable. Prentice Hall Professional Technical Reference.
- Joo Won Kim, Ji On Lim, Seong Joon Byeon, Ji Sung Park, Yong Hun Lee. (2017). 국내외 대규모 복합재난 복구사례분석을 통한 피해자 심리치료지원 개선 연구. 한국위기관리논집, 13(3), 177-189.

▌인터넷 검색

- 확증편향. (2023, November 19). In Wikipedia. https://ko.wikipedia.org/wiki/%ED%99%95%EC%A6%9D_%ED%8E%B8%ED%96%A5.
- 성수대교붕괴. (2023. November 20). In Wikipedia. https://ko.wikipedia.org/wiki/%EC%84%B1%EC%88%98%EB%8C%80%EA%B5%90_%EB%B6%95%EA%B4%B4_%EC%82%AC%EA%B3%A0
- 이태원 사고 후 소셜미디어에서 일어난 일들. (2024. February 10). In Google. https://www.bbc.com/korean/news-63470320

찾아보기

▌자

▌차

▌카

▌타

▌파

▌하

▮ 숫자, 영문

• **최진** 전남대학교 교육학 석사
동신대학교 심리학 박사
한국미래인심리상담연구원 대표
현) 광주광역시 서구청 미래혁신위원
현) 대한적십자사 재난심리활동가
현) 나주대학교 교수

• **김병준** 단국대학교 경영학 석사
미국 미드웨스트 경영학 박사(위기관리리더십)
미국 NAFI 화재폭발조사 전문가
현) 경기도 소방본부 용인소방서 청문인권담당관

• **오명근** 단국대학교 경영학(재난안전경영) 석사
미국 미드웨스트 경영학 박사(위기관리리더십)
국가품질명장
재난안전지도사 1급
현) 한전 KPS(주) 인천사업소장

• **서승현** 경기대학교 소방, 도시방재 공학석사
경기도 소방본부 용인소방서장(준감)
한국교원대학교 외래교수
중앙소방학교 교수
경기소방학교 교수
현) 대림대학교 소방안전설비과 교수

재난심리학 정가 25,000원

발 행 2025년 3월 10일 초판 1쇄
저 자 최진 · 김병준 · 오명근 · 서승현
발행인 정우용
발행처 도서출판 동화기술
경기도 파주시 광인사길 201 (문발동, 파주출판도시)
Tel (031)955-4211~6 donghwapub@nate.com
Fax (031)955-4217 www.donghwapub.co.kr
(등록) 1977년 12월 19일/9-16호

Printed in Korea
ISBN 978-89-425-9684-3